微积分

何素艳　万丽英　曹宏举　编著

清华大学出版社
北京

内 容 简 介

　　微积分在现代科学的各个领域都具有广泛的应用,是高等院校理工类、经管类等各专业的一门重要的基础课。本书内容主要包括函数、极限与连续、导数和微分、中值定理及导数的应用、不定积分、定积分及其应用、多元函数微分法及其应用、二重积分、无穷级数,并对一些内容给出相应的应用实例,让读者了解微积分的应用,培养读者解决实际问题的能力。为启发读者思考、培养学习能力,本书在每一节还设置了思考题。本书内容通俗易懂,借助实例和直观阐明理论,降低难度和抽象性,适合高等学校微积分少学时专业的或者数学基础较薄弱的读者。

图书在版编目(CIP)数据

微积分/何素艳,万丽英,曹宏举编著. —北京:清华大学出版社,2020.8(2024.7重印)
ISBN 978-7-302-56214-6

Ⅰ. ①微… Ⅱ. ①何… ②万… ③曹… Ⅲ. ①微积分－高等学校－教材 Ⅳ. ①O172

中国版本图书馆 CIP 数据核字(2020)第 149001 号

责任编辑:刘　颖
封面设计:傅瑞学
责任校对:王淑云
责任印制:丛怀宇

出版发行:清华大学出版社
　　　　网　　　址:https://www.tup.com.cn,https://www.wqxuetang.com
　　　　地　　　址:北京清华大学学研大厦 A 座　　　　　邮　　编:100084
　　　　社 总 机:010-83470000　　　　　　　　　　　邮　　购:010-62786544
　　　　投稿与读者服务:010-62776969, c-service@tup.tsinghua.edu.cn
　　　　质量反馈:010-62772015, zhiliang@tup.tsinghua.edu.cn
印 装 者:三河市铭诚印务有限公司
经　　销:全国新华书店
开　　本:185mm×260mm　　印　张:20.75　　　　　字　　数:503 千字
版　　次:2020 年 9 月第 1 版　　　　　　　　　　　印　　次:2024 年 7 月第 7 次印刷
定　　价:59.00 元

产品编号:084529-01

微积分是高等院校理工类、经管类各专业学生的重要数学基础课之一。通过学习此课程,不仅能获得微积分相关的知识,更重要的是可以领会微积分的思想和方法,使学生的理性思维能力、逻辑推理能力以及用数学方法分析问题和解决问题的能力都得到一定的提高。

时代的发展,学生的变化,给微积分教学提出了诸多问题,在多年的教学工作中,很多问题一直萦绕在我们脑海,例如:如何让学生在学习微积分时感觉容易些?如何让学生体会到微积分的用途?如何让学生在学习中学会思考,提高能力?等等。在对这些问题的思考中,在对教学工作的不断总结中,这本凝聚集体智慧的教材终于付梓。

在多年的一线教学工作中,我们了解到:对于哪些概念,学生难于理解;对于哪些方法,学生不易掌握;对于哪些内容,如何处理教学效果会更好。我们将从教学中获得的经验和体会渗透到本书的内容中,将学生容易出现的错误融进了习题里。

考虑到一些高等院校微积分课时偏少、学生的基础情况及学生的个性化发展需求等因素,本教材在编写时做了一定的改革,和传统的微积分教材相比,本教材有如下几个特点:

(1)在书中每章的开始,以问句的形式体现了这章的主要内容,既有助于读者在学习中把握重点,统领全章,还起到了一种书与读者之间的沟通作用。

例如,在"第3章 导数与微分"的开始,以特别的格式列出了第三章主要讨论的如下内容:导数是如何定义的?导数的几何意义是什么?函数求导有哪些法则?什么是高阶导数?微分是如何定义的?

(2)由浅入深、由易推难,层层铺垫,注重概念和定理的直观描述,同时,也体现了必要的推理。

例如,我国的传统教材中,对于数列极限和函数极限,一般都是先给出极限的严格定义(即 $\varepsilon-N$ 定义和 $\varepsilon-\delta$ 定义等),之后再给出极限的性质和运算法则。对于初学大学微积分的很多学生来说,$\varepsilon-N$ 定义和 $\varepsilon-\delta$ 定义理解起来往往有一定的难度,从而可能会影响一些学生对后续内容的学习,有的同学甚至还可能会失去学好微积分的信心。为此,我们对极限内容的顺序进行了调整,先通过简单例子给出极限的直观描述性定义,再给出极限的运算法则,之后专门列出一节,给出数列极限和函数极限的严格定义,在严格定义的基础上,对极限的一些性质及运算法则给出证明。此时学生对极限已经有了一定的认识和基础,对极限的严格定义的理解就会容易得多。

再例如,对于微分以及全微分的概念,按照传统的定义方式,有些学生可能不能很好地领会微分的含义,本书进行了改变,借助简单的引例以及线性近似的思想给出微分和全微分的定义,之后再对用微分(或全微分)近似增量(或全增量)的误差进行估计,通过对一些具体问题的求解,重点强调微积分中的局部"以直代曲"的思想,或者非线性函数的局部线性化思想。

(3)在例题和习题的选择上,以说明概念和方法为主要目的,尽量减少计算量,降低抽象性。

在教学中发现,如果一个问题计算起来特别繁琐,学生往往会被计算所困扰,而忽略了问题的含义,例如定积分 $\int_a^b f(x)\,\mathrm{d}x$ 的计算,若 $f(x)$ 在区间 $[a,b]\,(a<b)$ 上非负,$\int_a^b f(x)\,\mathrm{d}x$ 在几何上表示曲边梯形的面积,计算结果也应该非负,可有的学生计算出负值时,却还不能发现自己计算错了。所以本书中,为了保证学生不偏离学习目标,把握重点,能用简单函数说明的问题,尽量不用或者少用复杂的函数。此外,为了增加直观、降低抽象性,一些例题和习题也给出了图形。

(4) 考虑到学生中两极分化的现象以及学生的不同需求,在一些内容、例题和习题的配置上体现出了弹性,分出了层次,这样有利于学生的个性化培养。

学生的构成是多元的,在设计和编写本书的过程中,考虑最大限度地满足不同层次学生的需求,使得弱者进步、优者更优。因此对于内容、例题和习题的设计,大部分是相对简单的,但也增加了一些稍具挑战性的内容。例如,利用极限定义证明一些性质和运算法则;讲微分和全微分时,阐明微积分中的局部线性化思想;函数的幂级数展开的相关定理的得出及其证明等。另外,每一节一般会有一两个难度大一些的例题;每节的习题都分为 A、B 两组,B 组题目一般从深度、广度及应用上都有一定程度的提高,满足想进一步提高自己或者有考研计划的学生的需求。

(5) 针对一些内容,给出了一些应用问题,这些问题涉及经济学、物理学、医药学等诸多领域,问题选择难易适度,解答详细。

通过对应用题的求解,可以培养学生用所学数学知识分析问题和解决问题的能力,也可以提高学生学习微积分的兴趣。但鉴于学生专业知识的局限性,应用题的选择也相应地受限制。本书在一些章节加进了一些应用问题,例如,银行复利计算问题,利用函数极限估计某城市的人口变化趋势问题,速度、加速度或位移问题,作为函数极值应用的利润最大问题、成本最低问题以及用料最少问题,利用无穷级数的和估计药物残留问题等。

(6) 每一节后面都设置了思考题,便于学生对一些重要概念及方法的理解。

根据内容情况,每节一般设置一到三个思考题,通过对问题的思考,既可以使学生加深对一些概念和方法的理解,也有助于学生养成全面、严密的思维习惯。

(7) 每一节的课后习题不仅是对本节内容的理解与巩固,很多习题也为后续内容埋下伏笔,起到承前启后的作用。

例如,习题 1.1 和习题 1.2 中,函数 $f(x)$ 的差商 $\dfrac{f(x+h)-f(x)}{h}$ 的计算,以及习题 2.3 和复习题 2 中,差商的极限的计算,都是在为 3.1 节利用导数定义求导数做准备;习题 3.2 中,一些复合函数的求导结果,正好是 5.2 节不定积分的换元积分法的一些例题的被积函数;习题 3.4 中,在对函数 $f(x)$ 线性近似的基础上,设置了二次近似、三次近似以及 n 次近似的问题,为 9.4 节的泰勒多项式埋下伏笔。

本书第 1~3 章由何素艳编写,第 5,6,8 章由万丽英编写,第 4,7,9 章由曹宏举编写。

本书的出版得到大连外国语大学校级规划教材项目(2019)、辽宁省教育科学规划项目(JG18DB108)、辽宁省教育厅科学研究项目(2019JYT06)、辽宁省普通高等教育本科教学改革研究项目(2018-544)、教育部人文社会科学研究项目(15YJCZH005)等的资助。本书的出版也得到大连外国语大学软件学院的关心与支持。感谢清华大学出版社,感谢清华大学出版社刘颖编审的耐心、具体、周到的帮助及建议。

　　本书在设计和编写过程中,参考了许多国内外的高等数学或微积分教材,借鉴了这些教材所体现的先进理念和编写思想,吸收了它们的优点,引用了一些教材的部分内容、图形、例题或习题,在此向这些教材的编著者及出版单位表示深深的谢意。在本书后附的参考文献中,虽然列出了所参考的教材,但也难免漏掉一些,还请相关作者及出版单位海涵。

　　对于本书的编写,尽管作者力求完美,但由于水平所限,书中难免会出现一些疏漏,希望读者提出宝贵意见和建议。

编　者

2020 年 6 月

第1章

函 数

函数是微积分的重要研究对象。了解函数的概念、性质及运算对于学好微积分具有重要作用。

本章主要讨论

1. 函数是如何定义的？
2. 函数有哪些特性？
3. 何谓复合函数？
4. 何谓反函数？
5. 基本初等函数包括哪几类函数？
6. 初等函数是如何定义的？

1.1 函数及图像

微积分中主要研究变化的量，即变量，而这些变量之间的相互关系在数学上是用函数来表达的。

1.1.1 函数的概念

在现实世界的许多实际问题中，一个量的变化会依赖于其他量的变化，比如，室内一天24 小时的温度是随着时间而变化的；圆的面积是随着半径的变化而变化的。现实世界中广泛存在于**变量**（variable）之间的这种相互依赖关系，是**函数**（function）概念产生的客观背景。

> **定义 1.1（函数）** 给定两个非空**集合**（set）D 和 E，如果存在一个**法则**（rule）f，使得对于 D 中的**每一个元素**（element）x，在 E 中都有唯一的元素 y 与它对应，则称 f 为定义在 D 上的函数，记作 $f:D \to E$ 或 $y = f(x)$，$x \in D$。
>
> 称 x 为**自变量**（independent variable），y 为**因变量**（dependent variable），集合 D 称为函数 f 的**定义域**（domain），x 所对应的 y 的值称为**函数值**（function value），记作 $f(x)$。函数值的全体 $\{y \mid y = f(x), x \in D\}$ 称为函数 f 的**值域**（range），记为 R。

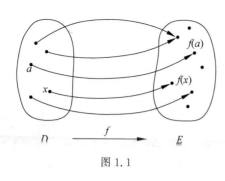

图 1.1

函数可以看成是由集合 D 到集合 E 的**映射**（mapping），因此，定义 1.1 可以用图（figure）1.1 表示。

注：（1）如无特别说明，本书用字母 R 表示全体实数构成的集合。

（2）对于本书中的函数，定义 1.1 中的集合 D 和 E 一般是 R 的子集，即 $D \subset$ R，$E \subset$ R。

例 1　已知函数 $f(x) = 2x - 1$，求 $f(0)$、$f(-2)$ 和 $f(1)$。

解　$f(0) = 2 \times 0 - 1 = -1$，$f(-2) = 2 \times (-2) - 1 = -5$，$f(1) = 2 \times 1 - 1 = 1$。

例 2　求函数 $f(x) = \sqrt{4 - x^2}$ 的定义域和值域。

解　因为负数没有实平方根，所以使该函数有意义的自变量 x 应满足

$$4 - x^2 \geqslant 0, \quad \text{即} \quad -2 \leqslant x \leqslant 2。$$

因此该函数的定义域为 $D = \{x \mid -2 \leqslant x \leqslant 2\}$，或表示为 $D = [-2, 2]$。

当 $x \in D$ 时，$f(x)$ 的值由 $0 \sim 2$，所以函数的值域为 $R = \{y \mid 0 \leqslant y \leqslant 2\}$，或表示为 $R = [0, 2]$。

在中学我们学过，表示函数的主要方法有三种：**解析法（公式法）**、**列表法**和**图像法**。例如，例 1 和例 2 中的函数的表示方法都是解析法。

例 3　一实验室某天从凌晨 1 点到中午 12 点之间（t 表示整点时刻）每过 1 个小时的室内温度 T（单位：℃）记录如下表：

t	1	2	3	4	5	6	7	8	9	10	11	12
T	17.0	16.5	16.3	17.1	17.8	18.5	19.4	20.1	21.6	22.3	23.7	24.0

利用列表法表示了温度 T 与时间 t 之间的函数关系，此函数的定义域为 $D = \{1, 2, \cdots, 12\}$。

图像法是表示函数的非常直观的方法。设函数 f 的定义域为 D，坐标平面上的点集 $\{(x, f(x)) \mid x \in D\}$ 称为函数 $y = f(x)$ 的**图像**（graph）。

例如，例 1 中的函数 $f(x) = 2x - 1$ 可以用图像法表示成图 1.2。

有些函数在其定义域的不同部分用不同的公式表达，这样的函数通常称为**分段定义的函数**（piecewise-defined function），简称**分段函数**。

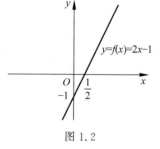

图 1.2

例 4　函数 $y = \operatorname{sgn} x = \begin{cases} -1, & x < 0, \\ 0, & x = 0, \\ 1, & x > 0 \end{cases}$，称为**符号函数**（sign function），它是分段函数。它的定义域为 $D = (-\infty, +\infty)$，值域 $R = \{-1, 0, 1\}$，其图像如图 1.3 所示。

例 5　绝对值函数（absolute value function）

$$y = |x| = \begin{cases} -x, & x < 0, \\ x, & x \geqslant 0 \end{cases}$$

是分段函数，其图像如图 1.4 所示。

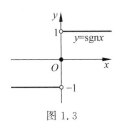
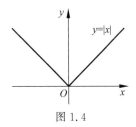

图 1.3　　　　　　　　　　　　　　　图 1.4

例 6　设 x 为任意实数，小于或等于 x 的最大整数称为**最大取整函数**（the greatest integer function）或**地板函数**（floor function），记为 $\lfloor x \rfloor$。

例如，$\lfloor 2.3 \rfloor = 2$，$\lfloor 2 \rfloor = 2$，$\lfloor 0.7 \rfloor = 0$，$\lfloor -1.6 \rfloor = -2$，$\lfloor \sqrt{3} \rfloor = 1$。

最大取整函数 $y = \lfloor x \rfloor$ 的图像如图 1.5(a)所示。

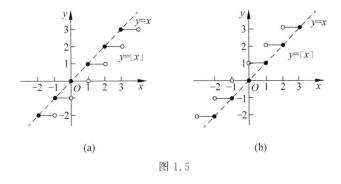

(a)　　　　　　　　　　　　　　(b)

图 1.5

设 x 为任意实数，大于或等于 x 的最小整数称为**最小取整函数**（the least integer function）或**天花板函数**（ceiling function），记为 $\lceil x \rceil$。

例如，$\lceil 2.3 \rceil = 3$，$\lceil 2 \rceil = 2$，$\lceil 0.7 \rceil = 1$，$\lceil -1.6 \rceil = -1$，$\lceil \sqrt{3} \rceil = 2$。

最小取整函数 $y = \lceil x \rceil$ 的图像如图 1.5(b)所示。

由图 1.5 不难看出，天花板函数与地板函数的关系为 $\lceil x \rceil = \lfloor x \rfloor + 1$。这两个函数在计算机程序设计中会经常用到。

1.1.2　具有某些特性的函数

为了更好地研究函数和利用函数，这里介绍几类具有某些特性的函数——奇函数、偶函数、单调函数和周期函数。

1. 奇函数和偶函数

定义 1.2（奇、偶函数）　设函数 $f(x)$ 的定义域 D 关于原点对称。

(1) 若对任意 $x \in D$，均有 $f(-x) = f(x)$，则称 $f(x)$ 为**偶函数**（even function）；

(2) 若对任意 $x \in D$，均有 $f(-x) = -f(x)$，则称 $f(x)$ 为**奇函数**（odd function）。

例如,函数 $y=x^2$ 是偶函数,函数 $y=x^3$ 是奇函数,它们的图像如图 1.6 所示。

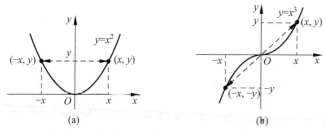

图 1.6

根据定义 1.2,对任意 $x\in D$,若函数 $f(x)$ 为偶函数,则点 $(x,f(x))$ 与点 $(-x,f(x))$ 均在函数 $y=f(x)$ 的图像上,即偶函数 $f(x)$ 的图像关于 y 轴对称。由类似分析可得,奇函数 $f(x)$ 的图像关于坐标原点对称。

对于奇函数或偶函数 $y=f(x)$,在作图时可以只作出 $x\geqslant 0$(或 $x\leqslant 0$)部分的图形,另外一部分图形可根据函数图像的对称特点画出。

例 7　判断下列函数的奇偶性:

(1) $f(x)=x^2+1$;　　　　(2) $f(x)=\sin x+x$;　　　　(3) $f(x)=x^2+x$。

解　容易看出,这三个函数的定义域均为 $D=(-\infty,+\infty)$,关于原点对称。

(1) 因为 $f(-x)=(-x)^2+1=x^2+1=f(x)$,所以该函数是偶函数(见图 1.7(a))。

(2) 因为 $f(-x)=\sin(-x)+(-x)=-\sin x-x=-(\sin x+x)=-f(x)$,所以该函数是奇函数(见图 1.7(b))。

(3) 因为 $f(-x)=(-x)^2+(-x)=x^2-x$,即 $f(-x)\neq f(x)$ 且 $f(-x)\neq -f(x)$,所以该函数既非奇函数,也非偶函数(见图 1.7(c))。

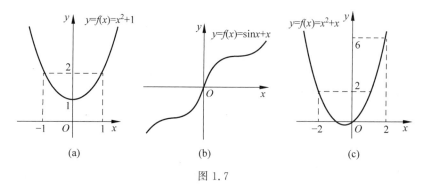

图 1.7

2. 单调函数

观察图 1.8 中函数 $y=f(x)$ 的图像,曲线在定义域的不同区间有升有降,在区间 $(-\infty,a]$ 上曲线上升,在区间 $[a,b]$ 上曲线下降,在区间 $[b,c]$ 上曲线再次上升,在区间 $[c,d]$ 上曲线再次下降。曲线上升时,函数值 y 随着自变量 x 的增大而增大;曲线下降时,函数值 y 随着自变量 x 的增大而减小。

定义 1.3(单调函数)　设函数 $f(x)$ 在区间 D 上有定义,对任意的 $x_1,x_2\in D$,不妨设 $x_1<x_2$。

(1) 若 $f(x_1) < f(x_2)$，则称 $f(x)$ 为区间 D 上的**增函数**（increasing function）；

(2) 若 $f(x_1) > f(x_2)$，则称 $f(x)$ 为区间 D 上的**减函数**（decreasing function）。

区间 D 上的增函数或减函数称为区间 D 上的**单调函数**（monotonic function），或者称函数在区间 D 上具有**单调性**（monotonicity），D 称为**单调区间**（monotonic interval）。

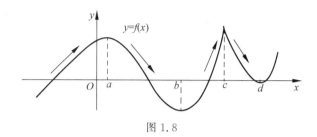

图 1.8

若 $f(x)$ 为区间 D 上的增函数，也称 $f(x)$ 在区间 D 上是增加的、递增的或单调递增的。若 $f(x)$ 为区间 D 上的减函数，也称 $f(x)$ 在区间 D 上是减少的、递减的或单调递减的。若 $f(x)$ 为区间 D 上的单调函数，也称 $f(x)$ 在区间 D 上是**单调的**。

例如，$y = x^2$ 在区间 $(-\infty, 0]$ 上是减少的，在 $[0, +\infty)$ 上是增加的，因此 $y = x^2$ 在区间 $(-\infty, 0]$ 或 $[0, +\infty)$ 上是单调的，但在区间 $(-\infty, +\infty)$ 上不是单调的。

3. 有界函数

定义 1.4（上界、下界及有界函数）　设函数 $f(x)$ 在区间 D 上有定义。

(1) 若存在常数 U，使得对每一个 $x \in D$，均有 $f(x) \leqslant U$，则称 $f(x)$ 在 D 上有上界（bounded from above），称 U 为 $f(x)$ 在 D 上的一个**上界**（upper bound）；

(2) 若存在常数 L，使得对每一个 $x \in D$，均有 $f(x) \geqslant L$，则称 $f(x)$ 在 D 上有下界（bounded from below），称 L 为 $f(x)$ 在 D 上的一个**下界**（lower bound）；

(3) 若函数 $f(x)$ 在 D 上既有上界又有下界，则称 $f(x)$ 在 D 上**有界**（bounded）或者称 $f(x)$ 为 D 上的**有界函数**（bounded function）。

例如，$f(x) = 1 - x^2$ 在 $(-\infty, +\infty)$ 上有上界，数 1 是它的一个上界；$f(x) = e^x$ 在 $(-\infty, +\infty)$ 上有下界，数 0 是它的一个下界；$f(x) = \sin x$ 是 $(-\infty, +\infty)$ 上的有界函数，数 1 是它的一个上界，数 -1 是它的一个下界；$f(x) = x^3$ 在 $(-\infty, +\infty)$ 上既无上界也无下界。

根据定义 1.4，可以得到函数有界的充要条件：

函数 $f(x)$ 在区间 D 上有界的充要条件是存在正数 M，使得对于任意 $x \in D$，均有 $|f(x)| \leqslant M$。M 就称为函数 $f(x)$ 在 D 上的一个界。

例如，对于 $f(x) = \sin x$，因为 $|\sin x| \leqslant 1$，故可以取 $M = 1$。

4. 周期函数

定义 1.5（周期函数）　设函数 $f(x)$ 的定义域为 D，若存在一个正数 T，使得对每个 $x \in D$，均有 $x \pm T \in D$，且 $f(x \pm T) = f(x)$，则称 $f(x)$ 是**周期函数**（periodic function），T 称为 $f(x)$ 的**周期**（period）。

若 T 为 $f(x)$ 的周期,则对正整数 k,kT 也是 $f(x)$ 的周期。如果周期函数 $f(x)$ 有一个最小的正周期,则通常所说的 $f(x)$ 的周期就是指**最小正周期**。

例如,函数 $f(x)=\sin x$ 的周期为 2π,$f(x)=\tan x$ 的周期为 π。

并非每个周期函数都存在最小正周期。对于常数函数 $f(x)=C$,任何正实数都是它的周期,但不存在最小正周期。

对于周期为 T 的周期函数,在每个长度为 T 的区间上,函数图形的形状是一样的。

1.1.3 函数的四则运算

由于函数值为实数,因此类似数与数之间的四则运算,函数与函数之间也可以进行加、减、乘、除四则运算。

定义 1.6(函数的和差积商运算) 设函数 $f(x)$ 和 $g(x)$ 的定义域分别为 D_1 和 D_2,记 $D=D_1\bigcap D_2$,且 $D\neq\varnothing$,则可以在 D 上定义这两个函数的四则运算如下:

(1) 和(sum): $(f+g)(x)=f(x)+g(x)$,$x\in D$;

(2) 差(difference): $(f-g)(x)=f(x)-g(x)$,$x\in D$;

(3) 积(product): $(f\cdot g)(x)=f(x)\cdot g(x)$,$x\in D$;

(4) 商(quotient): $(f/g)(x)=f(x)/g(x)$,$x\in D\backslash\{x\,|\,g(x)=0,x\in D\}$。

注:$D\backslash\{x\,|\,g(x)=0,x\in D\}$ 的意思是将 D 中使 $g(x)=0$ 的点去掉,即
$$D\backslash\{x\mid g(x)=0,x\in D\}=\{x\mid g(x)\neq0,x\in D\}。$$
通过对已知函数进行四则运算,我们可以得到新的函数。

例 8 已知函数 $f(x)=\sqrt{x}$,$g(x)=\sqrt{3-x}$,它们的定义域分别为 $D_1=[0,+\infty)$ 和 $D_2=(-\infty,3]$,且 $D=D_1\bigcap D_2=[0,3]$,则
$$(f+g)(x)=\sqrt{x}+\sqrt{3-x},\quad x\in D=[0,3];$$
$$(f-g)(x)=\sqrt{x}-\sqrt{3-x},\quad x\in D=[0,3];$$
$$(f\cdot g)(x)=\sqrt{x}\cdot\sqrt{3-x}=\sqrt{x(3-x)},\quad x\in D=[0,3];$$
$$(f/g)(x)=\frac{\sqrt{x}}{\sqrt{3-x}}=\sqrt{\frac{x}{3-x}},\quad x\in D\backslash\{x\mid x=3\}=[0,3)。$$

1.1.4 复合函数

一个函数的值域为一个实数集,在此实数集上还可以再定义函数,这样的过程称为函数的**复合**(composite)。对两个已知函数进行复合是得到新函数的又一个方法。例如,设 $y=f(u)=\ln u$,$u=g(x)=x^2+1$,变量 y 是变量 u 的函数,而变量 u 又是变量 x 的函数,最终变量 y 是变量 x 的函数。写出该过程,得
$$y=f(u)=f(g(x))=f(x^2+1)=\ln(x^2+1)。$$
上述过程就称为函数 f 和 g 的复合。

定义 1.7(复合函数) 已知函数 $y=f(u)$ 和 $u=g(x)$,称 $y=f(g(x))$ 为函数 f 和 g 的**复合函数**(composite function),记为 $f\circ g$,即

$$(f \circ g)(x) = f(g(x))。$$

称 f 为外层函数，g 为内层函数，u 为中间变量。

$y = f(u)$ 和 $u = g(x)$ 能构成复合函数 $y = f(g(x))$ 的条件是 $u = g(x)$ 的值域与 $y = f(u)$ 的定义域的交集非空。函数 f 和 g 的复合过程如图 1.9 所示。

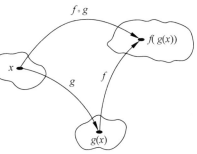

例 9 已知 $f(x) = \sqrt{x}$，$g(x) = x - 2$，求：

(1) $(f \circ g)(x)$；(2) $(g \circ f)(x)$；(3) $(f \circ f)(x)$；

(4) $(g \circ g)(x)$。

解 (1) $(f \circ g)(x) = f(g(x)) = \sqrt{g(x)} = \sqrt{x-2}$，$x \in [2, +\infty)$。

图 1.9

(2) $(g \circ f)(x) = g(f(x)) = f(x) - 2 = \sqrt{x} - 2$，$x \in [0, +\infty)$。

(3) $(f \circ f)(x) = f(f(x)) = \sqrt{f(x)} = \sqrt{\sqrt{x}} = x^{1/4}$，$x \in [0, +\infty)$。

(4) $(g \circ g)(x) = g(g(x)) = g(x) - 2 = (x-2) - 2 = x - 4$，$x \in (-\infty, +\infty)$。

两个以上函数也可以依序复合而得到复合函数。例如，设 $y = f(u) = \sin u$，$u = g(v) = \sqrt{v}$，$v = h(x) = 1 - x^2$，则 $(f \circ g \circ h)(x) = f(g(h(x))) = \sin \sqrt{1-x^2}$，$x \in [-1, 1]$。

例 10 一小商品厂日生产 q 件某产品的总成本为 $C(q) = q^2 + q + 900$（单位：元），设在某一天开工后的 t 小时内该产品的生产数量为 $q(t) = 25t$ 件。

(1) 将工厂生产该产品的总成本表示成 t 的函数；

(2) 试计算在第 3 个小时结束时，工厂支付的成本；

(3) 试确定开工以后多长时间需支付 11000 元的成本。

解 (1) 这个问题就是求函数 $C(q) = q^2 + q + 900$ 与函数 $q(t) = 25t$ 的复合函数，即 $C(q(t)) = (25t)^2 + 25t + 900 = 625t^2 + 25t + 900$（单位：元）。

(2) 根据题意，在函数 $C(q(t)) = 625t^2 + 25t + 900$ 中，令 $t = 3$，从而得到 $C(q(3)) = 625 \times 3^2 + 25 \times 3 + 900 = 6600$，即支付的成本为 6600 元。

(3) 由题意可知，$625t^2 + 25t + 900 = 11000$，即 $25t^2 + t - 404 = 0$ 可得 $t_1 = 4$，$t_2 = -\dfrac{101}{25}$（舍去），即开工以后 4 个小时需支付 11000 元的成本。

注：前面是将几个简单的函数复合成比较复杂的函数，但在微积分中，有时需要将复杂函数**分解**（decompose）为简单函数，即确定一个复杂函数是由哪些简单函数复合而成的，这个过程在复合函数求导及积分运算中具有重要的应用。

例 11 已知函数 $W(x) = \sin^3(\sqrt{x})$，求函数 f, g, h，使得 $W = f \circ g \circ h$。

解 由 $W(x) = \sin^3(\sqrt{x})$ 可知，最内层的函数是 $\sqrt{x}$，之后对 $\sqrt{x}$ 进行正弦运算，最后是 3 次方运算。所以，令

$$h(x) = \sqrt{x}, \quad g(x) = \sin x, \quad f(x) = x^3,$$

则有

$$(f \circ g \circ h)(x) = f(g(h(x))) = \sin^3(\sqrt{x}) = W(x)。$$

1.1.5　反函数

在中学我们学过指数函数 $y = a^x (a > 0, a \neq 1)$ 与对数函数 $y = \log_a x (a > 0, a \neq 1)$ 互为反函数,为了比较详细地说明反函数的内容,下面先给出一一对应函数的概念。

对于指数函数 $y = f(x) = 2^x$,当 $x = 3$ 时,$y = f(3) = 2^3 = 8$,当 $x = 5$ 时,$y = f(5) = 2^5 = 32$,只要 $x_1 \neq x_2$,就有 $f(x_1) \neq f(x_2)$,像这样的函数称为　　对应函数。

> **定义 1.8(一一对应函数)**　设函数 $f(x)$ 的定义域为 D,若对于任意的 $x_1, x_2 \in D$,只要 $x_1 \neq x_2$,就有 $f(x_1) \neq f(x_2)$,则称 $f(x)$ 为**一一对应函数**(one-to-one function)。

例如,$y = x^3$ 及 $y = 3x - 1$ 在定义域 $(-\infty, +\infty)$ 内都是一一对应函数,而 $y = \sin x$ 和 $y = x^2$ 在定义域 $(-\infty, +\infty)$ 内不是一一对应函数。

一个函数是一一对应的充要条件是平行于 x 轴的任何直线与该函数图像的交点至多有 1 个。

对于函数 $y = f(x)$,我们研究的是变量 y 随变量 x 的变化情况,但有时候需要反过来,即研究变量 x 随变量 y 的变化情况。例如,对于指数函数 $y = f(x) = 2^x$,有时候需要已知 y 求 x,当 $y = 8$ 时,可求得 $x = 3$,当 $y = 32$ 时,可求得 $x = 5$,对任意的 $y > 0$,总可以求得唯一的 x 与之对应,也就是变量 x 可以看成是变量 y 的函数,将其称为 $y = f(x) = 2^x$ 的**反函数**(inverse function),记为 $x = f^{-1}(y)$,符号 f^{-1} 读作"f 逆"(f inverse),我们知道,指数函数 $y = f(x) = 2^x$ 的反函数为对数函数 $x = \log_2 y$。

> **定义 1.9(反函数)**　设函数 $y = f(x)$ 为一一对应函数,其定义域为 D,值域为 R。若对任意的 $y \in R$,均有**唯一**的 $x \in D$,使得 $f(x) = y$,则 x 为 y 的函数,将此函数记作 $x = f^{-1}(y)$,并将其称为函数 $y = f(x)$ 的反函数。$x = f^{-1}(y)$ 的定义域为 R,值域为 D。

注:(1) $x = f^{-1}(y)$ 与 $y = f(x)$ 互为反函数,且
$$f^{-1}(f(x)) \equiv x, \quad x \in D, \quad f(f^{-1}(y)) \equiv y, \quad y \in R。$$

(2) 在反函数 $x = f^{-1}(y)$ 中,y 是自变量,x 为因变量。但我们习惯用符号 x 作为自变量,符号 y 作为因变量,所以,$y = f(x)$ 的反函数习惯上写成 $y = f^{-1}(x)(x \in R)$。函数 $y = f^{-1}(x)$ 与 $x = f^{-1}(y)$ 虽然变量使用的记号不同,但仍然表示同一个函数关系。并注意 $f^{-1}(x) \neq [f(x)]^{-1}$。

(3) 相对于反函数 $y = f^{-1}(x)$ 来说,原来的函数 $y = f(x)$ 称为直接函数。点 $(a, f(a))$ 在 $y = f(x)$ 上,相应地,点 $(f(a), a)$ 在 $y = f^{-1}(x)$ 上,因此,反函数 $y = f^{-1}(x)$ 的图像与直接函数 $y = f(x)$ 的图像关于直线 $y = x$ 对称,如图 1.10 所示。

(4) 只有一一对应函数才具有反函数,因为单调函数是一一对应的,所以单调函数一定具有反函数。

一般地,求函数 $y = f(x)$ 的反函数的步骤如下:

(1) 解方程 $y = f(x)$,将 x 表示成 y 的函数,得 $x = f^{-1}(y)$;

(2) 交换 $x = f^{-1}(y)$ 中的符号 x 和 y,x 作为自变量,y 作为因变量,得反函数 $y = f^{-1}(x)$。

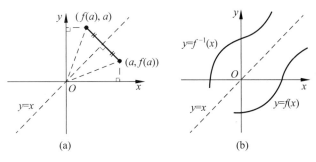

图 1.10

例 12　求函数 $y=f(x)=x^3+1$ 的反函数。

解　首先将 x 表示成 y 的函数：由 $y=x^3+1$，得 $x^3=y-1$，即 $x=\sqrt[3]{y-1}$；

再交换 x 和 y：交换 $x=\sqrt[3]{y-1}$ 中的 x 和 y，得 $y=\sqrt[3]{x-1}$。

因此，$f(x)=x^3+1$ 的反函数为 $f^{-1}(x)=\sqrt[3]{x-1}$。

思　考　题

1. 设函数 $f(x)$ 的定义域为 D，判断下列结论是否正确，并说明理由。

(1) 对任意 $a,b\in D$，有 $f(a+b)=f(a)+f(b)$；

(2) 若存在 $a,b\in D$，使得 $f(a)=f(b)$，则一定有 $a=b$；

(3) 若 $f(x)$ 是一一对应函数，则 $f^{-1}(x)=\dfrac{1}{f(x)}$。

2. 有界函数的上界及下界是不是唯一的？举例说明。

3. $y=x^2$ 在定义域 $(-\infty,+\infty)$ 上是否具有反函数？为什么？

4. 设函数 $y=f(x)$ 为一一对应函数，若已知 $y=f(x)$ 的图像，如何画出其反函数 $y=f^{-1}(x)$ 的图像？

习题 1.1

A 组

一、选择题

1. 下列各组函数中，相等的一组是（　　）。

　　A. $f(x)=|x|$ 与 $g(x)=\sqrt{x^2}$　　　　　　B. $f(x)=x$ 与 $g(x)=\sqrt{x^2}$

　　C. $f(x)=\dfrac{x^2-1}{x+1}$ 与 $g(x)=x-1$　　　D. $f(x)=2\ln x$ 与 $g(x)=\ln x^2$

2. 设 $f(x)$ 与 $g(x)$ 为定义域相同的奇函数，且在定义域上 $g(x)\neq0$，则下列函数中为奇函数的是（　　）。

　　A. $f(x)+g(x)$　　　　　　　　　　　B. $f(x)\cdot g(x)$

　　C. $f(x)/g(x)$　　　　　　　　　　　D. $f(x)\cdot g(x)+x$

3. 下列函数中,周期为 2π 的是(   )。

    A. $y=\tan x$ B. $y=\sin^2 x$ C. $y=\sin 2x$ D. $y=\sin x+\cos x$

4. 已知函数 $f(x)$ 的定义域为 $[0,1]$,则函数 $f(1-\ln x)$ 的定义域为(   )。

    A. $[0,1]$ B. $(0,1)$ C. $[1,e]$ D. $(1,e)$

5. 若 $f(x)$ 为奇函数,$g(x)$ 为偶函数,则下列函数(设它们都有意义)为奇函数的是(   )。

    A. $f(x)\cdot g(x)$ B. $f(g(x))$ C. $g(f(x))$ D. $g(g(x))$

6. 下列函数中,在区间 $(-\infty,+\infty)$ 上单调增加的是(   )。

    A. $y=\cos x$ B. $y=e^x$ C. $y=x^2$ D. $y=1-2x$

二、填空题

1. 函数 $f(x)=-x^2+2x+3$ 与 x 轴和 y 轴的交点坐标分别为_____。

2. 函数 $f(x)=\dfrac{1}{x}$ 与函数 $g(x)=x^2$ 的交点坐标为_____。

3. 函数 $f(x)=\begin{cases}-x, & x<0, \\ x, & x\geqslant 0,\end{cases}$ $g(x)=\begin{cases}x^2, & x<0, \\ 1, & 0\leqslant x<1, \\ -x^2, & x\geqslant 1,\end{cases}$ 则 $f(x)+g(x)=$_____。

4. 若定义在 $(-\infty,+\infty)$ 上的偶函数 $f(x)$ 在 $[0,+\infty)$ 上是增加的,则 $f(x)$ 在 $(-\infty,0]$ 上的单调性为_____。

5. 已知 $f^{-1}(x)=\begin{cases}x, & -1<x<0, \\ x^2, & 0\leqslant x\leqslant 1, \\ 2x-1, & x>1,\end{cases}$ 则 $f(x)$ 的值域为_____。

6. 已知 $f(x)=x^2-2$,则 $f(x+3)=$_____。

三、解答题

1. 设 $f(x)=3x^2+5x-2$,求 $f(1),f(0),f(-2)$。

2. 设 $y=\begin{cases}-2x+4, & x\leqslant 1, \\ x^2+2, & x>1,\end{cases}$ 求 $f(-3),f(1),f(3)$。

3. 对函数 $f(x)$,表达式 $\dfrac{f(x+h)-f(x)}{h}$ 称为 $f(x)$ 的**差商**(difference quotient),其中 h 为不等于零的实数。计算下列函数的差商:

    (1) $f(x)=3x-5$;   (2) $f(x)=7x^2$;

    (3) $f(x)=\dfrac{1}{x}$;   (4) $f(x)=\ln x$。

4. 判断下列函数是奇函数还是偶函数:

    (1) $f(x)=x^4-3x^2-1$;   (2) $f(x)=x|x|$;

    (3) $g(x)=\sin x+\cos x$;   (4) $f(x)=\ln\left(x+\sqrt{x^2+1}\right)$。

5. 在同一坐标系(或不同坐标系)中画出下列各对函数的图像,并观察每对图像之间的关系:

    (1) $f(x)=x+1,g(x)=\dfrac{x^2+x}{x}$;   (2) $f(x)=\dfrac{1}{x},g(x)=\dfrac{1}{x-1}$;

    (3) $f(x)=x^2-1,g(x)=|x^2-1|$;   (4) $f(t)=t^3,g(t)=\sqrt[3]{t}$;

(5) $f(x)=\sin x$，$g(x)=\sin 2x$；　　　(6) $f(t)=\cos t$，$g(t)=\dfrac{1}{2}\cos t$。

6. 求下列函数在指定区域上的一个上界和一个下界，并说明函数在指定区域上是否有界：

(1) $f(x)=\sin x+1$，$x\in(-\infty,+\infty)$；　　　(2) $y=\sqrt{x}$，$x\in[0,+\infty)$；

(3) $f(x)=\dfrac{1}{1+x^2}$，$x\in(-\infty,+\infty)$；　　　(4) $f(x)=-\dfrac{1}{x}$，$x\in(0,2]$。

7. 根据下面给出的函数 $f(x)$ 和 $g(x)$，求复合函数 $(f\circ g)(x)$，$(g\circ f)(x)$，$(f\circ f)(x)$ 及 $(g\circ g)(x)$，并求出它们的定义域：

(1) $f(x)=2x-3$，$g(x)=\cos x$；　　　(2) $f(x)=\sqrt{x}$，$g(x)=\sqrt{3-x}$。

8. 对于下列复合函数 $F(x)$，求函数 f,g，使得 $F=f\circ g$：

(1) $F(x)=(3x-1)^{10}$；　　　(2) $F(x)=\sqrt{x^2+1}$；

(3) $F(x)=\ln\sin x$；　　　(4) $F(x)=\mathrm{e}^{x^3+3x}$。

9. 对于下列复合函数 $W(x)$，求函数 f,g,h，使得 $W=f\circ g\circ h$：

(1) $W(x)=\cos^3(2x-5)$；　　　(2) $W(x)=\ln\sin\mathrm{e}^x$。

10. 设 $f(x)$ 为一一对应的函数，回答下面的问题：

(1) 若 $f(2)=5$，则 $f^{-1}(5)$ 等于多少？

(2) 若 $f^{-1}(13)=4$，则 $f(4)$ 等于多少？

11. 求下列函数的反函数，对于在定义域内没有反函数的函数，试限定其定义域的范围，使其具有反函数：

(1) $f(x)=2x-3$；　　　(2) $g(t)=1+\ln t$；

(3) $y=4x^2-1$；　　　(4) $f(x)=x^4+1$。

12. 某网店销售一款 Mini 充电宝，已知该充电宝的进价为每个 30 元。据估算，当每个充电宝的售价为 x 元时，每月可以售出 $120-x$ 个，试用售价 x 表示出该网店每个月的利润函数 $P(x)$，求出 $P(x)$ 的定义域和值域，并画出 $P(x)$ 的图像。

13. 某工厂欲设计生产一批相同规格的圆柱形油桶，该批油桶的容量是 32π L。设油桶上下底面的单位面积造价是侧面的单位面积造价的 2 倍（油桶侧面每平方分米的造价为 10 元），试将该油桶的造价表示成底面半径 x 的函数 $C(x)$。

B 组

1. 若函数 $f(x)=\dfrac{x+1}{kx^2+2kx+1}$ 的定义域是 $(-\infty,+\infty)$，求 k 的取值范围。

2. 根据函数图像，写出函数表达式：

(1) $0\leqslant x\leqslant5$；　　　(2) $-4\leqslant x\leqslant4$。

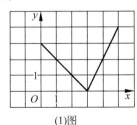

(1)图

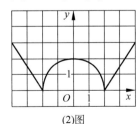

(2)图

3. 设函数 $f(x)=2x+|x|$，$g(x)=\begin{cases}x, & x<0, \\ x^2, & x\geq 0,\end{cases}$ 求 $f(g(x))$。

4. 设 $f(x)=1+x+x^3$，求 $f^{-1}(3)$ 和 $f(f^{-1}(7))$。

5. 环境研究表明，当人口是 p 万人的时候，某城郊空气中的一氧化碳日均水平为 $c(p)=0.5p+1$ppm(parts per million)。据估计，从现在开始的此后 t 年该城郊的人口是 $p(t)=(10+0.1t^2)$ 万人。

(1) 将空气中的一氧化碳水平表示为时间 t 的函数；

(2) 从现在开始 2 年后的一氧化碳水平是多少？

(2) 多少年后一氧化碳水平会达到 6.8ppm？

1.2　基本初等函数与初等函数

1.2.1　基本初等函数

在中学数学中，我们已经学过下列函数：

常数函数（constant function）　　　　　　$y=C$（C 是常数）；

幂函数（power function）　　　　　　　$y=x^\mu$（$\mu\in\mathbb{R}$ 为常数）；

指数函数（exponential function）　　　　$y=a^x$（$a>0$ 且 $a\neq 1$）；

对数函数（logarithmic function）　　　　$y=\log_a x$（$a>0$ 且 $a\neq 1$）；

三角函数（trigonometric function）　　　$y=\sin x$，$y=\cos x$，$y=\tan x$，

$y=\cot x$，$y=\sec x$，$y=\csc x$；

反三角函数（inverse trigonometric function）　$y=\arcsin x$，$y=\arccos x$，

$y=\arctan x$，$y=\text{arccot}\,x$，

$y=\text{arcsec}\,x$，$y=\text{arccsc}\,x$。

以上这六类函数统称为**基本初等函数**。下面分别给出这六类函数的图像及主要特性等。

1. 常数函数

常数函数一般记为 $y=C$，C 是常数，它的定义域为 $D=(-\infty,+\infty)$，对于任意 $x\in(-\infty,+\infty)$，函数值 $f(x)$ 均为 C。常数函数的图像为平行于 x 轴的直线，如图 1.11 所示。

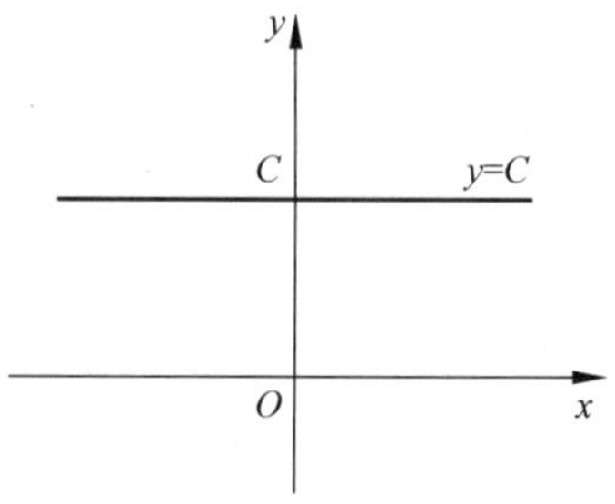

2. 幂函数

对于幂函数 $y=x^\mu$，当常数 μ 取不同的实数时，其定义域及性质也随之不同。这里我们只考虑常用的几种情况。

(1) $\mu=n$，n 为正整数

$y=x^n$ 的定义域为 $(-\infty,+\infty)$。若 n 为偶数，则 $y=x^n$ 是偶函数，若 n 为奇数，则 $y=x^n$ 是奇函数。图 1.12 给出了 $n=1,2,3,4,5$ 时 $y=x^n$ 的图像，每条曲线都经过点 $(0,0)$ 和 $(1,1)$。随着 n 的增大，$y=x^n$ 的图像在 $|x|<1$ 时越来越靠近 x 轴，而在 $|x|\geq 1$

图 1.11

时,曲线沿 y 轴的正向或反向越来越陡。

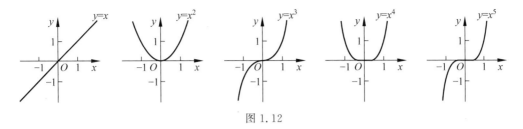

图 1.12

（2）$\mu = -n$，n 为正整数

这种情况下,仅以 $\mu = -1$ 和 $\mu = -2$ 为例讨论,此时函数分别为 $y = x^{-1} = \dfrac{1}{x}$ 及 $y = x^{-2} = \dfrac{1}{x^2}$,它们的定义域均为 $(-\infty, 0) \bigcup (0, +\infty)$,$y = x^{-1}$ 是奇函数,$y = x^{-2}$ 是偶函数。图 1.13 给出了这两个函数的图像,当 x 趋于零及 x 趋于 $\pm\infty$ 时,它们的图像均分别趋向于 y 轴和 x 轴。

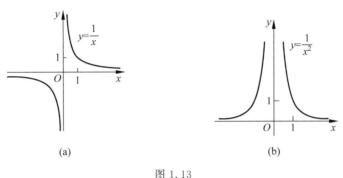

(a)　　　　　　　　　　(b)

图 1.13

（3）$\mu = \dfrac{q}{p}$,其中 p，q 为正整数,且 $\dfrac{q}{p}$ 不是整数

这种情况下,仅以 $\mu = \dfrac{1}{2}$，$\dfrac{1}{3}$ 和 $\dfrac{2}{3}$ 为例讨论。$y = x^{\frac{1}{2}} = \sqrt{x}$ 为**平方根函数**(square root function),其定义域为 $[0, +\infty)$。$y = x^{\frac{1}{3}} = \sqrt[3]{x}$ 为**立方根函数**(cube root function),是奇函数,其定义域为 $(-\infty, +\infty)$。$y = x^{\frac{2}{3}} = (x^2)^{\frac{1}{3}} = \sqrt[3]{x^2}$ 是偶函数,其定义域为 $(-\infty, +\infty)$。图 1.14 给出了这三个函数的图像。

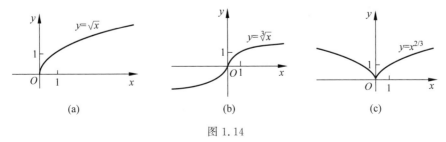

(a)　　　　　　　　　　(b)　　　　　　　　　　(c)

图 1.14

3. 指数函数

指数函数 $y = a^x (a > 0, a \neq 1)$ 的定义域为 $(-\infty, +\infty)$，值域是 $(0, +\infty)$，指数函数的图像均位于 x 轴上方，且都经过 $(0,1)$ 点。

当 $a > 1$ 时，$y = a^x$ 是增函数；当 $0 < a < 1$ 时，$y = a^x$ 是减函数。图 1.15(a) 和 (b) 分别给出了 $a > 1$ 及 $0 < a < 1$ 时的几个指数函数的图像。

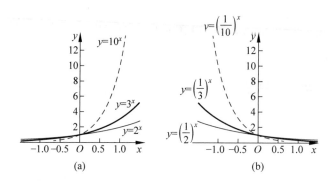

图 1.15

设 $a, b > 0, x, y \in (-\infty, +\infty)$，指数函数有如下运算公式：

(1) $a^x \cdot a^y = a^{x+y}$；(2) $\dfrac{a^x}{a^y} = a^{x-y}$；(3) $(a^x)^y = a^{xy}$；(4) $(ab)^x = a^x b^x$。

注：(1) 因为 $y = \left(\dfrac{1}{2}\right)^x = \dfrac{1}{2^x} = 2^{-x}$，所以，$y = \left(\dfrac{1}{2}\right)^x$ 的图像与 $y = 2^x$ 的图像关于 y 轴对称。

(2) 注意指数函数 $y = a^x$ 与幂函数 $y = x^\mu$ 的区别。指数函数 $y = a^x$ 中，**变量 x 是指数**（exponent）；而幂函数 $y = x^\mu$ 中，**变量 x 是底数**（base）。

(3) 指数函数 $y = a^x$ 的底数 a 取无理数 e 时，得 $y = e^x$，称其为**自然指数函数**（natural exponential function）。

4. 对数函数

对数函数 $y = \log_a x (a > 0, a \neq 1)$ 是指数函数 $y = a^x$ 的反函数，对数函数与指数函数之间有如下关系式：

(1) $y = \log_a x \Leftrightarrow x = a^y$；

(2) $a^{\log_a x} = x, x \in (0, +\infty)$；$\log_a (a^x) = x, x \in (-\infty, +\infty)$。

对数函数 $y = \log_a x$ 的定义域为 $(0, +\infty)$，值域是 $(-\infty, +\infty)$，对数函数的图像均位于 y 轴右侧，且都经过 $(1,0)$ 点。$y = \log_a x$ 的图像与 $y = a^x$ 的图像关于直线 $y = x$ 对称，如图 1.16(a) 所示。

当 $a > 1$ 时，$y = \log_a x$ 是增函数；当 $0 < a < 1$ 时，$y = \log_a x$ 是减函数。图 1.16(b) 给出了 a 取 $a > 1$ 的几个值时的对数函数 $y = \log_a x$ 的图像。

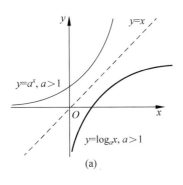 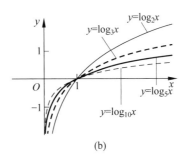

图 1.16

设 $x,y>0$,对数函数有如下运算公式:

(1) $\log_a(xy)=\log_a x+\log_a y$;　　　　(2) $\log_a \dfrac{x}{y}=\log_a x-\log_a y$;

(3) $\log_a(x^k)=k\log_a x (k\in\mathbb{R})$。

注:对数函数 $y=\log_a x$ 的底数 a 取无理数 e 时,得 $y=\log_e x$,简记为 $y=\ln x$,称其为**自然对数函数**(natural logarithm function),在研究和计算中,自然对数带来了许多方便。因此,下面的**换底公式**非常重要:

对于任意 $a\neq1$ 的正数 a,有 $\log_a x=\dfrac{\ln x}{\ln a}$。

图 1.17 给出了自然指数函数 $y=\mathrm{e}^x$ 与自然对数函数 $y=\ln x$ 的图像。

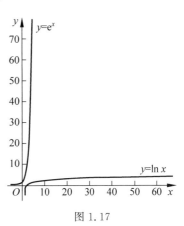

图 1.17

5. 三角函数

三角函数都是周期函数,有如下 6 种:

正弦函数(sine function):　　　　　$y=\sin x$;

余弦函数(cosine function):　　　　$y=\cos x$;

正切函数(tangent function):　　　　$y=\tan x$;

余切函数(cotangent function):　　　$y=\cot x=\dfrac{1}{\tan x}$;

正割函数(secant function):　　　　$y=\sec x=\dfrac{1}{\cos x}$;

余割函数(cosecant function):　　　$y=\csc x=\dfrac{1}{\sin x}$。

正弦函数 $y=\sin x$ 和余弦函数 $y=\cos x$ 的定义域均为 $(-\infty,+\infty)$,值域均为 $[-1,1]$,周期均为 2π,不同的是 $y=\sin x$ 是奇函数,$y=\cos x$ 是偶函数,图 1.18 给出了 $y=\sin x$ 和 $y=\cos x$ 的图像。

正切函数 $y=\tan x$ 和余切函数 $y=\cot x$ 的值域均为 $(-\infty,+\infty)$,都是奇函数,周期都是 π;$y=\tan x$ 的定义域是 $x\neq k\pi+\dfrac{\pi}{2}$($k$ 为整数)的所有实数,而 $y=\cot x$ 的定义域是 $x\neq k\pi$(k 为整数)的所有实数。图 1.19 给出了 $y=\tan x$ 和 $y=\cot x$ 的图像。

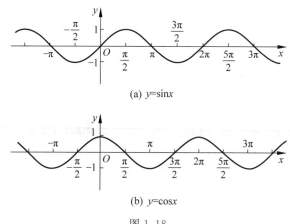

(a) $y=\sin x$

(b) $y=\cos x$

图 1.18

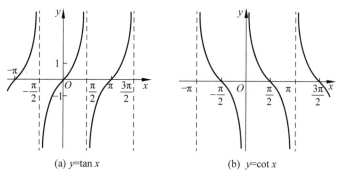

(a) $y=\tan x$ (b) $y=\cot x$

图 1.19

正割函数 $y=\sec x=\dfrac{1}{\cos x}$ 的定义域是 $x\neq k\pi+\dfrac{\pi}{2}$（$k$ 为整数）的所有实数，值域为 $(-\infty,-1]\cup[1,+\infty)$，是周期为 2π 的偶函数。余割函数 $y=\csc x=\dfrac{1}{\sin x}$ 的定义域是 $x\neq k\pi$（k 为整数）的所有实数，值域为 $(-\infty,-1]\cup[1,+\infty)$，是周期为 2π 的奇函数。$y=\sec x$ 和 $y=\csc x$ 的图像如图 1.20 所示。

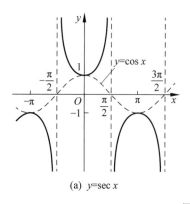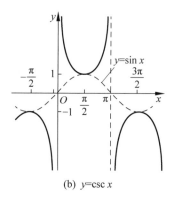

(a) $y=\sec x$ (b) $y=\csc x$

图 1.20

6. 反三角函数

三角函数都是周期函数,因此不是一一对应函数,所以在定义域上是没有反函数的。为此,我们需要将三角函数的定义域限制在某个区间,使得它们在这个区间上是一一对应的,从而得到反三角函数。

正弦函数 $y = \sin x$ 在区间 $\left[-\dfrac{\pi}{2}, \dfrac{\pi}{2}\right]$ 上是增加的,所以它在该区间上是一一对应的,因此它在 $\left[-\dfrac{\pi}{2}, \dfrac{\pi}{2}\right]$ 上存在反函数,图 1.21(a)是 $y = \sin x$ 在区间 $\left[-\dfrac{\pi}{2}, \dfrac{\pi}{2}\right]$ 上的图像。

正弦函数 $y = \sin x$ 的反函数称为**反正弦函数**(inverse sine function),反正弦的记号是 arcsin,从而有 $y = \sin x \Leftrightarrow x = \arcsin y$,交换 x 和 y,得到反正弦函数 $y = \arcsin x$,它的定义域是 $[-1, 1]$,值域是 $\left[-\dfrac{\pi}{2}, \dfrac{\pi}{2}\right]$,是奇函数,并且在定义域 $[-1, 1]$ 上是增函数。图 1.21(b)是反正弦函数 $y = \arcsin x$ 的图像。

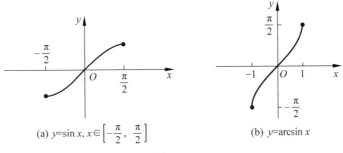

(a) $y = \sin x,\ x \in \left[-\dfrac{\pi}{2},\ \dfrac{\pi}{2}\right]$　　(b) $y = \arcsin x$

图 1.21

注:因为 $y = \sin x$ 是周期为 2π 的函数,求 $y = \sin x$ 的反函数时,限制它的单调区间的话,有无数多个,但一般限制在区间 $\left[-\dfrac{\pi}{2}, \dfrac{\pi}{2}\right]$ 上,因为研究起来方便些。

类似地,可以对其他三角函数的定义域进行限制,从而得到相应的反函数。

将 $y = \cos x$ 的定义域限制在单调区间 $[0, \pi]$ 上,得到反余弦函数 $y = \arccos x$,它的定义域是 $[-1, 1]$,值域是 $[0, \pi]$,在定义域 $[-1, 1]$ 上是减函数。图 1.22 给出了余弦函数 $y = \cos x\,(x \in [0, \pi])$ 及反余弦函数 $y = \arccos x$ 的图像。

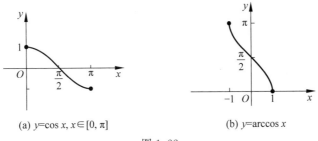

(a) $y = \cos x,\ x \in [0, \pi]$　　(b) $y = \arccos x$

图 1.22

对于正切函数 $y = \tan x$,将其定义域限制在单调区间 $\left(-\dfrac{\pi}{2}, \dfrac{\pi}{2}\right)$ 内,得到反正切函数

$y=\arctan x$，它的定义域是 $(-\infty,+\infty)$，值域是 $\left(-\dfrac{\pi}{2},\dfrac{\pi}{2}\right)$，是奇函数，在定义域 $(-\infty,+\infty)$ 上是增函数。图 1.23 给出了正切函数 $y=\tan x\left(x\in\left(-\dfrac{\pi}{2},\dfrac{\pi}{2}\right)\right)$ 及反正切函数 $y=\arctan x$ 的图像。

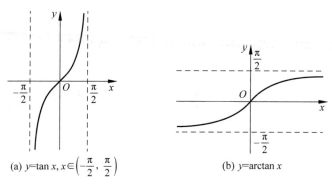

(a) $y=\tan x,\ x\in\left(-\dfrac{\pi}{2},\dfrac{\pi}{2}\right)$ (b) $y=\arctan x$

图 1.23

将余切函数 $y=\cot x$ 的定义域限制在单调区间 $(0,\pi)$ 内，从而得到反余切函数 $y=\operatorname{arccot}x$，它的定义域是 $(-\infty,+\infty)$，值域是 $(0,\pi)$，在定义域 $(-\infty,+\infty)$ 上是减函数。图 1.24 给出了余切函数 $y=\cot x\,(x\in(0,\pi))$ 及反余切函数 $y=\operatorname{arccot}x$ 的图像。

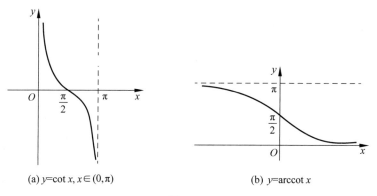

(a) $y=\cot x,\ x\in(0,\pi)$ (b) $y=\operatorname{arccot}x$

图 1.24

正割函数 $y=\sec x$ 的反函数为反正割函数 $y=\operatorname{arcsec}x$，余割函数 $y=\csc x$ 的反函数为反余割函数 $y=\operatorname{arccsc}x$，因为这两个反函数不常使用，这里不再详细论述。

1.2.2　初等函数

由基本初等函数经过有限次加减乘除运算和复合运算而形成的并且可以用一个式子表示的函数，称为**初等函数**（elementary function）。初等函数是微积分的主要研究对象。

例如，$y=(5x-7)^{10}+5$、$y=\sin^4 x$ 及 $y=\mathrm{e}^{x^2+1}$ 都是初等函数。

一般情况下分段函数不是初等函数，例如 $f(x)=\begin{cases}x^2+1,&x\leqslant 1,\\ 2x,&x>1,\end{cases}$ 它不能用一个式

子表示，所以不是初等函数。但分段函数不一定都不是初等函数，例如 $f(x)=\begin{cases}x, & x>0,\\ -x, & x\leqslant0,\end{cases}$ 虽然是分段函数，但它可以写成 $f(x)=\sqrt{x^2}$，可以看作由 $y=\sqrt{u}$ 和 $u=x^2$ 复合而成，因而是初等函数。

下面介绍两类特殊的初等函数——多项式函数和有理函数。

1. 多项式函数

称如下形式的函数

$$p(x)=a_nx^n+a_{n-1}x^{n-1}+\cdots+a_1x+a_0$$

为**多项式函数**(polynomial function)，其中 n 为非负整数，$a_n,a_{n-1},\cdots,a_1,a_0$ 为实常数，称为多项式的系数。如果 $n>0$ 且 $a_n\neq0$，称多项式为 n **次多项式**(polynomial of degree n)。

例如，**一次函数** $p(x)=ax+b(a\neq0)$ 是一次多项式函数，也称为**线性函数**(linear function)；**二次函数**(quadratic function)$p(x)=ax^2+bx+c(a\neq0)$ 是二次多项式函数；**三次函数**(cubic function)$p(x)=ax^3+bx^2+cx+d(a\neq0)$ 是三次多项式函数。

所有多项式函数的定义域均为 $(-\infty,+\infty)$。

2. 有理函数

两个多项式函数的商

$$R(x)=\frac{a_nx^n+a_{n-1}x^{n-1}+\cdots+a_1x+a_0}{b_mx^m+a_{m-1}x^{m-1}+\cdots+b_1x+b_0}$$

称为**有理函数**(rational function)。例如，$f(x)=\frac{3x^2-4x-5}{x+6}$、$g(x)=\frac{2x-1}{x+6}$ 和 $f(x)=\frac{3x^2-4x}{x^3-8}$ 都是有理函数。

有理函数的定义域是使分母不为零的全体实数，例如，$f(x)=\frac{3x^2-4x-5}{x+6}$ 的定义域为 $x\neq-6$ 的全体实数。

由多项式函数经过加减乘除或开方运算得到的函数称为**代数函数**(algebraic function)，有理函数是特殊的代数函数。不是代数函数的函数称为**超越函数**(transcendental function)，指数函数、对数函数、三角函数和反三角函数等都是超越函数。

思　考　题

1. 反正切函数 $y=\arctan x$ 与反余切函数 $y=\text{arccot}x$ 是否为有界函数？

2. 如何求 $f(x)=\sin2x$，$g(x)=\sin x+2$ 的反函数？并说明所求得的反函数的定义域和值域。

3. 对于下列各类型的函数，分别举出一个例子：

(1) 幂函数；(2) 指数函数；(3) 反三角函数；(4) 一次函数(线性函数)；(5) 二次函数；(6) 四次多项式函数；(7) 有理函数；(8) 周期为 π 的三角函数。

习题 1.2

A 组

一、选择题

1. 幂函数 $y=x^\mu$ 的图像必定会经过的点是（ ）。

    A. $(-1,1)$ B. $(0,0)$ C. $(1,1)$ D. $(0,0)$ 和 $(1,1)$

2. 下列函数的图像与 $y=2^x$ 的图像关于直线 $y=x$ 对称的是（ ）。

    A. $y=\left(\dfrac{1}{2}\right)^x$ B. $y=x^2$ C. $y=\log_2 x$ D. $y=\log_{1/2} x$

3. 下列函数中，不是初等函数的是（ ）。

    A. $y=\ln(\sin^2 x)$ B. $y=\dfrac{\sqrt{x^2+1}}{2^{\sin x}-\cos x}$

    C. $f(x)=\begin{cases}x^2, & x<0 \\ e^x, & x\geqslant 0\end{cases}$ D. $f(x)=\begin{cases}x-1, & x>1 \\ 1-x, & x\leqslant 1\end{cases}$

4. 下列函数中，是偶函数的为（ ）。

    A. $f(x)=\begin{cases}x+1, & x>0 \\ 1-x, & x\leqslant 0\end{cases}$ B. $y=\arccos x$

    C. $y=\arcsin x$ D. $y=\arctan x$

二、解答题

1. 在同一个坐标系中画出下列各组曲线（或直线）的图像，并将这些曲线（或直线）围成的封闭区域用阴影标识出来：

    (1) $y=2x, y=x^2$；   (2) $y=\sqrt{x}, y=\dfrac{1}{2}x$；

    (3) $y=\dfrac{1}{x}, y=x, x=2$；   (4) $y=3-2x-x^2, y=0$；

    (5) $y=|1-x|, y=0, x=0, x=3$；   (6) $y=e^x, y=e, x=0$；

    (7) $y=\ln(1+x), y=x, x=e-1$；   (8) $y=\sin x, y=\cos x, x=0, x=\dfrac{\pi}{2}$。

2. 根据下列各描述分别写出所得图像的函数表达式：

    (1) 将 $y=e^x$ 的图像向上平移 2 个单位；

    (2) 将 $y=e^x$ 的图像向左平移 2 个单位；

    (3) 与 $y=e^x$ 的图像关于 y 轴对称的图像；

    (4) 与 $y=e^x$ 的图像关于 x 轴对称的图像；

    (5) 与 $y=e^x$ 的图像关于直线 $y=x$ 对称的图像。

3. 计算下列表达式的值：

    (1) $e^{\sin\frac{\pi}{2}}$；   (2) $\log_2 80-\log_2 5$；

(3) $\cos\left(\arcsin\dfrac{1}{2}\right)$；

(4) $\tan\left(\arccos\dfrac{\sqrt{2}}{2}\right)$。

4．计算 $(\log_3 4)(\log_4 5)(\log_5 6)\cdots(\log_{79}80)(\log_{80}81)$ 的值。

5．设 $f(x)=\sin x$，证明 $\dfrac{f(x+h)-f(x)}{h}=\sin x\,\dfrac{\cos h-1}{h}+\cos x\,\dfrac{\sin h}{h}(h\neq 0)$。

6．设 $f(x)=3^x$，证明 $\dfrac{f(x+h)-f(x)}{h}=3^x\left(\dfrac{3^h-1}{h}\right)(h\neq 0)$。

B 组

1．求下列函数的反函数：

(1) $y=\ln(e^x-5)$；

(2) $y=\sqrt{1-x^2}$，$0\leqslant x\leqslant 1$；

(3) $y=\dfrac{2x-1}{x+1}$；

(4) $y=1+\sqrt{2+3x}$。

2．设 $f(x)$ 为三次函数，已知 $f(-1)=f(0)=f(2)=0$，且 $f(1)=6$，试求 $f(x)$ 的表达式。

3．小王将本金 20000 元存入某银行，存期为 10 年，设银行的年利率为 r。

(1) 如果银行一年计息一次，则小王 10 年后的本金和利息之和(简称本利和)为多少？

(2) 如果银行一个月计息一次，则小王 10 年后的本利和为多少？

(3) 如果银行一天计息一次，则小王 10 年后的本利和为多少？

4．据估计，从目前开始的 t 年，某城市人口将达到 $P(t)=\left(20-\dfrac{6}{t+1}\right)$ 万人，试解答下

列问题：

(1) 目前该城市人口为多少？

(2) 9 年后该城市人口为多少？

(3) 当 t 越来越大时，该城市人口是怎样的变化趋势？

复习题 1

一、选择题

1．下列各组函数中，相等的一组是(　　)。

A. $f(x)=1$ 与 $g(x)=\dfrac{|x|}{x}$

B. $f(x)=\dfrac{\sin x}{x}$ 与 $g(x)=\begin{cases}\dfrac{\sin x}{x}, & x\neq 0 \\ 1, & x=0\end{cases}$

C. $f(x)=x$ 与 $g(x)=(\sqrt[3]{x})^3$

D. $f(x)=x$ 与 $g(x)=\dfrac{x^2+x}{x+1}$

2．若 $f(x)=\ln(kx^2+2kx+1)$ 的定义域是实数集 $\mathbb{R}$，则 k 的取值范围是(　　)。

A. $k<0$ 或 $k>1$

B. $0\leqslant k<1$

C. $k\leqslant 0$ 或 $1<k$

D. $0<k<1$

3．函数 $f(x)=|x^2-1|$ 的单调递增的有界区间是(　　)。

A. $[-1,1]$　　　B. $[0,1]$　　　C. $[-1,0]$　　　D. $[-2,-1]$

4. 下列函数中不是周期函数的是( )。

    A. $y=2\cos x$ B. $y=\cos^2 x$ C. $y=\cos 2x$ D. $y=\cos x^2$

5. 下列函数在所给的区间上没有反函数的是( )。

    A. $y=x^2+1$；$x\in[-1,1]$ B. $y=\sin x$；$x\in\left[\dfrac{\pi}{2},\dfrac{3\pi}{2}\right]$

    C. $y=\ln x^3$；$x\in(0,1)$ D. $y=x^3-1$；$x\in[-1,1]$

二、填空题

1. 已知奇函数 $f(x)$ 在原点有定义，则 $f(0)=$_____，若 $f(1)=2$，则 $f(-1)=$_____。

2. 设奇函数 $f(x)$ 的定义域为 $(-\infty,+\infty)$，若 $f(x)$ 在 $(1,+\infty)$ 上是增加的，则 $f(x)$ 在 $(-\infty,-1)$ 上的单调性为_____（增加的，减少的）。

3. 设 $f(x)$ 对一切正数 x,y 均有 $f(xy)=f(x)+f(y)$，则 $f(x)+f\left(\dfrac{1}{x}\right)=$_____。

4. 已知 $f\left(x-\dfrac{1}{x}\right)=\dfrac{x^2}{1+x^4}$，则 $f(x)=$_____。

5. 已知 $f(x)=\begin{cases}\sqrt{4-x^2}, & |x|\leqslant 2,\\ x^2-4, & 2<|x|\leqslant 4,\end{cases}$ 则 $f(x)$ 的定义域为_____。

6. 若已知函数 $y=x^2$ 的图像，则将其图像向____（左，右）平移____个单位，再向____（上，下）平移____个单位，可以得到函数 $y=(x+2)^2-3$ 的图像。

7. $f(x)=\arccos(x^2-2x-3)$ 的单调递增区间是_____。

三、解答题

1. 计算下列函数对应的函数值：

(1) 已知函数 $f(x)=x+\dfrac{1}{x}+a$，且 $f(-1)=-2$，求 $f(1),f(2)$。

(2) 已知函数 $f(x)=\begin{cases}4-x, & x\leqslant 0,\\ x+3, & x>0,\end{cases}$ 求 $f(-2),f(0),f(2)$。

2. 求下列函数的定义域：

(1) $f(x)=\ln(x^2-x)$；   (2) $f(x)=\arccos(x-1)$。

3. 设函数 $f(x)$ 的定义域为 $[-a,a]$，证明：

(1) $G(x)=f(x)+f(-x)(x\in[-a,a])$ 为偶函数；

(2) $H(x)=f(x)-f(-x)(x\in[-a,a])$ 为奇函数；

(3) 函数 $f(x)$ 可以表示为一个奇函数与一个偶函数之和。

4. 将一石子掷入平静的湖中，湖面将会激起圆形波纹，设波纹向外扩散的速度为 60cm/s。

(1) 将波纹的圆半径 r 表示为时间 t 的函数；

(2) 将波纹的圆面积 A 表示为时间 t 的函数。

5. 市场研究表明，如果某款水杯的**单价**(unit price)为 $p(x)=(-0.27x+51)$ 元，顾客会买 x 万个，而生产 x 万个水杯的**成本**(cost)是 $C(x)=(2.23x^2+3.5x+85)$ 万元。

(1) 写出该生产过程的**收益**(revenue)函数 $R(x)$ 和**利润**(profit)函数 $P(x)$；

(2) 水杯的生产量 x 为多少时，可以获利？

第2章

极限与连续

极限是微积分的重要研究内容之一,是分析在自变量的某个变化过程中对应的函数值的变化趋势时所产生的概念。在后面的学习中,诸如连续、导数、定积分、无穷级数等内容都是在极限思想的基础上建立起来的。

本章主要讨论

1. 数列和函数的极限是如何定义的?
2. 什么是无穷大和无穷小?
3. 极限有哪些运算法则?
4. 两个重要极限是什么?
5. 什么是无穷小的比较?
6. 函数的连续性是如何定义的?
7. 闭区间上连续函数有哪些重要性质?

2.1 数列及其极限

2.1.1 数列的概念

在初等数学中,已经学习过很多数列,典型的就是等差数列和等比数列,例如:

(1) $1,2,3,\cdots,n,\cdots$

(2) $1,3,5,\cdots,2n-1,\cdots$

(3) $3,9,27,\cdots,3^n,\cdots$

(4) $\dfrac{1}{2},\dfrac{1}{4},\dfrac{1}{8},\cdots,\dfrac{1}{2^n},\cdots$

容易看出,数列(1)和(2)为等差数列,数列(3)和(4)为等比数列。在今后的学习中,我们会遇到更为一般的数列,例如:

(5) $1,\dfrac{1}{2},\dfrac{1}{3},\dfrac{1}{4},\cdots,\dfrac{1}{n},\cdots$

(6) $0,\dfrac{1}{2},\dfrac{2}{3},\dfrac{3}{4},\cdots,\dfrac{n-1}{n},\cdots$

(7) $0, 1, 0, 1, \cdots, \dfrac{1+(-1)^n}{2}, \cdots$

(8) $\sin \dfrac{\pi}{6}, \sin \dfrac{2\pi}{6}, \cdots, \sin \dfrac{n\pi}{6}, \cdots$

定义 2.1（数列）　按照一定次序排列起来的一列数

$$a_1, a_2, a_3, \cdots, a_n, \cdots$$

称为**数列**（sequence），数列中的每一个数称为这个数列的**项**（term），a_1 称为第一项，a_2 称为第二项，a_n 称为第 n 项，a_n 也称为数列的**通项**（general term），该数列一般简记为 $\{a_n\}$ 或者用通项 a_n 表示。

例如，前面给出的数列的例子中，第（6）个数列"$0, \dfrac{1}{2}, \dfrac{2}{3}, \dfrac{3}{4}, \cdots, \dfrac{n-1}{n}, \cdots$"的通项公式为 $a_n = \dfrac{n-1}{n}$，该数列可以简记为 $\left\{\dfrac{n-1}{n}\right\}$。

注：（1）我们这里讨论的数列的项数是无限的，即**无穷数列**（infinite sequence）。因此，**数列 $\{a_n\}$ 可以看成是定义域为正整数集的函数**，即 $a_n = f(n)$。

（2）除非特别说明，数列 $\{a_n\}$ 一般从第一项 a_1 开始。

例 1　根据下面数列给出的前 5 项，写出它们的通项公式：

(1) $0, 1, \sqrt{2}, \sqrt{3}, \sqrt{4}, \cdots;$　　(2) $-\dfrac{2}{3}, \dfrac{3}{9}, -\dfrac{4}{27}, \dfrac{5}{81}, -\dfrac{6}{243}, \cdots$。

解　（1）因为数列的第一项为 $0 = \sqrt{1-1}$，第二项为 $1 = \sqrt{2-1}$，第三项为 $\sqrt{2} = \sqrt{3-1}, \cdots$，所以该数列的前 5 项中的被开方数均为项数序号减 1，所以该数列的通项公式为 $a_n = \sqrt{n-1}$。

（2）观察这个数列的前 5 项，分母分别是 $3^1, 3^2, 3^3, 3^4, 3^5$，分子的奇、偶数项分别带负号、正号，且分子的绝对值是项数序号加 1，所以通项公式中的分母应该为 3^n，分子应该为 $(-1)^n(n+1)$，从而该数列的通项公式为 $a_n = (-1)^n \dfrac{n+1}{3^n}$。

数列的几何表示方法一般有两种：一是将数列的项 $a_1, a_2, \cdots, a_n, \cdots$ 标在数轴上，二是将数列看成函数，将散点 $(1, a_1), (2, a_2), \cdots, (n, a_n), \cdots$ 在平面直角坐标系上画出。图 2.1 给出了数列 $\left\{\dfrac{1}{n}\right\}$ 的两种几何表示方法。

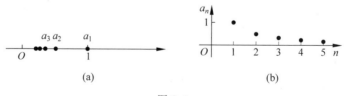

(a)　　　　　　　　　　(b)

图 2.1

对于数列 $0, \dfrac{1}{2}, \dfrac{2}{3}, \dfrac{3}{4}, \cdots, \dfrac{n-1}{n}, \cdots$，从第二项起，每一项都大于它的前一项；而对于数列 $\dfrac{1}{2}, \dfrac{1}{4}, \dfrac{1}{8}, \cdots, \dfrac{1}{2^n}, \cdots$，从第二项起，每一项都小于它的前一项，下面给出数列单调性的

概念。

对于数列 $\{a_n\}$，若对所有正整数 n，满足 $a_n \leqslant a_{n+1}$，则称它为**递增数列**（increasing sequence）；若满足 $a_n \geqslant a_{n+1}$，则称它为**递减数列**（decreasing sequence）。递增或递减的数列称为**单调数列**（monotonic sequence）。

因此，数列 $\left\{\dfrac{n-1}{n}\right\}$ 是递增的，数列 $\left\{\dfrac{1}{2^n}\right\}$ 是递减的。

因为数列是特殊的函数，根据有界函数的概念，可以类似地给出有界数列的概念。

对于数列 $\{a_n\}$，若存在数 K，使对于所有的正整数 n，均有 $a_n \leqslant K$，则称数列 $\{a_n\}$ **有上界**；若存在数 k，使对于所有的正整数 n，均有 $a_n \geqslant k$，则称数列 $\{a_n\}$ **有下界**；若数列 $\{a_n\}$ 既有上界又有下界，则称它为**有界数列**。

例如，数列 $\{-3^n\}$ 有上界，但没有下界；数列 $\{2n-1\}$ 有下界，但没有上界；数列 $\left\{\dfrac{n-1}{n}\right\}$ 既有上界又有下界，是有界数列。

数列 $\{a_n\}$ 有界的充要条件是存在正数 M，使得对于一切 a_n 都满足 $|a_n| \leqslant M$。

对于上面的数列 $\left\{\dfrac{n-1}{n}\right\}$，取 $M=1$，则 $\left|\dfrac{n-1}{n}\right| \leqslant 1$ 对一切正整数 n 都成立。

2.1.2　数列的收敛与发散

对于数列

$$\left\{\frac{1}{2^n}\right\} : \frac{1}{2}, \frac{1}{4}, \frac{1}{8}, \cdots, \frac{1}{2^n}, \cdots,$$

随着项数 n 的不断增大，数列的项 $a_n = \dfrac{1}{2^n}$ 趋于 0；对于数列

$$\left\{\frac{n-1}{n}\right\} : 0, \frac{1}{2}, \frac{2}{3}, \frac{3}{4}, \cdots, \frac{n-1}{n}, \cdots,$$

随着项数 n 的不断增大，数列的项 $a_n = \dfrac{n-1}{n}$ 趋于 1。像这样的两个数列就称为**收敛的**（convergent），数列 $\left\{\dfrac{1}{2^n}\right\}$ 收敛于 0，数列 $\left\{\dfrac{n-1}{n}\right\}$ 收敛于 1。

而对于数列

$$\{3^n\} : 3, 9, 27, \cdots, 3^n, \cdots,$$

随着项数 n 的不断增大，数列的项 $a_n = 3^n$ 也越来越大，可以到无限大；对于数列

$$\left\{\frac{1+(-1)^n}{2}\right\} : 0, 1, 0, 1, \cdots, \frac{1+(-1)^n}{2}, \cdots,$$

随着项数 n 的不断增大，数列的项 $a_n = \dfrac{1+(-1)^n}{2}$ 在 0 和 1 之间来回变换，不趋于任何一个确定的值。像这样的两个数列就称为**发散的**（divergent）。

下面给出数列极限的定义，注意这个定义只是直观描述性的，数列极限的严格定义将会在 2.4 节给出。

定义 2.2（数列极限） 对于给定的数列 $\{a_n\}$，若当项数 n 无限增大时，数列中对应的项 a_n 无限趋向于(approaches)一个确定的常数 L，则称数列 $\{a_n\}$ **收敛于** L(converges to the number L)，常数 L 称为数列 $\{a_n\}$ 的**极限**(limit)，并记作

$$\lim_{n \to \infty} a_n = L, \quad \text{或} \quad a_n \to L(n \to \infty),$$

读作"当 n 趋于无穷大时，数列 $\{a_n\}$ 的极限等于 L 或 a_n 趋于 L"。

若数列 $\{u_n\}$ 没有极限，则称数列 $\{a_n\}$ 不收敛或发散。

例如，数列 $\left\{\dfrac{1}{2^n}\right\}$ 的极限为 0，可以用记号表示为：$\lim\limits_{n \to \infty} \dfrac{1}{2^n} = 0$；数列 $\left\{\dfrac{n-1}{n}\right\}$ 的极限为 1，可以用记号表示为：$\lim\limits_{n \to \infty} \dfrac{n-1}{n} = 1$。

例 2 考察下面的数列是收敛的还是发散的，对于收敛的，写出它们的极限：

(1) $1, \dfrac{1}{2}, \dfrac{1}{3}, \dfrac{1}{4}, \cdots, \dfrac{1}{n}, \cdots$；

(2) $0, 1, \sqrt{2}, \sqrt{3}, \sqrt{4}, \cdots, \sqrt{n-1}, \cdots$；

(3) $0, \dfrac{3}{2}, \dfrac{2}{3}, \dfrac{5}{4}, \dfrac{4}{5}, \cdots, \dfrac{n+(-1)^n}{n}, \cdots$。

解 (1) 数列 $\left\{\dfrac{1}{n}\right\}$ 的项 $\dfrac{1}{n}$ 随着项数 n 的增大而减小，但大于 0，且越来越接近于 0，因此数列 $\left\{\dfrac{1}{n}\right\}$ 收敛，且 $\lim\limits_{n \to \infty} \dfrac{1}{n} = 0$。

(2) 数列 $\left\{\sqrt{n-1}\right\}$ 的项 $\sqrt{n-1}$ 随着项数 n 的增大而增大，且 n 无限增大时，数列 $\left\{\sqrt{n-1}\right\}$ 的项 $\sqrt{n-1}$ 也无限增大，不趋近于任何确定的常数，所以数列 $\left\{\sqrt{n-1}\right\}$ 发散。

(3) 数列 $\left\{\dfrac{n+(-1)^n}{n}\right\}$ 的项根据项数 n 的奇偶在数 1 的上下振荡，但不等于 1，且随着项数 n 的增大，与 1 的距离越来越小，因此数列 $\left\{\dfrac{n+(-1)^n}{n}\right\}$ 收敛，且 $\lim\limits_{n \to \infty} \dfrac{n+(-1)^n}{n} = 1$。

在前面收敛的数列中，有的数列的极限为 0，例如 $\lim\limits_{n \to \infty} \dfrac{1}{n} = 0$，$\lim\limits_{n \to \infty} \dfrac{1}{2^n} = 0$，这类数列很重要，称为无穷小数列，其定义如下。

定义 2.3（无穷小数列） 对于给定的数列 $\{a_n\}$，若 $\lim\limits_{n \to \infty} a_n = 0$，则称数列 $\{a_n\}$ 为**无穷小数列**。

在前面发散的数列中，例如数列 $\{3^n\}$，虽然是发散的，但发散的方式比较特殊，当 n 无限增大时，数列的项 $a_n = 3^n$ 取正值并无限增大，即趋向于正无穷大，可用记号表示为

$$\lim_{n \to \infty} 3^n = +\infty, \quad \text{或} \quad 3^n \to +\infty(n \to \infty)。$$

类似地可以分析，对于数列 $\{-3^n\}$，则有 $\lim\limits_{n \to \infty}(-3^n) = -\infty$；对于数列 $\{(-3)^n\}$，则有 $\lim\limits_{n \to \infty}((-3)^n) = \infty$。这类数列称为无穷大数列。

定义 2.4（无穷大数列）　对于给定的数列 $\{a_n\}$，若当项数 n 无限增大时，数列中对应的项 a_n 的绝对值 $|a_n|$ 无限增大，则称数列 $\{a_n\}$ 发散于无穷大（diverges to infinity），记作

$$\lim_{n\to\infty} a_n = \infty, \quad 或 \quad a_n \to \infty (n \to \infty),$$

并称数列 $\{a_n\}$ 是一个**无穷大数列**。

2.1.3　数列极限的运算法则

数列 $\{a_n\}$ 的极限研究的是项数 n 无限增大时，数列的项 a_n 的变化趋势，求数列的极限也是一种运算。前面我们用观察法求得了一些简单数列的极限，为了能够求得更多数列的极限，下面给出数列极限的运算法则。2.4 节将对这些法则中的部分法则给出证明。

定理 2.1　（极限的运算法则，limit laws）
若数列 $\{a_n\}$ 和 $\{b_n\}$ 均收敛，且 $\lim\limits_{n\to\infty} a_n = a$，$\lim\limits_{n\to\infty} b_n = b$，其中 a,b 为常数，则有：

(1) $\lim\limits_{n\to\infty}(a_n + b_n) = \lim\limits_{n\to\infty} a_n + \lim\limits_{n\to\infty} b_n = a + b$（**和法则**，sum rule）；

(2) $\lim\limits_{n\to\infty}(a_n - b_n) = \lim\limits_{n\to\infty} a_n - \lim\limits_{n\to\infty} b_n = a - b$（**差法则**，difference rule）；

(3) $\lim\limits_{n\to\infty}(c \cdot a_n) = c \cdot \lim\limits_{n\to\infty} a_n = c \cdot a$，$c$ 为常数（**乘常数法则**，constant multiple rule）；

(4) $\lim\limits_{n\to\infty}(a_n \cdot b_n) = \lim\limits_{n\to\infty} a_n \cdot \lim\limits_{n\to\infty} b_n = a \cdot b$（**积法则**，product rule）；

(5) 若 $b \neq 0$，则 $\lim\limits_{n\to\infty} \dfrac{a_n}{b_n} = \dfrac{\lim\limits_{n\to\infty} a_n}{\lim\limits_{n\to\infty} b_n} = \dfrac{a}{b}$（**商法则**，quotient rule）；

(6) $\lim\limits_{n\to\infty}(a_n)^p = (\lim\limits_{n\to\infty} a_n)^p = a^p$，其中 $p \in \mathbb{R}$，且 a^p 有意义（**幂法则**，power rule）。

利用极限的运算法则计算数列的极限时，常常需要利用一些已知的较简单的数列的极限，例如 $\lim\limits_{n\to\infty} \dfrac{1}{n} = 0$、$\lim\limits_{n\to\infty} \dfrac{n-1}{n} = 1$ 等。另外，还常用到等比数列 $\{q^n\}$ 的极限，即当 $|q| < 1$ 时，数列 $\{q^n\}$ 收敛，且 $\lim\limits_{n\to\infty} q^n = 0$，该结论可以借助指数函数 q^x 的图像进行观察得到，其严格证明需要利用 2.4 节中的数列极限的严格定义。

例 3　计算下列极限：

(1) $\lim\limits_{n\to\infty}\left(\dfrac{5}{n} + \dfrac{1}{n^2}\right)$；

(2) $\lim\limits_{n\to\infty} \dfrac{3n-5}{7n+2}$；

(3) $\lim\limits_{n\to\infty} \dfrac{3n-5}{7n^2+2}$；

(4) $\lim\limits_{n\to\infty} \dfrac{\dfrac{1}{2} + \dfrac{1}{2^2} + \dfrac{1}{2^3} + \cdots + \dfrac{1}{2^n}}{\dfrac{1}{5} + \dfrac{1}{5^2} + \dfrac{1}{5^3} + \cdots + \dfrac{1}{5^n}}$。

解　(1) $\lim\limits_{n\to\infty}\left(\dfrac{5}{n} + \dfrac{1}{n^2}\right) = \lim\limits_{n\to\infty} \dfrac{5}{n} + \lim\limits_{n\to\infty} \dfrac{1}{n^2} = 5 \cdot \lim\limits_{n\to\infty} \dfrac{1}{n} + \lim\limits_{n\to\infty} \dfrac{1}{n} \cdot \lim\limits_{n\to\infty} \dfrac{1}{n} = 5 \times 0 + 0 \times 0 = 0$。

注意，此处的 $\lim\limits_{n\to\infty} \dfrac{1}{n^2}$ 也可以这样计算：$\lim\limits_{n\to\infty} \dfrac{1}{n^2} = \left(\lim\limits_{n\to\infty} \dfrac{1}{n}\right)^2 = 0^2 = 0$。

（2）该极限的分子分母均发散到无穷大，所以不能直接利用极限的商法则，解决方法：因为 n 在正整数集中取值，分子分母同除以 n，之后再用极限的商法则。

$$\lim_{n\to\infty}\frac{3n-5}{7n+2}=\lim_{n\to\infty}\frac{3-\dfrac{5}{n}}{7+\dfrac{2}{n}}=\frac{\lim_{n\to\infty}\left(3-\dfrac{5}{n}\right)}{\lim_{n\to\infty}\left(7+\dfrac{2}{n}\right)}=\frac{3}{7}。$$

（3）$\lim_{n\to\infty}\dfrac{3n-5}{7n^2+2}=\lim_{n\to\infty}\dfrac{\dfrac{3}{n}-\dfrac{5}{n^2}}{7+\dfrac{2}{n^2}}=\dfrac{\lim_{n\to\infty}\left(\dfrac{3}{n}-\dfrac{5}{n^2}\right)}{\lim_{n\to\infty}\left(7+\dfrac{2}{n^2}\right)}=\dfrac{0}{7}=0。$

（4）利用等比数列的前 n 项和公式，得

$$\frac{1}{2}+\frac{1}{2^2}+\frac{1}{2^3}+\cdots+\frac{1}{2^n}=\frac{\dfrac{1}{2}\left(1-\dfrac{1}{2^n}\right)}{1-\dfrac{1}{2}}=1-\frac{1}{2^n},$$

$$\frac{1}{5}+\frac{1}{5^2}+\frac{1}{5^3}+\cdots+\frac{1}{5^n}=\frac{\dfrac{1}{5}\left(1-\dfrac{1}{5^n}\right)}{1-\dfrac{1}{5}}=\frac{1}{4}\left(1-\frac{1}{5^n}\right),$$

所以

$$\lim_{n\to\infty}\left(\frac{1}{2}+\frac{1}{2^2}+\frac{1}{2^3}+\cdots+\frac{1}{2^n}\right)=\lim_{n\to\infty}\left(1-\frac{1}{2^n}\right)=1,$$

$$\lim_{n\to\infty}\left(\frac{1}{5}+\frac{1}{5^2}+\frac{1}{5^3}+\cdots+\frac{1}{5^n}\right)=\lim_{n\to\infty}\frac{1}{4}\left(1-\frac{1}{5^n}\right)=\frac{1}{4},$$

从而

$$\lim_{n\to\infty}\frac{\dfrac{1}{2}+\dfrac{1}{2^2}+\dfrac{1}{2^3}+\cdots+\dfrac{1}{2^n}}{\dfrac{1}{5}+\dfrac{1}{5^2}+\dfrac{1}{5^3}+\cdots+\dfrac{1}{5^n}}=\frac{\lim_{n\to\infty}\left(\dfrac{1}{2}+\dfrac{1}{2^2}+\dfrac{1}{2^3}+\cdots+\dfrac{1}{2^n}\right)}{\lim_{n\to\infty}\left(\dfrac{1}{5}+\dfrac{1}{5^2}+\dfrac{1}{5^3}+\cdots+\dfrac{1}{5^n}\right)}=4。$$

思　考　题

1. 设有数列 $\{a_n\}$ 和 $\{b_n\}$，若数列 $\{a_n-b_n\}$ 收敛，$\{a_n\}$ 和 $\{b_n\}$ 是否一定收敛？

2. 设有数列 $\{a_n\}$ 和 $\{b_n\}$，若数列 $\{a_nb_n\}$ 收敛，$\{a_n\}$ 和 $\{b_n\}$ 是否一定收敛？

习题 2.1

A 组

一、选择题

1. 下列数列中，单调递增的是（　　）。

A. $a_n = 1 + (-1)^n$　　B. $a_n = \dfrac{n}{n+2}$　　　C. $a_n = \dfrac{n}{n^2+1}$　　　D. $a_n = (-1)^n \dfrac{1}{n}$

2. 下列数列中,有界的是(　　)。

A. $a_n = (-1)^n n$　　　B. $a_n = \dfrac{n}{n+2}$　　　C. $a_n = (-2)^n$　　　D. $a_n = n + \dfrac{1}{n}$

3. 若 $S_n = 1 + \dfrac{1}{2} + \dfrac{1}{2^2} + \dfrac{1}{2^3} + \cdots + \dfrac{1}{2^{n-1}}$,则 $\lim\limits_{n\to\infty} S_n$ 为(　　)。

A. 2　　　　　　B. 3　　　　　　C. 4　　　　　　D. 不存在

4. 下列数列中,极限不存在的是(　　)。

A. $a_n = \dfrac{1}{3^n}$　　　　　　　　　　　B. $a_n = \dfrac{n + (-1)^n}{n}$

C. $a_n = \dfrac{1 + (-1)^{n+1}}{3}$　　　　　　D. $a_n = \dfrac{n+1}{n+2}$

5. 下列数列中不是无穷小数列的是(　　)。

A. $a_n = \sqrt{n+1} - \sqrt{n-1}$　　　　　　B. $a_n = \dfrac{n}{n+2}$

C. $a_n = \dfrac{2^n}{3^n}$　　　　　　　　　　　D. $a_n = \dfrac{n}{n^2+1}$

6. 下列数列中是无穷大数列的是(　　)。

A. $a_n = (-1)^n \dfrac{1}{n}$　　B. $a_n = \sin\dfrac{\pi}{2n}$　　C. $a_n = (-2)^n$　　D. $a_n = 1 + \dfrac{1}{n}$

7. 若数列 $a_n = \begin{cases} n, & n \leqslant 10, \\ \dfrac{1}{n}, & n > 10, \end{cases}$ 则 $\lim\limits_{n\to\infty} a_n$ 为(　　)。

A. 10　　　　　　B. 0　　　　　　C. 10 或者 0　　　　　　D. 不存在

二、解答题

1. 根据下面数列给出的前若干项,写出它们的通项公式,并考察它们是收敛的还是发散的:

(1) $2, \dfrac{2}{3}, \dfrac{2}{5}, \dfrac{2}{7}, \dfrac{2}{9}, \cdots$;　　　　　　(2) $-\dfrac{2}{3}, \dfrac{4}{5}, -\dfrac{8}{9}, \dfrac{16}{17}, -\dfrac{32}{33}, \cdots$;

(3) $2.9, 3.01, 2.999, 3.0001, 2.99999, \cdots$;　　(4) $\dfrac{3}{2}, \dfrac{9}{4}, \dfrac{27}{8}, \dfrac{81}{16}, \dfrac{243}{32}, \cdots$;

(5) $1, 4, 7, 10, 13, \cdots$;　　　　　　(6) $1, 0, -1, 0, 1, 0, -1, 0, \cdots$。

2. 求下列极限:

(1) $\lim\limits_{n\to\infty} \dfrac{5n}{2n-3}$;　　　　　　(2) $\lim\limits_{n\to\infty} \left[3 + \left(-\dfrac{1}{2}\right)^n\right]$;

(3) $\lim\limits_{n\to\infty} \dfrac{2^{n+3}}{5^n}$;　　　　　　(4) $\lim\limits_{n\to\infty} \dfrac{3^n - 2^n}{4^n}$;

(5) $\lim\limits_{n\to\infty} \dfrac{1 + 2 + 3 + \cdots + n}{3n^2 - 7}$;　　　　　　(6) $\lim\limits_{n\to\infty} \dfrac{n+1}{3n^2 - 7}$;

(7) $\lim\limits_{n\to\infty}\left(\dfrac{1}{1\times 2}+\dfrac{1}{2\times 3}+\cdots+\dfrac{1}{n(n+1)}\right)$;　　　(8) $\lim\limits_{n\to\infty}\sqrt{\dfrac{n-1}{16n-1}}$。

B 组

1. 证明数列 $a_n=\dfrac{n}{n+1}$ 是递增数列。

2. 证明数列 $u_n=\dfrac{n}{n^2+1}$ 是递减数列。

3. 利用 Excel 或计算器计算下列数列当 $n=1,10,100,1000,10000,100000,1000000$ 时的值,并观察随着 n 的不断增大,数列的项 a_n 的变化趋势:

(1) $a_n=n\sin\dfrac{1}{n}$;　　　　　　　　　　(2) $a_n=\left(1+\dfrac{1}{n}\right)^n$。

4. 设数列 $x_n=3+\dfrac{1}{n^2}$,试问该数列从第几项起以后的所有项均满足:

(1) $|x_n-3|<0.01$;

(2) $|x_n-3|<0.0001$;

(3) $|x_n-3|<\varepsilon$,其中 ε 是给定的正数,可以任意小。

2.2 函数的极限

在 2.1 节给出了数列 $\{a_n\}$ 的极限的直观描述性定义及数列极限的运算法则。数列 $\{a_n\}$ 是自变量为正整数 n 的特殊函数,即 $a_n=f(n)$(n 是正整数)。数列的极限研究的是 $n\to\infty$ 时数列的项 $a_n=f(n)$ 的变化趋势。接下来我们将讨论一般的函数 $f(x)$ 的极限问题,根据自变量 x 的变化过程,分为两种情况讨论:

(1) 自变量 x 趋于有限值时函数 $f(x)$ 的极限;

(2) 自变量 x 趋于无穷大时函数 $f(x)$ 的极限。

2.2.1 自变量趋于有限值时函数的极限

例1 观察函数 $f(x)=\dfrac{x^2-1}{x-1}$ 在 x 趋于 1 时的变化趋势。

解 函数 $f(x)=\dfrac{x^2-1}{x-1}$ 在 $x=1$ 处无定义(not defined),可以将 $f(x)$ 重新写成如下形式:

$$f(x)=\dfrac{x^2-1}{x-1}=\begin{cases}x+1, & x\neq 1,\\ \text{无定义}, & x=1。\end{cases}$$

函数 $f(x)$ 的图像就是在直线 $y=x+1$ 的图像上,将点 $(1,2)$ 挖掉(如图 2.2(b)所示)。虽然 $f(x)$ 在 $x=1$ 处无定义,但当 x 从 1 的左右两侧无限靠近 1 时,函数值 $f(x)$ 都无限靠近 2(图 2.2(c)),下面的表格也可以说明这个变化趋势:

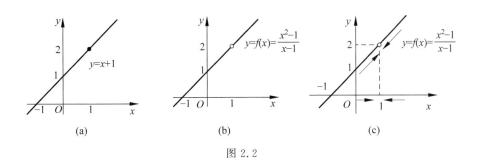

图 2.2

x	0.9	0.95	0.99	0.999	1	1.001	1.01	1.05	1.1
$f(x)$	1.9	1.95	1.99	1.999	无定义	2.001	2.01	2.05	2.1

于是我们就说,当 x 趋于 1 时,函数 $f(x)$ 的极限为 2,可用记号表示为

$$\lim_{x \to 1} f(x) = 2, \quad 或 \quad \lim_{x \to 1} \frac{x^2-1}{x-1} = 2。$$

定义 2.5($x \to x_0$ 时的极限) 设函数 $f(x)$ 在 x_0 附近有定义,如果存在常数 L,使得当 x 无限靠近 x_0 时,对应的函数值 $f(x)$ 无限靠近 L,则称 L 为 $f(x)$ 在 x 趋于 x_0 时的极限,并记作

$$\lim_{x \to x_0} f(x) = L, \quad 或 \quad f(x) \to L(x \to x_0),$$

读作"当 x 趋于 x_0 时,函数 $f(x)$ 的极限等于 L 或 $f(x)$ 趋于 L"。

注:(1) 在定义 2.5 中,"$f(x)$ 在 x_0 附近有定义"的含义是:$f(x)$ 在包含 x_0 的一个开区间内有定义,但不一定要求在 x_0 点本身有定义。

(2)"$f(x)$ 在 $x \to x_0$ 时的极限"也常说成是"$f(x)$ 在点 x_0 处的极限"。

(3) 函数在 x_0 处的极限描述的是函数 $f(x)$ 在 x_0 附近的变化趋势,因此,函数 $f(x)$ 在点 x_0 处是否有极限与 $f(x)$ 在 x_0 处有无定义无关,与函数 $f(x)$ 在 x_0 处的函数值无关。

例如,$\lim_{x \to 3} f(x) = 4$ 可能是下面三种情况之一(见图 2.3),但 $f(x)$ 在 $x=3$ 处的**性状**(behavior)是不同的:图 2.3(a)是 $f(3)$ 有定义,且 $\lim_{x \to 3} f(x) = 4 = f(3)$;图 2.3(b)是 $f(3)$ 有定义,但 $\lim_{x \to 3} f(x) = 4 \neq f(3)$;图 2.3(c)是 $f(3)$ 无定义,但 $\lim_{x \to 3} f(x) = 4$。

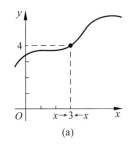 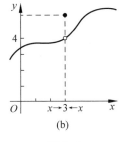 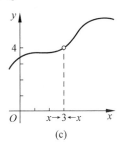

图 2.3

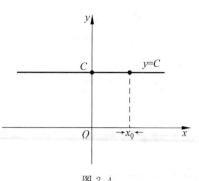

图 2.4

（4）定义 2.5 是函数 $f(x)$ 在 $x \rightarrow x_0$ 时的极限的直观描述性定义，严格定义将在 2.4 节给出。

例 2　常数函数 $y = C$（C 为常数）在任意点 x_0 处的极限均为 C（见图 2.4），即 $\lim\limits_{x \rightarrow x_0} C = C$。

例 3　列表估计极限 $\lim\limits_{x \rightarrow 1} \dfrac{\sqrt{x} - 1}{x - 1}$ 的值。

解　设 $f(x) = \dfrac{\sqrt{x} - 1}{x - 1}$，计算从 $x = 1$ 的左右两侧趋于 1 时的函数值，列表如下：

x	0.9	0.99	0.999	0.9999	1	1.0001	1.001	1.01	1.1
$f(x)$	0.51317	0.50126	0.50013	0.50001	无定义	0.49999	0.49988	0.49876	0.48809

由表格中数据可以看出，当 x 趋于 1 时，函数值 $f(x)$ 趋于 0.5，即

$$\lim_{x \rightarrow 1} \frac{\sqrt{x} - 1}{x - 1} = 0.5 。$$

例 4　根据函数 $s = f(t)$ 的图像（见图 2.5），考察下列极限是否存在，若极限存在，求出极限的值；若极限不存在，说明理由。

(1) $\lim\limits_{t \rightarrow -2} f(t)$；　　　(2) $\lim\limits_{t \rightarrow -1} f(t)$；　　　(3) $\lim\limits_{t \rightarrow 0} f(t)$。

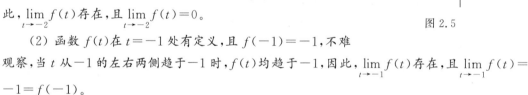

图 2.5

解　(1) 函数 $s = f(t)$ 是分段函数，在 $t = -2$ 处无定义，但是当 t 从 -2 的左右两侧趋于 -2 时，$f(t)$ 均趋于 0，因此，$\lim\limits_{t \rightarrow -2} f(t)$ 存在，且 $\lim\limits_{t \rightarrow -2} f(t) = 0$。

(2) 函数 $f(t)$ 在 $t = -1$ 处有定义，且 $f(-1) = -1$，不难观察，当 t 从 -1 的左右两侧趋于 -1 时，$f(t)$ 均趋于 -1，因此，$\lim\limits_{t \rightarrow -1} f(t)$ 存在，且 $\lim\limits_{t \rightarrow -1} f(t) = -1 = f(-1)$。

(3) 函数 $f(t)$ 在 $t = 0$ 处有定义，且 $f(0) = 0$，但是，当 t 从 0 的左侧趋于 0 时，$f(t)$ 趋于 -1；而从 0 的右侧趋于 0 时，$f(t)$ 趋于 1，即 t 从 0 的左右两侧趋于 0 时，$f(t)$ 不趋于一个确定的值，因此，$\lim\limits_{t \rightarrow 0} f(t)$ 不存在。

例 4 的问题（3）中，当 t 从 0 的左侧趋于 0 时，$f(t)$ 趋于 -1；而从 0 的右侧趋于 0 时，$f(t)$ 趋于 1。这两种情况可以分别用记号表示如下：

$$\lim_{t \rightarrow 0^-} f(t) = -1, \quad \lim_{t \rightarrow 0^+} f(t) = 1,$$

表示 $f(t)$ 在 $t = 0$ 处的**左极限**和**右极限**分别为 -1 和 1。其中，记号"$t \rightarrow 0^-$"可读作"t 趋于 0 减"或"t 趋于 0 负"，表示 t 从 0 的左侧趋于 0，或 t 小于 0 趋于 0；记号"$t \rightarrow 0^+$"可读作"t 趋于 0 加"或"t 趋于 0 正"，表示 t 从 0 的右侧趋于 0，或 t 大于 0 趋于 0。

左极限和右极限统称为**单侧极限**（one-sided limit），下面给出左极限和右极限的定义。

定义 2.6（左、右极限）　设函数 $f(x)$ 在 x_0 左侧附近有定义,如果存在常数 L,使得当 x 从 x_0 左侧无限靠近 x_0 时,对应的函数值 $f(x)$ 无限靠近 L,那么称 L 为 $f(x)$ 在 x 趋于 x_0 时的**左极限**(left-hand limit),并记作

$$\lim_{x \to x_0^-} f(x) = L, \quad 或 \quad f(x) \to L(x \to x_0^-),$$

读作"当 x 趋于 x_0 减时,函数 $f(x)$ 的左极限等于 L 或 $f(x)$ 趋于 L",或读作"$f(x)$ 在 x_0 处的左极限等于 L"。

类似地,可以定义 $f(x)$ 在 x_0 处的**右极限**(right-hand limit)。若 $f(x)$ 在 x 趋于 x_0 时的右极限为 L,则可以记为

$$\lim_{x \to x_0^+} f(x) = L, \quad 或 \quad f(x) \to L(x \to x_0^+)。$$

注:(1) $x \to x_0^-$ 与 $x \to x_0^+$ 也可以分别记为 $x \to x_0 - 0$ 和 $x \to x_0 + 0$;

(2) 左极限 $\lim\limits_{x \to x_0^-} f(x) = L$ 与右极限 $\lim\limits_{x \to x_0^+} f(x) = L$ 也可以分别记为 $f(x_0 - 0) = L$ 和 $f(x_0 + 0) = L$;

(3) 函数 $f(x)$ 在 x_0 处的极限与左、右极限之间的关系:$f(x)$**在点 x_0 处极限存在的充要条件**是 $f(x)$ 在点 x_0 处的左、右极限存在且相等,即

$$\lim_{x \to x_0} f(x) = L \Leftrightarrow \lim_{x \to x_0^-} f(x) = \lim_{x \to x_0^+} f(x) = L。$$

(4) 定义 2.6 的严格定义将在 2.4 节给出。

例 5　考察下列函数在所给点处的左、右极限及极限是否存在,若存在,请求出;若不存在,说明理由。

(1) $f(x) = \begin{cases} x+1, & x < 1, \\ x, & x \geq 1, \end{cases} x = 1$;　　　(2) $f(x) = \dfrac{1}{x-1}, x = 1$。

解　(1) $f(x)$ 在 $x = 1$ 处有定义,其图像如图 2.6(a)所示,容易看出,$\lim\limits_{x \to 1^-} f(x) = 2$, $\lim\limits_{x \to 1^+} f(x) = 1$,因为 $\lim\limits_{x \to 1^-} f(x) \neq \lim\limits_{x \to 1^+} f(x)$,所以 $\lim\limits_{x \to 1} f(x)$ 不存在。

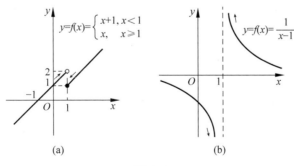

图 2.6

(2) $f(x)$ 在 $x = 1$ 处无定义,其图像如图 2.6(b)所示,从图像上看出,当 $x \to 1^-$ 时,函数 $f(x)$ 沿着 y 轴的负方向无限增大,即 $f(x)$ 趋于负无穷大,$f(x)$ 不趋于一个确定的常数,所以 $\lim\limits_{x \to 1^-} f(x)$ 不存在,但这种情形可以用记号表示为

$$\lim_{x \to 1^-} \frac{1}{x-1} = -\infty。$$

类似地分析可以得出,当 $x \to 1^+$ 时,$f(x)$ 趋于正无穷大,所以 $\lim_{x \to 1^+} f(x)$ 也不存在,这种情形可以用记号表示为

$$\lim_{x \to 1^+} \frac{1}{x-1} = +\infty。$$

综上可得,$\lim_{x \to 1} f(x)$ 不存在。

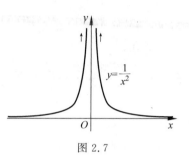

图 2.7

例 5 的问题(2)中我们得到,$\lim_{x \to 1^-} \frac{1}{x-1} = -\infty$,

$\lim_{x \to 1^+} \frac{1}{x-1} = +\infty$。求函数极限时,类似地情形还有很

多,例如,考察 $y = \frac{1}{x^2}$ 在 $x=0$ 处的极限(图 2.7),可得

$\lim_{x \to 0^-} \frac{1}{x^2} = +\infty$, $\lim_{x \to 0^+} \frac{1}{x^2} = +\infty$,从而得 $\lim_{x \to 0} \frac{1}{x^2} = +\infty$。

> **定义 2.7(无穷大量)**　设函数 $f(x)$ 在 x_0 附近有定义,若当 $x \to x_0$ 时,函数值 $f(x)$ 的绝对值无限增大,则称 $f(x)$ 在 $x \to x_0$ 时是**无穷大量**,简称**无穷大**(infinity),并记作
> $$\lim_{x \to x_0} f(x) = \infty。$$

注:(1) 若定义中的"函数值 $f(x)$ 的绝对值无限增大"换成"函数值 $f(x)$ 无限增大",则称 $f(x)$ 在 $x \to x_0$ 时是**正无穷大**(positive infinity),并记作

$$\lim_{x \to x_0} f(x) = +\infty。$$

(2) 若定义中的"函数值 $f(x)$ 的绝对值无限增大"换成"函数值 $f(x)$ 的相反数 $-f(x)$ 无限增大",则称 $f(x)$ 在 $x \to x_0$ 时是**负无穷大**(negative infinity),并记作

$$\lim_{x \to x_0} f(x) = -\infty。$$

(3) 对于 $x \to x_0^-$ 及 $x \to x_0^+$ 时的无穷大的定义,可参考定义 2.7 类似给出。记号分别为 $\lim_{x \to x_0^-} f(x) = \infty$ 和 $\lim_{x \to x_0^+} f(x) = \infty$。

(4) 无穷大不是一个很大很大的数,是指函数有非正常极限 ∞,$+\infty$ 或 $-\infty$。

(5) 定义 2.7 的严格定义将会在 2.4 节给出。

例 6　考察下列函数在所给自变量的变化过程中是否为无穷大量:

(1) $y = \dfrac{1}{(x-2)^2}$,$x \to 2$;　　　　　　(2) $y = \ln x$,$x \to 0^+$;

(3) $y = \tan x$,$x \to \dfrac{\pi}{2}$;　　　　　　(4) $y = \dfrac{x+1}{x-2}$,$x \to 2$。

解　(1) $y = \dfrac{1}{(x-2)^2}$ 的图像如图 2.8(a)所示,可得 $\lim_{x \to 2} \dfrac{1}{(x-2)^2} = +\infty$。

(2) $y = \ln x$ 的图像如图 2.8(b)所示,可得 $\lim_{x \to 0^+} \ln x = -\infty$。

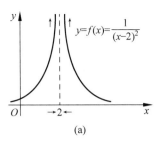

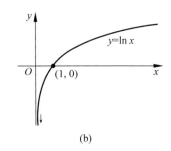

(a)　　　　　　　　　　　　　　(b)

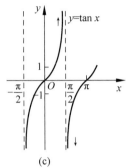

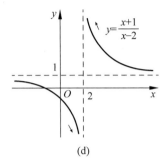

(c)　　　　　　　　　　　　　　(d)

图 2.8

（3）$y = \tan x$ 的图像如图 2.8(c)所示，可得 $\lim\limits_{x \to \frac{\pi}{2}^-} \tan x = +\infty$，$\lim\limits_{x \to \frac{\pi}{2}^+} \tan x = -\infty$。

（4）$y = \dfrac{x+1}{x-2}$ 的图像如图 2.8(d)所示，可得 $\lim\limits_{x \to 2^-} \dfrac{x+1}{x-2} = -\infty$，$\lim\limits_{x \to 2^+} \dfrac{x+1}{x-2} = +\infty$。

已知函数 $y = f(x)$，若 $\lim\limits_{x \to x_0^-} f(x) = \pm\infty$，$\lim\limits_{x \to x_0^+} f(x) = \pm\infty$，或 $\lim\limits_{x \to x_0} f(x) = \pm\infty$，则称直线 $x = x_0$ 为曲线 $y = f(x)$ 的一条**竖直渐近线**（vertical asymptote）。

例如，例 6 中，对于（1），直线 $x = 2$ 是曲线 $f(x) = \dfrac{1}{(x-2)^2}$ 的一条竖直渐近线；对于

（3），直线 $x = \dfrac{\pi}{2}$ 是曲线 $f(x) = \tan x$ 的一条竖直渐近线，事实上，对于任意整数 n，直线 $x = \dfrac{2n+1}{2}\pi$ 都是 $f(x) = \tan x$ 的竖直渐近线。

请读者自己说明例 6 的（2）和（4）中的竖直渐近线。

2.2.2　自变量趋于无穷大时函数的极限

对于函数 $y = f(x)$，有时需要研究当自变量 x 无限增大时函数 $f(x)$ 的变化情况。例如，习题 1.2 中有这样一个问题："从目前开始的 t 年，某城市人口将达到 $P(t) = \left(20 - \dfrac{6}{t+1}\right)$ 万人，当 t 越来越大时，该城市人口是怎样的变化趋势？"该问题就涉及自变量趋于无穷大时函数的极限的思想。

对于 $P(t) = 20 - \dfrac{6}{t+1}$（其图像如图 2.9），当时间 t

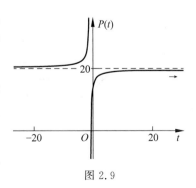

图 2.9

无限增大时,即 $t \rightarrow +\infty$ 时,人口数量 $P(t) \rightarrow 20$,可以记作

$$\lim_{t \rightarrow +\infty} P(t) = 20。$$

定义 2.8($x \rightarrow +\infty$ 或 $x \rightarrow -\infty$ 时的极限） 设函数 $f(x)$ 在 $[a, +\infty)$ 上有定义,如果存在常数 L,使得当 $x \rightarrow +\infty$ 时,$f(x)$ 趋于 L,则称函数 $f(x)$ 在 $x \rightarrow +\infty$ 时存在极限,且极限值为 L,记为

$$\lim_{x \rightarrow +\infty} f(x) = L。$$

设函数 $f(x)$ 在 $(-\infty, b]$ 上有定义,如果存在常数 L,使得当 $x \rightarrow -\infty$ 时,$f(x)$ 趋于 L,则称函数 $f(x)$ 在 $x \rightarrow -\infty$ 时存在极限,且极限值为 L,记为

$$\lim_{x \rightarrow -\infty} f(x) = L。$$

例 7 考察下列函数在 $x \rightarrow +\infty$ 或 $x \rightarrow -\infty$ 时的极限:

(1) $y = \dfrac{1}{x}$;   (2) $y = 2^x$;

(3) $y = \sin x$;   (4) $y = \arctan x$。

解 (1) 由 $y = \dfrac{1}{x}$ 的图像(图 2.10(a))知,$\lim\limits_{x \rightarrow +\infty} \dfrac{1}{x} = 0$,$\lim\limits_{x \rightarrow -\infty} \dfrac{1}{x} = 0$。

(2) 由 $y = 2^x$ 的图像(图 2.10(b))知,$\lim\limits_{x \rightarrow +\infty} 2^x = +\infty$,$\lim\limits_{x \rightarrow -\infty} 2^x = 0$。

(3) 由 $y = \sin x$ 的图像(图 2.10(c))知,当 $x \rightarrow +\infty$ 或 $x \rightarrow -\infty$ 时,$\sin x$ 的值是在 -1 和 1 之间振荡变化的,没有趋于一个确定的值,所以 $\lim\limits_{x \rightarrow +\infty} \sin x$ 及 $\lim\limits_{x \rightarrow -\infty} \sin x$ 均不存在。

(4) 由 $y = \arctan x$ 的图像(图 2.10(d))知,$\lim\limits_{x \rightarrow +\infty} \arctan x = \dfrac{\pi}{2}$,$\lim\limits_{x \rightarrow -\infty} \arctan x = -\dfrac{\pi}{2}$。

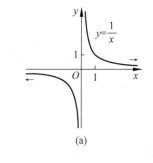

(a)

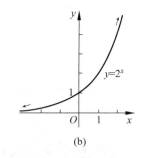

(b)

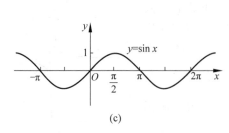

(c)

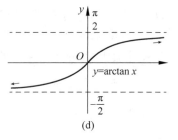

(d)

图 2.10

对于函数 $y=f(x)$,若 $\lim\limits_{x \to +\infty} f(x)=L$ 或 $\lim\limits_{x \to -\infty} f(x)=L$,则称直线 $y=L$ 为曲线 $y=f(x)$ 的一条**水平渐近线**(horizontal asymptote)。

例如,根据例 7 的解答可知,$y=0$ 是曲线 $f(x)=\dfrac{1}{x}$ 的一条水平渐近线,$y=\dfrac{\pi}{2}$ 和 $y=-\dfrac{\pi}{2}$ 是曲线 $f(x)=\arctan x$ 的两条水平渐近线。

注:(1) 类似于 $x \to x_0$,$x \to x_0^-$ 或 $x \to x_0^+$ 时的无穷大的定义(定义 2.7),当 $x \to +\infty$,$x \to -\infty$ 或 $x \to \infty$ 时,也有无穷大的定义。

例如,$x \to +\infty$ 时,$x^2 \to +\infty$,即 x^2 是无穷大量,可以记为:$\lim\limits_{x \to +\infty} x^2 = +\infty$;而 $x \to -\infty$ 时,亦有 $x^2 \to +\infty$,记为 $\lim\limits_{x \to -\infty} x^2 = +\infty$。

(2) 在 2.1 节中,我们给出过无穷大数列的定义(定义 2.4),事实上,无穷大数列就是正整数 $n \to \infty$ 时的无穷大。例如 $\lim\limits_{n \to \infty}(2n+1) = +\infty$。

思　考　题

1. 回答问题并举例说明:

(1) 如果函数 $f(x)$ 在 $x=2$ 处无定义,$\lim\limits_{x \to 2} f(x)$ 是否有可能存在?

(2) 如果函数 $f(x)$ 在 $x=2$ 处有定义,$\lim\limits_{x \to 2} f(x)$ 一定存在吗?

(3) 如果函数 $f(x)$ 在 $x=2$ 处有定义,且 $\lim\limits_{x \to 2} f(x)$ 存在,那么 $\lim\limits_{x \to 2} f(x)$ 一定等于 $f(2)$ 吗?

2. 已知函数 $f(x)$,解释下面这些记号的含义:

(1) $\lim\limits_{x \to 0^-} f(x)=1$;　　　　　　(2) $\lim\limits_{x \to 0+0} f(x)=-1$;

(3) $\lim\limits_{x \to -2^-} f(x)=-\infty$;　　　　(4) $\lim\limits_{x \to +\infty} f(x)=0$。

3. 无穷大量是否一定是无界函数? 无界函数是否一定是无穷大量?

习题 2.2

A 组

一、选择题

1. 已知函数 $f(x)$ 的图像如图 2.11 所示,下列叙述不正确的是(　　)。

A. $\lim\limits_{x \to 0} f(x)=0$

B. $\lim\limits_{x \to 1} f(x)$ 不存在

C. $\lim\limits_{x \to 2} f(x)=0$

D. 对任意 $x_0 \in (2,3)$,$\lim\limits_{x \to x_0} f(x)$ 都存在

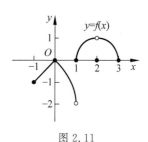

图 2.11

2. 设函数 $f(x)=\begin{cases}-1, & x>0,\\ 0, & x=0,\\ 1, & x<0,\end{cases}$ 则 $\lim\limits_{x\to 0}f(x)=(\quad)$。

　　A. -1　　　　　　　　B. 1　　　　　　　　C. 0　　　　　　　D. 不存在

3. 设函数 $f(x)=\begin{cases}x-2, & x>0,\\ 0, & x=0,\\ 2+x, & x<0,\end{cases}$ 则 $\lim\limits_{x\to 1}f(x)=(\quad)$。

　　A. -1　　　　　　　　B. 0　　　　　　　　C. 3　　　　　　　D. 不存在

4. 下列函数在 $x\to x_0$ 时,极限不存在的是(　　)。

　　A. $f(x)=\sin x$, $x_0=\pi$　　　　　　　　B. $f(x)=\dfrac{x-1}{x^2-1}$, $x_0=1$

　　C. $f(x)=\begin{cases}x^2-1, & x\neq 1,\\ 2, & x=1,\end{cases}$ $x_0=1$　　　　D. $f(x)=\dfrac{1}{x+1}$, $x_0=-1$

5. 下列函数在给定的自变量的变化过程中极限为 -1 的是(　　)。

　　A. 2^x-1, $x\to 0$　　　　　　　　B. 2^x-1, $x\to -\infty$

　　C. 2^x+1, $x\to 0$　　　　　　　　D. 2^x+1, $x\to +\infty$

二、填空题

1. 设函数 $f(x)=\begin{cases}|x|-2, & x\neq 0,\\ 1, & x=0,\end{cases}$ 则 $\lim\limits_{x\to 0}f(x)=$ _____。

2. 已知 $f(x)=\begin{cases}3x+2, & x\leqslant 0,\\ x^2-2, & x>0,\end{cases}$ 则 $\lim\limits_{x\to 0+0}f(x)=$ _____。

三、解答题

1. 已知函数 $f(x)$ 的图像如图 2.12 所示,考察下列极限是否存在,若存在,求出极限的值;若不存在,说明理由:

(1) $\lim\limits_{x\to 1}f(x)$;　　　　　(2) $\lim\limits_{x\to 2}f(x)$;

(3) $\lim\limits_{x\to 3}f(x)$;　　　　　(4) $\lim\limits_{x\to 4-0}f(x)$。

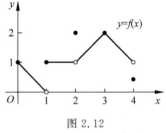

图 2.12

2. 画出函数 $h(x)=\begin{cases}x^2, & x<2,\\ 3, & x=2,\\ 2, & x>2\end{cases}$ 的图像,并求下列极限:

(1) $\lim\limits_{x\to 0^+}h(x)$;　　　(2) $\lim\limits_{x\to 1}h(x)$;　　　(3) $\lim\limits_{x\to 2}h(x)$;　　　(4) $\lim\limits_{x\to 6}h(x)$。

3. 构造 6 个分段函数,分段点是 $x=1$,并且使这 6 个分段函数在 $x=1$ 处的极限情况分别是:

(1) $f(1-0)\left(即 \lim\limits_{x\to 1^-}f(x)\right)$、$f(1+0)\left(即 \lim\limits_{x\to 1^+}f(x)\right)$ 存在,但 $f(1-0)\neq f(1+0)$;

(2) $f(1-0)$、$f(1+0)$ 存在,$f(1)$ 不存在,且 $f(1-0)=f(1+0)$;

(3) $f(1-0)$、$f(1+0)$ 及 $f(1)$ 存在,但 $f(1-0)=f(1+0)\neq f(1)$;

(4) $f(1-0)$、$f(1+0)$ 及 $f(1)$ 存在,且 $f(1-0)=f(1+0)=f(1)$;

(5) $f(1-0)$ 存在,但 $f(1+0)=+\infty$;

(6) $f(1-0)=-\infty, f(1+0)=+\infty$。

4. 求下列曲线的竖直渐近线:

(1) $y=\dfrac{1}{x-1}$;

(2) $y=\dfrac{x^2-1}{x}$;

(3) $y=\ln(x+2)$;

(4) $y=\cot x$。

5. 求下列曲线的水平渐近线:

(1) $y=\mathrm{e}^{-x}$;

(2) $y=\operatorname{arccot}x$;

(3) $y=\dfrac{x+1}{x}$;

(4) $y=\dfrac{1}{1+x^2}$。

B 组

1. 画出下列函数 $y=f(x)$ 的图像,并求极限 $\lim\limits_{x\to-1}f(x)$:

(1) $f(x)=x-2$;

(2) $f(x)=\dfrac{x^2-x-2}{x+1}$;

(3) $f(x)=\begin{cases}\dfrac{x^2-x-2}{x+1}, & x\neq-1,\\ -1, & x=-1;\end{cases}$

(4) $f(x)=\dfrac{1}{x+1}$;

(5) $f(x)=\dfrac{x-2}{x^2-x-2}$;

(6) $f(x)=\dfrac{1}{(x+1)^2}$;

(7) $f(x)=|x+1|$;

(8) $f(x)=\dfrac{|x+1|}{x+1}$。

2. 借助 Excel 或计算器,列表估计下列极限值:

(1) $\lim\limits_{x\to0}\dfrac{\sin x}{x}$(例如,取 $x=\pm1,\pm0.5,\pm0.1,\pm0.01,\pm0.001$);

(2) $\lim\limits_{x\to\infty}\left(1+\dfrac{1}{x}\right)^x$(例如,取 $x=\pm10,\pm1000,\pm10000,\pm100000,\pm1000000$)。

3. 根据估算,一工厂生产 x 件某产品的总成本为 $C(x)=(51x+830000)$ 元,其中 830000 元为固定成本。

(1) 写出生产每一件产品的平均成本的表达式 $A(x)$;

(2) 计算 $\lim\limits_{x\to+\infty}A(x)$,并对结果给出解释。

2.3　极限的运算法则

在 2.2 节我们借助函数图像或利用计算工具所构造的列表考察了一些函数的极限,但这种寻找函数极限的方法局限性较强。本节我们将给出函数极限的运算法则,从而扩大计算函数极限的范围。

下面以函数在 $x\to x_0$ 时的极限为例,给出极限的运算法则。这些法则也适用于自变量 x 在其他的变化趋势时的函数极限的情况,例如 $x\to\infty, x\to x_0^+$ 等。

定理 2.2（极限的运算法则）

设 $\lim\limits_{x \to x_0} f(x) = A$，$\lim\limits_{x \to x_0} g(x) = B$，$A$，$B$ 为常数，则有：

(1) $\lim\limits_{x \to x_0} [f(x) + g(x)] = \lim\limits_{x \to x_0} f(x) + \lim\limits_{x \to x_0} g(x) = A + B$（**和法则**）；

(2) $\lim\limits_{x \to x_0} [f(x) - g(x)] = \lim\limits_{x \to x_0} f(x) - \lim\limits_{x \to x_0} g(x) = A - B$（**差法则**）；

(3) $\lim\limits_{x \to x_0} [c \cdot f(x)] = c \cdot \lim\limits_{x \to x_0} f(x) = c \cdot A$，其中 c 为常数（**乘常数法则**）；

(4) $\lim\limits_{x \to x_0} [f(x) \cdot g(x)] = \lim\limits_{x \to x_0} f(x) \cdot \lim\limits_{x \to x_0} g(x) = A \cdot B$（**积法则**）；

(5) 若 $B \neq 0$，则 $\lim\limits_{x \to x_0} \dfrac{f(x)}{g(x)} = \dfrac{\lim\limits_{x \to x_0} f(x)}{\lim\limits_{x \to x_0} g(x)} = \dfrac{A}{B}$（**商法则**）；

(6) $\lim\limits_{x \to x_0} [f(x)]^p = \left[\lim\limits_{x \to x_0} f(x)\right]^p = A^p$，其中 $p \in \mathbb{R}$，且 A^p 有意义（**幂法则**）。

定理 2.2 中的和法则的证明将在 2.4 节给出。

注：使用极限的运算法则求极限时，经常会用到一些简单的极限结论，例如，$\lim\limits_{x \to x_0} C = C$

（C 是常数）、$\lim\limits_{x \to x_0} x = x_0$ 及 $\lim\limits_{x \to \infty} \dfrac{1}{x} = 0$ 等。

例 1   求 $\lim\limits_{x \to 1} (2x^2 + 3x + 1)$。

解 $\lim\limits_{x \to 1} (2x^2 + 3x + 1) = \lim\limits_{x \to 1} 2x^2 + \lim\limits_{x \to 1} 3x + \lim\limits_{x \to 1} 1 = 2 \lim\limits_{x \to 1} x^2 + 3 \lim\limits_{x \to 1} x + 1$

$$= 2 \left(\lim\limits_{x \to 1} x\right)^2 + 3 \lim\limits_{x \to 1} x + 1 = 2 \times 1^2 + 3 \times 1 + 1 = 6。$$

例 2   求 $\lim\limits_{x \to 0} \dfrac{2x^3 - 5}{x - 1}$。

解 $\lim\limits_{x \to 0} \dfrac{2x^3 - 5}{x - 1} = \dfrac{\lim\limits_{x \to 0} (2x^3 - 5)}{\lim\limits_{x \to 0} (x - 1)} = \dfrac{2 \lim\limits_{x \to 0} x^3 - \lim\limits_{x \to 0} 5}{\lim\limits_{x \to 0} x - \lim\limits_{x \to 0} 1} = \dfrac{2 \times 0^3 - 5}{0 - 1} = 5。$

注：例 1 中，$f(x) = 2x^2 + 3x + 1$ 是多项式函数，且 $f(1) = 6$，因此，$\lim\limits_{x \to 1} f(x) = f(1)$；

例 2 中，$f(x) = \dfrac{2x^3 - 5}{x - 1}$ 是有理函数，且 $f(0) = 5$，因此，$\lim\limits_{x \to 0} f(x) = f(0)$。

一般地，可得如下结论：

(1) 设多项式函数 $p(x) = a_n x^n + a_{n-1} x^{n-1} + \cdots + a_1 x + a_0$，对任意点 x_0，有 $\lim\limits_{x \to x_0} p(x) = p(x_0)$；

(2) 设有理函数 $R(x) = \dfrac{q(x)}{p(x)}$（其中 $p(x)$ 和 $q(x)$ 为多项式函数），若在 x_0 处 $p(x_0) \neq 0$，则有 $\lim\limits_{x \to x_0} R(x) = R(x_0)$。

因此，对以上两种函数，求定义域内的点 x_0 处的极限时，**可以直接将 x_0 代入**，计算函数值即可。

例如, $\lim\limits_{x \to 3} \dfrac{x^2 - 6x + 8}{x - 2} = \dfrac{3^2 - 6 \times 3 + 8}{3 - 2} = \dfrac{-1}{1} = -1$。

但是, 如果 x_0 使得有理函数 $R(x)$ 的分母等于零, 就不能使用直接代入的方法求 $\lim\limits_{x \to x_0} R(x)$ 了, 也就是不能直接使用极限的商法则了, 例如下面的例3。

例 3　求 $\lim\limits_{x \to 2} \dfrac{x^2 - 6x + 8}{x - 2}$。

解　设 $R(x) = \dfrac{x^2 - 6x + 8}{x - 2}$, 因为 $\lim\limits_{x \to 2}(x - 2) = 0$, 故不能直接使用商法则。又因为 $\lim\limits_{x \to 2}(x^2 - 6x + 8) = 0$, 所以, 解决的方法是消掉分子分母中的公因式 $x - 2$, 即

$$\lim\limits_{x \to 2} \dfrac{x^2 - 6x + 8}{x - 2} = \lim\limits_{x \to 2} \dfrac{(x - 4)(x - 2)}{x - 2} = \lim\limits_{x \to 2}(x - 4) = -2 。$$

注意, $R(x) = \dfrac{x^2 - 6x + 8}{x - 2} = \dfrac{(x - 4)(x - 2)}{x - 2} \neq x - 4$, 但是, $\lim\limits_{x \to 2} \dfrac{(x - 4)(x - 2)}{x - 2} = \lim\limits_{x \to 2}(x - 4)$, 这是因为, 求这个极限时, 我们关心的是函数值在 $x \to 2$ 时的变化情况而不是 $x = 2$ 时的情况。

例 4　求 $\lim\limits_{x \to 9} \dfrac{\sqrt{x} - 3}{x - 9}$。

解　$x \to 9$ 时, 该极限中分子分母的极限均为零, 为此, 进行分子有理化, 即分子分母同乘以 $\sqrt{x} + 3$, 下面是求解过程:

$$\lim\limits_{x \to 9} \dfrac{\sqrt{x} - 3}{x - 9} = \lim\limits_{x \to 9} \dfrac{(\sqrt{x} - 3)(\sqrt{x} + 3)}{(x - 9)(\sqrt{x} + 3)} = \lim\limits_{x \to 9} \dfrac{x - 9}{(x - 9)(\sqrt{x} + 3)} = \lim\limits_{x \to 9} \dfrac{1}{\sqrt{x} + 3} = \dfrac{1}{6} 。$$

例 5　求 $\lim\limits_{x \to 1} \left(\dfrac{1}{1 - x} - \dfrac{2}{1 - x^2} \right)$。

解　这是两个有理函数的差的极限, 当 $x \to 1$ 时, $\dfrac{1}{1 - x}$ 与 $\dfrac{2}{1 - x^2}$ 的极限都不存在, 因此不能直接使用极限的差法则, 为此, 进行通分运算, 求解过程如下:

$$\lim\limits_{x \to 1} \left(\dfrac{1}{1 - x} - \dfrac{2}{1 - x^2} \right) = \lim\limits_{x \to 1} \dfrac{-1 + x}{(1 - x)(1 + x)} = -\lim\limits_{x \to 1} \dfrac{1}{1 + x} = -\dfrac{1}{2} 。$$

例 6　设 $f(x) = \begin{cases} \sqrt{9 - x^2}, & -3 \leqslant x \leqslant 3, \\ 2x - 6, & x > 3, \end{cases}$ 确定 $\lim\limits_{x \to 3} f(x)$ 是否存在。

解　这是分段函数在分段点处的极限问题, 考虑左、右极限。

$\lim\limits_{x \to 3^-} f(x) = \lim\limits_{x \to 3^-} \sqrt{9 - x^2} = \sqrt{\lim\limits_{x \to 3^-}(9 - x^2)} = 0$, $\lim\limits_{x \to 3^+} f(x) = \lim\limits_{x \to 3^+}(2x - 6) = 0$, 因为左、右极限相等, 所以 $\lim\limits_{x \to 3} f(x)$ 存在, 且 $\lim\limits_{x \to 3} f(x) = 0$。

例 7　设 $f(x) = \dfrac{|2x + 1|}{2x + 1}$, 确定 $\lim\limits_{x \to -0.5} f(x)$ 是否存在。

解　这是绝对值函数的极限问题, 先将绝对值符号去掉, 写成分段函数, 即

$$f(x) = \dfrac{|2x + 1|}{2x + 1} = \begin{cases} -1, & x < -0.5, \\ 1, & x > -0.5 。\end{cases}$$

$$\lim\limits_{x \to -0.5^-} f(x) = \lim\limits_{x \to -0.5^-}(-1) = -1, \qquad \lim\limits_{x \to -0.5^+} f(x) = \lim\limits_{x \to -0.5^+} 1 = 1,$$

因为左、右极限不相等,所以 $\lim\limits_{x \to -0.5} f(x)$ 不存在。

例8 求下列极限:

(1) $\lim\limits_{x \to +\infty} \dfrac{x^2 - 6x + 8}{3x^2 - 2}$;   (2) $\lim\limits_{x \to \infty} \dfrac{3x^2 - 2x + 5}{5x^3 - 6x + 1}$;   (3) $\lim\limits_{x \to \infty} \dfrac{5x^3 - 6x + 1}{3x^2 - 2x + 5}$。

解 这三个极限属于 $x \to \infty$(或 $x \to +\infty$, $x \to -\infty$)时有理函数的极限问题,因为分子分母均趋于 ∞(或 $+\infty$,$-\infty$),因此,不能直接使用极限的商法则,可以分子分母同除以分母中 x 的最高次幂,求解过程如下:

(1) $\lim\limits_{x \to +\infty} \dfrac{x^2 - 6x + 8}{3x^2 - 2} = \lim\limits_{x \to +\infty} \dfrac{1 - \dfrac{6}{x} + \dfrac{8}{x^2}}{3 - \dfrac{2}{x^2}} = \dfrac{\lim\limits_{x \to +\infty} \left(1 - \dfrac{6}{x} + \dfrac{8}{x^2}\right)}{\lim\limits_{x \to +\infty} \left(3 - \dfrac{2}{x^2}\right)} = \dfrac{1}{3}$。

(2) $\lim\limits_{x \to \infty} \dfrac{3x^2 - 2x + 5}{5x^3 - 6x + 1} = \lim\limits_{x \to \infty} \dfrac{\dfrac{3}{x} - \dfrac{2}{x^2} + \dfrac{5}{x^3}}{5 - \dfrac{6}{x^2} + \dfrac{1}{x^3}} = \dfrac{\lim\limits_{x \to \infty} \left(\dfrac{3}{x} - \dfrac{2}{x^2} + \dfrac{5}{x^3}\right)}{\lim\limits_{x \to \infty} \left(5 - \dfrac{6}{x^2} + \dfrac{1}{x^3}\right)} = \dfrac{0}{5} = 0$。

(3) $\lim\limits_{x \to \infty} \dfrac{5x^3 - 6x + 1}{3x^2 - 2x + 5} = \lim\limits_{x \to \infty} \dfrac{5x - \dfrac{6}{x} + \dfrac{1}{x^2}}{3 - \dfrac{2}{x} + \dfrac{5}{x^2}} = \infty$。

这是因为 $\lim\limits_{x \to \infty} \left(5x - \dfrac{6}{x} + \dfrac{1}{x^2}\right) = \infty$,$\lim\limits_{x \to \infty} \left(3 - \dfrac{2}{x} + \dfrac{5}{x^2}\right) = 3$。

思　考　题

1. 若 $\lim\limits_{x \to x_0} f(x)$ 存在,而 $\lim\limits_{x \to x_0} g(x)$ 不存在,回答下列问题并说明理由:

(1) $\lim\limits_{x \to x_0} [f(x) \pm g(x)]$ 存在吗?   (2) $\lim\limits_{x \to x_0} [f(x) g(x)]$ 存在吗?

2. 若 $\lim\limits_{x \to x_0} f(x)$ 与 $\lim\limits_{x \to x_0} g(x)$ 均不存在,回答下列问题并说明理由:

(1) $\lim\limits_{x \to x_0} [f(x) \pm g(x)]$ 存在吗?   (2) $\lim\limits_{x \to x_0} \dfrac{f(x)}{g(x)}$ 存在吗?

3. 若在自变量 x 的同一变化过程中,$\lim f(x) = +\infty$,$\lim g(x) = +\infty$,是否一定有 $\lim [f(x) - g(x)] = 0$?

习题 2.3

A 组

一、选择题

1. 设 $\lim\limits_{x \to x_0} f(x) = -8$,$\lim\limits_{x \to x_0} g(x) = 5$,则 $\lim\limits_{x \to x_0} \left[\sqrt[3]{f(x)} + 3g(x)\right] = ($　$)$。

    A. 5   B. 17   C. 13   D. 15

2. 极限 $\lim\limits_{x \to 1} \dfrac{x^2 - 2x - 3}{x^2 - x - 6} = ($ $)$。

    A. 2/3   B. 不存在   C. 1   D. 4/5

3. 极限 $\lim\limits_{x \to 3} \dfrac{x^2 - 2x - 3}{x^2 - x - 6} = ($ $)$。

    A. 2/3   B. 不存在   C. 1   D. 4/5

4. 极限 $\lim\limits_{x \to \infty} \dfrac{x^2 - 2x - 3}{x^2 - x - 6} = ($ $)$。

    A. 2/3   B. 不存在   C. 1   D. 4/5

5. 若函数 $f(x) = \begin{cases} ax + b, & x > 1, \\ x^2 - 1, & x \leqslant 1 \end{cases}$ 在点 $x = 1$ 处极限存在,则参数 a, b 的取值可以是(   )。

    A. $a = 0, b = 2$ B. $a = 1, b = -1$

    C. $a = 0, b = -2$ D. $a = 1, b = 1$

6. 下列极限值不为 0 的是(   )。

    A. $\lim\limits_{x \to +\infty} \dfrac{2^x - 1}{3^x}$ B. $\lim\limits_{n \to \infty} \dfrac{3n + 2}{n^2 + 3}$

    C. $\lim\limits_{x \to 0} \dfrac{\sqrt{1+x} - 1}{x}$ D. $\lim\limits_{x \to 1} \dfrac{x^2 - x}{x}$

7. 下列函数在 $x \to 0$ 时极限不存在的是(   )。

    A. $f(x) = 2x - |x|$ B. $f(x) = \dfrac{x^2 - x}{2x}$

    C. $f(x) = \begin{cases} x^2 + 1, & x \leqslant 0 \\ 2x + 1, & x > 0 \end{cases}$ D. $f(x) = \dfrac{x}{|x|}$

二、解答题

1. 计算下列极限:

(1) $\lim\limits_{x \to -2} (x^3 + 2x^2 - 5x + 3)$;   (2) $\lim\limits_{x \to 5} (x^2 - 3x)(x^3 - 3x^2)$;

(3) $\lim\limits_{x \to 2} \dfrac{x^2 + 5}{x - 3}$;   (4) $\lim\limits_{x \to -1} \sqrt{x^3 + 2x^2 + 3}$;

(5) $\lim\limits_{x \to 1} \dfrac{x^2 + 2x - 3}{x^2 - 1}$;   (6) $\lim\limits_{x \to -3} \dfrac{x^2 + 3x}{2x^2 + 5x - 3}$;

(7) $\lim\limits_{x \to \infty} \dfrac{x^2 + 3x}{2x^2 + 5x - 3}$;   (8) $\lim\limits_{x \to \infty} \dfrac{x^2 + 3x}{2x^3 + 5x - 3}$;

(9) $\lim\limits_{x \to \infty} \dfrac{x^3 + 3x}{2x^2 + 5x - 3}$;   (10) $\lim\limits_{x \to \infty} \left(2 - \dfrac{1}{x^2}\right)\left(1 + \dfrac{1}{x}\right)$;

(11) $\lim\limits_{x \to 1} \dfrac{\sqrt{x} - 1}{x - 1}$;   (12) $\lim\limits_{h \to 0} \dfrac{\sqrt{4 + h} - 2}{h}$;

(13) $\lim\limits_{h\to 0}\dfrac{(3+h)^3-27}{h}$；

(14) $\lim\limits_{h\to 0}\dfrac{(x+h)^2-x^2}{h}$；

(15) $\lim\limits_{x\to a}\dfrac{\dfrac{1}{x^2}-\dfrac{1}{a^2}}{x-a}(a\neq 0)$；

(16) $\lim\limits_{x\to 2}\left(\dfrac{1}{x-2}-\dfrac{4}{x^2-4}\right)$；

(17) $\lim\limits_{r\to 1}\left(\dfrac{1}{1-x}-\dfrac{3}{1-x^3}\right)$；

(18) $\lim\limits_{x\to +\infty}\left(\dfrac{x^2+1}{x+1}-\dfrac{x^2+2}{x+2}\right)$。

2. 设 $f(x)=\begin{cases}\dfrac{x^4-x^3+x-1}{x^2-1},& x<1,\\ x^3-\sqrt{x}+1,& x\geqslant 1,\end{cases}$ 确定 $\lim\limits_{x\to 1}f(x)$ 是否存在。

3. 设 $f(x)=\dfrac{x^2+x-2}{|x+2|}$，确定 $\lim\limits_{x\to -2}f(x)$ 是否存在，并画出 $f(x)$ 的图像。

B 组

1. 已知 $\lim\limits_{x\to 2}\dfrac{f(x)-5}{x-2}=6$，求 $\lim\limits_{x\to 2}f(x)$。

2. 已知 $\lim\limits_{x\to 0}\dfrac{f(x)}{x^2}=3$，求：(1) $\lim\limits_{x\to 0}f(x)$；(2) $\lim\limits_{x\to 0}\dfrac{f(x)}{x}$。

3. 已知 $\lim\limits_{x\to +\infty}\left(\dfrac{x^2}{1+x}+ax-b\right)=1$，试确定参数 a,b。

4. 已知极限 $\lim\limits_{x\to +\infty}f(x)$ 存在，且满足关系式 $\lim\limits_{x\to +\infty}[5f(x)+4]=\lim\limits_{x\to +\infty}[2x\cdot f(x)]$，求 $\lim\limits_{x\to +\infty}[x\cdot f(x)]$。

5. 研究表明，从现在开始的以后 t 年，某国家的人口将为 $p=(0.3t+1200)$ 千人，而全国的国民总收入将为 $E(t)=\sqrt{36t^2+0.7t+273}$ 百万美元。

(1) 将人均国民总收入 $G=\dfrac{E(t)}{p}$ 表示为时间 t 的函数（注意单位）；

(2) 长远看（即 $t\to +\infty$），人均国民总收入是怎样的变化趋势？

6. 若直线 $y=ax+b(a\neq 0)$ 是曲线 $y=f(x)$ 的渐近线，则称这种渐近线为曲线的**斜渐近线**(oblique asymptote)，即有 $\lim\limits_{x\to\infty}[f(x)-(ax+b)]=0$。斜渐近线的斜率为 $a=\lim\limits_{x\to\infty}\dfrac{f(x)}{x}$，截距为 $b=\lim\limits_{x\to\infty}[f(x)-ax]$。

曲线 $y=\dfrac{x^2}{1+x}$ 是否有水平渐近线、竖直渐近线及斜渐近线，若有，试求出。

2.4　数列极限及函数极限的严格定义

在前面的三节给出了数列极限和函数极限的直观描述性定义以及极限的运算法则，本节给出数列极限及函数极限的**严格定义**(precise definition)，并对极限理论的一些定理以及极限的部分运算法则给出证明。极限理论是微积分的理论基础，微积分中一些重要结论的依据来自于极限的严格定义。

2.4.1　数列极限的严格定义

在 2.1 节,我们考察过数列 $\left\{\dfrac{n+(-1)^n}{n}\right\}$ 的极限,通过直观观察可以看出,当项数 n 无限增大时,数列的项 $a_n=\dfrac{n+(-1)^n}{n}$ 无限接近于数 1,因此 $\lim\limits_{n\to\infty}\dfrac{n+(-1)^n}{n}=1$。

$\lim\limits_{n\to\infty}\dfrac{n+(-1)^n}{n}=1$,就是当 n 无限增大时,a_n 与 1 的距离无限近,即绝对值 $|a_n-1|$ 无限小。

数列 $\{a_n\}$ 从第几项起以后的所有项均满足 $|a_n-1|<0.01$ 呢?

数列 $\{a_n\}$ 从第几项起以后的所有项均满足 $|a_n-1|<0.0001$ 呢?

对于任意给定的正数 ε(epsilon),数列 $\{a_n\}$ 从第几项起以后的所有项均满足 $|a_n-1|<\varepsilon$ 呢?

因为 $|a_n-1|=\left|\dfrac{(-1)^n}{n}\right|=\dfrac{1}{n}$,要使 $|a_n-1|<0.01$,即 $\dfrac{1}{n}<0.01$,只需 $n>100$,即数列 $\{a_n\}$ 从第 101 项起以后的所有项均满足 $|a_n-1|<0.01$。

同理,数列 $\{a_n\}$ 从第 10001 项起以后的所有项均满足 $|a_n-1|<0.0001$。

要使 $|a_n-1|<\varepsilon$,即使 $\dfrac{1}{n}<\varepsilon$,即 $n>\dfrac{1}{\varepsilon}$,取 $N=\left\lfloor\dfrac{1}{\varepsilon}\right\rfloor+1$,其中 $\left\lfloor\dfrac{1}{\varepsilon}\right\rfloor$ 为小于或等于 $\dfrac{1}{\varepsilon}$ 的最大整数,则数列 $\{a_n\}$ 从第 N 项起以后的所有项均满足 $|a_n-1|<\varepsilon$。

以上过程说明,$\lim\limits_{n\to\infty}\dfrac{n+(-1)^n}{n}=1$ 意味着,对于任意给定的正数 ε(无论它多么小),总可以找到正整数 N,使得数列 $a_n=\dfrac{n+(-1)^n}{n}$ 从第 N 项起以后的所有项均满足 $|a_n-1|<\varepsilon$。

> **定义 2.9**(**数列极限的严格定义**)　设 $\{a_n\}$ 为一数列,L 为常数,若对于任意给定的正数 ε(无论它多么小),都存在正整数 N,使得当 $n>N$ 时,不等式 $|a_n-L|<\varepsilon$ 总成立,则称数列 $\{a_n\}$ 收敛于 L,常数 L 称为数列 $\{a_n\}$ 的极限,并记作
> $$\lim_{n\to\infty}a_n=L,\quad \text{或}\quad a_n\to L(n\to\infty)。$$
> 若常数 L 不存在,则称数列 $\{a_n\}$ 发散,或称数列 $\{a_n\}$ 没有极限。

注:(1) 给定的正数 ε **可以任意小**,不等式 $|a_n-L|<\varepsilon$ 才能表达出 a_n 与 L 无限接近的意思。

(2) 定义 2.9 一般称为数列极限的“ε-N”定义,找到的正整数 N 与 ε 有关,一般地,ε 越小,N 越大。而且,N 的取法不是唯一的。

(3) 根据定义 2.9,给出数列 $\{a_n\}$ 收敛于常数 L 的几何解释:将数列 $\{a_n\}$ 的项 $a_1,a_2,$ $a_3,\cdots,a_N,a_{N+1},\cdots$ 及数 L 在数轴上表示出来,因为当 $n>N$ 时,$|a_n-L|<\varepsilon$,即 $L-\varepsilon<a_n<L+\varepsilon$,所以数列 $\{a_n\}$ 的第 $N+1$ 项起以后的所有项均落在开区间 $(L-\varepsilon,L+\varepsilon)$ 内,而只

有有限项落在这个开区间之外,如图 2.13 所示。

(4) 数列极限的严格定义不能用来直接求数列的极限,常用来证明数列极限的正确性或数列极限的一些定理。

图 2.13

例 1 证明极限 $\lim\limits_{n\to\infty}\dfrac{1}{2^n}=0$。

证明 对于任意正数 ε,不妨设 $0<\varepsilon<1$,我们需要找到正整数 N,使得当 $n>N$ 时,$\left|\dfrac{1}{2^n}-0\right|<\varepsilon$。

要使 $\left|\dfrac{1}{2^n}-0\right|<\varepsilon$,即 $\dfrac{1}{2^n}<\varepsilon$,得 $2^n>\dfrac{1}{\varepsilon}$,两边取自然对数,得 $n>-\dfrac{\ln\varepsilon}{\ln 2}$,取 $N=\left\lfloor-\dfrac{\ln\varepsilon}{\ln 2}\right\rfloor+1$,则当 $n>N$ 时,一定有 $\left|\dfrac{1}{2^n}-0\right|<\varepsilon$ 成立,即 $\lim\limits_{n\to\infty}\dfrac{1}{2^n}=0$。

例 2 证明 2.1 节数列极限运算法则中的和法则(见定理 2.1),即:

若数列 $\{a_n\}$ 和 $\{b_n\}$ 收敛,且 $\lim\limits_{n\to\infty}a_n=a$,$\lim\limits_{n\to\infty}b_n=b$,其中 a,b 为常数,则有

$$\lim_{n\to\infty}(a_n+b_n)=\lim_{n\to\infty}a_n+\lim_{n\to\infty}b_n=a+b。$$

证明 因为 $\lim\limits_{n\to\infty}a_n=a$,$\lim\limits_{n\to\infty}b_n=b$,则对于任意的正数 ε,存在正整数 N_1 和 N_2,使得当 $n>N_1$ 时,$|a_n-a|<\dfrac{\varepsilon}{2}$,当 $n>N_2$ 时,$|b_n-b|<\dfrac{\varepsilon}{2}$。

取 $N=\max\{N_1,N_2\}$,则当 $n>N$ 时,

$$|(a_n+b_n)-(a+b)|<|a_n-a|+|b_n-b|<\frac{\varepsilon}{2}+\frac{\varepsilon}{2}=\varepsilon,$$

根据数列极限的定义 2.9 可知,$\lim\limits_{n\to\infty}(a_n+b_n)=a+b$。 ■

数列极限运算法则中的差法则可类似证明,对于其他法则,证明会复杂些,本书不再考虑。

> **定理 2.3(收敛数列的有界性)** 若数列 $\{a_n\}$ 收敛,则该数列一定有界,即存在正数 M,使得对一切正整数 n,$|a_n|\leqslant M$。

证明 设 $\lim\limits_{n\to\infty}a_n=a$,取 $\varepsilon=1$,则存在正整数 N,使得当 $n>N$ 时,$|a_n-a|<1$,即 $a-1<a_n<a+1$。

取 $M=\max\{|a_1|,|a_2|,\cdots,|a_N|,|a-1|,|a+1|\}$,则对一切正整数 n,都有 $|a_n|\leqslant M$。 ■

> **定理 2.4(单调有界定理)** 单调有界数列必有极限。

这个定理的证明超出了本书的范围,这里不再给出。

定理 2.4 说明了单调递增有上界(或单调递减有下界)的数列的极限的存在性,但并不能说明极限值是多少。下面利用该定理证明一个重要极限的存在性。

例 3 证明 $\lim\limits_{n\to\infty}\left(1+\dfrac{1}{n}\right)^n$ 存在。

证明　设 $a_n = \left(1+\dfrac{1}{n}\right)^n$，习题 2.1 中，曾让读者观察，随着 n 的不断增大，数列 $\{a_n\}$ 的变化趋势。下面我们来证明该数列是单调递增的，并且有上界。

利用二项式定理，有 $(a+b)^n = a^n + C_n^1 a^{n-1}b + C_n^2 a^{n-2}b^2 + \cdots + C_n^{n-1}ab^{n-1} + b^n$，由此可得

$$
\begin{aligned}
a_n &= \left(1+\frac{1}{n}\right)^n = 1 + C_n^1 \cdot \frac{1}{n} + C_n^2 \cdot \frac{1}{n^2} + C_n^3 \cdot \frac{1}{n^3} + \cdots + C_n^n \cdot \frac{1}{n^n} \\
&= 1 + 1 + \frac{n(n-1)}{2!} \cdot \frac{1}{n^2} + \frac{n(n-1)(n-2)}{3!} \cdot \frac{1}{n^3} + \cdots + \\
&\quad \frac{n(n-1)(n-2)\cdots(n-n+1)}{n!} \cdot \frac{1}{n^n} \\
&= 1 + 1 + \frac{1}{2!}\left(1-\frac{1}{n}\right) + \frac{1}{3!}\left(1-\frac{1}{n}\right)\left(1-\frac{2}{n}\right) + \cdots + \\
&\quad \frac{1}{n!}\left(1-\frac{1}{n}\right)\left(1-\frac{2}{n}\right)\cdots\left(1-\frac{n-1}{n}\right),
\end{aligned}
$$

用 $n+1$ 代替上面式子中的 n，可得

$$
\begin{aligned}
a_{n+1} &= \left(1+\frac{1}{n+1}\right)^{n+1} = 1 + 1 + \frac{1}{2!}\left(1-\frac{1}{n+1}\right) + \frac{1}{3!}\left(1-\frac{1}{n+1}\right)\left(1-\frac{2}{n+1}\right) + \cdots + \\
&\quad \frac{1}{n!}\left(1-\frac{1}{n+1}\right)\left(1-\frac{2}{n+1}\right)\cdots\left(1-\frac{n-1}{n+1}\right) + \\
&\quad \frac{1}{(n+1)!}\left(1-\frac{1}{n+1}\right)\left(1-\frac{2}{n+1}\right)\cdots\left(1-\frac{n-1}{n+1}\right)\left(1-\frac{n}{n+1}\right)。
\end{aligned}
$$

比较 a_n 与 a_{n+1} 展开式中的各项，除了前两项都是 1 外，从第三项起，a_{n+1} 的各项都比 a_n 的对应项大，且 a_{n+1} 还多了最后一项，其值为正，因此 $a_n < a_{n+1}$，所以数列 $\{a_n\}$ 是单调递增的。

接下来证明该数列是有上界的。由 a_n 的展开式，可得

$$
\begin{aligned}
a_n &< 1 + 1 + \frac{1}{2!} + \frac{1}{3!} + \cdots + \frac{1}{n!} < 2 + \frac{1}{1\times2} + \frac{1}{2\times3} + \cdots + \frac{1}{(n-1)n} \\
&= 2 + \left(1-\frac{1}{2}\right) + \left(\frac{1}{2}-\frac{1}{3}\right) + \cdots + \left(\frac{1}{n-1}-\frac{1}{n}\right) = 3 - \frac{1}{n} < 3,
\end{aligned}
$$

所以数列 $\{a_n\}$ 是有上界的。根据单调有界定理知，$\lim\limits_{n\to\infty}\left(1+\dfrac{1}{n}\right)^n$ 存在。

关于 $\lim\limits_{n\to\infty}\left(1+\dfrac{1}{n}\right)^n$ 的讨论和应用将在 2.5 节给出。

2.4.2　函数极限的严格定义

1. 极限 $\lim\limits_{x\to x_0} f(x) = L$ 的严格定义

下面先给出微积分中经常会用到的邻域的概念。以点 x_0 为中心的任何开区间称为点 x_0 的一个**邻域**（neighbourhood），记作 $N(x_0)$。

设 δ（delta）是任一正数，则开区间 $(x_0-\delta, x_0+\delta)$ 为点 x_0 的一个邻域，称它为点 x_0 的

δ 邻域,记作 $N(x_0,\delta)$,即

$$N(x_0,\delta)=\{x \mid \mid x-x_0 \mid<\delta\}=(x_0-\delta,x_0+\delta),$$

点 x_0 称为邻域 $N(x_0,\delta)$ 的中心,δ 称为邻域 $N(x_0,\delta)$ 的半径。

将邻域 $N(x_0,\delta)$ 的中心 x_0 去掉后的邻域称为点 x_0 的**去心邻域**(或**空心邻域**),记作 $\overset{\circ}{N}(x_0,\delta)$,即

$$\overset{\circ}{N}(x_0,\delta)=\{x \mid 0<\mid x-x_0 \mid<\delta\}。$$

下面我们讨论函数 $f(x)$ 在 $x \to x_0$ 时极限的严格定义。

在 2.2 节,我们考察过函数 $f(x)=\dfrac{x^2-1}{x-1}$ 在 $x \to 1$ 时的变化趋势,借助函数图像及列表观察得到,当 x 从 1 的左右两侧无限靠近 1 时,函数值 $f(x)$ 就无限靠近 2,表示为:$x \to 1$(但 $x \neq 1$)时,$f(x)=\dfrac{x^2-1}{x-1} \to 2$。

自变量 x 在距离 1 多近的范围内取值,可使得 $\mid f(x)-2 \mid=\left|\dfrac{x^2-1}{x-1}-2\right|<0.1$?

因为当 $x \neq 1$ 时,$f(x)=\dfrac{x^2-1}{x-1}=x+1$,所以 $x \to 1$(但 $x \neq 1$)时,

$$\left|\dfrac{x^2-1}{x-1}-2\right|=\mid x+1-2 \mid=\mid x-1 \mid。$$

因此,要使 $\left|\dfrac{x^2-1}{x-1}-2\right|<0.1$,只要 $\mid x-1 \mid<0.1$,即自变量 x 须在邻域 $\{x \mid 0<\mid x-1 \mid<0.1\}$ 内取值。

同理,要使 $\left|\dfrac{x^2-1}{x-1}-2\right|<0.001$,只要 $\mid x-1 \mid<0.001$,即自变量 x 须在邻域 $\{x \mid 0<\mid x-1 \mid<0.001\}$ 内取值。

对于任意给定的正数 ε,要使 $\left|\dfrac{x^2-1}{x-1}-2\right|<\varepsilon$,只要 $\mid x-1 \mid<\varepsilon$,即自变量 x 须在邻域 $\{x \mid 0<\mid x-1 \mid<\varepsilon\}$ 内取值。

以上过程说明,$\lim\limits_{x \to 1}\dfrac{x^2-1}{x-1}=2$ 意味着,对于任意给定的正数 ε(无论它多么小),总可以找到正数 δ,只要自变量 x 满足 $0<\mid x-1 \mid<\delta$,对应的函数值 $f(x)=\dfrac{x^2-1}{x-1}$ 就满足

$$\mid f(x)-2 \mid=\left|\dfrac{x^2-1}{x-1}-2\right|<\varepsilon。$$

定义 2.10($\lim\limits_{x \to x_0} f(x)=L$ **的严格定义**)　设函数 $f(x)$ 在点 x_0 的某一去心邻域内有定义,如果存在常数 L,对于任意给定的正数 ε(无论它多么小),都存在正数 δ,使得当自变量 x 满足不等式 $0<\mid x-x_0 \mid<\delta$ 时,对应的函数值 $f(x)$ 都满足不等式

$$\mid f(x)-L \mid<\varepsilon,$$

则称 L 为 $f(x)$ 在 x 趋于 x_0 时的极限,并记作

$$\lim\limits_{x \to x_0} f(x)=L,\text{或 } f(x) \to L(x \to x_0)。$$

注：(1) 定义 2.10 可以理解为：只要自变量 x 与 x_0 的距离足够小(但不是 0)，就可以使得 $f(x)$ 与 L 的距离任意小。

(2) 定义 2.10 一般称为函数极限的"$\varepsilon-\delta$"定义，找到的正数 δ 与 ε 有关，一般地，ε 越小，δ 也越小。图 2.14 展示了对于极限 $\lim\limits_{x\to x_0}f(x)=L$，$\varepsilon$ 分别取 $0.1,0.05,0.01$ 时，对应的 δ 的变化。

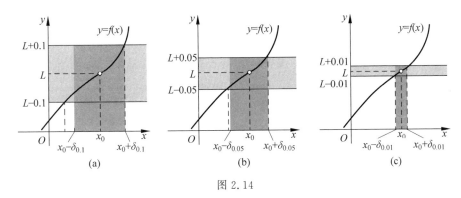

图 2.14

(3) 类似地，也可以给出函数 $f(x)$ 在点 x_0 处的左极限(右极限)的严格定义，在定义 2.10 中，将 $0<|x-x_0|<\delta$ 改为 $x_0-\delta<x<x_0$ ($x_0<x<x_0+\delta$)，则称 L 为 $f(x)$ 在 x 趋于 x_0 时的**左极限(右极限)**，记作 $\lim\limits_{x\to x_0^-}f(x)=L$ ($\lim\limits_{x\to x_0^+}f(x)=L$)。

(4) 定义 2.10 并不能用来直接求函数在 $x\to x_0$ 时的极限，常用来证明函数在 $x\to x_0$ 时极限的正确性或函数极限的一些定理。

例 4　设函数 $f(x)=4x$，对于下面给定的正数 ε，求正数 δ，使得当自变量 x 满足 $0<|x-3|<\delta$ 时，函数值 $f(x)$ 满足 $|f(x)-12|=|4x-12|<\varepsilon$。

(1) $\varepsilon=0.1$；　　　　　　　　　　　　(2) $\varepsilon=0.01$。

解　(1) 对于 $\varepsilon=0.1$，要使 $|f(x)-12|=|4x-12|<0.1$，即使 $4|x-3|<0.1$，即 $|x-3|<0.025$。

因此，对于 $\varepsilon=0.1$，只要取 $\delta=0.025$，则当 x 满足 $0<|x-3|<0.025$ 时，对应的 $f(x)$ 就满足 $|f(x)-12|=|4x-12|<0.1$。

(2) 同理可得，对于 $\varepsilon=0.01$，只要取 $\delta=0.0025$，则当 x 满足 $0<|x-3|<0.0025$ 时，对应的 $f(x)$ 就满足 $|f(x)-12|=|4x-12|<0.01$。

通过例 4，也可以体会 δ 是如何依赖于 ε 的。

例 5　证明极限 $\lim\limits_{x\to-2}(3x+5)=-1$。

证明　因为 $|f(x)-L|=|(3x+5)-(-1)|=|3x+6|=3|x+2|$，对于任意的 $\varepsilon>0$，为了使 $|f(x)-L|<\varepsilon$，只要 $3|x+2|<\varepsilon$，即 $|x+2|<\dfrac{\varepsilon}{3}$。

因此，对于任意的 $\varepsilon>0$，可取 $\delta=\dfrac{\varepsilon}{3}$，则当 x 满足 $0<|x+2|<\delta$ 时，对应的函数值 $f(x)$ 就满足 $|f(x)-(-1)|=|(3x+5)-(-1)|<\varepsilon$，由极限的定义 2.10 可得

$$\lim_{x\to-2}(3x+5)=-1。$$

例6　证明2.3节函数极限运算法则中的和法则(见定理2.2),即:

设 $\lim\limits_{x \to x_0} f(x) = A$, $\lim\limits_{x \to x_0} g(x) = B$, A, B 为常数,则有

$$\lim_{x \to x_0} [f(x) + g(x)] = \lim_{x \to x_0} f(x) + \lim_{x \to x_0} g(x) = A + B.$$

证明　因为 $\lim\limits_{x \to x_0} f(x) = A$,所以对任意的 $\varepsilon > 0$,存在 $\delta_1 > 0$,使当 $0 < |x - x_0| < \delta_1$ 时,

$|f(x) - A| < \dfrac{\varepsilon}{2}$。

同理,因为 $\lim\limits_{x \to x_0} g(x) = B$,所以存在 $\delta_2 > 0$,使当 $0 < |x - x_0| < \delta_2$ 时, $|g(x) - B| < \dfrac{\varepsilon}{2}$。

取 $\delta = \min\{\delta_1, \delta_2\}$,则当 $0 < |x - x_0| < \delta$ 时, $|f(x) - A| < \dfrac{\varepsilon}{2}$, $|g(x) - B| < \dfrac{\varepsilon}{2}$。

因此, $|[f(x) + g(x)] - (A + B)| \leqslant |f(x) - A| + |g(x) - B| < \dfrac{\varepsilon}{2} + \dfrac{\varepsilon}{2} = \varepsilon$。由极限的

定义2.10可得, $\lim\limits_{x \to x_0} [f(x) + g(x)] = A + B$。

2. 无穷大量的严格定义

在2.2节,我们给出过无穷大量的直观描述性定义,下面给出 $\lim\limits_{x \to x_0} f(x) = \infty$ 的严格

定义。

> **定义2.11(无穷大量的严格定义)**　设函数 $f(x)$ 在 x_0 的某一去心邻域内有定义,如
> 果对于任意的正数 M,都存在正数 δ,使得当 $0 < |x - x_0| < \delta$ 时,有
> $$|f(x)| > M,$$
> 则称 $f(x)$ 在 $x \to x_0$ 时是**无穷大量或无穷大**,并记作
> $$\lim_{x \to x_0} f(x) = \infty。$$

注: 定义2.11中,若将 $|f(x)| > M$ 改成 $f(x) > M$(或 $f(x) < -M$),则得正无穷大量 $\lim\limits_{x \to x_0} f(x) = +\infty$(或负无穷大量 $\lim\limits_{x \to x_0} f(x) = -\infty$)的严格定义。

2.4.3　函数极限的性质

在自变量的某一变化过程中,若函数的极限存在,则函数极限具有一些性质,下面以 $x \to x_0$ 时的极限为例给出下述性质。

> **定理2.5(唯一性)**　若 $\lim\limits_{x \to x_0} f(x)$ 存在,则此极限是唯一的。

证明　设 $\lim\limits_{x \to x_0} f(x) = A$, $\lim\limits_{x \to x_0} f(x) = B$,下面证明 $A = B$。

因为 $\lim\limits_{x \to x_0} f(x) = A$, $\lim\limits_{x \to x_0} f(x) = B$,则对任意的 $\varepsilon > 0$,存在正数 δ_1 和 δ_2,使当 $0 < |x - x_0| < \delta_1$ 时, $|f(x) - A| < \dfrac{\varepsilon}{2}$;当 $0 < |x - x_0| < \delta_2$ 时, $|f(x) - B| < \dfrac{\varepsilon}{2}$。

取 $\delta = \min\{\delta_1, \delta_2\}$,则当 $0 < |x - x_0| < \delta$ 时,有

$$| A - B | = | (f(x) - A) - (f(x) - B) | \leqslant | f(x) - A | + | f(x) - B | < \frac{\varepsilon}{2} + \frac{\varepsilon}{2} = \varepsilon,$$

由 ε 的任意性,得 $|A - B| = 0$,从而 $A = B$。 ■

定理 2.6（局部有界性）　若 $\lim\limits_{x \to x_0} f(x)$ 存在,则 $f(x)$ 在 x_0 的某去心邻域 $\overset{\circ}{N}(x_0, \delta)$ 内有界,即存在正数 M,使得当 $x \in \overset{\circ}{N}(x_0, \delta)$ 时,$|f(x)| \leqslant M$。

此定理的证明留作习题。

定理 2.7（局部保号性）　若 $\lim\limits_{x \to x_0} f(x) = A$,且 $A > 0$(或 $A < 0$),则存在正数 δ,使得当 $0 < |x - x_0| < \delta$ 时,有 $f(x) > 0$(或 $f(x) < 0$)。

证明　这里只证明 $A > 0$ 的情况,$A < 0$ 的情况可类似证明。

因为 $\lim\limits_{x \to x_0} f(x) = A$,且 $A > 0$,则对 $\varepsilon = \dfrac{A}{2}$,存在正数 δ,使得当 $0 < |x - x_0| < \delta$ 时,$|f(x) - A| < \varepsilon$,从而可得 $f(x) > A - \varepsilon = A - \dfrac{A}{2} = \dfrac{A}{2} > 0$。 ■

推论 1　若在点 x_0 的某去心邻域 $\overset{\circ}{N}(x_0, \delta)$ 内,$f(x) \geqslant 0$(或 $f(x) \leqslant 0$),且 $\lim\limits_{x \to x_0} f(x) = A$,则 $A \geqslant 0$(或 $A \leqslant 0$)。

推论 2　若 $\lim\limits_{x \to x_0} f(x) = A$,$\lim\limits_{x \to x_0} g(x) = B$,且在 x_0 的某去心邻域 $\overset{\circ}{N}(x_0, \delta)$ 内满足 $f(x) \geqslant g(x)$,则 $A \geqslant B$。

定理 2.8（夹挤定理,squeeze theorem）　若函数 $f(x)$、$g(x)$ 和 $h(x)$ 在 x_0 的某去心邻域 $\overset{\circ}{N}(x_0, \delta)$ 内满足 $f(x) \leqslant g(x) \leqslant h(x)$,且 $\lim\limits_{x \to x_0} f(x) = \lim\limits_{x \to x_0} h(x) = A$,则 $\lim\limits_{x \to x_0} g(x) = A$。

证明　由 $\lim\limits_{x \to x_0} f(x) = \lim\limits_{x \to x_0} h(x) = A$,可得对任意的 $\varepsilon > 0$,存在正数 δ_1 和 δ_2,使当 $0 < |x - x_0| < \delta_1$ 时,$|f(x) - A| < \varepsilon$,则有 $f(x) > A - \varepsilon$;当 $0 < |x - x_0| < \delta_2$ 时,$|h(x) - A| < \varepsilon$,则有 $h(x) < A + \varepsilon$。

取 $\delta = \min\{\delta_1, \delta_2\}$,则当 $0 < |x - x_0| < \delta$ 时,$A - \varepsilon < f(x) \leqslant g(x) \leqslant h(x) < A + \varepsilon$,因此有 $|g(x) - A| < \varepsilon$,从而得 $\lim\limits_{x \to x_0} g(x) = A$。 ■

注:(1) 夹挤定理也称**三明治定理**(sandwich theorem)。图 2.15 给出了夹挤定理的直观表示。该定理既可以判断函数极限的存在性,也给出了求函数极限的一种方法。

(2) 当自变量趋于无穷大时,夹挤定理同样成立。对于数列极限,也有夹挤定理(见习题 2.4)。

(3) 2.5 节的两个重要极限的证明,都会用到夹挤定理。

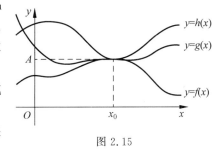

图 2.15

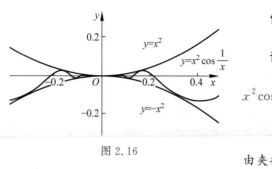

图 2.16

例 7　利用夹挤定理证明 $\lim\limits_{x \to 0} x^2 \cos \dfrac{1}{x} = 0$。

证明　因为 $-1 \leqslant \cos \dfrac{1}{x} \leqslant 1$，所以 $-x^2 \leqslant x^2 \cos \dfrac{1}{x} \leqslant x^2$（图 2.16），而

$$\lim_{x \to 0}(-x^2) = \lim_{x \to 0} x^2 = 0,$$

由夹挤定理，可得 $\lim\limits_{x \to 0} x^2 \cos \dfrac{1}{x} = 0$。

思　考　题

1. 若数列 $\{a_n\}$ 收敛，则它可能有两个极限吗？

2. 参照函数极限的严格定义（定义 2.10）的语言，叙述下面的两个极限：(1) $\lim\limits_{x \to x_0} f(x) = 0$；(2) $\lim\limits_{x \to 0} f(x) = 0$。

3. 若 $\lim\limits_{x \to -5} f(x)$ 存在，是否说明 $f(x)$ 在定义域上有界？

习题 2.4

A 组

1. 利用数列极限的定义 2.9 证明下列极限：

(1) $\lim\limits_{n \to \infty} \dfrac{2n+1}{n} = 2$；

(2) $\lim\limits_{n \to \infty} \dfrac{1}{n^2} = 0$；

(3) $\lim\limits_{n \to \infty} \dfrac{1}{5^n} = 0$；

(4) $\lim\limits_{n \to \infty} \sin \dfrac{\pi}{n} = 0$。

2. 设函数 $f(x) = -5x$，对于下面给定的正数 ε，求数 δ，使得当自变量 x 满足 $0 < |x+2| < \delta$ 时，函数值 $f(x)$ 满足 $|f(x) - 10| = |-5x - 10| < \varepsilon$。

(1) $\varepsilon = 1$；　　　(2) $\varepsilon = 0.5$；　　　(3) $\varepsilon = 0.1$。

3. 用函数极限的定义 2.10 证明下列极限：

(1) $\lim\limits_{x \to -3}(3x+8) = -1$；

(2) $\lim\limits_{x \to 4} \dfrac{x^2-16}{x-4} = 8$。

4. 利用夹挤定理求解下列问题：

(1) 如果对任意 x，有 $2x - 7 \leqslant f(x) \leqslant x^2 - 2x - 3$，求 $\lim\limits_{x \to 2} f(x)$。

(2) 如果在点 $x = 0$ 附近，有不等式 $\cos x < \dfrac{\sin x}{x} < 1$ 成立，是否可以得出 $\lim\limits_{x \to 0} \dfrac{\sin x}{x} = 1$？

B 组

1. 用数列极限的定义 2.9 证明：若 $\lim\limits_{n \to \infty} a_n = L$，则 $\lim\limits_{n \to \infty} |a_n| = |L|$。

2. 证明数列极限的夹挤定理：设数列 $\{a_n\}$ 和 $\{b_n\}$ 均收敛，且 $\lim\limits_{n\to\infty}a_n=a$，$\lim\limits_{n\to\infty}b_n=a$，若存在正数 N_0，当 $n>N_0$ 时数列 $\{c_n\}$ 满足 $a_n\leqslant c_n\leqslant b_n$，则数列 $\{c_n\}$ 收敛，且 $\lim\limits_{n\to\infty}c_n=a$。

3. 利用数列极限的夹挤定理证明：

(1) $\lim\limits_{n\to\infty}\left[\dfrac{1}{n^2}+\dfrac{1}{(n+1)^2}+\cdots+\dfrac{1}{(2n)^2}\right]=0$；

(2) $\lim\limits_{n\to\infty}n\left(\dfrac{1}{2n^2+1}+\dfrac{1}{2n^2+2}+\cdots+\dfrac{1}{2n^2+n}\right)=\dfrac{1}{2}$。

4. 用函数极限的定义 2.10 证明下列极限：

(1) $\lim\limits_{x\to5}(x^2-3x)=10$； (2) $\lim\limits_{x\to10}\sqrt{x-6}=2$。

5. 利用函数极限的定义 2.10 证明函数极限的局部有界性(即定理 2.6)。

2.5 两个重要极限

2.5.1 $\lim\limits_{x\to0}\dfrac{\sin x}{x}=1$

定理 2.9(重要极限 1) $\lim\limits_{x\to0}\dfrac{\sin x}{x}=1$。

证明 $y=\dfrac{\sin x}{x}$ 的图像如图 2.17 所示，下面我们利用 2.4 节的夹挤定理对这个重要极限进行证明。

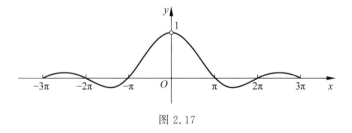

图 2.17

我们借助**单位圆**(图 2.18)进行研究，因为自变量的变化过程为 $x\to0$，先考虑 $x\to0^+$ 的情形。为方便计，设 $0<x<\dfrac{\pi}{2}$。

设单位圆的圆心为 O，A，B 为圆周上的两点，$\angle AOB=x$，OB 的延长线与过 A 点的切线相交于 D，$BC\perp OA$。则有 $BC=\sin x$，$AD=\tan x$，$\overset{\frown}{AB}=x$。由图 2.18 知 $\triangle AOB$ 的面积 < 扇形 AOB 的面积 < $\triangle AOD$ 的面积。

而 $\triangle AOB$ 的面积 $=\dfrac{1}{2}OA\cdot BC=\dfrac{1}{2}\sin x$，扇形 AOB 的面

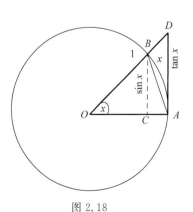

图 2.18

积 $=\dfrac{1}{2}\overparen{AB}\cdot 1=\dfrac{1}{2}x$，$\triangle AOD$ 的面积 $=\dfrac{1}{2}OA\cdot AD=\dfrac{1}{2}\tan x$。所以，$\dfrac{\sin x}{2}<\dfrac{x}{2}<\dfrac{\tan x}{2}$，即

$\sin x<x<\tan x$，因为 $\sin x>0$，不等式的各项同除以 $\sin x$，可得 $1<\dfrac{x}{\sin x}<\dfrac{1}{\cos x}$，即

$$\cos x<\frac{\sin x}{x}<1。$$

上面不等式在 $x\in\left(-\dfrac{\pi}{2},0\right)$ 时也是成立的。由 $\lim\limits_{x\to 0}\cos x=\lim\limits_{x\to 0}1=1$，根据夹挤定理得

$$\lim_{x\to 0}\frac{\sin x}{x}=1。$$ ■

例1　计算下列极限：

(1) $\lim\limits_{x\to 0}\dfrac{\sin 2x}{x}$；　　　　(2) $\lim\limits_{x\to 0}\dfrac{\tan x}{x}$；　　　　(3) $\lim\limits_{x\to 0}\dfrac{1-\cos x}{x^{2}}$。

解　(1) $\lim\limits_{x\to 0}\dfrac{\sin 2x}{x}=2\lim\limits_{x\to 0}\dfrac{\sin 2x}{2x}\overset{t=2x}{=\!=}2\lim\limits_{t\to 0}\dfrac{\sin t}{t}=2$。

(2) $\lim\limits_{x\to 0}\dfrac{\tan x}{x}=\lim\limits_{x\to 0}\left(\dfrac{\sin x}{x}\cdot\dfrac{1}{\cos x}\right)=\lim\limits_{x\to 0}\dfrac{\sin x}{x}\cdot\lim\limits_{x\to 0}\dfrac{1}{\cos x}=1$。

(3) $\lim\limits_{x\to 0}\dfrac{1-\cos x}{x^{2}}=\lim\limits_{x\to 0}\dfrac{1-\cos x}{x^{2}}\cdot\dfrac{1+\cos x}{1+\cos x}=\lim\limits_{x\to 0}\dfrac{\sin^{2}x}{x^{2}}\cdot\dfrac{1}{1+\cos x}$

$\qquad\qquad=\lim\limits_{x\to 0}\left(\dfrac{\sin x}{x}\right)^{2}\cdot\lim\limits_{x\to 0}\dfrac{1}{1+\cos x}=\dfrac{1}{2}$。

注：(1) 例1中的第(1)题的解答过程中，在第二个等号处，做了变量替换 $t=2x$，因为，

当 $x\to 0$ 时，$t\to 0$，所以 $\lim\limits_{x\to 0}\dfrac{\sin 2x}{2x}=\lim\limits_{t\to 0}\dfrac{\sin t}{t}=1$。

(2) 一般地，在自变量 x 的某一变化过程中，若 $\varphi(x)\to 0$，则有 $\lim\dfrac{\sin\varphi(x)}{\varphi(x)}=1$。

(3) 公式 $\lim\limits_{x\to 0}\dfrac{\sin x}{x}=1$ 主要用来求解一些带三角函数的极限问题。

2.5.2　$\lim\limits_{x\to\infty}\left(1+\dfrac{1}{x}\right)^{x}=\mathrm{e}$

在 2.4.1 节，我们利用数列的单调有界定理，证明了极限 $\lim\limits_{n\to\infty}\left(1+\dfrac{1}{n}\right)^{n}$ 的存在性，但极

限的值并未求出，通常用字母 e 表示这个极限，即

$$\lim_{n\to\infty}\left(1+\frac{1}{n}\right)^{n}=\mathrm{e}。$$

如习题 2.1 中那样，我们设 $n=1,10,100,1000,10000,100000,1000000$，列表观察数列

$a_{n}=\left(1+\dfrac{1}{n}\right)^{n}$ 在 n 不断增大时的变化趋势。

n	1	10	100	1000	10000	100000	1000000	$\cdots$
$\left(1+\dfrac{1}{n}\right)^{n}$	2.000	2.59374	2.70481	2.71692	2.71815	2.71826	2.71828	$\cdots$

可以证明 e 是一个无理数，其值为 e＝2.71828…。我们学过的自然指数函数 $y=\mathrm{e}^x$ 及自然对数函数 $y=\ln x$ 的底 e 就是这个常数。

极限 $\lim\limits_{n\to\infty}\left(1+\dfrac{1}{n}\right)^n=\mathrm{e}$ 在生物增长、细菌繁殖、放射性物质的衰变、银行复利计算等方面具有极其重要的应用。

事实上，当 x 为实数且 $x\to+\infty$ 或 $x\to-\infty$ 时，函数 $\left(1+\dfrac{1}{x}\right)^x$ 的极限均存在且等于 e。我们有如下的定理。

定理 2.10（重要极限 2） $\lim\limits_{x\to\infty}\left(1+\dfrac{1}{x}\right)^x=\mathrm{e}$。

*证明 $\lim\limits_{x\to\infty}\left(1+\dfrac{1}{x}\right)^x=\mathrm{e}$ 等价于 $\lim\limits_{x\to+\infty}\left(1+\dfrac{1}{x}\right)^x=\mathrm{e}$ 和 $\lim\limits_{x\to-\infty}\left(1+\dfrac{1}{x}\right)^x=\mathrm{e}$ 同时成立。

下面先利用数列极限 $\lim\limits_{n\to\infty}\left(1+\dfrac{1}{n}\right)^n=\mathrm{e}$ 证明 $\lim\limits_{x\to+\infty}\left(1+\dfrac{1}{x}\right)^x=\mathrm{e}$ 成立。

对于任意的 $x>1$，总存在正整数 n，使得 $n\leqslant x<n+1$，则有

$$1+\frac{1}{n+1}<1+\frac{1}{x}\leqslant1+\frac{1}{n},$$

于是

$$\left(1+\frac{1}{n+1}\right)^n<\left(1+\frac{1}{x}\right)^n\leqslant\left(1+\frac{1}{x}\right)^x\leqslant\left(1+\frac{1}{n}\right)^x<\left(1+\frac{1}{n}\right)^{n+1},$$

从而

$$\left(1+\frac{1}{n+1}\right)^n<\left(1+\frac{1}{x}\right)^x<\left(1+\frac{1}{n}\right)^{n+1}。$$

而

$$\lim_{n\to\infty}\left(1+\frac{1}{n+1}\right)^n=\lim_{n\to\infty}\frac{\left(1+\dfrac{1}{n+1}\right)^{n+1}}{1+\dfrac{1}{n+1}}=\frac{\lim\limits_{n\to\infty}\left(1+\dfrac{1}{n+1}\right)^{n+1}}{\lim\limits_{n\to\infty}\left(1+\dfrac{1}{n+1}\right)}=\frac{\mathrm{e}}{1}=\mathrm{e},$$

$$\lim_{n\to\infty}\left(1+\frac{1}{n}\right)^{n+1}=\lim_{n\to\infty}\left[\left(1+\frac{1}{n}\right)^n\left(1+\frac{1}{n}\right)\right]=\lim_{n\to\infty}\left(1+\frac{1}{n}\right)^n\lim_{n\to\infty}\left(1+\frac{1}{n}\right)=\mathrm{e}\cdot1=\mathrm{e},$$

由夹挤定理，得

$$\lim_{x\to+\infty}\left(1+\frac{1}{x}\right)^x=\mathrm{e}。$$

接下来利用 $\lim\limits_{x\to+\infty}\left(1+\dfrac{1}{x}\right)^x=\mathrm{e}$ 证明 $\lim\limits_{x\to-\infty}\left(1+\dfrac{1}{x}\right)^x=\mathrm{e}$ 成立。

对于 $\lim\limits_{x\to-\infty}\left(1+\dfrac{1}{x}\right)^x$，作变量替换 $x=-y$，则

$$\left(1+\frac{1}{x}\right)^x=\left(1-\frac{1}{y}\right)^{-y}=\left(\frac{y-1}{y}\right)^{-y}=\left(\frac{y}{y-1}\right)^y=\left(1+\frac{1}{y-1}\right)^y。$$

当 $x\to-\infty$ 时，$y\to+\infty$，于是

$$\lim_{x \to -\infty} \left(1 + \frac{1}{x}\right)^x = \lim_{y \to +\infty} \left(1 + \frac{1}{y-1}\right)^y = \lim_{y \to +\infty} \left[\left(1 + \frac{1}{y-1}\right)^{y-1}\left(1 + \frac{1}{y-1}\right)\right] = \mathrm{e}。$$

综上，我们得出 $\lim\limits_{x \to +\infty} \left(1 + \frac{1}{x}\right)^x = \mathrm{e}$ 和 $\lim\limits_{x \to -\infty} \left(1 + \frac{1}{x}\right)^x = \mathrm{e}$ 均成立，因此

$$\lim_{x \to \infty} \left(1 + \frac{1}{x}\right)^x = \mathrm{e}。$$

注 在极限 $\lim\limits_{x \to \infty} \left(1 + \frac{1}{x}\right)^x = \mathrm{e}$ 中，若令 $\frac{1}{x} = t$，则 $x \to \infty$ 时，$t \to 0$，从而得到极限 $\lim\limits_{x \to \infty} \left(1 + \frac{1}{x}\right)^x = \mathrm{e}$ 的**另一种常用形式**：

$$\lim_{t \to 0}(1 + t)^{\frac{1}{t}} = \mathrm{e}。$$

例 2 计算下列极限：

(1) $\lim\limits_{x \to \infty} \left(1 - \frac{1}{x}\right)^x$；　　　　(2) $\lim\limits_{n \to \infty} \left(\frac{n}{n+2}\right)^n$；　　　　(3) $\lim\limits_{t \to 0}(1 + 3t)^{\frac{1}{t}}$。

解 需要将所求极限变形，之后利用重要极限 2 及其常用形式。

(1) $\lim\limits_{x \to \infty} \left(1 - \frac{1}{x}\right)^x \xlongequal{t = -x} \lim\limits_{t \to \infty} \left(1 + \frac{1}{t}\right)^{-t} = \lim\limits_{t \to \infty} \left[\left(1 + \frac{1}{t}\right)^t\right]^{-1} = \left[\lim\limits_{t \to \infty} \left(1 + \frac{1}{t}\right)^t\right]^{-1} = \frac{1}{\mathrm{e}}$。

(2) $\lim\limits_{n \to \infty} \left(\frac{n}{n+2}\right)^n = \lim\limits_{n \to \infty} \frac{1}{\left(1 + \frac{2}{n}\right)^n} = \frac{1}{\lim\limits_{n \to \infty} \left(1 + \frac{2}{n}\right)^n} \xlongequal{n = 2m} \frac{1}{\lim\limits_{m \to \infty} \left(\left(1 + \frac{1}{m}\right)^m\right)^2} = \frac{1}{\mathrm{e}^2}$。

(3) $\lim\limits_{t \to 0}(1 + 3t)^{\frac{1}{t}} = \lim\limits_{t \to 0}\left[(1 + 3t)^{\frac{1}{3t}}\right]^3 = \mathrm{e}^3$。

思　考　题

1. 若 $x \to x_0 (x \to \infty)$ 时，$\varphi(x) \to 0$，则 $\lim\limits_{\substack{x \to x_0 \\ (x \to \infty)}} (1 + \varphi(x))^{\frac{1}{\varphi(x)}} = ?$

2. $\lim\limits_{x \to \pi} \frac{\sin x}{x} = 1$，对吗？

习题 2.5

A 组

一、选择题

1. $\lim\limits_{x \to 0} \frac{\sin 3x}{4x} = （\ \ \ ）$。

　A. 1　　　　　　　　B. $\frac{3}{4}$　　　　　　　　C. 4　　　　　　　　D. 3

2. $\lim\limits_{x \to 1} \frac{\sin(x-1)}{x^2 - 1} = （\ \ \ ）$。

A. 1   B. -1 C. 0   D. $\dfrac{1}{2}$

3. 已知 $\lim\limits_{n\to\infty}\left(1+\dfrac{k}{n}\right)^{n}=\mathrm{e}^{-1}$，则 $k=(\quad)$。

A. 1   B. -2 C. 2   D. -1

4. 若 $\lim\limits_{x\to 0}(1+kx)^{\frac{1}{x}}=\mathrm{e}^{3}$，则 $k=(\quad)$。

A. 1   B. 2   C. 3   D. -3

5. $\lim\limits_{x\to 0}(1-x)^{2+\frac{1}{x}}=(\quad)$。

A. e^{2} B. e C. 1   D. e^{-1}

二、计算题

1. 计算下列极限：

(1) $\lim\limits_{x\to 0}\dfrac{\sin x}{\sin 3x}$；

(2) $\lim\limits_{x\to\infty} x\sin\dfrac{1}{x}$；

(3) $\lim\limits_{x\to 0}x\cot x$；

(4) $\lim\limits_{x\to 0}\dfrac{\sin 2x}{\tan 5x}$；

(5) $\lim\limits_{n\to\infty}n\sin\dfrac{1}{n^{2}}$；

(6) $\lim\limits_{x\to 0}\dfrac{\sin x}{x^{3}+3x}$；

(7) $\lim\limits_{x\to 0}\dfrac{\sin(x^{3})}{x^{2}}$；

(8) $\lim\limits_{x\to 0}\dfrac{\cos x-1}{\sin^{2}x}$。

2. 计算下列极限：

(1) $\lim\limits_{n\to\infty}\left(1+\dfrac{1}{2n}\right)^{n}$；

(2) $\lim\limits_{x\to\infty}\left(\dfrac{1+x}{x}\right)^{-2x}$；

(3) $\lim\limits_{n\to\infty}\left(\dfrac{n-1}{n+1}\right)^{n}$；

(4) $\lim\limits_{x\to 0}(1+x)^{\frac{3}{x}}$；

(5) $\lim\limits_{x\to 0}(1-5x)^{\frac{1}{x}}$；

(6) $\lim\limits_{n\to\infty}\left(1-\dfrac{1}{n^{2}}\right)^{n}$。

B 组

1. 求下列极限：

(1) $\lim\limits_{x\to 0}\dfrac{\arcsin x}{x}$；

(2) $\lim\limits_{t\to 0}\dfrac{\sin t}{t+\tan t}$；

(3) $\lim\limits_{n\to +\infty}3^{n}\sin\dfrac{x}{3^{n}}(x\neq 0)$；

(4) $\lim\limits_{x\to 0}(1-2\sin x)^{\csc x}$。

2. 已知 $\lim\limits_{n\to\infty}\left(1+\dfrac{2}{n}\right)^{kn}=\mathrm{e}^{-3}$，求 k 的值。

3. 求 $\lim\limits_{n\to\infty}\left(\sum\limits_{k=1}^{n}\dfrac{1}{k(k+1)}\right)^{n}$。

2.6 无穷小量的比较

2.6.1 无穷小量

在 2.1 节,我们曾给出,对于数列 $\{a_n\}$,若 $\lim\limits_{n\to\infty} a_n = 0$,则称该数列为无穷小数列。例如,数列 $\left\{\dfrac{1}{n}\right\}$ 为无穷小数列,因为 $\lim\limits_{n\to\infty}\dfrac{1}{n}=0$。事实上,无穷小数列也称为无穷小量。下面我们对一般的函数,给出无穷小量的概念。

> **定义 2.12(无穷小量)** 设函数 $f(x)$ 在 x_0 附近有定义,若 $\lim\limits_{x\to x_0} f(x)=0$,则称 $f(x)$ 为 $x\to x_0$ 时的**无穷小量**,简称无穷小(infinitesimal)。

根据定义 2.12 可知,x^2 为 $x\to 0$ 时的无穷小,$x+1$ 为 $x\to -1$ 时的无穷小。

类似地,可以给出 $x\to x_0^+$,$x\to x_0^-$,$x\to +\infty$,$x\to -\infty$ 及 $x\to\infty$ 时的无穷小的定义。

注:(1) **无穷小是以零为极限的变量**,而不是一个非常小的数;

(2) 数"0"可以认为是一个特殊的无穷小。

根据 2.3 节的极限的运算法则,容易得出无穷小的如下运算性质:

在自变量的同一变化过程中,两个无穷小的和、差、积仍为无穷小。

例如,$x\to 0$ 时,x^2 和 $\sin x$ 均为无穷小,所以 $x^2+\sin x$、$x^2-\sin x$ 和 $x^2\sin x$ 均为无穷小。

关于无穷小,有如下的重要定理。

> **定理 2.11** 无穷小与有界变量的乘积是无穷小。

* **证明** 只对 $x\to x_0$ 的情况给出证明。

设 $f(x)=B(x)g(x)$,其中 $B(x)$ 在 x_0 附近有界,$g(x)$ 为 $x\to x_0$ 时的无穷小。下面证明 $f(x)$ 为 $x\to x_0$ 时的无穷小。

因为 $B(x)$ 在 x_0 附近有界,则存在 $\delta_1>0$ 及 $M>0$,当 $0<|x-x_0|<\delta_1$ 时,$|B(x)|\leqslant M$。

又因为 $g(x)$ 为 $x\to x_0$ 时的无穷小,即 $\lim\limits_{x\to x_0} g(x)=0$,则对任意 $\varepsilon>0$,存在 $\delta_2>0$,当 $0<|x-x_0|<\delta_2$ 时,$|g(x)|\leqslant \dfrac{\varepsilon}{M}$。

取 $\delta=\min\{\delta_1,\delta_2\}$,则当 $0<|x-x_0|<\delta$ 时,有

$$|B(x)g(x)|\leqslant |B(x)|\cdot |g(x)|<M\cdot\frac{\varepsilon}{M}=\varepsilon,$$

即 $\lim\limits_{x\to x_0} B(x)g(x)=0$,从而 $f(x)=B(x)g(x)$ 为 $x\to x_0$ 时的无穷小。 ∎

例 1 函数 $x^2\sin\dfrac{1}{x}$ 在 $x\to 0$ 时是否为无穷小?

解 当 $x\to 0$ 时,x^2 是无穷小。而 $x\neq 0$ 时,$\left|\sin\dfrac{1}{x}\right|\leqslant 1$,所以 $\sin\dfrac{1}{x}$ 在 $x\to 0$ 时是有界

变量,由定理 2.11 知,当 $x \rightarrow 0$ 时, $x^2 \sin \dfrac{1}{x}$ 是无穷小。

例 2 求极限 $\lim\limits_{x \to \infty} \dfrac{\arctan x}{x}$。

解 当 $x \rightarrow \infty$ 时, $\dfrac{1}{x}$ 是无穷小。而当 $x \in (-\infty, +\infty)$ 时, $|\arctan x| < \dfrac{\pi}{2}$,所以 $\arctan x$ 是有界变量,因此, $\lim\limits_{x \to \infty} \dfrac{\arctan x}{x} = \lim\limits_{x \to \infty} \dfrac{1}{x} \arctan x = 0$。

因为, $\lim\limits_{x \to x_0} f(x) = L$ 等价于 $\lim\limits_{x \to x_0} [f(x) - L] = 0$,因此有下面的结论:

$\lim\limits_{x \to x_0} f(x) = L \Leftrightarrow f(x) - L$ 是 $x \rightarrow x_0$ 时的无穷小。

在 2.2 节,我们介绍过无穷大(量)的概念,无穷小与无穷大是否有关系呢?

例如, $\lim\limits_{x \to +\infty} x^2 = +\infty$,而 $\lim\limits_{x \to +\infty} \dfrac{1}{x^2} = 0$,即当 $x \rightarrow +\infty$ 时, x^2 是正无穷大,而其倒数 $\dfrac{1}{x^2}$ 是无穷小。

再例如, $\lim\limits_{x \to 1}(x-1) = 0$,而 $\lim\limits_{x \to 1} \dfrac{1}{x-1} = \infty$,即当 $x \rightarrow 1$ 时, $x-1$ 是无穷小,而其倒数 $\dfrac{1}{x-1}$ 是无穷大。

一般地,无穷小与无穷大有如下关系:

> **定理 2.12(无穷小与无穷大的关系)**　在自变量的同一变化过程中,若 $f(x)$ 为无穷大,则 $\dfrac{1}{f(x)}$ 为无穷小;若 $f(x)$ 为无穷小,且 $f(x) \neq 0$,则 $\dfrac{1}{f(x)}$ 为无穷大。

2.6.2　无穷小量阶的比较

考察在 $x \rightarrow 0$ 的过程中, x 、 $3x$ 、 x^2 和 $2x^3$ 这四个无穷小,如下表:

x	0.1	0.01	0.001	0.0001	…
$3x$	0.3	0.03	0.003	0.0003	…
x^2	0.01	0.0001	0.000001	0.00000001	…
$2x^3$	0.002	0.000002	0.000000002	0.000000000002	…

通过这个表格可以发现,在 $x \rightarrow 0$ 的过程中, x 、 $3x$ 、 x^2 和 $2x^3$ 收敛于 0 的速度不同,有快有慢。为了比较它们收敛于零的快慢程度,我们考察两个无穷小的比值。

> **定义 2.13(无穷小量阶的比较)**　设 $x \rightarrow x_0$ 时, $f(x)$ 和 $g(x)$ 均为无穷小,即 $\lim\limits_{x \to x_0} f(x) = \lim\limits_{x \to x_0} g(x) = 0$,且 $g(x) \neq 0$。
>
> (1) 若 $\lim\limits_{x \to x_0} \dfrac{f(x)}{g(x)} = 0$,则称 $f(x)$ 是比 $g(x)$ **高阶的无穷小**,记作 $f(x) = o(g(x))$ $(x \rightarrow x_0)(o(g(x))$ 读作小欧 $g(x))$;
>
> (2) 若 $\lim\limits_{x \to x_0} \dfrac{f(x)}{g(x)} = l \neq 0$, l 为常数,则称 $f(x)$ 与 $g(x)$ 是**同阶无穷小**;

(3) 若 $\lim\limits_{x \to x_0} \dfrac{f(x)}{g(x)} = 1$，则称 $f(x)$ 与 $g(x)$ 是**等价无穷小**，记作 $f(x) \sim g(x)(x \to x_0)$；

(4) 若 $\lim\limits_{x \to x_0} \dfrac{f(x)}{[g(x)]^k} = l \neq 0, k > 0$，则称 $f(x)$ 是关于 $g(x)$ 的 k **阶无穷小**。

虽然定义 2.13 是 $x \to x_0$ 时的情况，但对于自变量的其他变化过程，该定义同样有效。

例3 比较下列各组无穷小：

(1) x^2 与 $3x, x \to 0$；   (2) $\sin x$ 与 $x, x \to 0$；

(3) $x^2 - 1$ 与 $x - 1, x \to 1$；   (4) $\dfrac{1}{n^2+1}$ 与 $\dfrac{1}{n^2}, n \to \infty$。

解 (1) 因为 $\lim\limits_{x \to 0} \dfrac{x^2}{3x} = 0$，所以，当 $x \to 0$ 时，x^2 是比 $3x$ 高阶的无穷小，记作 $x^2 = o(3x)$ $(x \to 0)$；

又因为 $\lim\limits_{x \to 0} \dfrac{x^2}{(3x)^2} = \dfrac{1}{9}$，所以，当 $x \to 0$ 时，x^2 是关于 $3x$ 的二阶无穷小。

(2) 因为 $\lim\limits_{x \to 0} \dfrac{\sin x}{x} = 1$，所以，当 $x \to 0$ 时，$\sin x$ 与 x 是等价无穷小，即 $\sin x \sim x(x \to 0)$。

(3) 因为 $\lim\limits_{x \to 1} \dfrac{x^2-1}{x-1} = \lim\limits_{x \to 1} \dfrac{(x+1)(x-1)}{x-1} = \lim\limits_{x \to 1}(x+1) = 2$，所以 $x^2 - 1$ 与 $x - 1$ 在 $x \to 1$ 时为同阶无穷小，但不是等价无穷小。

(4) 因为 $\lim\limits_{n \to \infty} \dfrac{\dfrac{1}{n^2+1}}{\dfrac{1}{n^2}} = \lim\limits_{n \to \infty} \dfrac{n^2}{n^2+1} = \lim\limits_{n \to \infty}\left(1 - \dfrac{1}{n^2+1}\right) = 1$，所以 $\dfrac{1}{n^2+1}$ 与 $\dfrac{1}{n^2}$ 为 $n \to \infty$ 时的等价无穷小。

2.6.3 利用等价无穷小替换求极限

定理 2.13 设在自变量的同一变化过程中，$f(x) \sim f_1(x), g(x) \sim g_1(x)$，且 $\lim \dfrac{f_1(x)}{g_1(x)}$ 存在，则 $\lim \dfrac{f(x)}{g(x)}$ 也存在，且 $\lim \dfrac{f(x)}{g(x)} = \lim \dfrac{f_1(x)}{g_1(x)}$。

证明 因为在自变量的同一变化过程中，$f(x) \sim f_1(x), g(x) \sim g_1(x)$，则

$$\lim \frac{f(x)}{f_1(x)} = 1, \quad \lim \frac{g(x)}{g_1(x)} = 1,$$

因此

$$\lim \frac{f(x)}{g(x)} = \lim \left(\frac{f(x)}{f_1(x)} \cdot \frac{f_1(x)}{g_1(x)} \cdot \frac{g_1(x)}{g(x)} \right)$$

$$= \lim \frac{f(x)}{f_1(x)} \cdot \lim \frac{f_1(x)}{g_1(x)} \cdot \lim \frac{g_1(x)}{g(x)} = \lim \frac{f_1(x)}{g_1(x)}。$$

该定理表明，求两个无穷小之比的极限时，可将分子分母替换成与其等价的无穷小，若

替换适当的话,可使计算简化。

下面是一些**常用的等价无穷小**:

$x \to 0$ 时,① $\sin x \sim x$,② $\tan x \sim x$,③ $\arcsin x \sim x$,④ $\arctan x \sim x$,⑤ $1 - \cos x \sim \dfrac{1}{2} x^2$,⑥ $\ln(1+x) \sim x$,⑦ $e^x - 1 \sim x$,⑧ $(1+x)^\alpha - 1 \sim \alpha x$($\alpha$ 为实数)。

下面对这 8 个等价无穷小的正确性给出说明。

由 2.5 节的第一个重要极限 $\lim\limits_{x \to 0} \dfrac{\sin x}{x} = 1$ 知,$\sin x \sim x\,(x \to 0)$;再由 2.5 节的例 1,

$\lim\limits_{x \to 0} \dfrac{\tan x}{x} = 1$ 及 $\lim\limits_{x \to 0} \dfrac{1 - \cos x}{x^2} = \dfrac{1}{2}$,可得 $\tan x \sim x\,(x \to 0)$,$1 - \cos x \sim \dfrac{1}{2} x^2\,(x \to 0)$。

对于等价无穷小③和④,这里给出③式的证明,④式类似可证。

设 $\arcsin x = t$,则 $x = \sin t$,因为,$x \to 0$ 时,$t \to 0$,因此

$$\lim_{x \to 0} \frac{\arcsin x}{x} = \lim_{t \to 0} \frac{t}{\sin t} = \lim_{t \to 0} \frac{1}{\dfrac{\sin t}{t}} = 1,$$

从而,$x \to 0$ 时,$\arcsin x \sim x$。

对于等价无穷小⑥、⑦和⑧,将在 2.7 节的例题中给出证明,我们目前可以先使用它们求极限。

例 4　利用等价无穷小替换求下列极限:

(1) $\lim\limits_{x \to 0} \dfrac{\sin 3x}{\tan 5x}$;　　(2) $\lim\limits_{x \to 0} \dfrac{1 - \cos x}{x \sin x}$;　　(3) $\lim\limits_{x \to 0} \dfrac{e^{2x} - e^x}{(1+x)^{10} - 1}$。

解　(1) 因为 $x \to 0$ 时,$\sin 3x \sim 3x$,$\tan 5x \sim 5x$,所以

$$\lim_{x \to 0} \frac{\sin 3x}{\tan 5x} = \lim_{x \to 0} \frac{3x}{5x} = \frac{3}{5}。$$

(2) 因为当 $x \to 0$ 时,$1 - \cos x \sim \dfrac{1}{2} x^2$,$\sin x \sim x$,所以

$$\lim_{x \to 0} \frac{1 - \cos x}{x \sin x} = \lim_{x \to 0} \frac{\dfrac{1}{2} x^2}{x \cdot x} = \frac{1}{2}。$$

(3) $\lim\limits_{x \to 0} \dfrac{e^{2x} - e^x}{(1+x)^{10} - 1} = \lim\limits_{x \to 0} \dfrac{e^x (e^x - 1)}{(1+x)^{10} - 1} = \lim\limits_{x \to 0} \dfrac{e^x \cdot x}{10x} = \dfrac{1}{10}$。

例 5　求 $\lim\limits_{x \to 0} \dfrac{\tan x - \sin x}{\sin^2 x \ln(1+x)}$。

解　$\lim\limits_{x \to 0} \dfrac{\tan x - \sin x}{\sin^2 x \ln(1+x)} = \lim\limits_{x \to 0} \dfrac{\tan x (1 - \cos x)}{\sin^2 x \ln(1+x)} = \lim\limits_{x \to 0} \dfrac{x \cdot \dfrac{1}{2} x^2}{x^2 \cdot x} = \dfrac{1}{2}$。

思　考　题

1. 对本节的例 5,可否这样求解:因为 $x \to 0$ 时,$\tan x \sim x$,$\sin x \sim x$,$\ln(1+x) \sim x$,所以

$$\lim_{x \to 0} \frac{\tan x - \sin x}{\sin^2 x \ln(1+x)} = \lim_{x \to 0} \frac{x - x}{x^2 \cdot x} = 0?$$

2. 无穷大量是否也可以进行阶的比较？若可以,如何定义？

习题 2.6

A 组

一、选择题

1. 当 $x \to 0$ 时,与 $2x + x^3$ 是等价无穷小的为( )。

    A. x B. $2x$ C. x^2 D. x^3

2. 极限 $\lim\limits_{x \to 0} \dfrac{\sin 2x}{x} = 2$,则当 $x \to 0$ 时,下列结论正确的是( )。

    A. $x \sim \sin 2x$ B. $x \sim \dfrac{1}{2}\sin 2x$ C. $x \sim \dfrac{1}{2}\sin x$ D. $2x \sim \sin x$

3. 在 $x \to 1$ 时,下列无穷小是 $x-1$ 的高阶无穷小的为( )。

    A. $\sqrt{x} - 1$ B. $x^2 - 1$ C. $x^3 - 1$ D. $(x-1)^2$

4. 当 $x \to 0$ 时,与 $\sin^2 x$ 是同阶无穷小的是( )。

    A. x B. $5x + x^2$ C. $3x^2 + x^3$ D. x^3

5. $\lim\limits_{x \to 0} \dfrac{\tan 4x}{\arcsin 2x} = ($)。

    A. 2 B. $\dfrac{1}{2}$ C. 4 D. $\dfrac{1}{4}$

二、解答题

1. 利用等价无穷小替换求下列极限:

(1) $\lim\limits_{x \to 0} \dfrac{\sin 2x}{\tan 5x}$;

(2) $\lim\limits_{x \to 0} \dfrac{1 - \cos 2x}{x \sin x}$;

(3) $\lim\limits_{x \to 0} \dfrac{\arcsin x}{x^3 + 3x}$;

(4) $\lim\limits_{x \to 0} \dfrac{e^{x^2} - 1}{(\sin x)\ln(1 + 2x)}$;

(5) $\lim\limits_{x \to 0} \dfrac{\tan x - \sin x}{\sin^3 x}$;

(6) $\lim\limits_{n \to \infty} n \sin \dfrac{1 + 2 + \cdots + n}{n^3}$;

(7) $\lim\limits_{x \to e} \dfrac{\ln x - 1}{x - e}$;

(8) $\lim\limits_{x \to 2} \dfrac{e^x - e^2}{x - 2}$。

2. 设函数 $f(x) = \begin{cases} \dfrac{\sin ax}{x}, & x > 0, \\ 1 + bx^2, & x \leqslant 0 \end{cases}$ 在 $x = 0$ 点的极限存在,试确定参数 a 与 b 的值。

3. 画出下列各组函数的图像,并观察每组函数在 $x = 0$ 附近的函数值的关系:

(1) $f(x) = \sin x$, $g(x) = x$;

(2) $f(x) = e^x - 1$, $g(x) = x$;

(3) $f(x) = \ln(1 + x)$, $g(x) = x$;

(4) $f(x) = \cos x - 1$, $g(x) = \dfrac{1}{2}x^2$。

B 组

1. 当 $x \to 0$ 时,将下列无穷小按阶数从低到高的顺序进行排列:

$$1-\cos 4x, \quad \sqrt[3]{x}, \quad x\tan^2 x, \quad x-x^2。$$

2. 设常数 $\alpha>0$，如果当 $x\to 0$ 时，无穷小 $(1-\cos x)\ln(1+x^2)$ 是无穷小 x^α 的高阶无穷小，且 x^α 是 $e^{x^2}-1$ 的高阶无穷小，求 α 的范围。

3. 设 n 为正整数，证明当 $x\to 0$ 时，$(1+x)^n-1\sim nx$。

4. 证明 $\lim\limits_{n\to\infty} n\left(\sin\dfrac{\pi}{n^2+1}+\sin\dfrac{\pi}{n^2+2}+\cdots+\sin\dfrac{\pi}{n^2+n}\right)=\pi$。

2.7　函数的连续性

设函数 $f(x)=2x^2+3x+1$，在 2.3 节中，我们利用极限的运算法则，计算了 $f(x)$ 在 $x\to 1$ 时的极限，得出 $\lim\limits_{x\to 1}(2x^2+3x+1)=6$，而 $f(x)$ 在点 $x=1$ 处的函数值 $f(1)=6$，即对于该函数 $f(x)$，有 $\lim\limits_{x\to 1}f(x)=f(1)$，即 $f(x)$ 在点 $x=1$ 处的极限等于其在 $x=1$ 处的函数值，我们称函数 $f(x)$ 在点 $x=1$ 处**连续**。

2.7.1　函数的连续与间断

下面先给出函数在一点处连续的定义。

> **定义 2.14（$f(x)$ 在点 x_0 处连续）**　设函数 $f(x)$ 在点 x_0 的某邻域内有定义，若 $\lim\limits_{x\to x_0}f(x)$ 存在，且 $\lim\limits_{x\to x_0}f(x)=f(x_0)$，则称函数 $f(x)$ 在点 x_0 处**连续**（continuous），并且称点 x_0 为函数 $f(x)$ 的**连续点**。否则称函数 $f(x)$ 在点 x_0 处**间断**（discontinuous），称点 x_0 为函数 $f(x)$ 的**间断点**（a point of discontinuity）。

例 1　已知函数 $y=f(x)$ 定义在闭区间 $[-1,3]$ 上，其图像如图 2.19 所示，$f(x)$ 在点 $x=0$、$x=1$ 及 $x=2$ 处是否连续？为什么？

解　利用定义 2.14 中的条件来判断函数在一点处是否连续。

因为 $f(x)$ 在点 $x=0$ 处有定义，且 $\lim\limits_{x\to 0}f(x)=0=f(0)$，所以 $f(x)$ 在点 $x=0$ 处连续。

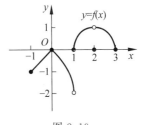

图 2.19

$f(x)$ 在点 $x=1$ 处有定义，但是，$\lim\limits_{x\to 1^-}f(x)=-2$，$\lim\limits_{x\to 1^+}f(x)=0$，所以 $f(x)$ 在 $x=1$ 处的左右极限不相等，即 $\lim\limits_{x\to 1}f(x)$ 不存在，因此 $f(x)$ 在点 $x=1$ 处不连续。

$f(x)$ 在点 $x=2$ 处有定义，且 $f(2)=0$，但是 $\lim\limits_{x\to 2}f(x)=1\neq f(2)$，所以 $f(x)$ 在点 $x=2$ 处不连续。

> **定义 2.15（左、右连续）**　设 $f(x)$ 定义在区间 $[a,b]$ 上，$x_0\in[a,b]$。当 $x_0\neq a$ 时，若 $\lim\limits_{x\to x_0^-}f(x)=f(x_0)$，则称 $f(x)$ 在点 x_0 处**左连续**（left-continuous）；当 $x_0\neq b$ 时，若 $\lim\limits_{x\to x_0^+}f(x)=f(x_0)$，则称 $f(x)$ 在点 x_0 处**右连续**（right-continuous）。

例如,例 1 中,因为 $\lim\limits_{x \to -1^+} f(x) = f(-1)$,所以 $f(x)$ 在点 $x = -1$ 处右连续;因为 $\lim\limits_{x \to 1^+} f(x) = 0 = f(1)$,所以 $f(x)$ 在点 $x = 1$ 处也右连续,但是 $\lim\limits_{x \to 1^-} f(x) = -2 \neq f(1)$,因此 $f(x)$ 在点 $x = 1$ 处不是左连续;因为 $\lim\limits_{x \to 3^-} f(x) = f(3)$,所以 $f(x)$ 在点 $x = 3$ 处左连续。

定义 2.16（$f(x)$ **在区间上的连续性**） 如果函数 $f(x)$ 在开区间 (a,b) 内的每一点都连续,则称 $f(x)$ **在开区间** (a,b) **内连续**。若 $f(x)$ 在开区间 (a,b) 内连续,且在左端点 a 右连续,右端点 b 左连续,则称 $f(x)$ **在闭区间** $[a,b]$ **上连续**。

在定义域上每一点处都连续的函数称为**连续函数**(continuous function)。

连续函数的图像是一条连续而不间断的曲线。

例如,$y = C$(C 为常数)、$y = x$、$y = x^2$ 都是 $(-\infty, +\infty)$ 上的连续函数。$y = \sin x$ 及 $y = \cos x$ 也是 $(-\infty, +\infty)$ 上的连续函数(这些结论的严格证明这里不考虑)。

在 2.3 节讨论过,对于多项式函数 $p(x) = a_n x^n + a_{n-1} x^{n-1} + \cdots + a_1 x + a_0$,在任意点 x_0,有 $\lim\limits_{x \to x_0} p(x) = p(x_0)$,因此,**多项式函数在** $(-\infty, +\infty)$ **内的每一点都是连续的**。对于有理函数 $R(x) = \dfrac{q(x)}{p(x)}$($p(x)$ 和 $q(x)$ 为多项式函数),若在 x_0 处 $p(x_0) \neq 0$,则有 $\lim\limits_{x \to x_0} R(x) = R(x_0)$,因此,**有理函数在其定义域内的每一点也是连续的**。

例如,$f(x) = x^2 + 2x - 3$ 在 $(-\infty, +\infty)$ 内是连续的;$g(x) = \dfrac{x^2 + 2x - 3}{x - 5}$ 在 $x \neq 5$ 时是连续的。

例 2 证明函数 $y = 1 + \sqrt{2x - x^2}$ 在闭区间 $[0,2]$ 上连续。

证明 对任意点 $x_0 \in (0,2)$,利用极限的运算法则,有

$$\lim_{x \to x_0} f(x) = \lim_{x \to x_0} \left(1 + \sqrt{2x - x^2}\right) = \lim_{x \to x_0} 1 + \lim_{x \to x_0} \sqrt{2x - x^2}$$
$$= 1 + \sqrt{\lim_{x \to x_0}(2x - x^2)} = 1 + \sqrt{2x_0 - x_0^2} = f(x_0),$$

所以,对任意点 $x_0 \in (0,2)$,$f(x)$ 在点 x_0 处连续,即该函数在开区间 $(0,2)$ 内连续。

容易计算得,$\lim\limits_{x \to 0^+} f(x) = 1 = f(0)$,$\lim\limits_{x \to 2^-} f(x) = 1 = f(2)$,即 $f(x)$ 在左端点 $x = 0$ 处右连续,在右端点 $x = 2$ 处左连续。

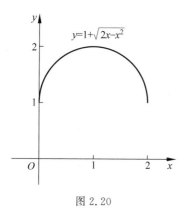

图 2.20

综上,函数 $y = 1 + \sqrt{2x - x^2}$ 在闭区间 $[0,2]$ 上连续。

该函数图像为圆 $(x-1)^2 + (y-1)^2 = 1$ 的上半个圆,如图 2.20 所示。

例 3 考察图 2.21 中的各函数在点 $x = 1$ 处的连续性。

解 对于图 2.21(a),函数 $y = f(x) = x + 1$,因为 $\lim\limits_{x \to 1} f(x) = \lim\limits_{x \to 1}(x + 1) = 2 = f(1)$,所以该函数在点 $x = 1$ 处连续。

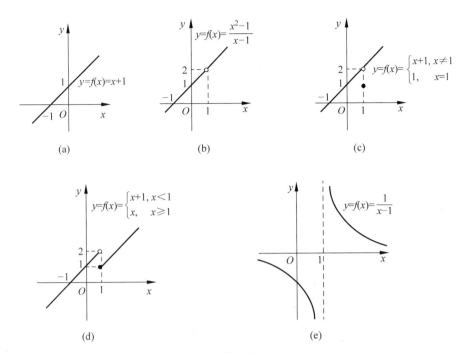

图 2.21

对于图 2.21(b)，函数 $y=f(x)=\dfrac{x^2-1}{x-1}$，因为 $\lim\limits_{x\to1}f(x)=2$，但 $f(x)$ 在 $x=1$ 处无定义，所以该函数在点 $x=1$ 处间断。

对于图 2.21(c)，函数 $y=f(x)=\begin{cases} x+1, & x\neq1, \\ 1, & x=1, \end{cases}$ 因为 $\lim\limits_{x\to1}f(x)=\lim\limits_{x\to1}(x+1)=2\neq f(1)$，所以该函数在点 $x=1$ 处间断。

对于图 2.21(d)，函数 $y=f(x)=\begin{cases} x+1, & x<1, \\ x, & x\geq1, \end{cases}$ 因为左极限 $\lim\limits_{x\to1^-}f(x)=\lim\limits_{x\to1^-}(x+1)=$ 2，右极限 $\lim\limits_{x\to1^+}f(x)=\lim\limits_{x\to1^+}x=1$，即 $\lim\limits_{x\to1^-}f(x)\neq\lim\limits_{x\to1^+}f(x)$，所以 $\lim\limits_{x\to1}f(x)$ 不存在，故点 $x=1$ 为该函数的间断点。因为该函数在间断点 $x=1$ 处的左右极限存在但是不相等，所以函数的图像在此间断点处产生了跳跃现象，称这样的间断点为**跳跃间断点**（jump discontinuity）。

对于图 2.21(e)，函数 $y=f(x)=\dfrac{1}{x-1}$ 在 $x=1$ 处无定义，所以该函数在点 $x=1$ 处间断，并且在间断点 $x=1$ 处有 $\lim\limits_{x\to1^-}f(x)=-\infty$，$\lim\limits_{x\to1^+}f(x)=+\infty$，称这种间断点为**无穷间断点**（infinite discontinuity）。

图 2.21(b) 和 (c) 中的两个函数的共同点为：函数在间断点 $x=1$ 处的极限均存在，这样的间断点称为**可去间断点**（removable discontinuity）。

下面再讨论一个特殊的函数 $f(x)=\sin\dfrac{1}{x}$（图 2.22），

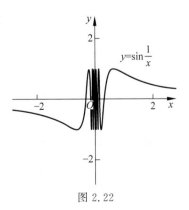

图 2.22

该函数在点 $x=0$ 处无定义,所以它在 $x=0$ 处间断。由图 2.22 可以看出 $f(x)$ 的函数值在 -1 与 1 之间振荡变化,称这种间断点为**振荡间断点**(oscillating discontinuity)。

一般地,设 x_0 为 $f(x)$ 的间断点,按照 $f(x)$ 在间断点 x_0 处的左、右极限是否存在,可以将间断点分为两类:

若 $\lim\limits_{x \to x_0^-} f(x)$ 与 $\lim\limits_{x \to x_0^+} f(x)$ 都存在,则称间断点 x_0 为第一类间断点,可去间断点与跳跃间断点均为**第一类间断点**。

若 $\lim\limits_{x \to x_0^-} f(x)$ 与 $\lim\limits_{x \to x_0^+} f(x)$ 至少有一个不存在,则称间断点 x_0 为第二类间断点,无穷间断点和振荡间断点都属于**第二类间断点**。

例 4　判断下列函数在所给点处的间断点的类型:

$$(1) \ \mathrm{sgn}(x) = \begin{cases} 1, & x>0, \\ 0, & x=0, \quad x=0; \\ -1, & x<0, \end{cases} \qquad (2) \ f(x) = \frac{\sin x}{x}, \ x=0。$$

解　(1) 因为 $\lim\limits_{x \to 0^-} \mathrm{sgn}(x) = -1$,$\lim\limits_{x \to 0^+} \mathrm{sgn}(x) = 1$,即 $\mathrm{sgn}(x)$ 在点 $x=0$ 处的左、右极限都存在,但不相等,所以点 $x=0$ 为 $\mathrm{sgn}(x)$ 的跳跃间断点。

(2) $f(x) = \dfrac{\sin x}{x}$ 在点 $x=0$ 处无定义,因为 $\lim\limits_{x \to 0} \dfrac{\sin x}{x} = 1$,所以点 $x=0$ 为 $f(x) = \dfrac{\sin x}{x}$ 的可去间断点。

若补充定义

$$g(x) = \begin{cases} f(x), & x \neq 0 \\ 1, & x=0 \end{cases} = \begin{cases} \dfrac{\sin x}{x}, & x \neq 0, \\ 1, & x=0, \end{cases}$$

因为 $\lim\limits_{x \to 0} g(x) = g(0)$,所以函数 $g(x)$ 在点 $x=0$ 处连续。

如果函数 $f(x)$ 在点 $x=x_0$ 处无定义,但 $\lim\limits_{x \to x_0} f(x)$ 存在,且 $\lim\limits_{x \to x_0} f(x) = L$,我们可以定义一个新函数 $g(x) = \begin{cases} f(x), & x \in D, \\ L, & x=x_0 \end{cases}$ ($x \in D$ 是指 x 在 $f(x)$ 的定义域内),则 $g(x)$ 在点 $x=x_0$ 处连续。这种补充定义后,使得到的函数连续的方法称为函数 $f(x)$ 在点 $x=x_0$ 处的**连续延拓**(continuous extension)。

2.7.2　初等函数的连续性

通过 2.7.1 小节的例 2 可以看出,按照连续的定义证明函数的连续性是比较麻烦的,我们可以通过连续函数的运算、反函数的连续性、连续函数的复合运算及基本初等函数的连续性,来讨论复杂函数的连续性。

由第 2.3 节极限的运算法则,可得如下的定理。

定理 2.14(连续函数的运算)　若函数 $f(x)$ 与 $g(x)$ 都在点 x_0 处连续,则下列运算得到的函数也在点 x_0 处连续。

(1) $f(x) + g(x)$;　　　(2) $f(x) - g(x)$;　　　(3) $c \cdot f(x)$(c 为常数);

(4) $f(x) \cdot g(x)$；　　　(5) $f(x)/g(x)(g(x_0) \neq 0)$；

(6) $[f(x)]^p, p \in \mathbb{R}$，且 $[f(x_0)]^p$ 有意义。

定理 2.14 的证明比较容易，例如，利用极限的和法则可以证明 $f(x)+g(x)$ 在点 x_0 处连续。

因为 $f(x)$ 与 $g(x)$ 都在点 x_0 处连续，则有 $\lim\limits_{x \to x_0} f(x) = f(x_0)$，$\lim\limits_{x \to x_0} g(x) = g(x_0)$，于是

$$\lim_{x \to x_0}[f(x)+g(x)] = \lim_{x \to x_0} f(x) + \lim_{x \to x_0} g(x) = f(x_0) + g(x_0),$$

因此，$f(x)+g(x)$ 在点 x_0 处连续。

定理 2.14 可以简述为：**连续函数的和、差、积、商、幂及常数倍仍然是连续的。**

因为 $y = \sin x$ 及 $y = \cos x$ 在 $(-\infty, +\infty)$ 上连续，由连续函数的商的运算法则，可以得到 $y = \tan x = \dfrac{\sin x}{\cos x}$ 及 $y = \cot x = \dfrac{\cos x}{\sin x}$ 在其定义域内是连续的。

例 5 当 k 取何值时，函数 $f(x) = \begin{cases} kx^2 + x, & x < 2, \\ x^3 - kx, & x \geqslant 2 \end{cases}$ 在 $(-\infty, +\infty)$ 上连续？

解 因为在 $(-\infty, 2)$ 内及 $(2, +\infty)$ 内，$f(x)$ 均为多项式函数，所以 $f(x)$ 在 $(-\infty, 2)$ 内及 $(2, +\infty)$ 内均连续，为了使 $f(x)$ 在 $(-\infty, +\infty)$ 内连续，只需 $f(x)$ 在点 $x = 2$ 处连续，即只需 $\lim\limits_{x \to 2} f(x) = f(2)$，即 $\lim\limits_{x \to 2^-} f(x) = \lim\limits_{x \to 2^+} f(x) = f(2)$。

而 $\lim\limits_{x \to 2^-} f(x) = \lim\limits_{x \to 2^-}(kx^2 + x) = 4k + 2$，$\lim\limits_{x \to 2^+} f(x) = \lim\limits_{x \to 2^+}(x^3 - kx) = 8 - 2k = f(2)$，因为需要 $\lim\limits_{x \to 2^-} f(x) = \lim\limits_{x \to 2^+} f(x) = f(2)$，即 $4k + 2 = 8 - 2k$，从而得 $k = 1$。

因此，当 $k = 1$ 时，函数 $f(x)$ 在 $(-\infty, +\infty)$ 上连续。

关于反函数的连续性，有如下定理。

定理 2.15（反函数的连续性） 若函数 $y = f(x)$ 在区间 I 上是单调递增（或递减）的连续函数，且其值域为 I'，则其反函数 $y = f^{-1}(x)$ 在区间 I' 上也是单调递增（或递减）的连续函数。

由反函数的连续性可知，反三角函数 $y = \arcsin x$、$y = \arccos x$、$y = \arctan x$ 及 $y = \operatorname{arccot} x$ 在它们的定义域内都是连续的。

下面的定理给出了两个连续函数经过复合运算后的连续性。

定理 2.16（复合函数的连续性） 若函数 $u = g(x)$ 在点 x_0 处连续，且 $u_0 = g(x_0)$，函数 $y = f(u)$ 在点 u_0 处连续，则复合函数 $y = f(g(x))$ 在点 x_0 处连续，即 $\lim\limits_{x \to x_0} f(g(x)) = f(g(x_0))$。

该定理的证明略。

注：(1) 定理 2.16 中，$\lim\limits_{x \to x_0} f(g(x)) = f(g(x_0))$，也就是 $\lim\limits_{x \to x_0} f(g(x)) = f(\lim\limits_{x \to x_0} g(x))$，说明对于连续函数来说，极限符号与函数符号可以交换顺序。

(2) 定理 2.16 中，若内层函数 $u = g(x)$ 在 $x \to x_0$ 时的极限存在，且 $\lim\limits_{x \to x_0} g(x) = u_0$，但

$u_0 \neq g(x_0)$ 或 $u = g(x)$ 在点 x_0 无定义,即 $u = g(x)$ 在点 x_0 处不连续,而外层函数 $y = f(u)$ 在点 u_0 处连续,则复合函数 $y = f(g(x))$ 在 $x \to x_0$ 时极限存在,且等于 $f(u_0)$,即 $\lim\limits_{x \to x_0} f(g(x)) = f(u_0) = f(\lim\limits_{x \to x_0} g(x))$,说明极限符号与函数符号依然可以交换顺序。

(3) 对于 $\lim\limits_{x \to x_0} f(g(x))$,如果作变量替换 $u = g(x)$,因为 $x \to x_0$ 时,$u \to u_0$,则 $\lim\limits_{x \to x_0} f(g(x)) = \lim\limits_{u \to u_0} f(u)$,即定理 2.16 为复合函数求极限时的变量替换提供了理论依据。

进一步讨论(这里不再进行),可以得出指数函数 $y = a^x (a > 0, a \neq 1)$ 在 $(-\infty, +\infty)$ 上是连续的,根据反函数的连续性,从而得出对数函数 $y = \log_a x (a > 0, a \neq 1)$ 在 $(0, +\infty)$ 内是连续的。

对于幂函数 $y = x^\mu (\mu \in \mathbb{R})$,根据 μ 的不同取值,也可以证明它在定义域内的连续性(证明略)。

根据以上结论,可以得出基本初等函数的连续性。

> **定理 2.17(基本初等函数的连续性)**　基本初等函数在它们的定义域内都是连续的,即常数函数、幂函数、指数函数、对数函数、三角函数及反三角函数在它们各自的定义域内都是连续的。

根据连续函数的运算、复合函数的连续性及基本初等函数的连续性,可得下面的结论。

> **定理 2.18(初等函数的连续性)**　一切初等函数在其定义区间内都是连续的。

所谓定义区间,就是指包含在定义域内的区间。

若函数 $f(x)$ 是初等函数,x_0 是 $f(x)$ 定义区间内的一点,因为 $\lim\limits_{x \to x_0} f(x) = f(x_0)$,所以求 $\lim\limits_{x \to x_0} f(x)$ 时,只需求函数值 $f(x_0)$ 即可。

例 6　求 $\lim\limits_{x \to \pi} \dfrac{2 - \sin 3x}{\sqrt{5 + \cos x}}$。

解　设 $f(x) = \dfrac{2 - \sin 3x}{\sqrt{5 + \cos x}}$,则 $f(x)$ 为初等函数,它在定义域 $(-\infty, +\infty)$ 上是连续的,从而有

$$\lim_{x \to \pi} \frac{2 - \sin 3x}{\sqrt{5 + \cos x}} = \frac{2 - \sin 3\pi}{\sqrt{5 + \cos \pi}} = \frac{2 - 0}{\sqrt{5 - 1}} = 1 。$$

例 7　求函数 $y = \ln \sin x$ 的连续区间。

解　$y = \ln \sin x$ 是初等函数,该函数的定义区间就是它的连续区间。

当 $\sin x > 0$ 时,$y = \ln \sin x$ 有定义,因此,其连续区间为

$$(0, \pi) \cup (2\pi, 3\pi) \cup (4\pi, 5\pi) \cup \cdots \cup (2k\pi, (2k+1)\pi) \cdots,$$

以及

$$(-2\pi, -\pi) \cup (-4\pi, -3\pi) \cup \cdots \cup (-2m\pi, -(2m-1)\pi) \cdots 。$$

$y = \ln \sin x$ 的图像如图 2.23 所示。

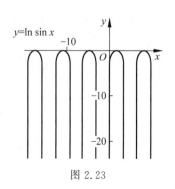

图 2.23

下面利用复合函数的连续性,证明 2.6 节曾给出的三个等价无穷小。

例 8 证明:当 $x \to 0$ 时,(1) $\ln(1+x) \sim x$; (2) $e^x - 1 \sim x$; (3) $(1+x)^\alpha - 1 \sim \alpha x (\alpha \in \mathbb{R})$。

证明 (1) 根据等价无穷小的定义,要证明 $x \to 0$ 时, $\ln(1+x) \sim x$,即是要证明

$$\lim_{x \to 0} \frac{\ln(1+x)}{x} = 1。$$

根据复合函数的连续性(定理 2.16 的注(2)),可得

$$\lim_{x \to 0} \frac{\ln(1+x)}{x} = \lim_{x \to 0} \ln(1+x)^{\frac{1}{x}} = \ln \left[\lim_{x \to 0} (1+x)^{\frac{1}{x}} \right] = \ln e = 1。$$

(2) 要证明 $x \to 0$ 时, $e^x - 1 \sim x$,即是要证明 $\lim\limits_{x \to 0} \dfrac{e^x - 1}{x} = 1$。

令 $e^x - 1 = t$,则 $e^x = 1 + t$,从而 $x = \ln(1+t)$,而 $x \to 0$ 时, $t \to 0$,利用本例题中的(1),可得

$$\lim_{x \to 0} \frac{e^x - 1}{x} = \lim_{t \to 0} \frac{t}{\ln(1+t)} = 1。$$

(3) 要证明 $x \to 0$ 时, $(1+x)^\alpha - 1 \sim \alpha x$,即是要证明 $\lim\limits_{x \to 0} \dfrac{(1+x)^\alpha - 1}{\alpha x} = 1$。

令 $(1+x)^\alpha - 1 = t$,则 $(1+x)^\alpha = 1 + t$,从而 $\alpha \ln(1+x) = \ln(1+t)$,而 $x \to 0$ 时, $t \to 0$,利用本例题中的(1),可得

$$\lim_{x \to 0} \frac{(1+x)^\alpha - 1}{\alpha x} = \lim_{x \to 0} \frac{(1+x)^\alpha - 1}{\alpha \ln(1+x)} \cdot \frac{\alpha \ln(1+x)}{\alpha x}$$

$$= \left[\lim_{t \to 0} \frac{t}{\ln(1+t)} \right] \cdot \left[\lim_{x \to 0} \frac{\alpha \ln(1+x)}{\alpha x} \right] = 1。$$

思　考　题

1. 试说明 $f(x)$ 在点 x_0 处有极限与在点 x_0 处连续的关系。

2. 若函数 $f(x)$ 与 $g(x)$ 在点 x_0 处都不连续,那么 $f(x) + g(x)$ 与 $f(x) \cdot g(x)$ 在点 x_0 处是否一定不连续?

3. 若函数 $f(x)$ 在点 x_0 处连续,而 $g(x)$ 在点 x_0 处不连续,那么 $f(x) + g(x)$ 与 $f(x) \cdot g(x)$ 在点 x_0 处是否连续?

习题 2.7

A 组

一、选择题

1. 下列函数中,在点 $x = 0$ 处不连续的是(　　)。

A. $f(x) = |x|$ 　　　　　　　　　　 B. $f(x) = x^2 - 3x - 4$

C. $f(x) = \dfrac{x-1}{x^2}$ 　　　　　　　　 D. $f(x) = \dfrac{x^2}{x-1}$

2. 函数 $f(x)=\dfrac{x-3}{x^2-2x-3}$ 的间断点是(   )。

    A. $x=-1$ B. $x=3$

    C. $x=-1$ 和 $x=3$ D. 无间断点

3. 下列函数中，有跳跃间断点的是(   )。

    A. $f(x)=\begin{cases}1-x^2, & x\leqslant 0 \\ 2x+1, & x>0\end{cases}$ B. $f(x)=\dfrac{x-1}{x^2+1}$

    C. $f(x)=\dfrac{|x|}{x}$ D. $f(x)=|x^2-1|$

4. 下列函数中，有可去间断点的是(   )。

    A. $f(x)=\sqrt{x^2-1}$ B. $f(x)=\dfrac{x^2-1}{x-1}$

    C. $f(x)=\begin{cases}\cos x, & x<0 \\ \ln(1+x), & x\geqslant 0\end{cases}$ D. $f(x)=\begin{cases}e^x, & x\leqslant 0 \\ \ln x, & x>0\end{cases}$

5. 若 $f(x)=\begin{cases}1+be^x, & x\leqslant 0, \\ \dfrac{\ln(1+ax)}{x}, & x>0\end{cases}$ 是连续函数，则一定有(   )。

    A. $a=1,b=0$ B. $a=0,b=1$

    C. $a=1+b$ D. $b=1+a$

二、解答题

1. 已知函数 $y=g(x)$ 的图像如图 2.24 所示，$y=g(x)$ 在点 $x=1$，$x=2$ 及 $x=3$ 处是否连续？并说明理由。

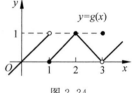
图 2.24

2. 判断下列函数在所给点处是否连续，若不连续，说明间断点的类型：

    (1) $f(x)=\dfrac{x^2-1}{x+1}$，$x=-1$;   (2) $f(x)=\begin{cases}x, & x\neq 1, \\ 0, & x=1,\end{cases}$ $x=1$;

    (3) $f(x)=\begin{cases}1/x, & x<0, \\ x, & x\geqslant 0,\end{cases}$ $x=0$;   (4) $f(x)=\begin{cases}x+1, & x<0, \\ 0, & x=0, \\ x-1, & x>0,\end{cases}$ $x=0$。

3. 设函数 $f(x)=\begin{cases}x^2-3x, & x<2, \\ 2x+4, & x\geqslant 2,\end{cases}$ 解答下列问题并说明理由：

    (1) $f(x)$ 在区间 $(-\infty,2)$ 内是否连续？

    (2) $f(x)$ 在区间 $(-\infty,2]$ 上是否连续？

    (3) $f(x)$ 在区间 $[2,+\infty)$ 上是否连续？

    (4) $f(x)$ 在区间 $(-\infty,+\infty)$ 上是否连续？

4. 求下列函数的连续区间：

    (1) $f(x)=\dfrac{x}{x^2-1}$;   (2) $g(x)=x^2+\sqrt{3x-2}$;

(3) $h(x)=\begin{cases}\mathrm{e}^x, & x<0,\\ x+1, & x\geqslant0;\end{cases}$　　　　(4) $s(x)=\arcsin(2x-1)$。

5. 利用函数的连续性计算下列极限：

(1) $\lim\limits_{x\to2}\dfrac{\mathrm{e}^{2x-1}}{x^3+1}$；　　　　(2) $\lim\limits_{x\to-4}\ln(x^2+3x-1)$；

(3) $\lim\limits_{x\to2}\arctan\left(\dfrac{3x-1}{x^2+1}\right)$；　　　　(4) $\lim\limits_{x\to3}\sqrt{\dfrac{x^2+3x-18}{x^2-2x-3}}$。

6. 当 a 为何值时，函数 $f(x)=\begin{cases}x\sin\dfrac{1}{x}, & x<0,\\ a+x^2, & x\geqslant0\end{cases}$ 在定义域上连续。

7. 设函数 $f(x)=\begin{cases}\dfrac{x^2+2ax}{x}, & x<0,\\ x^2-ax+b, & 0\leqslant x<2,\\ x-4a+3b, & x\geqslant2,\end{cases}$ 求 a 和 b 的值，使得函数 $f(x)$ 在 $(-\infty,$ $+\infty)$ 上连续。

B 组

1. 画出一个符合下列条件的函数图像，设这些函数除了给定的间断点外，在已给区间的其他点处都是连续的：

(1) $f(x)$ 定义在区间 $[-1,3]$ 上，点 $x=0$ 为其跳跃间断点，点 $x=2$ 为其可去间断点，$f(x)$ 在区间 $[-1,3]$ 的左端点 $x=-1$ 处不右连续，在右端点 $x=3$ 处左连续。

(2) $g(x)$ 定义在区间 $(-\infty,+\infty)$ 上，点 $x=-2$ 为其无穷间断点，函数在点 $x=-2$ 处左连续；点 $x=4$ 为其跳跃间断点，函数在点 $x=4$ 处右连续。

2. 求下列函数的极限：

(1) $\lim\limits_{x\to\pi}\sin\left(\dfrac{\pi}{2}\cos(\tan x)\right)$；　　　　(2) $\lim\limits_{x\to1}\arcsin\dfrac{\sqrt{x}-1}{x-1}$；

(3) $\lim\limits_{x\to2}\ln\left(\dfrac{\sin(x-2)}{x-2}\right)$；　　　　(4) $\lim\limits_{x\to1}\sec(x\sec^2x-\tan^2x-1)$。

3. 对下列函数进行连续延拓，使其在 $(-\infty,+\infty)$ 上连续：

(1) $f(x)=\dfrac{x^3+8}{x+2}$；　　　　(2) $g(x)=\dfrac{\ln(1+x)}{x}$。

2.8　闭区间上连续函数的性质

闭区间上的连续函数有一些非常重要的性质，它们常常可作为某些问题分析和应用的重要理论依据。下面以定理的形式给出这些性质。

定理 2.19（有界性定理）　若 $f(x)$ 在闭区间 $[a,b]$ 上连续，则 $f(x)$ 在 $[a,b]$ 上一定有界，即存在正数 M，使得对任意 $x\in[a,b]$，有 $|f(x)|\leqslant M$。

例如,函数 $f(x) = \dfrac{1}{x}$ 在闭区间 $[1,2]$ 上连续,则它一定在闭区间 $[1,2]$ 上有界。

定义 2.17(最大值和最小值)   设函数 $y = f(x)$ 的定义域为 D。

(1) 若存在点 $x_0 \in D$,使得对于 D 中的任意点 x,都有 $f(x) \leqslant f(x_0)$,则称 $f(x_0)$ 为函数 $f(x)$ 在 D 上的**最大值**(absolute maximum),x_0 称为最大值点;

(2) 若存在点 $x_0 \in D$,使得对于 D 中的任意点 x,都有 $f(x) \geqslant f(x_0)$,则称 $f(x_0)$ 为函数 $f(x)$ 在 D 上的**最小值**(absolute minimum),x_0 称为最小值点。

最大值和最小值统称为**最值**(absolute extrema)。

需要注意的是,不是任何函数在任何区间上都是有最大值和最小值的,但是,下面的定理给出了一个函数具有最大值和最小值的充分条件。

定理 2.20(最大值和最小值定理,the extreme value theorem)   若 $f(x)$ 在闭区间 $[a,b]$ 上连续,则 $f(x)$ 在 $[a,b]$ 上一定可以取得最大值与最小值,即在 $[a,b]$ 上至少存在一点 x_1 和一点 x_2,使得 $f(x_1) = \max\limits_{x \in [a,b]} \{f(x)\}$,$f(x_2) = \min\limits_{x \in [a,b]} \{f(x)\}$,$x_1$,$x_2$ 分别为最大值点和最小值点。

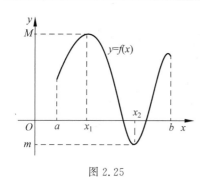

图 2.25

定理 2.20 的几何解释是:因为 $y = f(x)$ 在 $[a,b]$ 上连续,所以 $y = f(x)$ 的图形是一条以 $(a, f(a))$ 与 $(b, f(b))$ 为端点的连续曲线(如图 2.25 所示),则在曲线上一定有最高点和最低点,即函数存在最大值点和最小值点。从图 2.25 可以看出,$f(x)$ 在区间 $[a,b]$ 上的最大值点为 x_1,最小值点为 x_2。

需要注意的是,函数取得最大值或最小值的点不一定唯一;函数的最大值或最小值有可能在区间端点取得。

对于定理 2.19 和定理 2.20,若函数只是在开区间 (a,b) 内连续,或在闭区间 $[a,b]$ 上有间断点,定理就不一定成立了,下面的例子说明了这个问题。

例 1   (1) 函数 $y = \dfrac{1}{x}$,$x \in (0,2)$,如图 2.26(a)所示。$y = \dfrac{1}{x}$ 在开区间 $(0,2)$ 内虽然连续,但它在 $(0,2)$ 内无界,它在 $(0,2)$ 内也不能取得最大值和最小值。

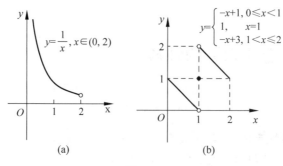

(a)   (b)

图 2.26

(2) 函数 $y = f(x) = \begin{cases} -x+1, & 0 \leqslant x < 1, \\ 1, & x = 1, \\ -x+3, & 1 < x \leqslant 2, \end{cases}$ 如图 2.26(b) 所示。函数 $y = f(x)$ 在闭区

间 $[0,2]$ 上不连续，它不能在 $[0,2]$ 上取得最大值和最小值。

定理 2.21（介值定理，the intermediate value theorem） 设函数 $f(x)$ 在闭区间 $[a,b]$ 上连续，且 $f(a) \neq f(b)$，若 η 为介于 $f(a)$ 与 $f(b)$ 之间的任意实数，则至少存在一点 $x_0 \in (a,b)$，使得 $f(x_0) = \eta$。

介值定理表明，若 $f(x)$ 在 $[a,b]$ 上连续，又不妨设 $f(a) > f(b)$，则 $f(x)$ 在 $[a,b]$ 上可以取得区间 $[f(b), f(a)]$ 上的一切值。

介值定理的几何意义是：设 $y = f(x)$ 的图形是一条以 $(a, f(a))$ 与 $(b, f(b))$ 为端点的连续曲线，如图 2.27(a) 所示，在 $f(a)$ 与 $f(b)$ 之间任取一实数 η，则直线 $y = \eta$ 与曲线 $y = f(x)$ 至少有一个交点，该交点的横坐标即为所求的点 x_0。

由介值定理，容易得到如下结论：**闭区间上的连续函数一定可以取得介于最小值和最大值之间的任何值**。其几何意义可类似给出，如图 2.27(b) 所示。

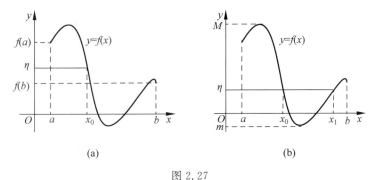

图 2.27

若 x_0 使得 $f(x_0) = 0$，则称 x_0 为函数 $f(x)$ 的**零点**。

定理 2.22（零点定理） 设函数 $f(x)$ 在闭区间 $[a,b]$ 上连续，且 $f(a)$ 与 $f(b)$ 异号，即 $f(a) \cdot f(b) < 0$，则至少存在一点 $x_0 \in (a,b)$，使得 $f(x_0) = 0$。

零点定理也叫**根的存在定理**，可用来确定方程在某个区间内根的存在性。

例 2 试说明方程 $2^x = 4x$ 除了有根 $x = 4$，在 $(0,1)$ 内至少有一个根。

解 容易验证 $x = 4$ 是方程 $2^x = 4x$ 的一个根，下面证明该方程在 $(0,1)$ 内至少有一个根。

设函数 $f(x) = 2^x - 4x$，因为 $f(x)$ 是初等函数，由初等函数的连续性，得 $f(x)$ 在闭区间 $[0,1]$ 上连续。又因为 $f(0) = 1 > 0$，$f(1) = -2 < 0$，由零点定理可知，在 $(0,1)$ 内至少存在一点 x_0，使得函数 $f(x_0) = 0$，即方程 $2^x = 4x$ 在区间 $(0,1)$ 内至少有一个根。

事实上，我们可以借助计算器，利用零点定理求得方程 $2^x = 4x$ 在 $(0,1)$ 内的近似根，假设对该方程近似根的精度要求是：精确到小数点后一位数。

将区间 $[0,1]$ 二等分，因为 $f(0) = 1 > 0$，$f(0.5) \approx -0.586 < 0$，所以，该方程的根一定位于区间 $(0, 0.5)$ 内。

将区间$[0,0.5]$二等分,因为$f(0.25)≈0.189>0$,$f(0.5)≈-0.586<0$,该方程的根一定位于区间$(0.25,0.5)$内。

再将区间$[0.25,0.5]$二等分,因为$f(0.25)≈0.189>0$,$f(0.375)≈-0.203<0$,该方程的根一定位于区间$(0.25,0.375)$内。

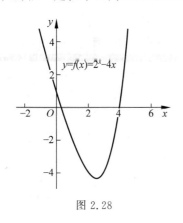

图 2.28

再将区间$[0.25,0.375]$二等分,因为$f(0.25)≈0.189>0$,$f(0.3125)≈-0.0081<0$,该方程的根一定位于区间$(0.25,0.3125)$内。

此时,因为$|0.3125-0.25|=0.0625<0.1$,方程的近似根已经满足假设的精度要求,即在区间$(0.25,0.3125)$内任取一点x_0都满足精度要求。如此进行下去,可以求出方程更精确的近似根。图 2.28 是函数$f(x)=2^x-4x$的图像。

上面依次将闭区间一分为二,利用零点定理将方程的根所在的区间逐次缩小,从而求得方程的近似根的方法,称为**二分法**(bisection method)。

思　考　题

如果$f(x)$在闭区间$[a,b]$上连续,那么$f(x)$在$[a,b]$上是否一定有界?反过来,如果$f(x)$在$[a,b]$上有界,能否得到$f(x)$在闭区间$[a,b]$上连续?

习题 2.8

A 组

一、选择题

1. 函数$f(x)=\dfrac{1}{x}$在下列哪个区间上存在最大值和最小值(　　)。

  A. $(0,1)$ B. $(1,+\infty)$ C. $[-1,2]$ D. $[1,2]$

2. $f(x)=\sin x$在下列哪个区间上的最大值点不是唯一的(　　)。

  A. $\left[-\dfrac{\pi}{2},\dfrac{\pi}{2}\right]$ B. $\left[\dfrac{\pi}{2},\dfrac{5\pi}{2}\right]$ C. $[0,\pi]$ D. $[0,2\pi]$

3. 若函数$f(x)$在区间$[a,b]$上连续,并且$\forall x\in[a,b]$,$f(x)\neq0$,则$f(x)$在区间$[a,b]$上(　　)。

  A. 恒正   B. 恒负

  C. 恒正或恒负   D. 可能同时存在正值和负值

二、解答题

1. 利用零点定理证明下列方程在所给的区间内至少有一个根:

(1) $x^4-x-3=0$,$(1,2)$;   (2) $e^x+3\sin x=2$,$(0,1)$;

(3) $x\cdot5^x=1$,$(0,1)$;   (4) $\ln x=3-2x$,$(1,2)$。

2. 设函数 $f(x)$ 在闭区间 $[1,5]$ 上连续,且方程 $f(x)=7$ 只有两个根 $x=1$ 及 $x=4$,如果 $f(2)=9$,则一定有 $f(3)>7$,请解释原因。

3. 如果 $f(x)$ 在点 x_0 有定义,且满足 $f(x_0)=x_0$,就称 x_0 为函数 $f(x)$ 的 **不动点**。例如,若 $f(x)=x^2-2x$,因为 $f(3)=3$,则 3 为该函数的一个不动点。

已知函数 $f(x)=e^x-2$,试证明 $f(x)$ 在区间 $(0,2)$ 内至少存在一个不动点。

B 组

1. 设函数 $f(x)$ 在区间 $[a,b]$ 上有定义,且函数 $f(x)$ 在 (a,b) 内连续,η 为介于 $f(a)$ 与 $f(b)$ 之间的任一数,是否存在一点 $x_0 \in (a,b)$,使得 $f(x_0)=\eta$? 如果 $f(a) \cdot f(b)<0$,是否存在一点 $x_0 \in (a,b)$,使得 $f(x_0)=0$?

2. 某商品在市场价格为 p 时需求函数(demand function)为 $D(p)$,**供应函数**(supply function)为 $S(p)$。若 $D(p)$ 与 $S(p)$ 都是连续函数,其中价格 p 的变化范围为 $p_1 \leqslant p \leqslant p_2$,并且 $D(p_1)>S(p_1)$,$D(p_2)<S(p_2)$,即价格为 p_1 时,该商品供不应求,价格为 p_2 时,该商品供大于求。当商品的供求相等时,市场处于均衡状态,此时的商品价格称为**均衡价格**(equilibrium price)。试用介值定理说明该商品的均衡价格一定在 p_1 与 p_2 之间取得。

复习题 2

一、判断下列结论是否正确,并说明理由:

1. 数列 $\cos\dfrac{\pi}{4}, \cos\dfrac{2\pi}{4}, \cos\dfrac{3\pi}{4}, \cdots, \cos\dfrac{n\pi}{4}, \cdots$ 是发散的。

2. 数列 $\left\{\dfrac{2n\sin(n^2+1)}{n^2+1}\right\}$ 收敛于零。

3. 若 $\lim\limits_{x\to 2} f(x)=5$,则一定有 $f(2)=5$。

4. $\lim\limits_{x\to 2}\dfrac{x^2-2x-3}{x^2-9}=\dfrac{\lim\limits_{x\to 2}(x^2-2x-3)}{\lim\limits_{x\to 2}(x^2-9)}$。

5. $\lim\limits_{x\to 3}\dfrac{x^2-2x-3}{x^2-9}=\dfrac{\lim\limits_{x\to 3}(x^2-2x-3)}{\lim\limits_{x\to 3}(x^2-9)}$。

6. $\lim\limits_{x\to +\infty}\dfrac{x^2-2x-3}{x^2-9}=\dfrac{\lim\limits_{x\to +\infty}(x^2-2x-3)}{\lim\limits_{x\to +\infty}(x^2-9)}$。

7. $\lim\limits_{x\to 1}\left(\dfrac{1}{1-x}-\dfrac{2}{1-x^2}\right)=\lim\limits_{x\to 1}\dfrac{1}{1-x}-\lim\limits_{x\to 1}\dfrac{2}{1-x^2}$。

8. 因为 $\lim\limits_{x\to +\infty}\dfrac{1}{1+x^2}=0$,所以 $y=0$ 为曲线 $y=\dfrac{1}{1+x^2}$ 的一条水平渐近线。

9. 因为 $\lim\limits_{x\to 4}\dfrac{x+1}{\sqrt{x}-2}=\infty$,所以 $x=4$ 为曲线 $y=\dfrac{x+1}{\sqrt{x}-2}$ 的一条竖直渐近线。

10. 当 $x \to 0$ 时，$\sqrt[3]{1+x}$ 与 $1+\dfrac{x}{3}$ 是等价无穷小。

11. 当 $x \to 0$ 时，$(a+x)^3 - a^3 (a \neq 0)$ 是 x 的高阶无穷小。

12. 设 $f(x) = \begin{cases} x^2+1, & x \leqslant 1, \\ 2x-1, & x>1, \end{cases}$ 则 $\lim\limits_{x \to 1^-} f(x) = \lim\limits_{x \to 1^+} f(x)$。

13. 设 $\lim\limits_{x \to 5} f(x)g(x)$ 存在，则 $\lim\limits_{x \to 5} f(x)g(x) = f(5)g(5)$。

14. 若 $\lim\limits_{x \to 0} f(x) = 0$，$\lim\limits_{x \to 0} g(x) = \infty$，则 $\lim\limits_{x \to 0} f(x)g(x)$ 可能存在也可能不存在。

15. 若 $\lim\limits_{x \to 3} f(x) = +\infty$，$\lim\limits_{x \to 3} g(x) = +\infty$，则 $\lim\limits_{x \to 3} [f(x)-g(x)] = 0$。

16. 函数 $f(x) = |x^2-1|$ 在点 $x=-1$ 及 $x=1$ 处不连续。

17. $x=1$ 是函数 $f(x) = \dfrac{\sqrt{x}-1}{x-1}$ 的可去间断点。

18. $\lim\limits_{x \to 1} \dfrac{\sqrt{x}-1}{\sqrt[3]{x}-1} = \lim\limits_{x \to 1} \dfrac{\sqrt{x}-1}{x-1} \Big/ \lim\limits_{x \to 1} \dfrac{\sqrt[3]{x}-1}{x-1}$。

19. 对函数 $f(x)$，若有 $f(-1)f(2) < 0$，则至少存在一点 $c \in (-1, 2)$，使得 $f(c) = 0$。

20. 设教室外早晨 7 点的温度为 $-2\,^\circ\!C$，中午 12 点的温度为 $5\,^\circ\!C$，则在 7 点到 12 点之间，一定存在某个时刻 t_0，在这个时刻的温度为 $2\,^\circ\!C$。

二、选择题

1. 下列数列极限为 0 的是（　　）。

    A. $a_n = \left(\dfrac{n+2}{n}\right)^n$ B. $a_n = \left(\dfrac{1}{2}\right)^n$ C. $a_n = \dfrac{3n-1}{2n+2}$ D. $a_n = n\sin\dfrac{2}{n}$

2. 下列函数中，在 $x \to x_0$ 时极限不存在的是（　　）。

    A. $f(x) = \begin{cases} x-1, & x \geqslant 1, \\ x+1, & x<1, \end{cases} x_0 = 0$ B. $f(x) = \dfrac{x^2-1}{x-1}, x_0 = 1$

    C. $f(x) = \begin{cases} 1+\sin x, & x \neq \pi, \\ 2, & x=\pi, \end{cases} x_0 = \pi$ D. $f(x) = \dfrac{1}{x-1}, x_0 = 1$

3. 下列变量在给定的自变量的变化过程中为无穷小的是（　　）。

    A. $2^{-x}+1, x \to +\infty$ B. $e^{-x} - \sin x, x \to 0$

    C. $e^{-\frac{1}{x}} - 1, x \to -\infty$ D. $\ln(1-x), x \to 1-0$

4. 在 $x \to 0$ 时，下列等价无穷小错误的是（　　）。

    A. $x^2 \sim \sin x^2$ B. $2^x - 1 \sim x\ln 2$

    C. $x^2 + x \sim x^2$ D. $\arcsin x \sim x$

5. 下列极限不为 0 的是（　　）。

    A. $\lim\limits_{x \to +\infty} \dfrac{2^x}{5^x}$ B. $\lim\limits_{x \to \infty} x\sin\dfrac{1}{x^2}$ C. $\lim\limits_{x \to 0} \dfrac{\sqrt{1+x}-1}{x}$ D. $\lim\limits_{x \to +\infty} \dfrac{1}{x}\cos x$

6. 在 $x \to 1$ 时，下列哪个无穷小是 $x-1$ 的高阶无穷小（　　）。

    A. $\sqrt{x}-1$ B. $\sin(x-1)$ C. $\ln x$ D. $\ln(x^2 - 2x + 2)$

7. 下列函数的间断点为跳跃间断点的是(　　)。

A. $f(x)=\begin{cases}\dfrac{\sin x}{x}, & x\neq 0 \\ 2, & x=0\end{cases}$

B. $f(x)=\dfrac{x^3-1}{x-1}$

C. $f(x)=\begin{cases}\cos x, & x<0 \\ \ln(1+x), & x\geqslant 0\end{cases}$

D. $f(x)=\begin{cases}\cos x, & x\leqslant 0 \\ \ln x, & x>0\end{cases}$

8. 下列函数在所给区间上一定有最大值和最小值的是(　　)。

A. $y=x^2-2x, x\in(1,3)$

B. $y=\begin{cases}\sin x, & x\in[-\pi,0] \\ \cos x, & x\in(0,\pi]\end{cases}$

C. $y=\begin{cases}-\sqrt{1-x^2}, & x\in[-1,1] \\ \sqrt{x-1}, & x\in(1,5]\end{cases}$

D. $y=\begin{cases}\dfrac{x-x^3}{x}, & x\in[-1,0)\cup(0,1] \\ -1, & x=0\end{cases}$

三、解答题

1. 计算下列数列的极限：

(1) $\lim\limits_{n\to\infty}\dfrac{1+2+\cdots+n}{2n^2}$;

(2) $\lim\limits_{n\to\infty}\left(\dfrac{1}{1\times 3}+\dfrac{1}{3\times 5}+\cdots+\dfrac{1}{(2n-1)(2n+1)}\right)$;

(3) $\lim\limits_{n\to\infty}\dfrac{(-2)^n+3^n}{(-2)^{n+1}+3^{n+1}}$;

(4) $\lim\limits_{n\to\infty}\sqrt{n}\,(\sqrt{n+1}-\sqrt{n})$;

(5) $\lim\limits_{n\to\infty}n\sin\dfrac{1}{n}$;

(6) $\lim\limits_{n\to\infty}\dfrac{n}{n^2+1}\arctan(n^2+1)$;

(7) $\lim\limits_{n\to\infty}\left(1-\dfrac{1}{n}\right)^n$;

(8) $\lim\limits_{n\to\infty}\left\{\sum\limits_{k=1}^{n}\dfrac{1}{(2k-1)(2k+1)}\right\}^n$。

2. 计算下列函数的极限：

(1) $\lim\limits_{x\to 0}\dfrac{x^2-1}{2x^2-x-1}$;

(2) $\lim\limits_{x\to 1}\dfrac{x^2-1}{2x^2-x-1}$;

(3) $\lim\limits_{x\to+\infty}\dfrac{x^2-1}{2x^2-x-1}$;

(4) $\lim\limits_{x\to 0}\dfrac{x}{\sqrt{x+4}-2}$;

(5) $\lim\limits_{x\to 0}\dfrac{(x-1)^3+1}{x}$;

(6) $\lim\limits_{x\to 0}\dfrac{\sqrt[3]{1+5x}-1}{x}$;

(7) $\lim\limits_{t\to 2}\dfrac{t^3-8}{t^4-16}$;

(8) $\lim\limits_{x\to 2}\dfrac{\ln(1+x)-\ln 3}{x-2}$;

(9) $\lim\limits_{x\to a}\dfrac{e^x-e^a}{x-a}$;

(10) $\lim\limits_{x\to 0}\dfrac{1}{x}\left(\dfrac{1}{x+1}-1\right)$;

(11) $\lim\limits_{x\to 0}\dfrac{\tan x-\sin x}{\tan^3 x}$;

(12) $\lim\limits_{x\to 0}(1+nx)^{\frac{1}{x}}$。

3. 对下列每一个函数，求极限$\lim\limits_{h\to 0}\dfrac{f(x+h)-f(x)}{h}$:

(1) $f(x) = 5$；

(2) $f(x) = 6x$；

(3) $f(x) = \sqrt{x}$；

(4) $f(x) = x^3$；

(5) $f(x) = \dfrac{1}{x}$；

(6) $f(x) = \ln x$；

(7) $f(x) = 3^x$；

(8) $f(x) = \sin x$。

4. 设 $\lim\limits_{x \to 0} \dfrac{\sin 6x + 3x f(x)}{x^2} = 0$，求 $\lim\limits_{x \to 0} f(x)$。

5. 设函数 $f(x) = \begin{cases} x^2 - 1, & x < 0, \\ x, & 0 \leqslant x < 2, \\ \sqrt{2x}, & x \geqslant 2。 \end{cases}$

(1) 求 $\lim\limits_{x \to 0^-} f(x)$，$\lim\limits_{x \to 0^+} f(x)$，$\lim\limits_{x \to 0} f(x)$；

(2) 求 $\lim\limits_{x \to 2^-} f(x)$，$\lim\limits_{x \to 2^+} f(x)$，$\lim\limits_{x \to 2} f(x)$；

(3) $f(x)$ 在点 $x = 0$ 及 $x = 2$ 处是否连续？

6. 设函数 $f(x) = \begin{cases} b + e^x, & x < 0, \\ 2, & x = 0, \\ x^2 + a, & x > 0。 \end{cases}$

(1) 若 $f(x)$ 在点 $x = 0$ 处的极限存在，求参数 a, b 满足的关系式；

(2) 若 $f(x)$ 为连续函数，求参数 a, b 的值。

7. 已知 $f(x) = \begin{cases} ax^2 + 5x - 9, & x > 1, \\ b, & x = 1, \\ (3 - x)(a - 2x), & x < 1 \end{cases}$ 是连续函数，试确定参数 a, b 的值。

8. 为了研究细菌对某种药物的抗药性，研究人员对培养皿中的菌落进行药物处理。已知给药 $t\,\min$ 后，菌落内的细菌数量（万）函数为

$$f(t) = \begin{cases} t^2 + 7, & t < 5, \\ -8t + 72, & t \geqslant 5。 \end{cases}$$

试回答下列问题：

(1) 在给药后多长时间，菌落内的细菌全部死亡？

(2) 解释为何在 $t = 1$ 与 $t = 7$ 之间某一时刻，菌落内的细菌数量一定曾经为 10 万？

第**3**章

导数和微分

导数和微分是一元函数微分学中的两个重要的基本概念。导数反映的是函数在某一点变化的快慢程度,即变化率问题;微分主要表示函数在某一点的增量的近似程度,体现的是函数局部线性化的思想。导数在变化率分析、函数及曲线的性态研究以及最优化问题等方面有着广泛的应用,微分在近似计算、误差估计等方面具有重要的应用。

本章主要讨论

1. 导数是如何定义的?
2. 导数的几何意义是什么?
3. 函数求导有哪些法则?
4. 什么是高阶导数?
5. 微分是如何定义的?

3.1 导数的概念

3.1.1 引例

1. 切线问题(the tangent problem)

如图 3.1 所示,设 $M(x_0, y_0)$ 为曲线 $y = f(x)$ 上的一点,用 Δx 表示自变量 x 在 x_0 处取得的增量,用 Δy 表示因变量 y 取得的相应增量,即 $\Delta y = f(x_0 + \Delta x) - f(x_0)$,在曲线上取邻近于点 M 的另外一点 $N(x_0 + \Delta x, y_0 + \Delta y)$,作割线 MN,当动点 N 沿着曲线 $y = f(x)$ 无限接近于点 M 时,割线 MN 的极限位置 MP 称为曲线 $y = f(x)$ 在点 M 的**切线**(tangent line),设切线 MP 的倾角为 θ。若要求出曲线在点 M 处的切线方程,需要先求出切线斜率。

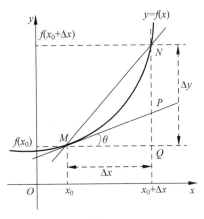

图 3.1

割线 MN 的斜率

$$\overline{k} = \frac{\Delta y}{\Delta x} = \frac{f(x_0 + \Delta x) - f(x_0)}{\Delta x},$$

当点 N 沿着曲线 $y = f(x)$ 无限接近于点 M 时,割线 MN 的斜率趋向于切线 MP 的斜率,即 $\Delta x \to 0$ 时,若 $\overline{k}$ 的极限存在,则极限

$$k = \lim_{\Delta x \to 0} \frac{\Delta y}{\Delta x} = \lim_{\Delta x \to 0} \frac{f(x_0 + \Delta x) - f(x_0)}{\Delta x}$$

即为切线 MP 的斜率,即 $k = \tan\theta$。

注: 变量 Δx 和 Δy 虽然都是由两个符号构成的,但它们表示一个变量,如无特别说明,本书中"Δ+一个字母"均表示这个字母所代表的变量的增量,例如,下面的速度问题中,Δt 表示时间 t 的增量,Δs 表示位移 s 的增量。

2. 速度问题(the velocity problem)

设一物体作变速直线运动,物体在时刻 t 的运动规律为 $s = s(t)$,考察物体在 t_0 时刻的瞬时速度。

设时间 t 在 t_0 处取得增量 Δt,考虑 t_0 的邻近时刻 $t_0 + \Delta t$,位移 s 取得的增量为 $\Delta s = s(t_0 + \Delta t) - s(t_0)$,物体在时间段 t_0 到 $t_0 + \Delta t$ 之间的**平均速度**(average velocity)为

$$\overline{v} = \frac{\Delta s}{\Delta t} = \frac{s(t_0 + \Delta t) - s(t_0)}{\Delta t}。$$

Δt 越小,平均速度 $\overline{v}$ 越接近于物体在 t_0 时刻的瞬时速度,若 $\Delta t \to 0$ 时,平均速度 $\overline{v}$ 的极限存在,则极限

$$v = \lim_{\Delta t \to 0} \frac{\Delta s}{\Delta t} = \lim_{\Delta t \to 0} \frac{s(t_0 + \Delta t) - s(t_0)}{\Delta t}$$

即为物体在 t_0 时刻的**瞬时速度**(instantaneous velocity)。

上述两个问题中,一个是几何学的问题,一个是运动学问题,虽然它们的实际意义不同,但最终都归结为如下形式的极限

$$\lim_{\Delta x \to 0} \frac{\Delta y}{\Delta x} = \lim_{\Delta x \to 0} \frac{f(x_0 + \Delta x) - f(x_0)}{\Delta x}。$$

这种形式的极限存在于许多学科领域,例如经济学中的边际成本、边际利润,物理学中的电流强度,社会学中的信息传播速度等。撇开这些量的具体意义,保留它们共同的数学结构,从而得出导数的概念。

3.1.2 导数的定义

1. 函数 $f(x)$ 在一点处的导数

定义 3.1($f(x)$ **在点 x_0 处的导数**) 设函数 $y = f(x)$ 在点 x_0 的某邻域内有定义,当自变量 x 在 x_0 处取得**增量**(increment)Δx($x_0 + \Delta x$ 仍在该邻域内)时,函数值取得增量 $\Delta y = f(x_0 + \Delta x) - f(x_0)$。若极限 $\lim\limits_{\Delta x \to 0} \dfrac{\Delta y}{\Delta x}$ 存在,则称函数 $f(x)$ 在点 x_0 处**可导**(differentiable),并称此极限为函数 $f(x)$ 在点 x_0 处的**导数**(derivative),记为 $f'(x_0)$,即

$$f'(x_0) = \lim_{\Delta x \to 0} \frac{\Delta y}{\Delta x} = \lim_{\Delta x \to 0} \frac{f(x_0 + \Delta x) - f(x_0)}{\Delta x},$$

也可记作 $y'|_{x=x_0}$ 或 $\frac{\mathrm{d}y}{\mathrm{d}x}|_{x=x_0}$。

注：(1) 导数定义的其他常见形式：

令定义 3.1 中的 $\Delta x = h$，则有 $f'(x_0) = \lim\limits_{h \to 0} \dfrac{f(x_0 + h) - f(x_0)}{h}$；

在定义 3.1 中，令 $x_0 + \Delta x = x$，则 $\Delta y = f(x) - f(x_0)$，于是有

$$f'(x_0) = \lim_{x \to x_0} \frac{f(x) - f(x_0)}{x - x_0}。$$

(2) 函数 $f(x)$ 在点 x_0 处可导也可说成 $f(x)$ 在点 x_0 处有导数或存在导数。

(3) 增量比 $\dfrac{\Delta y}{\Delta x}$ 称为函数 $f(x)$ 在以 x_0 和 $x_0 + \Delta x$ 为端点的区间上的**平均变化率**（average rate of change）或**差商**（difference quotient）。导数 $f'(x_0)$ 称为 $f(x)$ 在点 x_0 的**变化率**（rate of change），它反映了函数值随自变量的变化而变化的快慢程度。

(4) 若 $\lim\limits_{\Delta x \to 0} \dfrac{\Delta y}{\Delta x}$ 不存在，则称函数 $f(x)$ 在点 x_0 处不可导。在不可导的情形中，若有 $\lim\limits_{\Delta x \to 0} \dfrac{\Delta y}{\Delta x} = \infty$，也可以说 $f(x)$ 在点 x_0 处的导数为无穷大，即 $f'(x_0) = \infty$。

(5) 对于引例中的速度问题，若已知物体在时刻 t 的运动规律为 $s = s(t)$，由导数定义可得物体在 t_0 时刻的瞬时速度为 $v = s'(t_0)$。

利用导数定义求函数 $f(x)$ 在点 x_0 处的导数时，可以按下面步骤进行：

(1) **求增量**：计算函数的增量 $\Delta y = f(x_0 + \Delta x) - f(x_0)$；

(2) **算比值**：计算差商 $\dfrac{\Delta y}{\Delta x}$ 并化简；

(3) **取极限**：计算 $\lim\limits_{\Delta x \to 0} \dfrac{\Delta y}{\Delta x}$，该极限即为 $f'(x_0)$。

熟练后，可以直接从步骤(2)或者(3)开始计算。

例 1　求函数 $y = x^2$ 在 $x = 2$ 处的导数。

解　求增量：$\Delta y = f(x_0 + \Delta x) - f(x_0) = (2 + \Delta x)^2 - 2^2 = 4\Delta x + \Delta x^2$；

算比值：$\dfrac{\Delta y}{\Delta x} = \dfrac{(2 + \Delta x)^2 - 2^2}{\Delta x} = 4 + \Delta x$；

取极限：$\lim\limits_{\Delta x \to 0} \dfrac{\Delta y}{\Delta x} = \lim\limits_{\Delta x \to 0} (4 + \Delta x) = 4$，即 $f'(2) = 4$，或 $y'|_{x=2} = 4$。

2. 单侧导数（one-sided derivative）

根据导数定义 3.1，称左极限 $\lim\limits_{\Delta x \to 0^-} \dfrac{f(x_0 + \Delta x) - f(x_0)}{\Delta x}$ 为函数 $y = f(x)$ 在点 x_0 处的

左导数（left-hand derivative），记作 $f'_-(x_0)$；称右极限 $\lim\limits_{\Delta x \to 0^+} \dfrac{f(x_0 + \Delta x) - f(x_0)}{\Delta x}$ 为函数

$y=f(x)$ 在点 x_0 处的**右导数**(right-hand derivative),记作 $f'_+(x_0)$,即

$$f'_-(x_0) = \lim_{\Delta x \to 0^-} \frac{f(x_0+\Delta x)-f(x_0)}{\Delta x}, \quad 或 \quad f'_-(x_0) = \lim_{x \to x_0^-} \frac{f(x)-f(x_0)}{x-x_0};$$

$$f'_+(x_0) = \lim_{\Delta x \to 0^+} \frac{f(x_0+\Delta x)-f(x_0)}{\Delta x}, \quad 或 \quad f'_+(x_0) = \lim_{x \to x_0^+} \frac{f(x)-f(x_0)}{x-x_0}。$$

左导数和右导数统称为**单侧导数**。

函数 $y=f(x)$ 在点 x_0 处可导的充要条件是左导数 $f'_-(x_0)$ 和右导数 $f'_+(x_0)$ 都存在且相等。

例 2 函数 $f(x)=|x|$ 在 $x=0$ 处是否可导?

解 $f(x)=|x|= \begin{cases} -x, & x<0, \\ x, & x \geqslant 0, \end{cases}$ 因为在点 $x=0$ 左右两侧的函数表达式不一样,要求 $f'(0)$,需要求点 $x=0$ 处的左右导数。

左导数 $f'_-(0) = \lim_{x \to 0^-} \frac{f(x)-f(0)}{x-0} = \lim_{x \to 0^-} \frac{-x-0}{x-0} = -1,$

右导数 $f'_+(0) = \lim_{x \to 0^+} \frac{f(x)-f(0)}{x-0} = \lim_{x \to 0^+} \frac{x-0}{x-0} = 1。$

因为 $f'_+(0) \neq f'_-(0)$,所以 $f'(0)$ 不存在,即函数在点 $x=0$ 处不可导。

可以看出,绝对值函数 $f(x)=|x|$ 的图像在 $(0,0)$ 处有"尖角"(sharp corner),参见图 1.4。

3.1.3 导数的几何意义

由前面的讨论可知(图 3.1),函数 $y=f(x)$ 在点 x_0 处的导数 $f'(x_0)$ 在几何上表示曲线 $y=f(x)$ 在点 $M(x_0,y_0)$ 处的切线的斜率,这就是**导数的几何意义**。这样,利用直线方程的**点斜式**(point-slope form),可得曲线 $y=f(x)$ 在点 $M(x_0,y_0)$ 处的**切线方程**(the equation of the tangent line)为

$$y-y_0 = f'(x_0)(x-x_0)。$$

若 $y=f(x)$ 在点 x_0 处连续,但 $f(x)$ 在点 x_0 处不可导,而 $|f'(x_0)|=+\infty$,称曲线 $y=f(x)$ 在点 $M(x_0,y_0)$ 处具有垂直于 x 轴的切线 $x=x_0$,也称曲线在点 $M(x_0,y_0)$ 处具有**竖直切线**(vertical tangent)。显然,竖直切线的倾角为 $\frac{\pi}{2}$。

过点 $M(x_0,y_0)$ 且与切线垂直的直线称为曲线 $y=f(x)$ 在点 $M(x_0,y_0)$ 处的**法线**(normal line)。若 $f'(x_0) \neq 0$,则法线的斜率为 $-\frac{1}{f'(x_0)}$,**法线方程**为

$$y-y_0 = -\frac{1}{f'(x_0)}(x-x_0)。$$

例 3 求抛物线 $y=x^2$ 在点 $(2,4)$ 处的切线方程与法线方程。

解 由例 1 知,$y=x^2$ 在点 $x=2$ 处的导数为 $f'(2)=4$,由导数的几何意义可知,$y=x^2$ 在点 $(2,4)$ 处的切线斜率为 $k=f'(2)=4$,从而在点 $(2,4)$ 处的切线方程为

$$y-4=4(x-2), \quad 即 \quad 4x-y-4=0。$$

$y=x^2$ 在点 $(2,4)$ 处的法线斜率为 $-\frac{1}{k}=-\frac{1}{4}$,则在点 $(2,4)$ 处的法线方程为

$$y - 4 = -\frac{1}{4}(x - 2), \quad 即 \quad x + 4y - 18 = 0。$$

3.1.4 导函数

1. 导函数（derived function）

若函数 $y = f(x)$ 在开区间 (a, b) 内的每一点处都可导，则称函数 $f(x)$ 在区间 (a, b) 内**可导**。这时，对 (a, b) 内的任意一点 x，都对应着唯一一个确定的导数值，这样就构成了一个新的函数，称其为原来函数 $y = f(x)$ 的**导函数**，简称**导数**。$y = f(x)$ 关于 x 的导数可以记为 y'、$f'(x)$ 或 $\dfrac{\mathrm{d}y}{\mathrm{d}x}$。

将定义 3.1 中的 x_0 换成 x，即可得导函数 $f'(x)$ 的定义式：

$$f'(x) = \lim_{\Delta x \to 0} \frac{\Delta y}{\Delta x} = \lim_{\Delta x \to 0} \frac{f(x + \Delta x) - f(x)}{\Delta x},$$

或

$$f'(x) = \lim_{h \to 0} \frac{f(x + h) - f(x)}{h}。$$

$f'(x)$ **在几何上表示曲线** $y = f(x)$ **在点** $(x, f(x))$ **处的切线斜率**。

显然，$f(x)$ 在点 x_0 处的导数 $f'(x_0)$ 等于导（函）数 $f'(x)$ 在点 x_0 处的函数值，即 $f'(x_0) = f'(x)|_{x = x_0}$。

注：(1) 一般认为，导数的带撇（prime）的记号 y' 或 $f'(x)$ 是物理学家牛顿（Newton）表示导数时使用的；记号 $\dfrac{\mathrm{d}y}{\mathrm{d}x}$ 是数学家莱布尼茨（Leibniz）使用的导数记号，这里我们先把 $\dfrac{\mathrm{d}y}{\mathrm{d}x}$ 看成一个整体，在 3.4 节学了微分的概念以后，会发现 $\dfrac{\mathrm{d}y}{\mathrm{d}x}$ 是一个"商"。此外，定义 3.1 中使用的记号 $\dfrac{\mathrm{d}y}{\mathrm{d}x}\Big|_{x = x_0}$ 也可以解释为导数 $\dfrac{\mathrm{d}y}{\mathrm{d}x}$ 在点 x_0 处的值。

(2) 若变速直线运动物体的运动规律为 $s = s(t)$，则物体在时刻 t 的瞬时速度 $v(t)$ 是 $s(t)$ 对时间 t 的导数，即 $v(t) = s'(t)$，或 $v(t) = \dfrac{\mathrm{d}s}{\mathrm{d}t}$。

2. 利用导数的定义求导数

利用导函数的定义求函数 $y = f(x)$ 的导数，依然可以按照"求增量、算比值、取极限"的步骤进行，但为了简略，常常直接从"取极限"的这一步进行。

例 4　求函数 $y = C$（C 为常数）的导数。

解　$y' = \lim_{\Delta x \to 0} \dfrac{f(x + \Delta x) - f(x)}{\Delta x} = \lim_{\Delta x \to 0} \dfrac{C - C}{\Delta x} = 0$，即

$$(C)' = 0。$$

说明常数的导数为零。因为随着自变量的变化，常函数的变化速度为零。

例 5　求与曲线 $f(x) = \dfrac{1}{x}$（$x \neq 0$）相切且斜率为 -4 的所有直线方程。

解　先求 $f(x) = \dfrac{1}{x}$ 在任意点 $x \neq 0$ 处的导数。

因为 $\Delta y = f(x + \Delta x) - f(x) = \dfrac{1}{x + \Delta x} - \dfrac{1}{x} = -\dfrac{\Delta x}{x(x + \Delta x)}$，所以

$$\lim_{\Delta x \to 0} \frac{\Delta y}{\Delta x} = \lim_{\Delta x \to 0} \frac{-\dfrac{\Delta x}{x(x + \Delta x)}}{\Delta x} = \lim_{\Delta x \to 0} \left[-\frac{1}{x(x + \Delta x)} \right] = -\frac{1}{x^2}, \text{即}$$

$$f'(x) = \left(\frac{1}{x} \right)' = -\frac{1}{x^2} = -x^{-2}.$$

下面求曲线 $f(x) = \dfrac{1}{x}$ 上切线斜率为 -4 的点的坐标。

令 $-\dfrac{1}{x^2} = -4$，得 $x = -\dfrac{1}{2}$ 或 $x = \dfrac{1}{2}$，因此，$f(x) = \dfrac{1}{x}$ 在点 $\left(-\dfrac{1}{2}, -2 \right)$ 及 $\left(\dfrac{1}{2}, 2 \right)$ 点处的切线斜率均为 -4。

容易得出，点 $\left(-\dfrac{1}{2}, -2 \right)$ 处的切线方程为

$$y + 2 = -4 \left(x + \frac{1}{2} \right), \quad \text{即} \quad 4x + y + 4 = 0.$$

点 $\left(\dfrac{1}{2}, 2 \right)$ 处的切线方程为

$$y - 2 = -4 \left(x - \frac{1}{2} \right), \quad \text{即} \quad 4x + y - 4 = 0.$$

例 6 设 $y = x^n$（n 为正整数），证明 $(x^n)' = nx^{n-1}$。

证明 根据牛顿二项式定理，有

$$(x + \Delta x)^n = C_n^0 x^n (\Delta x)^0 + C_n^1 x^{n-1} (\Delta x)^1 + C_n^2 x^{n-2} (\Delta x)^2 + \cdots + C_n^n x^0 (\Delta x)^n$$

$$= x^n + nx^{n-1}(\Delta x) + \frac{n(n-1)}{2!} x^{n-2} (\Delta x)^2 + \cdots + (\Delta x)^n.$$

则

$$y' = \lim_{\Delta x \to 0} \frac{f(x + \Delta x) - f(x)}{\Delta x} = \lim_{\Delta x \to 0} \frac{(x + \Delta x)^n - x^n}{\Delta x}$$

$$= \lim_{\Delta x \to 0} \left[nx^{n-1} + \frac{n(n-1)}{2!} x^{n-2} \Delta x + \cdots + (\Delta x)^{n-1} \right] = nx^{n-1}, \text{即}$$

$$(x^n)' = nx^{n-1}.$$

利用这个公式，容易得：$(x)' = 1, (x^2)' = 2x, (x^{10})' = 10x^9$。

在 3.2 节中将会证明，对于任意常数 $\mu \in \mathbb{R}$，有

$$(x^\mu)' = \mu x^{\mu-1}.$$

这就是幂函数的导数公式。本节我们可以先利用这个公式求导数，例如

$$\left(\frac{1}{x} \right)' = (x^{-1})' = -x^{-2} = -\frac{1}{x^2}, \quad \left(\frac{1}{x^3} \right)' = (x^{-3})' = -3x^{-4} = -\frac{3}{x^4},$$

$$(\sqrt[3]{x})' = (x^{\frac{1}{3}})' = \frac{1}{3} x^{-\frac{2}{3}} = \frac{1}{3\sqrt[3]{x^2}}.$$

例 7 设 $y = \sin x$，求 y'。

解 由于

$$\frac{\Delta y}{\Delta x} = \frac{f(x+\Delta x) - f(x)}{\Delta x} = \frac{\sin(x+\Delta x) - \sin x}{\Delta x}$$

$$= \frac{\sin x \cos \Delta x + \cos x \sin \Delta x - \sin x}{\Delta x} = \sin x \cdot \frac{\cos \Delta x - 1}{\Delta x} + \cos x \cdot \frac{\sin \Delta x}{\Delta x},$$

因此

$$y' = \lim_{\Delta x \to 0} \frac{\Delta y}{\Delta x} = \lim_{\Delta x \to 0} \left(\sin x \cdot \frac{\cos \Delta x - 1}{\Delta x} + \cos x \cdot \frac{\sin \Delta x}{\Delta x} \right)$$

$$= \sin x \cdot \lim_{\Delta x \to 0} \frac{\cos \Delta x - 1}{\Delta x} + \cos x \lim_{\Delta x \to 0} \frac{\sin \Delta x}{\Delta x}$$

$$= \sin x \cdot \lim_{\Delta x \to 0} \frac{-\frac{1}{2}(\Delta x)^2}{\Delta x} + \cos x \cdot 1 = \cos x,$$

即

$$(\sin x)' = \cos x_{\circ}$$

类似地,我们可以求出

$$(\cos x)' = -\sin x_{\circ}$$

这就是正弦函数及余弦函数的导数公式。

例 8　设 $y = a^x (a > 0, a \neq 1)$,求 y'。

解　$y' = \lim\limits_{\Delta x \to 0} \dfrac{f(x+\Delta x) - f(x)}{\Delta x} = \lim\limits_{\Delta x \to 0} \dfrac{a^{x+\Delta x} - a^x}{\Delta x} = \lim\limits_{\Delta x \to 0} \dfrac{a^x(a^{\Delta x} - 1)}{\Delta x}$

$$= \lim_{\Delta x \to 0} \frac{a^x(e^{\Delta x \ln a} - 1)}{\Delta x} = a^x \lim_{\Delta x \to 0} \frac{\Delta x \ln a}{\Delta x} = a^x \ln a,$$

因此,我们得到指数函数的导数公式为

$$(a^x)' = a^x \ln a_{\circ}$$

在例 8 的求解过程中,用到了等价无穷小替换:当 $\Delta x \to 0$ 时,$e^{\Delta x \ln a} - 1 \sim \Delta x \ln a$(令 $u = \Delta x \ln a$,当 $\Delta x \to 0$ 时,$u \to 0$,从而 $e^u - 1 \sim u$)。

利用指数函数的导数公式,容易得:$(2^x)' = 2^x \ln 2$,$(10^x)' = 10^x \ln 10$,特别地,当 $a = e$ 时,得自然指数函数的导数公式

$$(e^x)' = e^x_{\circ}$$

例 9　设 $y = \log_a x (a > 0, a \neq 1)$,求 y'。

解　由对数换底公式,有 $y = \log_a x = \dfrac{\ln x}{\ln a}$。对 $\dfrac{\ln x}{\ln a}$ 利用导数定义,可得

$$y' = \frac{1}{\ln a} \lim_{\Delta x \to 0} \frac{\ln(x+\Delta x) - \ln x}{\Delta x} = \frac{1}{\ln a} \lim_{\Delta x \to 0} \frac{\ln\left(1 + \frac{\Delta x}{x}\right)}{\Delta x} = \frac{1}{\ln a} \lim_{\Delta x \to 0} \frac{\frac{\Delta x}{x}}{\Delta x} = \frac{1}{x \ln a},$$

于是,我们得到对数函数的导数公式为

$$(\log_a x)' = \frac{1}{x \ln a}_{\circ}$$

在例 9 的求解过程中,用到了等价无穷小替换:当 $\Delta x \to 0$ 时,$\ln\left(1 + \dfrac{\Delta x}{x}\right) \sim \dfrac{\Delta x}{x}$(提示:

因为 $\Delta x \to 0$ 时，$\dfrac{\Delta x}{x} \to 0$）。

利用对数函数的导数公式，容易得：$(\log_2 x)' = \dfrac{1}{x\ln 2}$，$(\log_5 x)' = \dfrac{1}{x\ln 5}$，特别地，当 $a = \mathrm{e}$ 时，得自然对数函数的导数公式

$$(\ln x)' = \dfrac{1}{x}。$$

可以看出，$y = \log_a x$ 的导数与 $y = \ln x$ 的导数的关系，即

$$(\log_a x)' = \dfrac{1}{x\ln a} = \dfrac{1}{\ln a} \cdot (\ln x)'。$$

3.1.5　函数的可导性与连续性的关系

如果函数 $y = f(x)$ 在点 x_0 处可导，由导数的定义可知

$$\lim_{x \to x_0}\big[f(x) - f(x_0)\big] = \lim_{x \to x_0}\left[\dfrac{f(x) - f(x_0)}{x - x_0} \cdot (x - x_0)\right] = f'(x_0)\lim_{x \to x_0}(x - x_0) = 0，$$

即 $\lim\limits_{x \to x_0} f(x) = f(x_0)$，所以函数 $y = f(x)$ 在点 $x = x_0$ 处连续。由此我们得到如下定理。

> **定理 3.1（可导与连续的关系）**　若函数 $f(x)$ 在点 x_0 处可导，则 $f(x)$ 在点 x_0 处连续。

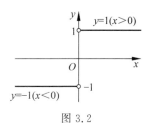

图 3.2

但是，反过来结论不成立。例如，函数 $f(x) = |x|$ 在点 $x = 0$ 处连续，但在点 $x = 0$ 处不可导。

$f(x) = |x|$ 的导数为 $f'(x) = \begin{cases} -1, & x < 0, \\ 1, & x > 0, \end{cases}$ $y = f'(x)$ 的图像如图 3.2 所示，且 $f(x) = |x|$ 在 $(0,0)$ 处没有切线。

定理 3.1 的逆否命题是：若函数 $f(x)$ 在点 x_0 处不连续，则 $f(x)$ 在点 x_0 处不可导，简述为：**不连续一定不可导**。它可用来判定函数在某点处不可导，如下面例 10 的第 (1) 题。

例 10　证明下列函数在点 $x = 0$ 处不可导：

$$(1)\ f(x) = \begin{cases} x + 1, & x < 0, \\ x - 1, & x \geqslant 0; \end{cases} \qquad (2)\ f(x) = \begin{cases} x^2, & x < 0, \\ \sin x, & x \geqslant 0。 \end{cases}$$

证明　(1) $f(x)$ 在点 $x = 0$ 处的左极限 $f(0-0) = \lim\limits_{x \to 0^-}(x + 1) = 1$，右极限 $f(0+0) = \lim\limits_{x \to 0^+}(x - 1) = -1$，即 $f(x)$ 在点 $x = 0$ 处的左右极限不相等，所以 $\lim\limits f(x)$ 不存在，且点 $x = 0$ 为跳跃间断点，所以函数在点 $x = 0$ 处不连续，从而函数在这点不可导。

(2) 因为 $f(0-0) = \lim\limits_{x \to 0^-} x^2 = 0$，$f(0+0) = \lim\limits_{x \to 0^+}\sin x = 0$，故 $\lim\limits_{x \to 0} f(x) = 0 = f(0)$，即 $f(x)$ 在点 $x = 0$ 处连续。

$f(x)$ 在点 $x = 0$ 处的左导数

$$f'_-(0) = \lim_{x \to 0^-}\dfrac{f(x) - f(0)}{x - 0} = \lim_{x \to 0^-}\dfrac{x^2 - 0}{x - 0} = 0，$$

右导数

$$f'_+(0) = \lim_{x \to 0^+} \frac{f(x)-f(0)}{x-0} = \lim_{x \to 0^-} \frac{\sin x - 0}{x-0} = 1,$$

因为 $f'_-(0) \neq f'_+(0)$，所以函数 $f(x)$ 在点 $x=0$ 处不可导。

例 11 下列函数在点 $x=0$ 处是否可导？在点 $(0,0)$ 处是否有竖直切线？

(1) $f(x) = \sqrt[3]{x}$;   (2) $f(x) = \sqrt[3]{x^2}$。

解 (1) 因为 $\lim\limits_{x \to 0} f(x) = \lim\limits_{x \to 0} \sqrt[3]{x} = 0 = f(0)$，所以函数在点 $x=0$ 处连续。

由导数定义，有

$$f'(0) = \lim_{x \to 0} \frac{f(x)-f(0)}{x-0} = \lim_{x \to 0} \frac{\sqrt[3]{x}-0}{x-0} = \lim_{x \to 0} \frac{1}{\sqrt[3]{x^2}} = +\infty,$$

所以 $f(x) = \sqrt[3]{x}$ 在点 $x=0$ 处不可导，曲线在 $(0,0)$ 处有竖直切线。该函数的图像如图 3.3(a) 所示。

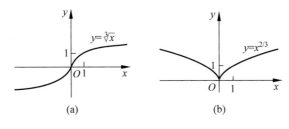

图 3.3

(2) 因为 $\lim\limits_{x \to 0} f(x) = \lim\limits_{x \to 0} \sqrt[3]{x^2} = 0 = f(0)$，所以函数在点 $x=0$ 处连续。

由导数定义，有

$$f'(0) = \lim_{x \to 0} \frac{f(x)-f(0)}{x-0} = \lim_{x \to 0} \frac{\sqrt[3]{x^2}-0}{x-0} = \lim_{x \to 0} \frac{1}{\sqrt[3]{x}} = \begin{cases} -\infty, & x \to 0^-, \\ +\infty, & x \to 0^+, \end{cases}$$

所以 $f(x) = \sqrt[3]{x^2}$ 在点 $x=0$ 处不可导，又因为 $|f'(0)| = +\infty$，因此曲线在 $(0,0)$ 处有竖直切线。该函数的图像如图 3.3(b) 所示。

例 12 设函数 $f(x) = \begin{cases} e^{3x}, & x \leqslant 0, \\ x^2 + ax + b, & x > 0 \end{cases}$ 在点 $x=0$ 处可导，求参数 a,b 的值。

解 因为 $f(x)$ 在点 $x=0$ 处可导，由定理 3.1 知，$f(x)$ 在点 $x=0$ 处连续，即

$$f(0-0) = f(0+0) = f(0),$$

因为 $f(0) = e^0 = 1, f(0+0) = \lim\limits_{x \to 0^+}(x^2 + ax + b) = b$，所以 $b=1$。

又由 $f(x)$ 在点 $x=0$ 处可导，所以

$$f'_-(0) = f'_+(0),$$

而

$$f'_-(0) = \lim_{x \to 0^-} \frac{f(x)-f(0)}{x-0} = \lim_{x \to 0^-} \frac{e^{3x}-1}{x} = \lim_{x \to 0^-} \frac{3x}{x} = 3,$$

$$f'_+(0) = \lim_{x \to 0^+} \frac{f(x) - f(0)}{x - 0} = \lim_{x \to 0^+} \frac{x^2 + ax + 1 - 1}{x} = a。$$

从而得 $a = 3$。故当参数 $a = 3, b = 1$ 时，$f(x)$ 在点 $x = 0$ 处可导。

思 考 题

1. 若函数 $f(x)$ 在点 x_0 处可导，那么 $f'(x_0)$ 与 $[f(x_0)]'$ 的意义是否一样？

2. 设函数 $f(x) = \ln kx (k \neq 0)$，利用导数定义求 $f'(x)$，并说明 $\ln kx$ 的导数与 $\ln x$ 的导数是什么关系。

3. 若设 $f(x) = x^5$，$g(x) = x^6$，根据公式 $(x^n)' = nx^{n-1}$，验证 $[f(x)g(x)]' \neq f'(x)g'(x)$。

习题 3.1

A 组

一、选择题

1. 设 $f(x) = x^3$，根据导数定义，下列极限中不表示 $f'(2)$ 的为（　）。

  A. $\lim\limits_{x \to 2} \dfrac{x^3 - 8}{x - 2}$
  B. $\lim\limits_{h \to 0} \dfrac{(2-h)^3 - 8}{-h}$

  C. $\lim\limits_{h \to 0} \dfrac{(2+h)^3 - 8}{h}$
  D. $\lim\limits_{h \to 0} \dfrac{(2+h)^3 - 8}{2h}$

2. 设 $f(x) = e^{2x}$，根据导数定义，$f'(0) = （　）$。

  A. $\lim\limits_{x \to 0} \dfrac{e^x - 1}{x}$
  B. $\lim\limits_{x \to 0} \dfrac{e^{2x} - 1}{x}$

  C. $\lim\limits_{x \to 0} \dfrac{e^x - 1}{2x}$
  D. $\lim\limits_{x \to 0} \dfrac{e^{2x} - 1}{2x}$

3. 由导数定义，极限 $\lim\limits_{x \to x_0} \dfrac{\sin x_0 - \sin x}{x - x_0} = （　）$。

  A. $\cos x_0$ B. $-\cos x_0$ C. $\sin x_0$ D. $-\sin x_0$

4. 由导数定义，极限 $\lim\limits_{h \to 0} \dfrac{(1+h)^{100} - 1}{h} = （　）$。

  A. $(x^{100})'|_{x=1}$ B. $(x^{100})'|_{x=0}$ C. $(x^{101})'|_{x=1}$ D. $(x^{101})'|_{x=0}$

5. 设 $f(x) = \sqrt{x}$，且 $b > a > 0$，下列结论中错误的是（　）。

  A. $f(b) > f(a)$
  B. $f'(x) > 0$

  C. $f'(a) = \lim\limits_{x \to a} \dfrac{\sqrt{x} - \sqrt{a}}{x - a}$
  D. $f'(b) > f'(a)$

6. 当 $x > 0$ 时，下列函数的导数小于零的是（　）。

  A. $f(x) = \sin x$ B. $f(x) = \ln x$ C. $f(x) = \dfrac{1}{x}$ D. $f(x) = \sqrt{x}$

7. 设 $f(x) = \begin{cases} x\sin\dfrac{1}{x}, & x \neq 0 \\ 0, & x = 0, \end{cases}$ 则 $f(x)$ 在点 $x = 0$ 处（　　）。

　　A. 极限不存在　　　　B. 不连续　　　　C. 可导　　　　　D. 连续但不可导

8. 下列函数中，在点 $x = 1$ 处可导的是（　　）。

　　A. $f(x) = \begin{cases} x^3, & x < 1 \\ 3x - 2, & x \geqslant 1 \end{cases}$　　　　　　B. $f(x) = \dfrac{\sin(x^2 - 1)}{\sqrt{x} - 1}$

　　C. $f(x) = |x^2 - 1|$　　　　　　　　D. $f(x) = \sqrt[3]{(x-1)^2}$

二、填空题

1. 在抛物线 $y = x^2$ 上取横坐标为 $x_1 = 1$ 和 $x_2 = 3$ 的两点，作过这两个点的割线，则该抛物线上点 _____ 处的切线平行于这条割线。

2. 设 $y = (x-1)(x-2)(x-3)\cdots(x-10)$，则 $f'(1) =$ _____。

3. 若 $f(x)$ 为偶函数，且 $f'(0)$ 存在，则 $f'(0) =$ _____。

4. 设函数 $y = f(x)$ 连续，$\lim\limits_{x \to 0} \dfrac{f(x)}{x} = 4$，则 $f(0) =$ _____，$f'(0) =$ _____。

5. 根据函数的连续性与可导性的关系，$f(x) = \begin{cases} -x^2 + 2x, & x \leqslant 0, \\ 2x, & 0 < x < 1, \\ 3/x, & x \geqslant 1 \end{cases}$ 的不可导点是

$x =$ _____。

三、解答题

1. 利用导数定义求下列函数的导函数（或导数）：

(1) $f(x) = 3x - 2$;　　　　　　　　　(2) $f(x) = x^3 - 3x$;

(3) $f(x) = \sqrt{x+1}$;　　　　　　　　(4) $f(x) = |x^3|$。

2. 利用导数公式 $(x^\mu)' = \mu x^{\mu-1}(\mu \in \mathbb{R})$ 求下列函数的导数：

(1) $y = x^6$;　　　　　　　　　　　　(2) $y = \dfrac{1}{x^2}$;

(3) $y = x^2(\sqrt[3]{x})$;　　　　　　　　(4) $y = \dfrac{\sqrt[3]{x}}{x}$。

3. 求下列曲线在给定点处的切线方程和法线方程：

(1) $y = e^x, (0, 1)$;　　　　　　　　　(2) $y = \cos x, \left(\dfrac{\pi}{3}, \dfrac{1}{2}\right)$;

(3) $f(x) = \dfrac{1}{x}, \left(2, \dfrac{1}{2}\right)$;　　　　　　　(4) $y = \sqrt{x}, (9, 3)$。

4. 已知 $f(x) = \dfrac{1}{x^2}$，设点 $M\left(a, \dfrac{1}{a^2}\right)(a \neq 0)$ 为该曲线上的一点。

(1) 当 a 为何值时，曲线在点 M 处的切线斜率为 $\dfrac{1}{4}$？

(2) 说明随着 a 的变化，曲线在点 M 处的切线斜率所发生的变化。

5. 设函数 $f(x)$ 可导，且 $g(x) = kf(x)$，其中 k 为常数，利用导数定义证明 $g'(x) =$

$kf'(x)$。并利用该结果，计算 $5x^2$ 及 $\dfrac{1}{3}\cos x$ 的导数。

6. 确定参数 a,b，使得函数 $f(x)=\begin{cases} x^2, & x\leqslant 1, \\ ax+b, & x>1 \end{cases}$ 在点 $x=1$ 处可导。

7. 设函数 $f(x)=\begin{cases} \ln x, & 0<x\leqslant 1, \\ x^2+ax+b, & x>1 \end{cases}$ 在点 $x=1$ 处可导，确定参数 a,b 的值。

8. 试说明下列函数在指定点处的连续性、可导性：

(1) $f(x)=\begin{cases} 1-x, & x<0, \\ x+1, & x\geqslant 0, \end{cases}$ $x=0$；

(2) $f(x)=\begin{cases} x^2+2, & x\leqslant 1, \\ 2x+1, & x>1, \end{cases}$ $x=1$；

(3) $f(x)=\dfrac{1}{x-1}$, $x=1$；

(4) $f(x)=\begin{cases} \dfrac{\sin x}{x}, & x\neq 0, \\ 2, & x=0, \end{cases}$ $x=0$。

9. 求半径 $r=4$ 时，圆面积 A 对半径 r 的变化率。

10. 已知物体的运动规律为 $s=t^3$ m，求：

(1) 该物体在 $t=2$s 到 $t=2.01$s 时间段的平均速度；

(2) 该物体在 $t=2$s 时的瞬时速度。

11. 实验表明，**跳蚤**(flea)在 t s 后跳的高度由函数 $h(t)=4.4t-4.9t^2$（单位：m）给出。

(1) 求 $h'(t)$，并求跳蚤在 $t=0$s 时的速度；

(2) 当 t 为何值时，$h'(t)=0$？这时跳蚤达到了怎样的高度？

(3) 跳蚤重新回到初始高度时的速度是多少？

12. 设曲线 $f(x)=-x^n$（n 为正整数）。

(1) 求曲线在点 $(1,-1)$ 处的切线方程；

(2) 设(1)中求得的切线与 x 轴的交点为 $(a_n,0)$，求 $\lim\limits_{n\to\infty} a_n$ 和 $\lim\limits_{n\to\infty} f(a_n)$。

B 组

1. 根据导数定义，下列极限可以看成是某个函数 $f(x)$ 在某点 x_0 处的导数，试确定每个极限中的 $f(x)$ 和 x_0，并求出 $f'(x_0)$（直接求极限或利用相应的导数公式）：

(1) $\lim\limits_{h\to 0}\dfrac{\sqrt{9+h}-3}{h}$；

(2) $\lim\limits_{x\to 0}\dfrac{\sin 5x}{x}$；

(3) $\lim\limits_{x\to -3}\dfrac{x^2+2x-3}{x+3}$；

(4) $\lim\limits_{x\to 4}\dfrac{3^x-81}{x-4}$。

2. 设函数 $y=f(x)$ 在点 $x=0$ 处可导，且 $f'(0)=a(a\neq 0)$，计算下列极限：

(1) $\lim\limits_{x\to 0}\dfrac{f(x)-f(0)}{2x}$；

(2) $\lim\limits_{x\to 0}\dfrac{f(2x)-f(0)}{x}$；

(3) $\lim\limits_{x\to 0}\dfrac{f(2x)-f(x)}{x}$；

(4) $\lim\limits_{\Delta x\to 0}\dfrac{f(0)-f(\Delta x)}{\Delta x}$。

3. 设奇函数 $f(x)$ 在点 $x=0$ 处可导，且 $f'(0)=1$，求极限 $\lim\limits_{x\to 0}\dfrac{f(3x)-2f(x)}{x}$。

4. 函数 $f(x)=\begin{cases}x^{2}\sin\dfrac{1}{x}, & x\neq0, \\ 0, & x=0\end{cases}$ 在点 $x=0$ 处是否可导？为什么？

5. 下列函数在点 $x=1$ 处是否可导？在点 $(1,0)$ 处是否有竖直切线？

(1) $f(x)=|x^{2}-1|$；　　　　　　　　(2) $f(x)=\begin{cases}-\sqrt{1-x}, & x\leqslant1, \\ \sqrt{x-1}, & x>1。\end{cases}$

6. 利用导数定义证明：若 $f(x)$ 为可导的奇函数，则 $f'(x)$ 为偶函数；若 $f(x)$ 为可导的偶函数，则 $f'(x)$ 为奇函数。

7. 设函数 $f(x)$ 可导，且 $g(x)=x^{2}f(x)$，利用导数定义证明 $g'(x)=x^{2}f'(x)+2xf(x)$。并利用该结果计算 $x^{2}\sin x$ 及 $x^{2}\ln x$ 的导数。

8. 设对任意实数 a,b，函数 $f(x)$ 满足 $f(a+b)=f(a)+f(b)+2ab$，且 $\lim\limits_{x\to0}\dfrac{f(x)}{x}=3$，求：(1) $f(0)$；(2) $f'(0)$；(3) $f'(x)$。

9. 证明：双曲线 $xy=k^{2}$ 上任一点处的切线与两坐标轴构成的三角形的面积都等于 $2k^{2}$。

3.2　函数的求导法则

在 3.1 节中，利用导数的定义求解了一些简单函数的导数，但对于比较复杂的函数，利用定义求导往往很麻烦。在本节中，我们将介绍函数的求导法则，利用这些法则和一些简单函数的导数公式，就可以比较方便地求出更复杂函数的导数。

3.2.1　导数的四则运算法则

定理 3.2（导数的四则运算法则）　若函数 $u=u(x)$ 与 $v=v(x)$ 都在点 x 处可导，则：

(1) $u(x)\pm v(x)$ 在点 x 处可导，且 $[u(x)\pm v(x)]'=u'(x)\pm v'(x)$（和差法则）；

(2) $c\cdot u(x)$ 在点 x 处可导，且 $[c\cdot u(x)]'=c\cdot u'(x)$，其中 c 为常数（乘常数法则）；

(3) $u(x)v(x)$ 在点 x 处可导，且 $[u(x)v(x)]'=u'(x)v(x)+u(x)v'(x)$（积法则）；

(4) 若 $v(x)\neq0$，则 $\dfrac{u(x)}{v(x)}$ 在点 x 处可导，且

$$\left[\frac{u(x)}{v(x)}\right]'=\frac{u'(x)v(x)-u(x)v'(x)}{v^{2}(x)}\text{（商法则）。}$$

证明　利用导数定义，法则(1)和(2)容易证明，读者可自行证之。下面给出法则(3)和(4)的证明。

(3) 设 $y=u(x)v(x)$，利用导数定义，

$$\lim_{\Delta x\to0}\frac{\Delta y}{\Delta x}=\lim_{\Delta x\to0}\frac{u(x+\Delta x)v(x+\Delta x)-u(x)v(x)}{\Delta x}$$

$$=\lim_{\Delta x\to0}\frac{[u(x+\Delta x)-u(x)]v(x+\Delta x)+u(x)[v(x+\Delta x)-v(x)]}{\Delta x}$$

$$=\lim_{\Delta x \to 0} \frac{u(x+\Delta x)-u(x)}{\Delta x} \cdot v(x+\Delta x) + \lim_{\Delta x \to 0} u(x) \cdot \frac{v(x+\Delta x)-v(x)}{\Delta x}$$

$$=\lim_{\Delta x \to 0} \frac{u(x+\Delta x)-u(x)}{\Delta x} \cdot \lim_{\Delta x \to 0} v(x+\Delta x) + \lim_{\Delta x \to 0} u(x) \cdot \lim_{\Delta x \to 0} \frac{v(x+\Delta x)-v(x)}{\Delta x}$$

$$=u'(x)v(x)+u(x)v'(x),$$

即
$$[u(x)v(x)]' = u'(x)v(x)+u(x)v'(x)。$$

注·证明中 $\lim\limits_{\Delta x \to 0} v(x+\Delta x)=v(x)$，这是因为，$v(x)$ 在点 x 处可导，所以在点 x 处连续，从而 $\lim\limits_{\Delta x \to 0} v(x+\Delta x)=v(x)$。

(4) 设 $y=\dfrac{u(x)}{v(x)}=u(x) \cdot \dfrac{1}{v(x)}$，令 $g(x)=\dfrac{1}{v(x)}$，先证明 $g(x)$ 在点 x 处可导。

因为 $\dfrac{g(x+\Delta x)-g(x)}{\Delta x}=\dfrac{\dfrac{1}{v(x+\Delta x)}-\dfrac{1}{v(x)}}{\Delta x}=-\dfrac{v(x+\Delta x)-v(x)}{\Delta x} \cdot \dfrac{1}{v(x+\Delta x)v(x)}$，

而 $v(x)$ 在点 x 处可导，所以在点 x 处连续，即 $\lim\limits_{\Delta x \to 0} v(x+\Delta x)=v(x)$，且 $v(x) \neq 0$，从而 $g(x)$ 在点 x 处可导，且

$$g'(x)=\left[\frac{1}{v(x)}\right]'=\lim_{\Delta x \to 0} \frac{g(x+\Delta x)-g(x)}{\Delta x}$$

$$=-\lim_{\Delta x \to 0} \frac{v(x+\Delta x)-v(x)}{\Delta x} \cdot \lim_{\Delta x \to 0} \frac{1}{v(x+\Delta x)v(x)}=-\frac{v'(x)}{[v(x)]^2},$$

即
$$\left[\frac{1}{v(x)}\right]'=-\frac{v'(x)}{[v(x)]^2}。$$

根据上面的结果，结合导数的积法则(3)，可得

$$\left[\frac{u(x)}{v(x)}\right]'=\left[u(x) \cdot \frac{1}{v(x)}\right]'=u'(x)\frac{1}{v(x)}+u(x)\left[\frac{1}{v(x)}\right]'$$

$$=u'(x)\frac{1}{v(x)}+u(x)\left\{-\frac{v'(x)}{[v(x)]^2}\right\}=\frac{u'(x)v(x)-u(x)v'(x)}{v^2(x)},$$

即
$$\left[\frac{u(x)}{v(x)}\right]'=\frac{u'(x)v(x)-u(x)v'(x)}{v^2(x)}。$$

注：(1) 为方便使用和记忆，定理 3.2 中的 4 个法则依次可简写为：

① $(u\pm v)'=u'\pm v'$；② $(cu)'=cu'$；③ $(uv)'=u'v+uv'$；④ $\left(\dfrac{u}{v}\right)'=\dfrac{u'v-uv'}{v^2}$。

(2) 积法则和商法则不要记错了，$[u(x)v(x)]' \neq u'(x)v'(x)$，$\left[\dfrac{u(x)}{v(x)}\right]' \neq \dfrac{u'(x)}{v'(x)}$，例如，$(x^2 \sin x)' \neq (x^2)'(\sin x)'$，$\left(\dfrac{x^2}{\sin x}\right)' \neq \dfrac{(x^2)'}{(\sin x)'}$。

(3) 在对商法则(4)的证明过程中，我们得到：**若 $v(x)$ 可导，且 $v(x) \neq 0$，则** $\left[\dfrac{1}{v(x)}\right]'=$

$-\dfrac{v'(x)}{[v(x)]^2}$，该结果可以作为公式使用，且可简写为$\left(\dfrac{1}{v}\right)'=-\dfrac{v'}{v^2}$。

在 3.1 节的例 9，我们观察发现$(\log_a x)'=\dfrac{1}{x\ln a}=\dfrac{1}{\ln a}\cdot(\ln x)'$，现在利用导数的乘常数

法则(2)，即有$(\log_a x)'=\left(\dfrac{\ln x}{\ln a}\right)'=\left(\dfrac{1}{\ln a}\cdot\ln x\right)'=\dfrac{1}{\ln a}\cdot(\ln x)'$。

例 1　设$y=2x^3+\sin x-\cos x$，求$\dfrac{dy}{dx}$。

解　$\dfrac{dy}{dx}=(2x^3+\sin x-\cos x)'=(2x^3)'+(\sin x)'-(\cos x)'$

$\qquad=2\cdot3x^2+\cos x-(-\sin x)=6x^2+\cos x+\sin x$。

例 2　设$y=x\ln x$，求$\dfrac{dy}{dx}$。

解　$\dfrac{dy}{dx}=(x\cdot\ln x)'=x'\cdot\ln x+x\cdot(\ln x)'=\ln x+x\cdot\dfrac{1}{x}=\ln x+1$。

例 3　设$y=\tan x$，求y'。

解　$y'=(\tan x)'=\left(\dfrac{\sin x}{\cos x}\right)'=\dfrac{(\sin x)'\cos x-\sin x(\cos x)'}{\cos^2 x}$

$\qquad=\dfrac{\cos^2 x+\sin^2 x}{\cos^2 x}=\dfrac{1}{\cos^2 x}=\sec^2 x$，

即

$$(\tan x)'=\dfrac{1}{\cos^2 x}=\sec^2 x。$$

类似可得

$$(\cot x)'=-\dfrac{1}{\sin^2 x}=-\csc^2 x。$$

这样我们就得到了正切函数及余切函数的导数公式。

例 4　设$y=\sec x$，求y'。

解　$y'=(\sec x)'=\left(\dfrac{1}{\cos x}\right)'=-\dfrac{(\cos x)'}{\cos^2 x}=\dfrac{\sin x}{\cos^2 x}=\tan x\sec x$，

即

$$(\sec x)'=\tan x\sec x。$$

类似可得

$$(\csc x)'=\left(\dfrac{1}{\sin x}\right)'=-\cot x\csc x。$$

这就是正割函数及余割函数的导数公式。

例 5　设$y=\dfrac{x^3+3x-5}{x^2}$，求$\dfrac{dy}{dx}$。

解　（方法 1）　直接利用导数的商法则，得

$$\dfrac{dy}{dx}=\left(\dfrac{x^3+3x-5}{x^2}\right)'=\dfrac{(x^3+3x-5)'x^2-(x^3+3x-5)(x^2)'}{(x^2)^2}$$

$$= \frac{(3x^2+3)x^2 - (x^3+3x-5)2x}{x^4} = \frac{x^4-3x^2+10x}{x^4} = \frac{x^3-3x+10}{x^3}.$$

（**方法 2**）　先将函数 $y = \frac{x^3+3x-5}{x^2}$ 变形，得 $y = x + \frac{3}{x} - \frac{5}{x^2}$，再求导得

$$\frac{dy}{dx} = \left(x + \frac{3}{x} - \frac{5}{x^2}\right)' = 1 - \frac{3}{x^2} + \frac{10}{x^3} = \frac{x^3-3x+10}{x^3}.$$

显然，方法 2 的计算比较简单。

　　例 6　设 $y = (\sin x + \cos x)\sec x$，求 $\frac{dy}{dx}$。

　　解　因为 $y = (\sin x + \cos x)\sec x = (\sin x + \cos x)\frac{1}{\cos x} = \tan x + 1$，所以，利用本节例 3 的结果，可得

$$\frac{dy}{dx} = (\tan x + 1)' = \sec^2 x.$$

　　例 5 和例 6 说明，在求函数的导数时，先将函数化简再进行求导运算往往可以减少计算量。

3.2.2　反函数的求导法则

　　前边我们利用导数定义及导数的四则运算法则求出了幂函数、指数函数、对数函数和三角函数的导数公式，在本小节中，我们将利用反函数的求导法则，求出反三角函数的导数公式。

　　例 7　（1）设 $y = x^2$，求 $y'|_{x=2}$；　　　（2）设 $y = \sqrt{x}$，求 $y'|_{x=4}$。
　　解　（1）$y' = 2x$，则 $y'|_{x=2} = 2 \times 2 = 4$；

　　（2）$y' = (\sqrt{x})' = (x^{\frac{1}{2}})' = \frac{1}{2}x^{-\frac{1}{2}} = \frac{1}{2\sqrt{x}}$，则 $y'|_{x=4} = \frac{1}{2\sqrt{4}} = \frac{1}{4}$。

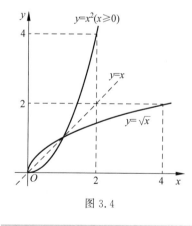

图 3.4

　　我们知道，$y = \sqrt{x}$ 是 $y = x^2(x \geqslant 0)$ 的反函数，如图 3.4 所示。点 $(2,4)$ 是曲线 $y = x^2$ 上的点，而点 $(4,2)$ 是曲线 $y = \sqrt{x}$ 上的点，通过例 7 的计算发现，$y = x^2$ 在点 $x = 2$ 处的导数是 $y = \sqrt{x}$ 在点 $x = 4$ 处的导数的倒数，即 $(x^2)'|_{x=2} = \frac{1}{(\sqrt{x})'|_{x=4}}$。其实，在其他的点处也有这个结论，即：若 (a,b) 是 $y = x^2(x>0)$ 上的点，则 (b,a) 是 $y = \sqrt{x}$ 上的点，且一定有 $(x^2)'|_{x=a} = \frac{1}{(\sqrt{x})'|_{x=b}}$。

　　一般地，我们有如下的反函数求导法则。

　　定理 3.3（反函数的求导法则，**the derivative rule for inverse**）　若函数 $x = f(y)$ 在区间 I_y 内单调、可导，且 $f'(y) \neq 0$，则其反函数 $y = f^{-1}(x)$ 在对应区间 $I_x = \{x | x = f(y), y \in I_y\}$ 内也可导，且反函数 $y = f^{-1}(x)$ 在点 x 处的导数等于其直接函数 $x = f(y)$ 在点 y

处的导数的倒数,即

$$[f^{-1}(x)]' = \frac{1}{f'(y)}, \quad \text{或} \quad \frac{\mathrm{d}y}{\mathrm{d}x} = \frac{1}{\dfrac{\mathrm{d}x}{\mathrm{d}y}} \text{。}$$

定理 3.3 可以简述为:**反函数的导数等于直接函数导数的倒数。**

证明 因为 $x = f(y)$ 在区间 I_y 内单调、可导(从而连续),则其反函数 $y = f^{-1}(x)$ 存在,且 $y = f^{-1}(x)$ 在 I_x 内也单调、连续。

任取 $x \in I_x$,取 $\Delta x \neq 0$,且 $x + \Delta x \in I_x$,因为 $y = f^{-1}(x)$ 单调,则

$$\Delta y = f^{-1}(x + \Delta x) - f^{-1}(x) \neq 0 \text{。}$$

又由 $y = f^{-1}(x)$ 连续,得 $\Delta x \to 0$ 时,$\Delta y \to 0$,于是有

$$[f^{-1}(x)]' = \lim_{\Delta x \to 0} \frac{\Delta y}{\Delta x} = \frac{1}{\lim\limits_{\Delta y \to 0} \dfrac{\Delta x}{\Delta y}} = \frac{1}{f'(y)} \text{。} \quad \blacksquare$$

例 8 求反正弦函数 $y = \arcsin x$ 的导数。

解 因为 $y = \arcsin x(-1 < x < 1)$ 是 $x = \sin y\left(-\dfrac{\pi}{2} < y < \dfrac{\pi}{2}\right)$ 的反函数,而

$$(\sin y)' = \cos y = \sqrt{1 - \sin^2 y} = \sqrt{1 - x^2},$$

由反函数的求导法则,有

$$(\arcsin x)' = \frac{1}{(\sin y)'} = \frac{1}{\sqrt{1 - x^2}}, \quad -1 < x < 1,$$

因此得反正弦函数的导数公式为

$$(\arcsin x)' = \frac{1}{\sqrt{1 - x^2}}, \quad -1 < x < 1 \text{。}$$

类似可求得反余弦函数 $y = \arccos x$ 的导数公式为

$$(\arccos x)' = -\frac{1}{\sqrt{1 - x^2}}, \quad -1 < x < 1 \text{。}$$

例 9 求反正切函数 $y = \arctan x$ 的导数。

解 因为 $y = \arctan x(-\infty < x < +\infty)$ 是 $x = \tan y\left(-\dfrac{\pi}{2} < y < \dfrac{\pi}{2}\right)$ 的反函数,而

$$(\tan y)' = \sec^2 y = \frac{1}{\cos^2 y} = \frac{\sin^2 y + \cos^2 y}{\cos^2 y} = 1 + \tan^2 y = 1 + x^2,$$

由反函数的求导法则,有

$$(\arctan x)' = \frac{1}{(\tan y)'} = \frac{1}{1 + x^2}, \quad -\infty < x < +\infty,$$

从而得反正切函数的导数公式为

$$(\arctan x)' = \frac{1}{1 + x^2} \text{。}$$

类似可求得反余切函数 $y = \text{arccot} x$ 的导数公式为

$$(\operatorname{arccot}x)'=-\frac{1}{1+x^2}。$$

3.2.3 复合函数的求导法则

对于函数 $y=\sqrt{u}$ 和 $u=x^2+1$，我们很容易分别求出它们的导数，$\dfrac{\mathrm{d}y}{\mathrm{d}u}=(\sqrt{u})'=\dfrac{1}{2\sqrt{u}}$，$\dfrac{\mathrm{d}u}{\mathrm{d}x}=(x^2+1)'=2x$，但是，如何求出 $y=\sqrt{u}$ 和 $u=x^2+1$ 复合所得的函数 $y=\sqrt{x^2+1}$ 的导数呢？复合函数 $y=\sqrt{x^2+1}$ 的导数与 $y=\sqrt{u}$ 和 $u=x^2+1$ 的导数有什么关系呢？下面先看一个简单的例子。

例 10   设 $y=x^6-8x^3+16$，求 $\dfrac{\mathrm{d}y}{\mathrm{d}x}$。

解   容易求得，$\dfrac{\mathrm{d}y}{\mathrm{d}x}=6x^5-24x^2$。

如果我们将 $y=x^6-8x^3+16=(x^3-4)^2$ 看成是由 $y=u^2$ 和 $u=x^3-4$ 复合所得的函数，因为 $\dfrac{\mathrm{d}y}{\mathrm{d}u}=(u^2)'=2u$，$\dfrac{\mathrm{d}u}{\mathrm{d}x}=(x^3-4)'=3x^2$，于是

$$\frac{\mathrm{d}y}{\mathrm{d}u}\cdot\frac{\mathrm{d}u}{\mathrm{d}x}=2u\cdot 3x^2=2(x^3-4)\cdot 3x^2=6x^5-24x^2。$$

综上，不难发现

$$\frac{\mathrm{d}y}{\mathrm{d}x}=\frac{\mathrm{d}y}{\mathrm{d}u}\cdot\frac{\mathrm{d}u}{\mathrm{d}x}。$$

是否一般情况下也有这个结果呢？答案是肯定的。下面我们给出复合函数的求导法则。

> **定理 3.4（复合函数的求导法则）**   若函数 $u=g(x)$ 在 x 处可导，而 $y=f(u)$ 在 $u=g(x)$ 处可导，则复合函数 $y=f(g(x))$ 在 x 处可导，且其导数为
> $$\frac{\mathrm{d}y}{\mathrm{d}x}=f'(u)\cdot g'(x)，\quad 或 \quad \frac{\mathrm{d}y}{\mathrm{d}x}=\frac{\mathrm{d}y}{\mathrm{d}u}\cdot\frac{\mathrm{d}u}{\mathrm{d}x}。$$

定理的证明从略。

复合函数的求导法则一般也称为**链式法则**（chain rule）。如果把 f 看成"外层"函数，把 g 看成"内层"函数，将 x 称为自变量，$u=g(x)$ 称为中间变量，于是链式法则可以叙述为：**复合函数 $y=f(g(x))$ 的导数等于外层函数对中间变量的导数乘以中间变量对自变量的导数**。

例 11   设 $y=\sqrt{x^2+1}$，求 $\dfrac{\mathrm{d}y}{\mathrm{d}x}$。

解 $y=\sqrt{x^2+1}$ 可看作由 $y=\sqrt{u}$（外层函数）与 $u=x^2+1$（内层函数）复合而成，因此，

$$\frac{\mathrm{d}y}{\mathrm{d}x}=\frac{\mathrm{d}y}{\mathrm{d}u}\cdot\frac{\mathrm{d}u}{\mathrm{d}x}=(\sqrt{u})'\cdot(x^2+1)'=\frac{1}{2\sqrt{u}}\cdot 2x=\frac{x}{\sqrt{x^2+1}}。$$

例 12   求下列函数的导数：

（1）$y=\cos x^3$；   （2）$y=\cos^3 x$。

解 （1）$y = \cos x^3$ 可看作由 $y = \cos u$（外层函数）与 $u = x^3$（内层函数）复合而成，因此

$$y' = (\cos x^3)' = (\cos u)' \cdot (x^3)' = -\sin u \cdot 3x^2 = -3x^2 \sin x^3 \text{。}$$

（2）$y = \cos^3 x$ 可看作由 $y = u^3$（外层函数）与 $u = \cos x$（内层函数）复合而成，因此

$$y' = (\cos^3 x)' = (u^3)' \cdot (\cos x)' = 3u^2 \cdot (-\sin x) = -3\cos^2 x \sin x \text{。}$$

注：（1）如果对复合函数的分解比较熟练，可以不必写出中间变量，直接按"**由外向内**"的顺序逐层求导并作乘积即可。例如，对于例 12 的（1），直接求导得 $y' = (\cos x^3)' = -\sin x^3 (x^3)' = -3x^2 \sin x^3$。

（2）链式法则可以推广到复合函数的层数多于两层的情形，例如，复合函数 $y = f(g(h(x)))$ 可以看作由 $y = f(u), u = g(v), v = h(x)$ 复合而成，若设这些函数都可导，则 $y = f(g(h(x)))$ 对 x 的导数为

$$\frac{dy}{dx} = f'(u)g'(v)h'(x) \quad \text{或} \quad \frac{dy}{dx} = \frac{dy}{du} \cdot \frac{du}{dv} \cdot \frac{dv}{dx} \text{。}$$

（3）使用链式法则求复合函数的导数时，首先，将复合函数分解成若干个简单函数，按"由外向内"的顺序依次分解；其次，按"由外向内"的顺序逐层求函数的导数，并作乘积，整理即得所求复合函数的导数。

例 13 求下列函数的导数：

（1）$y = \ln(x^2 + \sin x)$； 　　（2）$y = \tan^2(\cos t)$；

（3）$y = \ln\sin(e^x)$； 　　（4）$y = \ln|x|$。

解 （1）不写出中间变量，直接求导得

$$y' = (\ln(x^2 + \sin x))' = \frac{1}{x^2 + \sin x}(x^2 + \sin x)' = \frac{2x + \cos x}{x^2 + \sin x} \text{。}$$

（2）$y = \tan^2(\cos t)$ 可看作由 $y = u^2, u = \tan v, v = \cos t$ 复合而成，因此，可求得 $y = \tan^2(\cos t)$ 的导数为

$$\frac{dy}{dt} = \frac{dy}{du} \cdot \frac{du}{dv} \cdot \frac{dv}{dt} = (u^2)' \cdot (\tan v)' \cdot (\cos t)' = 2u \cdot \sec^2 v \cdot (-\sin t)$$

$$= -2\sin t \tan(\cos t) \sec^2(\cos t) \text{。}$$

（3）不写出中间变量，直接求导得

$$\frac{dy}{dx} = (\ln\sin(e^x))' = \frac{1}{\sin(e^x)} \cdot (\sin(e^x))' = \frac{1}{\sin(e^x)} \cdot \cos(e^x) \cdot (e^x)' = e^x \cot(e^x) \text{。}$$

（4）当 $x > 0$ 时，$y = \ln|x| = \ln x$，可得

$$\frac{dy}{dx} = (\ln x)' = \frac{1}{x} \text{。}$$

当 $x < 0$ 时，$y = \ln|x| = \ln(-x)$，$y = \ln(-x)$ 可看作由 $y = \ln u, u = -x$ 复合而成，因此

$$\frac{dy}{dx} = (\ln u)' \cdot (-x)' = \frac{1}{-x} \cdot (-1) = \frac{1}{x} \text{。}$$

综上可得

$$(\ln|x|)' = \frac{1}{x} \text{。}$$

3.2.4　隐函数及由参数方程所确定的函数的导数

1. 隐函数的求导法（the method of implicit differentiation）

形如 $y=f(x)$ 的函数，称之为**显函数**（explicit function）。例如，$y=x^2-2x$ 和 $y=\ln\sin(\mathrm{e}^x)$ 都是显函数。

但在很多情况下，y 与 x 之间的函数关系是由方程 $F(x,y)=0$ 确定的，即对于某区间内的每一个 x，在关于 y 的某个区间内，总有满足方程 $F(x,y)=0$ 的唯一的 y 与之对应，这种由方程 $F(x,y)=0$ 所确定的函数称为**隐函数**（implicit function）。例如，由方程 $x^2+y^2=1$ 和 $\sin(x+y)=y^2\cos x$ 所确定的函数都是隐函数。

如何求隐函数的导数呢？很自然地会考虑把隐函数化成显函数形式，如 $x^2+y^2=1$ 可以化成 $y=\sqrt{1-x^2}$ 与 $y=-\sqrt{1-x^2}$ 两个显函数，但有时显化的过程可能非常麻烦，甚至不一定能显化，如 $\sin(x+y)=y^2\cos x$。是否有不需要将隐函数显化而直接求导的方法呢？

下面通过具体例子来说明隐函数的求导方法。

例 14　求由方程 $x^2+y^2=1$ 确定的隐函数的导数 $\dfrac{\mathrm{d}y}{\mathrm{d}x}$。

解　将 y 看成 x 的函数 $f(x)$，即 $y=f(x)$，代入方程 $x^2+y^2=1$，得

$$x^2+[f(x)]^2=1。$$

方程两端同时对 x 求导，即得到

$$2x+2f(x)f'(x)=0。$$

再将 $f(x)$ 与 $f'(x)$ 分别用 y 与 $\dfrac{\mathrm{d}y}{\mathrm{d}x}$ 代回，得

$$2x+2y\frac{\mathrm{d}y}{\mathrm{d}x}=0，$$

从上式中解出 $\dfrac{\mathrm{d}y}{\mathrm{d}x}$，得

$$\frac{\mathrm{d}y}{\mathrm{d}x}=-\frac{x}{y}。$$

这个结果与将 $x^2+y^2=1$ 化成显函数 $y=\sqrt{1-x^2}$ 与 $y=-\sqrt{1-x^2}$ 后再求导的结果是一样的，因为 $\left(\sqrt{1-x^2}\right)'=-\dfrac{x}{\sqrt{1-x^2}}=-\dfrac{x}{y}$，$\left(-\sqrt{1-x^2}\right)'=\dfrac{x}{\sqrt{1-x^2}}=-\dfrac{x}{y}$。

一般地，在对隐函数求导时，只需要在心里记着将 y 看成 x 的函数 $f(x)$，可以不必将 $y=f(x)$ 代入到原方程 $F(x,y)=0$ 后再求导，而是直接求导，如下面的例 15。

例 15　求由方程 $\sin(x+y)=y^2\cos x$ 确定的隐函数的导数。

解　方程 $\sin(x+y)=y^2\cos x$ 两端同时对 x 求导，将 y 看成 x 的函数，利用导数的积法则和链式法则等，得到

$$\cos(x+y)\cdot(x+y)'=(y^2)'\cos x+y^2(\cos x)'，$$

即

$$\cos(x+y)\cdot(1+y')=2yy'\cos x+y^2(-\sin x)，$$

将含 y' 的项合并，得

$$[2y\cos x-\cos(x+y)]y'=y^2\sin x+\cos(x+y)，$$

从而

$$y' = \frac{y^2 \sin x + \cos(x+y)}{2y\cos x - \cos(x+y)}.$$

根据上面的例题,我们可以概括出**求由方程 $F(x,y)=0$ 所确定的隐函数 $y=f(x)$ 的导数 $y'\left(或 \dfrac{\mathrm{d}y}{\mathrm{d}x}\right)$ 的一般步骤**:

(1) 方程 $F(x,y)=0$ 两端同时对 x 求导,将 y 看成 x 的函数。

需要注意的是,方程两端含 y 的项中,若有关于 x 的复合函数,就要用链式法则对这些项求导。例如,例 15 中,$\sin(x+y)$ 及 y^2 都是复合函数。

(2) 在求导后所得的方程中,解出 $y'\left(或 \dfrac{\mathrm{d}y}{\mathrm{d}x}\right)$,求出的导数一般是 x 和 y 的函数。

例 16　求曲线 $x^3 + y^3 = 6xy$ 在点 $\left(\dfrac{4}{3}, \dfrac{8}{3}\right)$ 处的切线方程与法线方程。

解　方程 $x^3 + y^3 = 6xy$ 两端同时对 x 求导,将 y 看成 x 的函数,得

$$3x^2 + 3y^2 y' = 6y + 6xy',$$

从而得

$$y' = \frac{x^2 - 2y}{2x - y^2}.$$

当 $x = \dfrac{4}{3}$,$y = \dfrac{8}{3}$ 时,求得曲线在点 $\left(\dfrac{4}{3}, \dfrac{8}{3}\right)$ 处的切线斜率为

$$k = \frac{\left(\dfrac{4}{3}\right)^2 - 2 \cdot \dfrac{8}{3}}{2 \cdot \dfrac{4}{3} - \left(\dfrac{8}{3}\right)^2} = \frac{4}{5}.$$

从而得切线方程为

$$y - \frac{8}{3} = \frac{4}{5}\left(x - \frac{4}{3}\right), \quad 即 \quad 4x - 5y + 8 = 0.$$

法线斜率为 $k_1 = -\dfrac{5}{4}$,法线方程为

$$y - \frac{8}{3} = -\frac{5}{4}\left(x - \frac{4}{3}\right), \quad 即 \quad 15x + 12y - 52 = 0.$$

方程 $x^3 + y^3 = 6xy$ 所表示的曲线称为**笛卡儿叶形线**(the folium of Descarte),其图像如图 3.5 所示。

2. 对数求导法

如果需要求导的函数 $y=f(x)$ 含有比较复杂的积、商或者幂的运算,往往可以先对 $y=f(x)$ 两端取对数,之后再利用隐函数求导法进行求导,这种方法称为**对数求导法**(logarithmic differentiation)。

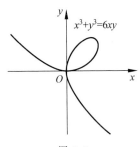

图 3.5

例 17　设 $y = \dfrac{(x-1)^{\frac{1}{2}}(x+2)^2}{(x+3)^{\frac{1}{3}}(x+4)^3}$ ($x>1$),求 y'。

解 显然该函数比较复杂,直接求导比较麻烦。根据该函数的特点,两端取对数得

$$\ln y = \ln(x-1)^{\frac{1}{2}}(x+2)^2 - \ln(x+3)^{\frac{1}{3}}(x+4)^3,$$

即

$$\ln y = \frac{1}{2}\ln(x-1) + 2\ln(x+2) - \frac{1}{3}\ln(x+3) - 3\ln(x+4),$$

利用隐函数求导法对上式两端关于 x 求导,得

$$\frac{y'}{y} = \frac{1}{2(x-1)} + \frac{2}{x+2} - \frac{1}{3(x+3)} - \frac{3}{x+4},$$

整理得

$$y' = \frac{(x-1)^{\frac{1}{2}}(x+2)^2}{(x+3)^{\frac{1}{3}}(x+4)^3}\left[\frac{1}{2(x-1)} + \frac{2}{x+2} - \frac{1}{3(x+3)} - \frac{3}{x+4}\right]。$$

如果对于某些 x,函数 $y = f(x)$ 或者其中需要取对数的部分小于零,可以在 $y = f(x)$ 两端加绝对值再取对数,即对 $|y| = |f(x)|$ 取对数,如例 18。

对于幂函数 $y = x^\mu (\mu \in \mathbb{R})$ 的导数公式,$(x^\mu)' = \mu x^{\mu-1}$,在 3.1 节的例 6,我们利用导数定义证明了指数为正整数 n 的情形,即 $(x^n)' = n x^{n-1}$,下面利用对数求导法,给出更一般情形的证明。

例 18 已知幂函数 $y = x^\mu (\mu \in \mathbb{R})$,证明 $(x^\mu)' = \mu x^{\mu-1}$。

证明 在 $y = x^\mu$ 两端取绝对值,得 $|y| = |x|^\mu$,取对数得

$$\ln|y| = \mu \ln|x| \quad (x \neq 0),$$

对上面方程利用隐函数求导法求导,根据例 13 第(4)题的结果,$(\ln|x|)' = \frac{1}{x}$,得

$$\frac{y'}{y} = \mu \cdot \frac{1}{x}, \quad 即 \quad y' = \mu \cdot \frac{y}{x} = \mu \cdot \frac{x^\mu}{x} = \mu x^{\mu-1}。$$

例 19 求函数 $y = x^{\sin x} (x > 0)$ 的导数。

解 在 $y = x^{\sin x}$ 两端取对数,得

$$\ln y = \sin x \cdot \ln x,$$

上式两端同时对 x 求导,得

$$\frac{y'}{y} = \cos x \cdot \ln x + \frac{1}{x} \cdot \sin x,$$

整理得

$$y' = x^{\sin x}\left(\cos x \cdot \ln x + \frac{\sin x}{x}\right)。$$

称形如 $y = [u(x)]^{v(x)}$ 的函数为**幂指函数**。若 $u(x)$ 与 $v(x)$ 均可导,且 $u(x) > 0$,就可以如例 19 那样,利用对数求导法求得 $y = [u(x)]^{v(x)}$ 的导数。

对于幂指函数,也可以用另一种方法求导,例如,对于例 19,因为

$$y = x^{\sin x} = e^{\ln x^{\sin x}} = e^{\sin x \cdot \ln x},$$

利用复合函数求导法则,得

$$y' = \mathrm{e}^{\sin x \cdot \ln x}(\sin x \cdot \ln x)' = \mathrm{e}^{\sin x \cdot \ln x}\left(\cos x \cdot \ln x + \frac{1}{x} \cdot \sin x\right) = x^{\sin x}\left(\cos x \cdot \ln x + \frac{\sin x}{x}\right)。$$

3. 由参数方程所确定的函数的导数

设一平面曲线的参数方程为 $\begin{cases} x = \varphi(t), \\ y = \psi(t) \end{cases}$ $(\alpha \leqslant t \leqslant \beta)$，所确定的函数为 $y = f(x)$。若要求

该曲线上一点处的切线，则需要求 y 对 x 的导数 $\dfrac{\mathrm{d}y}{\mathrm{d}x}$。

设 $\varphi(t)$ 与 $\psi(t)$ 都可导，$x = \varphi(t)$ 具有反函数 $t = \varphi^{-1}(x)$，且此反函数与 $y = \psi(t)$ 构成

复合函数 $y = \psi(\varphi^{-1}(x))$，则参数方程 $\begin{cases} x = \varphi(t), \\ y = \psi(t) \end{cases}$ 所确定的函数可看成是由 $y = \psi(t)$ 与 $t = $

$\varphi^{-1}(x)$ 复合而成的函数 $y = \psi(\varphi^{-1}(x))$，由链式法则，得

$$\frac{\mathrm{d}y}{\mathrm{d}x} = \frac{\mathrm{d}y}{\mathrm{d}t} \cdot \frac{\mathrm{d}t}{\mathrm{d}x}。$$

若 $\dfrac{\mathrm{d}x}{\mathrm{d}t} = \varphi'(t) \neq 0$，由 $\dfrac{\mathrm{d}t}{\mathrm{d}x} = \dfrac{1}{\dfrac{\mathrm{d}x}{\mathrm{d}t}}$，可得

$$\frac{\mathrm{d}y}{\mathrm{d}x} = \frac{\dfrac{\mathrm{d}y}{\mathrm{d}t}}{\dfrac{\mathrm{d}x}{\mathrm{d}t}},$$

或写成

$$\frac{\mathrm{d}y}{\mathrm{d}x} = \frac{\psi'(t)}{\varphi'(t)}。$$

这就是由参数方程 $\begin{cases} x = \varphi(t), \\ y = \psi(t) \end{cases}$ $(\alpha \leqslant t \leqslant \beta)$ 所确定的函数关于 x 的导数公式。

例 20 求椭圆 $\begin{cases} x = a\cos t, \\ y = b\sin t \end{cases}$ $(0 \leqslant t \leqslant 2\pi)$ 在 $t = \dfrac{\pi}{4}$ 相应的点处的切线方程。

解 当 $t = \dfrac{\pi}{4}$ 时，可求得 $x = a\cos\dfrac{\pi}{4} = \dfrac{\sqrt{2}a}{2}$，$y = b\sin\dfrac{\pi}{4} = \dfrac{\sqrt{2}b}{2}$，即 $t = \dfrac{\pi}{4}$ 对应的椭圆上

的点 P 的坐标为 $\left(\dfrac{\sqrt{2}a}{2}, \dfrac{\sqrt{2}b}{2}\right)$。

利用参数方程的导数公式，得 y 关于 x 的导数为

$$\frac{\mathrm{d}y}{\mathrm{d}x} = \frac{\dfrac{\mathrm{d}y}{\mathrm{d}t}}{\dfrac{\mathrm{d}x}{\mathrm{d}t}} = \frac{\dfrac{\mathrm{d}}{\mathrm{d}t}(b\sin t)}{\dfrac{\mathrm{d}}{\mathrm{d}t}(a\cos t)} = \frac{b\cos t}{-a\sin t} = -\frac{b}{a}\cot t,$$

从而曲线在点 P 处的切线斜率为

$$\frac{\mathrm{d}y}{\mathrm{d}x}\Big|_{t=\frac{\pi}{4}} = -\frac{b}{a}\cot t\Big|_{t=\frac{\pi}{4}} = -\frac{b}{a}。$$

因此可得椭圆在 P 点处的切线方程为

$$y-\frac{\sqrt{2}b}{2}=-\frac{b}{a}\Big(x-\frac{\sqrt{2}a}{2}\Big), \quad \text{整理得} \quad bx+ay-\sqrt{2}ab=0。$$

例 21 设半径为 r 的动圆在 x 轴上无滑动地滚动,P 是圆周上的一个定点,点 P 的起始位置为坐标原点 O,参变量为旋转角 θ,如图 3.6(a)所示,则点 P 的轨迹方程为 $\begin{cases}x=r(\theta-\sin\theta),\\y=r(1-\cos\theta),\end{cases}$ 称该曲线为**摆线或圆滚线**(cycloid)(图 3.6(b))。求曲线在 $\theta=\dfrac{\pi}{2}$ 时相应的点处的切线方程。

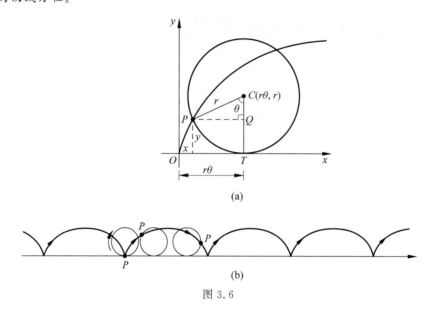

(a)

(b)

图 3.6

解 当 $\theta=\dfrac{\pi}{2}$ 时,可求得 $x=r\Big(\dfrac{\pi}{2}-\sin\dfrac{\pi}{2}\Big)=\Big(\dfrac{\pi}{2}-1\Big)r,y=r\Big(1-\cos\dfrac{\pi}{2}\Big)=r$,即 $\theta=\dfrac{\pi}{2}$ 对应的摆线上的点 P 的坐标为 $\Big(\Big(\dfrac{\pi}{2}-1\Big)r,r\Big)$。

利用参数方程的导数公式,得 y 关于 x 的导数为

$$\frac{\mathrm{d}y}{\mathrm{d}x}=\frac{(r(1-\cos\theta))'}{(r(\theta-\sin\theta))'}=\frac{r\sin\theta}{r(1-\cos\theta)}=\frac{\sin\theta}{1-\cos\theta},$$

从而摆线在点 P 处的切线斜率为

$$\frac{\mathrm{d}y}{\mathrm{d}x}\Big|_{\theta=\frac{\pi}{2}}=\frac{\sin\theta}{1-\cos\theta}\Big|_{\theta=\frac{\pi}{2}}=1。$$

因此可得摆线在 P 点处的切线方程为

$$y-r=x-\Big(\frac{\pi}{2}-1\Big)r, \quad \text{整理得} \quad x-y+\Big(2-\frac{\pi}{2}\Big)r=0。$$

3.2.5 基本求导法则与导数公式

函数的求导运算是微积分中非常重要的基本运算,需要读者熟练掌握,以便为后续学习打下牢固的基础。为方便读者查阅基本的求导法则和导数公式,现将它们汇集于此。

1. 导数的四则运算法则

(1) $(u\pm v)'=u'\pm v'$；

(2) $(cu)'=cu'(c$ 为常数$)$；

(3) $(uv)'=u'v+uv'$；

(4) $\left(\dfrac{u}{v}\right)'=\dfrac{u'v-uv'}{v^2}$，$\left(\dfrac{1}{v}\right)'=-\dfrac{v'}{v^2}(v\neq 0)$。

2. 反函数的求导法则

设 $y=f^{-1}(x)$ 是 $x=f(y)$ 的反函数，则

$$[f^{-1}(x)]'=\frac{1}{f'(y)}, \quad \text{或} \quad \frac{\mathrm{d}y}{\mathrm{d}x}=\frac{1}{\dfrac{\mathrm{d}x}{\mathrm{d}y}}。$$

3. 复合函数求导的链式法则

复合函数 $y=f(g(x))$ 可看作由 $y=f(u)$ 和 $u=g(x)$ 复合而成，$y=f(g(x))$ 关于 x 的导数为

$$\frac{\mathrm{d}y}{\mathrm{d}x}=f'(u)\cdot g'(x), \quad \text{或} \quad \frac{\mathrm{d}y}{\mathrm{d}x}=\frac{\mathrm{d}y}{\mathrm{d}u}\cdot\frac{\mathrm{d}u}{\mathrm{d}x}。$$

4. 基本初等函数的导数公式

(1) $(C)'=0(C$ 为常数$)$；

(2) $(x^\mu)'=\mu x^{\mu-1}(\mu\in\mathbb{R})$；

(3) $(a^x)'=a^x\ln a(a>0,a\neq 1)$；

(4) $(\mathrm{e}^x)'=\mathrm{e}^x$；

(5) $(\log_a x)'=\dfrac{1}{x\ln a}(a>0,a\neq 1)$；

(6) $(\ln x)'=\dfrac{1}{x}$；

(7) $(\sin x)'=\cos x$；

(8) $(\cos x)'=-\sin x$；

(9) $(\tan x)'=\dfrac{1}{\cos^2 x}=\sec^2 x$；

(10) $(\cot x)'=-\dfrac{1}{\sin^2 x}=-\csc^2 x$；

(11) $(\sec x)'=\sec x\tan x$；

(12) $(\csc x)'=-\csc x\cot x$；

(13) $(\arcsin x)'=\dfrac{1}{\sqrt{1-x^2}}$；

(14) $(\arccos x)'=-\dfrac{1}{\sqrt{1-x^2}}$；

(15) $(\arctan x)'=\dfrac{1}{1+x^2}$；

(16) $(\text{arccot}\,x)'=-\dfrac{1}{1+x^2}$。

注：(1) 在导数运算中，读者要准确而熟练地运用这些求导法则和公式。

(2) 不要混淆幂函数与指数函数的导数公式。

幂函数 x^μ，指数 μ 为常数，其导数为 $(x^\mu)'=\mu x^{\mu-1}$，例如 $(x^{\frac{3}{2}})'=\dfrac{3}{2}x^{\frac{1}{2}}=\dfrac{3}{2}\sqrt{x}$；指数函数 a^x，底数 a 为大于零且不等于 1 的常数，其导数为 $(a^x)'=a^x\ln a$，例如 $(3^x)'=3^x\ln 3$，而不是 $(3^x)'=x\cdot 3^{x-1}$。

思 考 题

1. 若函数 $f(x)$ 可导，那么 $f'(x^2)$ 与 $[f(x^2)]'$ 的意义是否一样？

2. 设 $f(x)$ 与 $g(x)$ 都是区间 (a,b) 上的可导函数，若 $f'(x)=g'(x)$，则 $f(x)$ 与 $g(x)$ 的关系如何？

习题 3.2

A 组

一、判断下列结论是否正确,并说明理由:

1. 设 $y=\sqrt{x}\tan x$,则其导数 $y'=(\sqrt{x})'(\tan x)'=\dfrac{1}{2}x^{-\frac{1}{2}}\sec^2 x$。

2. 设 $y=\dfrac{2^x}{x^2+2x}$,则其导数 $\dfrac{dy}{dx}=\dfrac{(2^x)'}{(x^2+2x)'}=\dfrac{2^x\ln 2}{2x+2}$。

3. 设 $y=5^x$,则其导数 $y'=x\cdot 5^{x-1}$。

4. 设 $y=e^{-7x}$,则其导数 $y'=-7e^x$。

5. 设 $y=\cos 2x$,则其导数 $y'=-2\sin 2x$。

6. 设 $y=\ln 3x$,则其导数 $\dfrac{dy}{dx}=\dfrac{1}{x}$。

7. 设 $y=\ln\sin x$,则其导数 $\dfrac{dy}{dx}=\dfrac{1}{\sin x}$。

8. 设 $y=(x^3+2x)^{10}$,则其导数 $\dfrac{dy}{dx}=10(x^3+2x)^9(3x^2+2)$。

9. 设函数 $f(x)$ 可导,则 $(\sin f(x))'=(\cos f(x))f'(x)$。

10. 设函数 $f(x)$ 可导,则 $(f(\sin x))'=f'(x)\cos x$。

11. 已知 $f'(x)=e^{3x}$,则一定有 $f(x)=\dfrac{1}{3}e^{3x}$。

12. 已知 $f'(x)=(2x-3)^5$,则 $f(x)=\dfrac{1}{12}(2x-3)^6+C$,其中 C 为任意常数。

13. 设 $f(x)=\arccos 3x$,$g(x)=\arccos 3x-8$,则 $f'(x)=g'(x)$。

14. 设 $f(x)=x^3-1$,则 $f(2)=7$,设 $f(x)$ 的反函数为 $f^{-1}(x)$,因为 $f'(2)=12$,则 $(f^{-1}(x))'\big|_{x=7}=\dfrac{1}{f'(x)\big|_{x=2}}=\dfrac{1}{12}$。

二、填空题

1. 设 $f(x)=\sin x^2$,则 $\lim\limits_{x\to x_0}\dfrac{f(x)-f(x_0)}{x-x_0}=$ _____。

2. 已知 $f(x)$ 可导,设 $y=xf\left(\dfrac{1}{x}\right)$,则 $\dfrac{dy}{dx}=$ _____。

3. 已知 $f(x)=\arctan x^2$,则 $f'(1)=$ _____。

4. 设可导函数 $y=f(x)$ 具有反函数 $f^{-1}(x)$,若点 $(2,-6)$ 为曲线 $y=f(x)$ 上的一点,且 $f'(2)=\dfrac{1}{5}$,则 $(f^{-1}(x))'\big|_{x=-6}=$ _____。

5. 若函数 $x=\arcsin y^2$,则 $\dfrac{dy}{dx}=$ _____。

6. $f(x)=x\ln 2x$ 在 x_0 处可导,且 $f'(x_0)=2$,则 $f(x_0)=$ _____。

7. 抛物线 $y=x^2-2x+4$ 在点_____处的切线平行于 x 轴,在点_____处的切线与 x 轴正向的夹角为 $45°$。

8. 若曲线 $y=ax^2$ 与 $y=\ln x$ 相切,则 $a=$_____。

三、解答题

1. 求下列函数的导数:

(1) $y=x^2\ln x-\ln 5$;

(2) $y=e^x(\sin 2x-\cos 2x)$;

(3) $y=\dfrac{\ln x}{x}$;

(4) $y=\dfrac{x^4+3x-2}{x^2}$;

(5) $f(x)=(x^2-3x)^{20}$;

(6) $y=\sqrt[3]{x^2+1}$;

(7) $g(t)=\dfrac{1}{(3-t^3)^5}$;

(8) $g(t)=\dfrac{1}{\sqrt{t^2+1}}$;

(9) $y=e^{3x}(x^2-2x+3)$;

(10) $y=10^{\tan x}$;

(11) $y=\ln(x^2+1)$;

(12) $y=\ln(e^x+e^{-x})$;

(13) $y=\ln|3+2x|$;

(14) $y=\ln|\cos x|$;

(15) $y=\arcsin\dfrac{x}{a}(a>0)$;

(16) $y=\arcsin(1-2x)$;

(17) $y=\arctan\sqrt{x}$;

(18) $y=\sin 2^x+2^{\sin x}$;

(19) $y=\sin x^2+\sin^2 x$;

(20) $y=(\ln x)^3+\dfrac{1}{(\ln x)^3}$;

(21) $y=\sqrt{x}-\ln(1+\sqrt{x})$;

(22) $y=\ln(x+\sqrt{x^2+a^2})(a>0)$;

(23) $y=\tan(\sin 2x)$;

(24) $y=\sec^2(\pi x)$;

(25) $y=\cos(\cos(\cos x))$;

(26) $y=\ln(\ln(\ln x))$。

2. 求由下列方程所确定的隐函数的导数 $\dfrac{\mathrm{d}y}{\mathrm{d}x}$:

(1) $y^2=2x$;

(2) $\dfrac{x^2}{a^2}+\dfrac{y^2}{b^2}=1(a>0,b>0)$;

(3) $y^2-2xy+9=0$;

(4) $x^3+y^3=18xy$;

(5) $y=1-xe^y$;

(6) $xy=e^{x+y}$;

(7) $xy+\tan(xy)=0$;

(8) $x+\sin y-xy=0$;

(9) $\sqrt{x}+\sqrt{y}=\sqrt{a}$;

(10) $x^{\frac{2}{3}}+y^{\frac{2}{3}}=1$。

3. 试用对数求导法求下列函数的导数:

(1) $y=(x^2+1)^{\frac{1}{3}}(x^2+2)^{\frac{1}{5}}$;

(2) $y=\left(\dfrac{x^2+1}{x^2+2}\right)^6$;

(3) $y=\sqrt{\dfrac{x^2-3x}{2x-3}}$;

(4) $y=\sqrt{2x-3}\,e^{x^2-3x}$;

(5) $y=x^{\sqrt{x}}$;

(6) $y=(\sin x)^{\cos x}$。

4. 求由下列参数方程所确定的函数的导数 $\dfrac{\mathrm{d}y}{\mathrm{d}x}$:

(1) $\begin{cases} x=2t-t^2, \\ y=3t-t^3; \end{cases}$ 　　　　　　　　(2) $\begin{cases} x=t-\dfrac{1}{t}, \\ y=1+t^2; \end{cases}$

(3) $\begin{cases} x=a(\cos t+t\sin t), \\ y=a(\sin t-t\cos t); \end{cases}$ 　　(4) $\begin{cases} x=\ln(1+t^2), \\ y=1-\arctan t。 \end{cases}$

5. 求下列曲线在给定点处的切线方程和法线方程:

(1) $y=\sqrt{25-x^2},(3,4)$; 　　　　　(2) $y=\sin^2 x,\left(\dfrac{\pi}{4},\dfrac{1}{2}\right)$;

(3) $y=\dfrac{1}{1+x^2},\left(1,\dfrac{1}{2}\right)$; 　　　　(4) $y=\dfrac{e^x-e^{-x}}{e^x+e^{-x}},(0,0)。$

6. 已知椭圆方程 $\dfrac{x^2}{a^2}+\dfrac{y^2}{b^2}=1$,其中 $a,b>0$,试求椭圆上点 (x_0,y_0) 处的切线方程。

7. 求曲线 $x^2 y^3+10=5x^3+x$ 上点 $(2,2)$ 处的切线斜率。

8. 已知曲线 $x^2+xy+y^2=9$,证明该曲线与 x 轴有两个交点,并证明曲线在这两个交点处的切线互相平行。

9. 求 **8 字型曲线**(the eight curve)(如图 3.7 所示)$y^4=y^2-x^2$ 在点 $\left(\dfrac{\sqrt{3}}{4},\dfrac{\sqrt{3}}{2}\right)$ 和点 $\left(\dfrac{\sqrt{3}}{4},\dfrac{1}{2}\right)$ 处的切线斜率。

10. 求曲线 $\begin{cases} x=2t^3, \\ y=1+4t-t^2 \end{cases}$ 上切线斜率为 1 的点的坐标。

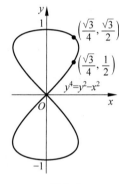

图 3.7

B 组

1. 设 $u(x)$ 可导,证明:

(1) $\left([u(x)]^\mu\right)'=\mu(u(x))^{\mu-1}\cdot u'(x)(\mu\in\mathbb{R})$; 　　(2) $e^{u(x)}=u'(x)\cdot e^{u(x)}$;

(3) $(\sin u(x))'=u'(x)\cos u(x)$; 　　　　(4) $(\ln u(x))'=\dfrac{u'(x)}{u(x)}$。

2. 求曲线 $y=\sin 2x-2\sin x$ 上切线平行于 x 轴的所有点的横坐标。

3. 设 $u(x)=f(g(x)),v(x)=g(f(x))$,且 $g(1)=2,g'(1)=6,g'(3)=9,f(1)=3,f'(1)=4,f'(2)=5$,求 $u'(1)$ 和 $v'(1)$。

4. 设 $r(x)=f(g(h(x)))$,且 $h(1)=2,h'(1)=4,g(2)=3,g'(2)=5,f'(3)=6$,求 $r'(1)$。

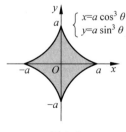

图 3.8

5. 已知**星形线**(astroid) $\begin{cases} x=a\cos^3\theta, \\ y=a\sin^3\theta \end{cases}$ $(a>0)$(如图 3.8 所示)。

(1) 求曲线上任意一点处的切线斜率。

(2) 曲线上哪些点处有水平切线或竖直切线?

(3) 曲线上哪些点处的切线斜率等于 1 或 −1?

(4) 证明曲线上任意一点处的切线(切线是坐标轴时除外)被坐标轴所截的线段为定长。

6. 证明曲线 $\begin{cases} x = a(\cos t + t\sin t), \\ y = a(\sin t - t\cos t) \end{cases}$ 上任一点处的法线到原点的距离都等于 a。

3.3 高阶导数

由 3.1 节我们知道，变速直线运动的物体的瞬时速度 $v(t)$ 是位置函数 $s(t)$ 对时间 t 的导数，即

$$v(t) = s'(t), \quad \text{或} \quad v(t) = \frac{\mathrm{d}s}{\mathrm{d}t}.$$

而物体的加速度 $a(t)$ 是速度 $v(t)$ 对时间 t 的变化率，即

$$a(t) = \lim_{\Delta t \to 0} \frac{v(t + \Delta t) - v(t)}{\Delta t},$$

因此，加速度 $a(t)$ 是速度 $v(t)$ 对 t 的导数，则有

$$a(t) = v'(t) = (s'(t))' \stackrel{\mathrm{def}}{=\!=} s''(t), \quad \text{或} \quad a(t) = \frac{\mathrm{d}v}{\mathrm{d}t} = \frac{\mathrm{d}}{\mathrm{d}t}\left(\frac{\mathrm{d}s}{\mathrm{d}t}\right) \stackrel{\mathrm{def}}{=\!=} \frac{\mathrm{d}^2 s}{\mathrm{d}t^2}.$$

其中，记号"$\stackrel{\mathrm{def}}{=\!=}$"表示"记为"。称 $s(t)$ 的导数的导数 $s''(t)$ 或 $\dfrac{\mathrm{d}^2 s}{\mathrm{d}t^2}$ 为 $s(t)$ 对 t 的**二阶导数**（the second derivative），即加速度 $a(t)$ 是位置函数 $s(t)$ 对时间 t 的二阶导数。

一般地，函数 $y = f(x)$ 的导数 $y' = f'(x)$ 仍为 x 的函数，若 $f'(x)$ 可导，称 $f'(x)$ 的导数为 $f(x)$ 的**二阶导数**，记作 $f''(x)$、y'' 或 $\dfrac{\mathrm{d}^2 y}{\mathrm{d}x^2}$，即

$$y'' = (y')', \quad \text{或} \quad \frac{\mathrm{d}^2 y}{\mathrm{d}x^2} = \frac{\mathrm{d}}{\mathrm{d}x}\left(\frac{\mathrm{d}y}{\mathrm{d}x}\right).$$

相应地，称 $f'(x)$ 为 $f(x)$ 的**一阶导数**（the first derivative）。

类似地，二阶导数 $f''(x)$ 的导数称为三阶导数，记为 $f'''(x)$、y''' 或 $\dfrac{\mathrm{d}^3 y}{\mathrm{d}x^3}$，即

$$y''' = (y'')', \quad \text{或} \quad \frac{\mathrm{d}^3 y}{\mathrm{d}x^3} = \frac{\mathrm{d}}{\mathrm{d}x}\left(\frac{\mathrm{d}^2 y}{\mathrm{d}x^2}\right).$$

依此，三阶导数的导数称为四阶导数，$\cdots$，$n-1$ 阶导数的导数称为 n **阶导数**（n th derivative，或 derivative of order n）。

四阶导数记为 $f^{(4)}(x)$、$y^{(4)}$ 或 $\dfrac{\mathrm{d}^4 y}{\mathrm{d}x^4}$。一般地，$n$ 阶导数记为 $f^{(n)}(x)$、$y^{(n)}$ 或 $\dfrac{\mathrm{d}^n y}{\mathrm{d}x^n}$。

二阶及二阶以上的导数统称为**高阶导数**（higher-order derivative）。

例 1 设 $f(x) = 5x^4 + 3x^2 - 2x + 4$，求 $f''(x)$、$f'''(x)$ 和 $f^{(4)}(x)$。

解 $f'(x) = 20x^3 + 6x - 2$，$f''(x) = 60x^2 + 6$，$f'''(x) = 120x$，$f^{(4)}(x) = 120$。

本例的 $f(x)$ 为 4 次多项式函数，不难看出，每求一次导数，它的幂次就降低 1。而且它的 4 阶以上的导数为零。

注：(1) 求高阶导数就是由低阶到高阶逐次求导。求各阶导数时，前面学过的求导方法依然可以使用。

（2）为了求出 n 阶导数的导数公式，一般需要在求二阶、三阶或 4 阶导数的过程中寻找规律，从而归纳得出 $f^{(n)}(x)$ 的公式。

（3）$y=f(x)$ 在点 x_0 处的 n 阶导数记为 $f^{(n)}(x_0)$、$y^{(n)}|_{x=x_0}$ 或 $\dfrac{\mathrm{d}^n y}{\mathrm{d}x^n}\bigg|_{x=x_0}$。

（4）$f''(x_0)$ 为 $f'(x)$ 在点 x_0 处的导数，类似于 $f(x)$ 在点 x_0 处的导数定义，有

$$f''(x_0)=\lim_{\Delta x\to 0}\frac{f'(x_0+\Delta x)-f'(x_0)}{\Delta x}, \quad \text{或} \quad f''(x_0)=\lim_{x\to x_0}\frac{f'(x)-f'(x_0)}{x-x_0}。$$

例 2 设 $f(x)=(x^2+2)^4$，求 $\dfrac{\mathrm{d}^2 y}{\mathrm{d}x^2}$。

解 $\dfrac{\mathrm{d}y}{\mathrm{d}x}=4(x^2+2)^3 2x=8x(x^2+2)^3$，

$$\frac{\mathrm{d}^2 y}{\mathrm{d}x^2}=8(x^2+2)^3+8x\cdot 3(x^2+2)^2\cdot 2x=8(x^2+2)^3+48x^2(x^2+2)^2$$
$$=8(x^2+2)^2(7x^2+2)。$$

例 3 设 $y=\ln(1+x)$，求 $y^{(n)}$。

解 $y'=\dfrac{1}{1+x}=(1+x)^{-1}$，$y''=-1\cdot(1+x)^{-2}$，$y'''=(-1)\cdot(-2)(1+x)^{-3}$，$y^{(4)}=(-1)\cdot(-2)\cdot(-3)(1+x)^{-4}$，归纳可得

$$y^{(n)}=(-1)\cdot(-2)\cdot(-3)\cdots(-(n-1))(1+x)^{-n}=\frac{(-1)^{n-1}(n-1)!}{(1+x)^n}。$$

例 4 求由方程 $4x^2-2y^2=9$ 所确定的隐函数 $y=f(x)$ 的二阶导数。

解 方程两边同时对 x 求导，得 $8x-4yy'=0$，即 $2x-yy'=0$，从而 $y'=\dfrac{2x}{y}$。再在 $2x-yy'=0$ 两端同时对 x 求导，得 $2-(y'\cdot y'+y\cdot y'')=0$，即

$$y''=\frac{2-(y')^2}{y}=\frac{1}{y}\left[2-\left(\frac{2x}{y}\right)^2\right]=\frac{2y^2-4x^2}{y^3}=-\frac{9}{y^3}。$$

也可以直接对 $y'=\dfrac{2x}{y}$ 再求一次导数，从而得二阶导数 y''，请读者自己试一试。

例 5 求由椭圆的参数方程 $\begin{cases} x=a\cos t, \\ y=b\sin t \end{cases}$（$0\leqslant t\leqslant 2\pi$）所确定的函数 $y=f(x)$ 的二阶导数。

解 一阶导数为 $\dfrac{\mathrm{d}y}{\mathrm{d}x}=\dfrac{\frac{\mathrm{d}y}{\mathrm{d}t}}{\frac{\mathrm{d}x}{\mathrm{d}t}}=\dfrac{\frac{\mathrm{d}}{\mathrm{d}t}(b\sin t)}{\frac{\mathrm{d}}{\mathrm{d}t}(a\cos t)}=\dfrac{b\cos t}{-a\sin t}=-\dfrac{b}{a}\cot t$（$0<t<2\pi,t\neq\pi$）；

二阶导数即是对参数方程 $\begin{cases} x=a\cos t, \\ \dfrac{\mathrm{d}y}{\mathrm{d}x}=-\dfrac{b}{a}\cot \end{cases}$ 所确定的函数求导，因此

$$\frac{\mathrm{d}^2 y}{\mathrm{d}x^2}=\frac{\mathrm{d}}{\mathrm{d}x}\left(\frac{\mathrm{d}y}{\mathrm{d}x}\right)=\frac{\frac{\mathrm{d}}{\mathrm{d}t}\left(\frac{\mathrm{d}y}{\mathrm{d}x}\right)}{\frac{\mathrm{d}x}{\mathrm{d}t}}=\frac{\frac{\mathrm{d}}{\mathrm{d}t}\left(-\frac{b}{a}\cot t\right)}{\frac{\mathrm{d}}{\mathrm{d}t}(a\cos t)}=\frac{\frac{b}{a}\csc^2 t}{-a\sin t}=-\frac{b}{a^2\sin^3 t} \quad (0<t<2\pi,t\neq\pi)。$$

思 考 题

1. 若函数 $y=f(x)$ 在点 $x=x_0$ 处二阶可导，$f''(x_0)$ 与 $[f'(x_0)]'$ 的含义是否相同？为什么？

2. 有没有这样的函数（$y=0$ 除外），它的任意阶导数都是一样的？

习题 3.3

A 组

一、选择题

1. 设函数 $f(x)=x\ln x$，则 $f''(x)=$（   ）。

    A. x B. $\ln x$ C. $-\dfrac{1}{x}$ D. $\dfrac{1}{x}$

2. 当 $x\in(0,+\infty)$ 时，下列函数的二阶导数大于零的是（   ）。

    A. $y=\sqrt{x}$ B. $y=\ln(1+x)$ C. $y=\sin x$ D. $y=-\sqrt[3]{x}$

3. 设函数 $f(x)=(x^5-3x)^6$，则 $f^{(30)}(x)=$（   ）。

    A. 0 B. $30!$ C. 30 D. $29!$

4. 设函数 $f(x)=e^{2x}$，则 $f^{(n)}(x)=$（   ）。

    A. e^{2x} B. xe^{2x} C. $2e^{2x}$ D. $2^n e^{2x}$

5. 设 $f(x)$ 具有任意阶导数，且 $f'(x)=[f(x)]^2$，设 $n>2$，则 $f^{(n)}(x)=$（   ）。

    A. $[f(x)]^{2n}$ B. $n!\,[f(x)]^{2n}$ C. $n!\,[f(x)]^{n+1}$ D. $n[f(x)]^{n+1}$

二、填空题

1. 设 $y=(1+x)^4$，则 $y'''=$ _____，$y^{(4)}=$ _____，$y^{(5)}=$ _____。

2. 设 $y=\ln(1+x^2)$，则 $y''|_{x=0}=$ _____。

3. 设 $y=e^{-x^2}$，则 $f''(1)=$ _____。

4. 设 $y=\sin x$，则 $y'=$ _____，$y''=$ _____，$y'''=$ _____，$y^{(4)}=$ _____，$y^{(k)}=$ _____。

三、解答题

1. 求下列函数的高阶导数：

(1) $y=3x^4-4x^3+1$，求 $f'''(x)$；   (2) $y=e^x\cos x$，求 $f''(x)$；

(3) $y=(\ln x)^3$，求 $f''(x)$；   (4) $y=xe^{-x}$，求 $f^{(4)}(x)$ 及 $f^{(n)}(x)$。

2. 求由下列方程所确定的隐函数的二阶导数 $\dfrac{\mathrm{d}^2 y}{\mathrm{d}x^2}$：

(1) $\dfrac{x^2}{16}-\dfrac{y^2}{9}=1$；   (2) $x^2-\sin(x+y)=0$。

3. 求由下列参数方程所确定的函数的二阶导数 $\dfrac{\mathrm{d}^2 y}{\mathrm{d}x^2}$：

$$(1) \begin{cases} x = 1 - t^2, \\ y = 2 + t; \end{cases} \qquad\qquad (2) \begin{cases} x = e^t \cos t, \\ y = e^t \sin t. \end{cases}$$

4. 设函数 $y = c_1 \sin x + c_2 \cos x$，其中 c_1, c_2 为常数，求 y''，并验证该函数满足 $y'' + y = 0$。

5. 已知物体的运动规律为 $s = A \sin \omega t$（A、ω 是常数），求物体运动的加速度，并验证：$\dfrac{\mathrm{d}^2 s}{\mathrm{d} t^2} + \omega^2 s = 0$。

6. 已知作直线运动的物体关于时间 t 的位置函数为 $s(t) = 2t^3 - 3t^2 + 4t$，求该物体的速度和加速度。

B 组

1. 已知 $f(x)$ 二阶可导，求下列各函数的二阶导数 $\dfrac{\mathrm{d}^2 y}{\mathrm{d} x^2}$：

(1) $y = f(x^2)$；　　　　　　　　　(2) $y = f(2^x)$；

(3) $y = f\left(\dfrac{1}{x}\right)$；　　　　　　　　(4) $y = f(\sin x)$。

2. 求下列各函数的 n 阶导数：

(1) $y = (1 + x)^\alpha \, (\alpha \in \mathbb{R})$；　　　　(2) $y = \dfrac{1}{x(1+x)}$。

3. 设 $y = \arcsin x$，证明它满足方程 $xy' - (1 - x^2) y'' = 0$。

4. 已知 a, b, c 为常数，函数 $f(x) = \begin{cases} \dfrac{1}{2} a x^2 + bx + c, & x \leqslant 0, \\ \ln(1 + x), & x > 0 \end{cases}$ 在 $x = 0$ 处二阶可导，求参数 a, b, c 的值。

5. 研究人员对某城市未来 5 年的人口增长趋势进行了预测，从现在算起，该城市在 t 年时的人口为 $P(t) = -t^3 + 12t^2 + 36t + 180$ 万。

(1) 从现在算起，4 年时的人口增长速度是多少？

(2) 从现在算起，4 年时的人口增长速度的变化率是多少？

3.4　函数的微分

在许多实际问题中，会遇到当自变量 x 发生一个小的增量 Δx 时，求相应的函数值 $y = f(x)$ 的增量 Δy 的问题。但是，直接计算 Δy 有时是比较麻烦的，这里给出借助 $f(x)$ 在点 x 处的导数近似计算 Δy 的方法，从而引出**微分**的概念。

3.4.1　微分的概念与几何意义

1. 微分的定义

设一棱长为 x 的正方体钢块，其体积为 $V(x) = x^3$，假设受温度变化的影响，其棱长由

x_0 变到了 $x_0+\Delta x$，即棱长的增量为 Δx，求此钢块体积的增量 ΔV。

容易算出，体积的增量 ΔV 为

$$\Delta V = V(x_0+\Delta x) - V(x_0) = (x_0+\Delta x)^3 - x_0^3 = 3x_0^2\Delta x + 3x_0(\Delta x)^2 + (\Delta x)^3。$$

上面 ΔV 的三项中，可以分为**两部分**：**第一部分**是 $3x_0^2\Delta x$，是 Δx 的**线性部分**；对于**第二部分** $3x_0(\Delta x)^2 + (\Delta x)^3$，因为 $\lim\limits_{\Delta x \to 0} \dfrac{3x_0(\Delta x)^2 + (\Delta x)^3}{\Delta x} = 0$，所以第二部分 $3x_0(\Delta x)^2 + (\Delta x)^3$ 是**关于 Δx 的高阶无穷小**，记为 $3x_0(\Delta x)^2 + (\Delta x)^3 = o(\Delta x)$。

因此，若棱长的增量较小，即 $|\Delta x|$ 相对很小时，第二部分 $3x_0(\Delta x)^2 + (\Delta x)^3$ 在 ΔV 中起的作用很微小，这样，体积的增量 ΔV 可以用第一部分近似来代替，即

$$\Delta V \approx 3x_0^2\Delta x。$$

我们称 $3x_0^2\Delta x$ 为 $V(x) = x^3$ 在点 x_0 处的**微分**（differential），记为 $\mathrm{d}V$，即 $\mathrm{d}V = 3x_0^2\Delta x$。不难看出，$3x_0^2$ 为 $V(x) = x^3$ 在 x_0 处的导数，即 $V'(x_0) = 3x_0^2$，所以

$$\mathrm{d}V = V'(x_0)\Delta x = 3x_0^2\Delta x。$$

下面给出微分的定义。

> **定义 3.2（微分的定义）** 设函数 $y = f(x)$ 在点 x_0 处可导，Δx 是 x_0 的增量，称 $f'(x_0)\Delta x$ 为函数 $y = f(x)$ 在点 x_0 处的微分，用 $\mathrm{d}y\big|_{x=x_0}$ 表示，即
> $$\mathrm{d}y\big|_{x=x_0} = f'(x_0)\Delta x。$$

例 1 求函数 $y = x^3$ 在 $x = 3, \Delta x = 0.02$ 时的微分 $\mathrm{d}y$、增量 Δy 及 $\Delta y - \mathrm{d}y$。

解 因为 $y' = (x^3)' = 3x^2$，则 $f'(3) = 27$。于是，当 $x = 3, \Delta x = 0.02$ 时，微分

$$\mathrm{d}y\Big|_{\substack{x=3 \\ \Delta x=0.02}} = f'(3)\Delta x = 27 \times 0.02 = 0.54。$$

而 $\Delta y = (x+\Delta x)^3 - x^3 = 3x^2\Delta x + 3x(\Delta x)^2 + (\Delta x)^3$，则当 $x = 3, \Delta x = 0.02$ 时，增量

$$\Delta y\Big|_{\substack{x=3 \\ \Delta x=0.02}} = 3 \times 3^2 \times 0.02 + 3 \times 3 \times (0.02)^2 + (0.02)^3$$

$$= 0.54 + 0.0036 + 0.000008 = 0.543608。$$

最后得，$(\Delta y - \mathrm{d}y)\Big|_{\substack{x=3 \\ \Delta x=0.02}} = 0.543608 - 0.54 = 0.003608。$

由例 1 可以看出，函数的增量 Δy 与微分 $\mathrm{d}y$ 的差 $\Delta y - \mathrm{d}y$ 比较小，如果 $|\Delta x|$ 越小的话，$\Delta y - \mathrm{d}y$ 也会越小。

2. 用微分 $\mathrm{d}y$ 近似增量 Δy 的误差

下面我们来分析，一般情况下，函数的增量 Δy 与微分 $\mathrm{d}y$ 的差 $\Delta y - \mathrm{d}y$ 会是怎样的呢？

设函数 $y = f(x)$ 在点 x_0 处可导，且 $f'(x_0) \neq 0, \Delta x (\Delta x \neq 0)$ 是 x_0 的增量，则

$$\Delta y - \mathrm{d}y = f(x_0+\Delta x) - f(x_0) - f'(x_0)\Delta x$$

$$= \left[\frac{f(x_0+\Delta x) - f(x_0)}{\Delta x} - f'(x_0)\right]\Delta x,$$

因为 $y = f(x)$ 在点 x_0 处可导，由导数定义知

$$\lim_{\Delta x \to 0} \frac{f(x_0+\Delta x) - f(x_0)}{\Delta x} = f'(x_0),$$

从而

$$\lim_{\Delta x \to 0} \left[\frac{f(x_0 + \Delta x) - f(x_0)}{\Delta x} - f'(x_0) \right] = 0。$$

若令 $\dfrac{f(x_0 + \Delta x) - f(x_0)}{\Delta x} - f'(x_0) = \alpha$，则 $\lim\limits_{\Delta x \to 0} \alpha = 0$，即 α 是 $\Delta x \to 0$ 时的无穷小。因此

$$\Delta y - \mathrm{d}y = \alpha \Delta x，\quad 即 \quad \Delta y = f'(x_0)\Delta x + \alpha \Delta x。$$

容易知道，当 $\Delta x \to 0$ 时，$\alpha \Delta x$ 是 Δx 的高阶无穷小，这说明，当 $|\Delta x|$ 很小时，$\alpha \Delta x$ 会更小，即用 $\mathrm{d}y$ 近似 Δy 的误差会更小。因此，我们有下面的结论：

若 $f'(x_0) \neq 0$，且 $|\Delta x|$ 很小时，可以用 $\mathrm{d}y$ 近似 Δy，即有近似公式

$$\Delta y \approx \mathrm{d}y = f'(x_0)\Delta x。$$

例 2   若在半径为 2cm 的球的表面镀上一层铜，设镀层的厚度为 0.01cm，试问球的体积近似增加了多少？

解   本题是求当球的半径由 2cm 变到 2+0.01cm 时体积增量的近似值。

设球的半径为 r，体积为 V，则有 $V = \dfrac{4}{3}\pi r^3$，$V' = 4\pi r^2$。设 $r_0 = 2$，$\Delta r = 0.01$，半径由 r_0 到 $r_0 + \Delta r$ 时体积的增量为 ΔV，因为 Δr 较小，用微分近似 ΔV，有

$$\Delta V \approx 4\pi r_0^2 \Delta r \approx 4 \times 3.14 \times 2^2 \times 0.01 = 0.5024\mathrm{cm}^3。$$

即球的体积近似增加了 0.5024cm³。

3. 微分的几何意义

利用图 3.9，我们说明微分的几何意义。

设 $M(x_0, y_0)$ 为曲线 $y = f(x)$ 上的一点，给 x_0 一个增量 Δx，得曲线上另一点 $N(x_0 + \Delta x, y_0 + \Delta y)$，设曲线在点 M 处的切线为 MP，且倾角为 θ。

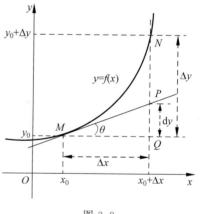

图 3.9

由图 3.9 可以看出，$MQ = \Delta x$，$QN = \Delta y$。因为

$$QP = MQ \cdot \tan\theta = \Delta x \cdot f'(x_0) = f'(x_0)\Delta x，$$

所以，$\mathrm{d}y = QP$。

这说明自变量由 x_0 变到 $x_0 + \Delta x$ 时，Δy 是曲线 $y = f(x)$ 上的点的纵坐标的增量，而微分 $\mathrm{d}y$ 是切线 MP 上对应的点的纵坐标的增量，这就是微分的几何意义。

函数 $y = f(x)$ 在任意点 x 处的微分，称为**函数的微分**。记作 $\mathrm{d}y$ 或 $\mathrm{d}f(x)$，即

$$\mathrm{d}y = f'(x)\Delta x。$$

可见微分 $\mathrm{d}y$ 依赖于 x 及 Δx。

考虑函数 $y = x$，则有

$$\mathrm{d}y = \mathrm{d}x = (x)'\Delta x = 1 \cdot \Delta x = \Delta x，$$

这说明自变量的微分 $\mathrm{d}x$ 就等于自变量的增量 Δx，即 $\mathrm{d}x = \Delta x$，于是 $y = f(x)$ 的微分通常写作

$$\mathrm{d}y = f'(x)\mathrm{d}x。$$

即函数 $y=f(x)$ 的微分等于函数的导数 $f'(x)$ 与自变量的微分 $\mathrm{d}x$ 的积。

例如,函数 $y=x^2$ 的微分为

$$\mathrm{d}y=\mathrm{d}(x^2)=(x^2)'\mathrm{d}x=2x\mathrm{d}x,$$

函数 $y=\sin x$ 的微分为

$$\mathrm{d}y=\mathrm{d}(\sin x)=(\sin x)'\mathrm{d}x=\cos x\mathrm{d}x,$$

函数 $y=\ln(2x-3)$ 的微分为

$$\mathrm{d}y=\mathrm{d}(\ln(2x-3))=(\ln(2x-3))'\mathrm{d}x=\frac{2}{2x-3}\mathrm{d}x。$$

若 $\mathrm{d}x\neq 0$,由微分公式 $\mathrm{d}y=f'(x)\mathrm{d}x$ 可得

$$\frac{\mathrm{d}y}{\mathrm{d}x}=f'(x),$$

即函数的微分 $\mathrm{d}y$ 与自变量的微分 $\mathrm{d}x$ 的商等于该函数的导数。因此,导数也叫做**微商**。

注:若函数 $y=f(x)$ 在点 x 处可导,则有微分 $\mathrm{d}y=f'(x)\mathrm{d}x$,此时也称函数在点 x 处**可微**。函数 $y=f(x)$ 在一点处的可导与可微是等价的。

3.4.2　微分的运算法则

根据导数与微分的关系及导数运算的法则,可以得到微分的运算法则。

1. 微分的四则运算法则

设函数 $u=u(x)$ 与 $v=v(x)$ 都可微,则:

(1) $\mathrm{d}(u\pm v)=\mathrm{d}u\pm \mathrm{d}v$(**和差法则**);

(2) $\mathrm{d}(c\cdot u)=c\cdot \mathrm{d}u$,其中 c 为常数(**乘常数法则**);

(3) $\mathrm{d}(u\cdot v)=v\cdot \mathrm{d}u+u\cdot \mathrm{d}v$(**积法则**);

(4) 若 $v\neq 0$,则 $\mathrm{d}\left(\dfrac{u}{v}\right)=\dfrac{v\cdot \mathrm{d}u-u\cdot \mathrm{d}v}{v^2}$(**商法则**)。

例3　求下列函数的微分:

(1) $y=\mathrm{e}^x\sin x$;　　　　　　　　(2) $y=\dfrac{\ln x}{x}$。

解　(1)(**方法1**)　利用函数的微分定义

因为 $\mathrm{d}y=f'(x)\mathrm{d}x$,而 $f'(x)=(\mathrm{e}^x\sin x)'=(\mathrm{e}^x)'\sin x+\mathrm{e}^x(\sin x)'=\mathrm{e}^x(\sin x+\cos x)$,因此,$\mathrm{d}y=\mathrm{e}^x(\sin x+\cos x)\mathrm{d}x$。

(**方法2**)　利用微分运算的积法则

$\mathrm{d}y=\mathrm{d}(\mathrm{e}^x\sin x)=\sin x\mathrm{d}(\mathrm{e}^x)+\mathrm{e}^x\mathrm{d}(\sin x)=\mathrm{e}^x\sin x\mathrm{d}x+\mathrm{e}^x\cos x\mathrm{d}x=\mathrm{e}^x(\sin x+\cos x)\mathrm{d}x$。

(2)(**方法1**)　利用函数的微分定义

因为 $\mathrm{d}y=f'(x)\mathrm{d}x$,而 $f'(x)=\left(\dfrac{\ln x}{x}\right)'=\dfrac{(\ln x)'\cdot x-\ln x\cdot x'}{x^2}=\dfrac{1-\ln x}{x^2}$,因此,$\mathrm{d}y=\dfrac{1-\ln x}{x^2}\mathrm{d}x$。

（**方法 2**）　利用微分运算的商法则

$$dy = d\left(\frac{\ln x}{x}\right) = \frac{x\, d(\ln x) - \ln x\, dx}{x^2} = \frac{x \cdot \frac{1}{x}\, dx - \ln x\, dx}{x^2} = \frac{dx - \ln x\, dx}{x^2} = \frac{1 - \ln x}{x^2} dx。$$

2. 复合函数的微分法则

设函数 $y = f(u)$ 与函数 $u = g(x)$ 都可导，则复合函数 $y = f(g(x))$ 的微分为

$$dy = y'_x\, dx = f'(u) \cdot g'(x)\, dx，$$

因为 $g'(x)\, dx = du$，所以，$y = f(g(x))$ 的微分公式也可以写为

$$dy = f'(u)\, du \quad 或 \quad dy = y'_u\, du。$$

由此可见，无论 u 是中间变量还是自变量，函数 $y = f(u)$ 的微分形式 $dy = f'(u)\, du$ 都保持不变，这一性质通常称为**一阶微分形式的不变性**。

例 4　求函数 $y = \sin(x^2 + 2x)$ 的微分：

解　$y = \sin(x^2 + 2x)$ 可以看作由函数 $y = \sin u$ 与函数 $u = x^2 + 2x$ 复合而成，由一阶微分形式的不变性，可得

$$dy = d\sin u = \cos u\, du = \cos u\, d(x^2 + 2x)$$

$$= 2(x + 1)\cos u\, dx = 2(x + 1)\cos(x^2 + 2x)\, dx。$$

当然这个例题也可以直接利用微分的定义求解，即

$$dy = (\sin(x^2 + 2x))'\, dx = 2(x + 1)\cos(x^2 + 2x)\, dx。$$

3.4.3　微分在近似计算中的应用

对于函数 $y = f(x)$，令 $x = x_0 + \Delta x$，$\Delta y = f(x_0 + \Delta x) - f(x_0) = f(x) - f(x_0)$，在前边的讨论中，我们已经得出下面的近似公式(1)，经过变形，可进一步得出如下的公式(2)和公式(3)。

若 $f'(x_0) \neq 0$，且 $|\Delta x|$ 很小时，有近似公式

$$\Delta y \approx dy = f'(x_0)\Delta x，\tag{1}$$

即 $f(x_0 + \Delta x) - f(x_0) \approx f'(x_0)\Delta x$，从而有

$$f(x_0 + \Delta x) \approx f(x_0) + f'(x_0)\Delta x，\tag{2}$$

或

$$f(x) \approx f(x_0) + f'(x_0)(x - x_0)。\tag{3}$$

若 $f(x_0)$ 与 $f'(x_0)$ 都容易计算，则可用公式(1)近似计算 Δy，用公式(2)近似计算 $f(x_0 + \Delta x)$，用公式(3)近似计算 $f(x)$。

例 5　求 $\sin 31°$ 的近似值。

解　因为 $\sin 31° = \sin\left(\frac{\pi}{6} + \frac{\pi}{180}\right)$，所以取 $f(x) = \sin x$，$x_0 = \frac{\pi}{6}$，$\Delta x = \frac{\pi}{180}$，利用近似公式(2)得

$$\sin 31° = \sin\left(\frac{\pi}{6} + \frac{\pi}{180}\right) \approx \sin\left(\frac{\pi}{6}\right) + \cos\left(\frac{\pi}{6}\right) \cdot \frac{\pi}{180}$$

$$= \frac{1}{2} + \frac{\sqrt{3}}{2} \cdot \frac{\pi}{180} \approx 0.5000 + 0.0151 = 0.5151。$$

（利用计算器，$\sin 31° \approx 0.515038$）。

下面我们讨论近似公式的几何解释。

根据微分的几何意义，结合图 3.9，我们知道公式（1）是用切线上纵坐标的增量来近似代替曲线 $y = f(x)$ 上纵坐标的增量，那么公式（2）和公式（3）在几何上表示什么呢？

利用图 3.9，我们知道，过切点 $M(x_0, y_0)$ 处的切线方程为

$$y - f(x_0) = f'(x_0)(x - x_0)，$$

用 $L(x)$ 表示上面切线方程中的 y，则有

$$L(x) = f(x_0) + f'(x_0)(x - x_0)。 \qquad (4)$$

将切线方程（4）与近似公式（3）进行比较，不难发现，公式（3）是**用切线上点 x 处的纵坐标来近似代替曲线 $f(x)$ 上在点 x 处的纵坐标**，公式（2）的几何意义与公式（3）相同。

这样看来，近似公式（1）、（2）和（3）在本质上就是用**切点 M 处的切线来近似代替 M 附近的曲线**。

习惯上，称公式（3）是函数 $y = f(x)$ 在点 x_0 处的**切线近似**或**线性近似**（tangent line approximation or linear approximation），这就是微积分中的局部"以直代曲"思想，或者说是非线性函数的局部**线性化**（linearization）思想。

例 6　求 $f(x) = \sqrt{x+3}$ 在点 $x = 1$ 处的线性近似公式，并用该公式求 $\sqrt{4.02}$ 和 $\sqrt{3.97}$ 的近似值。

解　根据前边的讨论，可以直接用近似公式（3）求解，或者先求出 $f(x) = \sqrt{x+3}$ 在点 $x = 1$ 处的切线方程再写出近似公式，我们采用后者。

因为 $f'(x) = \dfrac{1}{2}(x+3)^{-\frac{1}{2}} = \dfrac{1}{2\sqrt{x+3}}$，所以 $f'(1) = \dfrac{1}{2\sqrt{1+3}} = \dfrac{1}{4}$。又因为 $f(1) = 2$，利用方程（4），得曲线上点 $(1, 2)$ 处的切线方程

$$L(x) = f(1) + f'(1)(x-1) = 2 + \frac{1}{4}(x-1) = \frac{7}{4} + \frac{x}{4}。$$

因此，当 x 在 1 附近时，得 $f(x) = \sqrt{x+3}$ 的线性近似公式

$$f(x) = \sqrt{x+3} \approx \frac{7}{4} + \frac{x}{4}。$$

图 3.10 是函数 $f(x) = \sqrt{x+3}$ 及它在点 $x = 1$ 处的切线方程的图像。

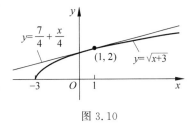

图 3.10

对于 $\sqrt{4.02}$ 和 $\sqrt{3.97}$，x 分别取 1.02 和 0.97，是在 1 附近，计算得

$$\sqrt{4.02} = \sqrt{1.02+3} \approx \frac{7}{4} + \frac{1.02}{4} = 2.005，\quad \sqrt{3.97} = \sqrt{0.97+3} \approx \frac{7}{4} + \frac{0.97}{4} = 1.9925。$$

利用例 6 的方法可以得一些常见函数在点 $x = 0$ 处的线性近似公式。例如，容易求得 $y = \sin x$ 在点 $x = 0$ 处的切线方程为 $L(x) = x$，所以，当 x 在 0 附近时，即 $|x|$ 很小时，有线性近似公式

$$\sin x \approx x.$$

类似可得,当 $|x|$ 很小时,有线性近似公式

$$\tan x \approx x, \ln(1+x) \approx x, \quad \mathrm{e}^x \approx 1+x, (1+x)^\alpha \approx 1+\alpha x \, (\alpha \in \mathbb{R}).$$

例如,对近似公式 $(1+x)^\alpha \approx 1+\alpha x$,当 $|x|$ 很小时,有

$$\sqrt{1+x} = (1+x)^{\frac{1}{2}} \approx 1+\frac{1}{2}x, (1+x)^{10} \approx 1+10x,$$

$$\frac{1}{1+x} = (1+x)^{-1} \approx 1+(-1)x = 1-x.$$

容易计算

$$\sqrt{1.003} \approx 1+\frac{1}{2} \times 0.003 = 1.0015,$$

$$(1.02)^{10} \approx 1+10 \times 0.02 = 1.2, \quad \frac{1}{1.01} \approx 1-0.01 = 0.99.$$

在 2.6 节我们给出过一些常见的等价无穷小,例如,$x \to 0$ 时,$\sin x \sim x$,$\tan x \sim x$,$\ln(1+x) \sim x$,$\mathrm{e}^x - 1 \sim x$,$(1+x)^\alpha - 1 \sim \alpha x$,从而我们可以发现这些等价无穷小与本节相应地近似公式之间的关系。

思　考　题

1. 利用近似公式 $(1+x)^\alpha \approx 1+\alpha x$(当 $|x|$ 很小时),写出函数 $f(x) = \dfrac{1}{1-x}$ 在点 $x=0$ 处的线性近似公式,并说明当 $|x|$ 很小时,由近似公式计算的 $\dfrac{1}{1-x}$ 的值比其真实值是大还是小? 为什么?

2. 利用近似公式 $\mathrm{e}^x \approx 1+x$(当 $|x|$ 很小时),是否可以得到近似公式 $\mathrm{e}^{-x^2} \approx 1-x^2$(当 $|x|$ 很小时)? 为什么?

习题 3.4

A 组

一、判断下列结论是否正确,并说明理由:

1. 设函数 $y=f(x)$ 在点 x_0 处可导,Δx 是 x_0 的增量,设 $\Delta y = f(x_0+\Delta x) - f(x_0)$,则 $\Delta y = f'(x_0)\Delta x$。

2. 函数 $y=\cos x^2$ 的微分为 $\mathrm{d}y = -2x\sin x^2 \mathrm{d}x$。

3. 函数 $y=\arcsin x^2$ 的微分为 $\mathrm{d}y = \dfrac{2x}{\sqrt{1-x^4}}$。

4. 因为 $y=|x+3|$ 在点 $x=-3$ 处不可导,所以它在点 $x=-3$ 处的微分不存在。

5. $f(x)=\sqrt{x-1}$ 在 $x=5$ 附近的函数值可以用曲线上点 $(5,2)$ 处的切线上的纵坐标的

值来近似。

6. 当 $x \in (-\infty, +\infty)$ 时，有近似公式 $\sin x \approx x$。

7. 当 $|x|$ 很小时，有近似公式 $(1+x)^{-\frac{2}{3}} \approx 1 - \frac{2}{3}x$。

8. 当 $|x|$ 很小时，有近似公式 $(2+x)^{10} \approx 2 + 10x$。

二、选择题

1. $\mathrm{d}\ln(-x) = $ _____ $\mathrm{d}x$。

    A. $\ln x$ B. $-\dfrac{1}{x}$ C. $\dfrac{1}{x}$ D. $-\dfrac{1}{x^2}$

2. $\mathrm{d}\sin 2x = $ _____ $\mathrm{d}x$。

    A. $\cos 2x$ B. $-\cos 2x$ C. $2\cos 2x$ D. $-2\cos 2x$

3. $\mathrm{d}\sqrt{x^2+1} = $ _____ $\mathrm{d}x$。

    A. $\dfrac{1}{\sqrt{x^2+1}}$ B. $\dfrac{1}{2\sqrt{x^2+1}}$ C. $\dfrac{x}{2\sqrt{x^2+1}}$ D. $\dfrac{x}{\sqrt{x^2+1}}$

4. d _____ $= x^2 \mathrm{d}x$。

    A. $\dfrac{1}{3}x^3$ B. $\dfrac{1}{3}x^3 + 1$ C. $\dfrac{1}{3}x^3 - 5$ D. 以上都正确

5. d _____ $= \dfrac{2x}{1+x^2}\mathrm{d}x$。（选项中的 C 为任意常数）

    A. $\ln(1+x^2)$ B. $\arctan x$ C. $\ln(1+x^2)+C$ D. $\arctan x + C$

三、解答题

1. 求下列函数的微分：

(1) $y = x\mathrm{e}^x$；
                                 (2) $y = \dfrac{1 - \sec t}{\cos t}$；

(3) $y = (1+3t)^5$；
                                 (4) $y = \sqrt{a^2 + x^2}$；

(5) $y = \ln(\cos x^2)$；
                           (6) $y = \sqrt[3]{\csc^2 x + \cot^2 x}$；

(7) $y = \arcsin \mathrm{e}^{-x}$；
                           (8) $y = \arctan(1 - x^2)$。

2. 利用所给的 x 及 Δx，求下列函数的 Δy、$\mathrm{d}y$ 及 $\Delta y - \mathrm{d}y$：

(1) $y = 2x + 3$，$x = 2$，$\Delta x = -0.05$；

(2) $y = x^2 + 2x - 1$，$x = 3$，$\Delta x = 0.01$ 及 $\Delta x = 1$；

(3) $y = \sqrt{x}$，$x = 4$，$\Delta x = 0.41$；

(4) $y = \ln(1+2x)$，$x = 0$，$\Delta x = 0.5$。

3. 利用线性近似公式 $(1+x)^\alpha \approx 1 + \alpha x$、$\mathrm{e}^x \approx 1 + x$ 及 $\tan x \approx x$（当 $|x|$ 很小时）求下列各式的近似值。

(1) $(0.998)^5$；
                                 (2) $\sqrt[3]{8.024}$；

(3) $\mathrm{e}^{-0.02}$；
                                 (4) $\tan 2°$。

4. 求 $f(x) = \sqrt{25 - x^2}$ 在点 $x = 4$ 处的线性近似公式，并用该公式近似计算 $f(3.96)$ 及 $f(4.02)$ 的值。

5. 求 $f(x)=\tan x$ 在点 $x=\dfrac{\pi}{4}$ 处的线性近似公式,并用该公式近似计算 $\tan 47°$ 的值。

6. 测得一正方体的棱长为 $30\mathrm{cm}$,设棱长测量的误差至多为 $0.05\mathrm{cm}$,试用微分近似计算该正方体体积的最大误差。

7. 某生产车间如果每天投入 x 个工时(一个工人工作一小时称为一个工时),产量为 $f(x)=900x^{\frac{1}{3}}$ 个单位,目前该车间每天投入 1000 个工时。试估算如果欲将产量提高 15 个单位,大约需要再投入多少个工时?

B 组

1. 求由下列方程所确定的隐函数 $y=f(x)$ 的微分:

(1) $\cos(x-y)=\mathrm{e}^y$;　　　　　(2) $4\sqrt{y}+2xy-x^2=0$;

(3) $\ln(x^2+y^2)=x-y$;　　　　　(4) $\arctan(x+y)=xy$。

2. 设 $g(x)=\mathrm{e}^x$,$h(x)=\sqrt[3]{1+x}$,$f(x)=g(x)+h(x)=\mathrm{e}^x+\sqrt[3]{1+x}$,试问 $f(x)$ 在点 $x=0$ 处的线性近似是否等于 $g(x)$ 与 $h(x)$ 在点 $x=0$ 处的线性近似之和? 所得结论是否可以推广到其他函数?

3. 假设一棵树的树干是圆柱形的,当前树的圆截面半径为 $20\mathrm{cm}$,如果一些年后,树的截面周长增加了 $5\mathrm{cm}$,利用微分计算:(1)树的截面直径近似增加了多少? (2)树的截面面积近似增加了多少?

4. 设函数 $f(x)$ 具有任意阶导数,二次函数 $p(x)=a_0+a_1(x-x_0)+a_2(x-x_0)^2$ 为 $f(x)$ 在点 $x=x_0$ 处的二次近似,且满足:$p(x_0)=f(x_0)$,$p'(x_0)=f'(x_0)$,$p''(x_0)=f''(x_0)$。

(1) 求系数 a_0,a_1,a_2;

(2) 求 $f(x)=\mathrm{e}^x$ 及 $f(x)=\dfrac{1}{1+x}$ 在点 $x=0$ 处的二次近似;

(3) 分别用 e^x 及 $\dfrac{1}{1+x}$ 在点 $x=0$ 处的线性近似和二次近似计算 $\mathrm{e}^{0.2}$ 和 $\dfrac{1}{1.02}$,并借助计算器,比较线性近似和二次近似,哪个对函数的近似程度更好?

(4) 类似上面求已知函数 $f(x)$ 的二次近似 $p(x)$ 的过程,你能求出 $f(x)$ 的三次近似吗? $f(x)$ 的 n 次近似呢?

复习题 3

一、判断下列结论是否正确,并说明理由:

1. $\left(\cos\dfrac{\pi}{6}\right)'=-\sin\dfrac{\pi}{6}$。

2. 曲线 $y=x^3$ 在点 $(2,8)$ 处的切线方程为 $y-8=3x^2(x-2)$。

3. 函数 $y=|x^2-2x-3|$ 在点 $x=-1$ 及 $x=3$ 处不可导。

4. $\dfrac{\mathrm{d}}{\mathrm{d}x}\left(\dfrac{1}{\ln x}\right)=-\dfrac{1}{x\ln^2 x}$。

5. $\dfrac{\mathrm{d}}{\mathrm{d}x}(\tan x)=\dfrac{1}{1+x^2}$。

6. 设 $f(x)=(1+x^3)^5(1-2x^5)^4$，则 $f^{(35)}(x)=16\times 35!$。

7. 函数 $y=\ln(1+x^2)$ 关于 x 的变化率总是正的。

8. $(5^x)'=x5^{x-1}$。

9. $(|x^2-1|)'=|2x|$。

10. 方程 $x^2+\sin y=y\sin x$ 两端同时对 x 求导得，$2x+\cos y=y'\sin x+y\cos x$。

11. 由参数方程 $\begin{cases}x=3\mathrm{e}^{-t},\\ y=2\mathrm{e}^t\end{cases}$ 所确定的函数 $y=f(x)$ 的一阶导数为 $\dfrac{\mathrm{d}y}{\mathrm{d}x}=\dfrac{(2\mathrm{e}^t)'}{(3\mathrm{e}^{-t})'}=-\dfrac{2}{3}\mathrm{e}^{2t}$，

二阶导数为 $\dfrac{\mathrm{d}^2y}{\mathrm{d}x^2}=\left(-\dfrac{2}{3}\mathrm{e}^{2t}\right)'=-\dfrac{4}{3}\mathrm{e}^{2t}$。

12. 当 $x>0$ 时，$\dfrac{\mathrm{d}^2}{\mathrm{d}x^2}(\arctan x)<0$。

13. 曲线 $y=\sqrt{9-x^2}$ 上任意点 $(x\neq\pm 3)$ 处的法线都通过坐标原点。

14. 函数 $y=f(x)$ 的微分 $\mathrm{d}y=f'(x)\mathrm{d}x$ 既与变量 x 有关，也与 $\mathrm{d}x$（或 Δx）有关。

15. 函数 $y=f(x)$ 的增量 Δy 与它的微分 $\mathrm{d}y=f'(x)\mathrm{d}x$ 的差等于零。

16. 设函数 $y=x\mathrm{e}^x$，则 $y^{(n)}=(x+n)\mathrm{e}^x$。

二、填空题

1. 若 $f'(x_0)=-5$，则极限 $\lim\limits_{h\to 0}\dfrac{f(x_0-h)-f(x_0)}{h}=$ _____。

2. 设 $f(x)$ 为奇函数，且 $f'(x_0)=3$，则 $f'(-x_0)=$ _____。

3. 已知 $f(x)=-2x^3+3x^2+5x-4$，则 $f'(1)=$ _____。

4. 若函数 $y=\mathrm{e}^{x^2+1}$，则 $\dfrac{\mathrm{d}y}{\mathrm{d}x}\Big|_{x=1}=$ _____。

5. 已知 $(f(3x))'=9x^3$，则 $f'(x)=$ _____。

6. 设 $y=\ln\left(x+\sqrt{x^2+1}\right)$，则 $\dfrac{\mathrm{d}y}{\mathrm{d}x}=$ _____，$\dfrac{\mathrm{d}^2y}{\mathrm{d}x^2}=$ _____。

7. 设 $g(t)=t\sin 2t$，则 $g''\left(\dfrac{\pi}{4}\right)=$ _____。

8. 设 $f'(x)\mathrm{d}x=\mathrm{d}(1-x^2)$，则 $f(x)=$ _____。

9. 椭圆 $\begin{cases}x=4\cos t,\\ y=3\sin t\end{cases}$ 在 $t=\dfrac{\pi}{4}$ 相应点处的法线方程为 $y=$ _____。

10. 设 $y=\ln(1+\tan x)$，则微分 $\mathrm{d}y=$ _____。

11. 设 $y=x^2-x$，则该函数在 $x=3$、$\Delta x=0.2$ 时的微分 $\mathrm{d}y=$ _____。

12. 设 $y=f(x)$ 在点 x_0 处可导，则极限 $\lim\limits_{t\to+\infty}t\left[f\left(x_0+\dfrac{1}{t}\right)-f(x_0)\right]=$ _____。

13. 将一小球竖直向上抛到空中，设小球在 $t(\mathrm{s})$ 时的位置函数为 $s(t)=-9t^2+36t+5(\mathrm{m})$，当 $t=$ _____ (s) 时，小球的速度为零。

14. 极限 $\lim\limits_{h \to 0} \dfrac{\sqrt[4]{81+h}-3}{h}$ 可以看成是函数 $y=$ _____ 在点 $x=$ _____ 处的导数,从而得该极限值为 _____。

三、解答题

1. 求下列函数的导数:

(1) $y=\sqrt{r}+\dfrac{1}{x}$;

(2) $y=\cos 2x-\sin^2 x$;

(3) $y=\arctan e^x$;

(4) $y=\arcsin 3x+\arccos 3x$;

(5) $y=\dfrac{(2x+1)^3}{x^2+x}$;

(6) $y=\ln\left|\dfrac{3x-5}{x^3+3x}\right|$;

(7) $y=e^{\sin^2 x}+e^{\cos^2 x}$;

(8) $y=\sqrt{x+\sqrt{x+\sqrt{x}}}$;

(9) $y=\left(\dfrac{t+1}{t^2-t+1}\right)^3$;

(10) $x^2-y^2=\sin(xy)$。

2. 求函数 $f(x)=\begin{cases} x+\sin x^2, & x\leqslant 0, \\ \ln(1+x), & x>0 \end{cases}$ 的导数。

3. 函数 $f(x)=|\sin x|$ 在点 $x=0$ 处是否可导? 为什么?

4. 设 $y=f(x)$ 在点 $x_0 \neq 0$ 处可导,求极限 $\lim\limits_{x \to x_0} \dfrac{xf(x_0)-x_0 f(x)}{x-x_0}$。

5. 设由方程 $x^4+y^4=16$ 确定了隐函数 $y=f(x)$,求 $\dfrac{dy}{dx}$ 和 $\dfrac{d^2 y}{dx^2}$。

6. 求曲线 $y=(x^3-3x+1)^5$ 上的所有水平切线方程。

7. 求曲线 $x^2+4xy+y^2=13$ 上点 $(1,2)$ 处的切线方程。

8. 试求双曲线 $\dfrac{x^2}{a^2}-\dfrac{y^2}{b^2}=1(a,b>0)$ 上点 (x_0,y_0) 处的切线方程。

9. 验证函数 $y=\sin e^x+\cos e^x$ 满足方程 $y''-y'+y e^{2x}=0$。

10. 设对任意 x,有 $f'(x)=\sqrt{x^2+5}$,$f(2)=-4$,试用 $f(x)$ 在点 $x=2$ 处的线性近似公式计算 $f(1.97)$ 及 $f(2.03)$ 的值。

11. 设圆柱体的底面半径为 r,高为 h,则其体积为 $V=\pi r^2 h$,

(1) 若圆柱体的高不变,求体积关于半径的变化率;

(2) 若圆柱体的底面半径不变,求体积关于高的变化率。

12. 设 $f(x)=\lim\limits_{t \to x} \dfrac{\tan t-\tan x}{t-x}$,求 $f'\left(\dfrac{\pi}{4}\right)$。

13. 利用导数定义求极限 $\lim\limits_{x \to 1} \dfrac{\arctan x-\arctan 1}{\sqrt{x}-1}$。

14. 设函数 $f(x)$ 与 $g(x)$ 可导,且 $f(c)=g(c)=0$,$g'(c)\neq 0$,试证明

$$\lim_{x \to c} \frac{f(x)}{g(x)}=\frac{f'(c)}{g'(c)}。$$

第4章

中值定理及导数的应用

微分中值定理,特别是拉格朗日中值定理在微积分的一些重要结论中起着关键的作用,曾被称为是"最有价值的定理"。微分中值定理建立了函数值在某区间上的变化量与该区间内某点处导数之间的联系,在此基础上,产生了利用导数研究函数以及曲线的某些性态的方法。

本章主要讨论

1. 三个中值定理的内容是什么?

2. 何谓洛必达法则?其用途是什么?

3. 如何利用导数判断函数的单调性?

4. 如何求函数的极值?

5. 怎样判断函数的凹凸性?

6. 如何绘制简单函数的图形?

4.1 微分中值定理

4.1.1 罗尔定理

观察图 4.1 中的三条连续曲线,它们在区间 $[a,b]$ 的端点处的纵坐标相等,并且在区间 (a,b) 内每一点都有非竖直切线。我们可以看到,这些曲线在区间 (a,b) 内的最高点和最低点处有水平的切线,即函数在这些点处的导数等于零。

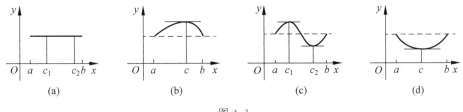

图 4.1

事实上,这正是罗尔定理的直观描述。介绍罗尔定理之前,先给出费马定理。

定理 4.1（费马定理，Fermat's theorem） 若函数 $f(x)$ 在点 x_0 的某邻域 $N(x_0)$ 内有定义，并且在点 x_0 处可导，如果 $\forall x \in N(x_0)$，有 $f(x) \leqslant f(x_0)$（或 $f(x) \geqslant f(x_0)$），则 $f'(x_0) = 0$。

证明 因为 $\forall x \in N(x_0)$，有 $f(x) \leqslant f(x_0)$，则当 $x < x_0$ 时，有

$$\frac{f(x) - f(x_0)}{x - x_0} \geqslant 0;$$

当 $x > x_0$ 时，有

$$\frac{f(x) - f(x_0)}{x - x_0} \leqslant 0。$$

由 $f(x)$ 在点 x_0 处可导知，$f(x)$ 在点 x_0 处的左导数 $f'_-(x_0)$ 和右导数 $f'_+(x_0)$ 都存在，且 $f'_-(x_0) = f'_+(x_0) = f'(x_0)$。又由极限的局部保号性的推论 1（见 2.4 节）知

$$f'_-(x_0) = \lim_{x \to x_0^-} \frac{f(x) - f(x_0)}{x - x_0} \geqslant 0, \quad f'_+(x_0) = \lim_{x \to x_0^+} \frac{f(x) - f(x_0)}{x - x_0} \leqslant 0,$$

因此 $f'(x_0) = 0$。

对于 $f(x) \geqslant f(x_0)$ 的情况，类似可证，请读者自行完成。∎

定理 4.2（罗尔定理，Rolle's theorem） 若函数 $f(x)$ 满足：

（1）在闭区间 $[a, b]$ 上连续，

（2）在开区间 (a, b) 内可导，

（3）在区间端点处的函数值相等，即 $f(a) = f(b)$，

则在 (a, b) 内至少存在一点 c，使 $f'(c) = 0$。

证明 因为 $f(x)$ 在闭区间 $[a, b]$ 上连续，由最大值和最小值定理知，$f(x)$ 在 $[a, b]$ 上可以取得最大值和最小值，分别记为 M 和 m。

（1）若 $M = m$，则 $f(x)$ 在 $[a, b]$ 上是常数函数，即 $f(x) \equiv M$，此时对 $\forall c \in (a, b)$，均有 $f'(c) = 0$；

（2）若 $M \neq m$，由 $f(a) = f(b)$ 知，$f(x)$ 的最大值 M 和最小值 m 至少有一个不在区间 $[a, b]$ 的端点处取得，不妨设最大值 M 不在端点处取得，即存在 $c \in (a, b)$，使得 $f(c) = M$，则 $\forall x \in (a, b)$，均有 $f(x) \leqslant f(c)$，由费马定理知，$f'(c) = 0$。∎

罗尔定理的几何解释是：若区间 $[a, b]$ 上连续的光滑曲线的两端点处的纵坐标相等，则曲线上至少有一点处的切线平行于 x 轴。如图 4.2 所示，曲线 $y = f(x)$ 在点 P 和点 Q 处的切线均平行于 x 轴。

需要说明的是，罗尔定理中的三个条件缺少任何一个，结论就不一定成立。如图 4.3 中的三个图分别缺少条件（1）、（2）和（3），定理的结论均不成立。

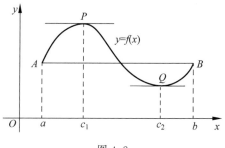

图 4.2

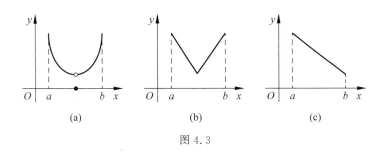

图 4.3

例 1 验证函数 $f(x) = x^2 - 4x + 5$ 在区间 $[0,4]$ 上是否满足罗尔定理的条件,若满足,求定理中 c 的值。

解 因为函数 $f(x)$ 在 $[0,4]$ 上连续,在 $(0,4)$ 内可导,且 $f(0) = f(4) = 5$,所以 $f(x)$ 满足罗尔定理的三个条件。因为 $f'(x) = 2(x-2)$,令 $f'(x) = 0$,得 $c = 2 \in (0,4)$。

例 2 已知函数 $f(x)$ 为 $\mathbb{R}$ 上的可导函数,且 $f'(x) = 0$ 没有实根,证明:方程 $f(x) = 0$ 至多有一个实根。

证明 利用反证法。若 $f(x) = 0$ 有两个不同实根 x_1 和 x_2(假设 $x_1 < x_2$),则不难验证函数 $f(x)$ 在区间 $[x_1, x_2]$ 上满足罗尔定理的三个条件,则必定存在 $c \in (x_1, x_2)$,使 $f'(c) = 0$,这与条件 $f'(x) = 0$ 没有实根矛盾。因此结论成立。

4.1.2 拉格朗日中值定理

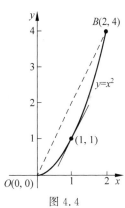

图 4.4

如果罗尔定理中的第三个条件不再满足,即函数 $y = f(x)$ 在区间 $[a,b]$ 的两个端点处的函数值不再相等,我们可以得到什么结论呢? 这就是微积分中非常著名的拉格朗日中值定理。

例如,$y = x^2$ 在区间 $[0,2]$ 上连续,在区间 $(0,2)$ 内可导,设 $O(0,0)$,$B(2,4)$,不难得到,曲线上的点 $(1,1)$ 处的切线与弦 OB 平行,如图 4.4 所示。

定理 4.3(拉格朗日中值定理,**Lagrange mean value theorem**) 若函数 $f(x)$ 满足:

(1) 在闭区间 $[a,b]$ 上连续,

(2) 在开区间 (a,b) 内可导,

则在 (a,b) 内至少存在一点 c,使得

$$f'(c) = \frac{f(b) - f(a)}{b - a}, \quad \text{或} \quad f(b) - f(a) = f'(c)(b - a)。$$

证明 由图 4.5,易得直线 AB 的方程为

$$y = f(a) + \frac{f(b) - f(a)}{b - a}(x - a)。$$

显然,直线 AB 与曲线 $f(x)$ 在端点 A、B 处的纵坐标分别相等。作辅助函数 $\varphi(x)$ 为曲线 $f(x)$ 与直线 AB 之差,即

$$\varphi(x) = f(x) - \left[f(a) + \frac{f(b) - f(a)}{b - a}(x - a) \right],$$

则 $\varphi(a)=\varphi(b)=0$，且 $\varphi(x)$ 在闭区间 $[a,b]$ 上连续，在开区间 (a,b) 内可导，由罗尔定理，则在 (a,b) 内至少存在一点 c，使得 $\varphi'(c)=0$。

又 $\varphi'(x)=f'(x)-\dfrac{f(b)-f(a)}{b-a}$，所以 $f'(c)=\dfrac{f(b)-f(a)}{b-a}$。 ∎

注：（1）当 $f(a)=f(b)$ 时，拉格朗日中值定理变为罗尔定理，即罗尔定理是拉格朗日中值定理的特例。

（2）$f(b)-f(a)=f'(c)(b-a)$ 又称为**拉格朗日中值公式**，且当 $b<a$ 时仍然成立，该公式建立了函数在一个区间上的变化量（增量）与在该区间内某点处的导数之间的联系。

（3）拉格朗日中值公式中，若端点 a,b 分别为 $x_0,x_0+\Delta x$，则有

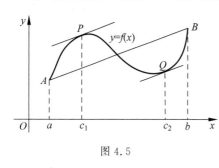

图 4.5

$$f(x_0+\Delta x)-f(x_0)=f'(c)\cdot\Delta x,$$

其中 c 位于 x_0 和 $x_0+\Delta x$ 之间，且可以表示为 $c=x_0+\theta\Delta x,0<\theta<1$。

拉格朗日中值定理的几何解释是：在闭区间 $[a,b]$ 上连续的光滑曲线上至少有一点处的切线与该曲线两端点的连线平行。如图 4.5 所示，曲线 $y=f(x)$ 在点 P 和点 Q 处的切线均与两端点的弦 AB 平行。

例 3 设 $a<b$，证明：$\arctan b-\arctan a\leqslant b-a$。

证明 设 $f(x)=\arctan x$，则 $f(x)$ 在 $[a,b]$ 上满足拉格朗日中值定理的条件。于是，有
$$f(b)-f(a)=\arctan b-\arctan a$$
$$=f'(c)(b-a)$$
$$=\frac{1}{1+c^2}(b-a),\quad c\in(a,b)。$$

由于 $\dfrac{1}{1+c^2}\leqslant 1$，所以 $\arctan b-\arctan a\leqslant b-a$。

例 4 证明：当 $x>0$ 时，$\dfrac{x}{1+x}<\ln(1+x)<x$。

证明 令 $f(x)=\ln(1+x)$，则 $f(x)$ 在 $[0,x]$ 上满足拉格朗日中值定理的条件，于是
$$f(x)-f(0)=f'(c)(x-0),\quad 0<c<x。$$

又 $f(0)=0$，$f'(c)=\dfrac{1}{1+c}$，可得 $\ln(1+x)=\dfrac{x}{1+c}$。

而 $0<c<x$，所以 $1<1+c<1+x$，即 $\dfrac{1}{1+x}<\dfrac{1}{1+c}<1$，于是

$$\frac{x}{1+x}<\frac{x}{1+c}<x,\text{也即}\frac{x}{1+x}<\ln(1+x)<x。\text{ 不等式得证。}$$

推论 1 若函数 $f(x)$ 在区间 (a,b) 内的导数恒为零，则 $f(x)$ 在区间 (a,b) 内是一个常数。

证明 在区间 (a,b) 内任取两点 x_1 和 x_2，设 $x_1<x_2$，则 $f(x)$ 在区间 $[x_1,x_2]$ 上满足拉格朗日中值定理的条件，于是

$$f(x_2)-f(x_1)=f'(c)(x_2-x_1), \quad c\in(x_1,x_2)。$$

由已知，$f'(c)=0$，则 $f(x_2)=f(x_1)$，而 x_1 和 x_2 是任意两点，则说明 $f(x)$ 在区间 (a,b) 内是一个常数。

由推论 1，进一步可得如下推论 2。

推论 2　若函数 $f(x)$ 与 $g(x)$ 在区间 (a,b) 内可导，且 $f'(x)\equiv g'(x)$，则 $f(x)$ 与 $g(x)$ 在区间 (a,b) 内相差一个常数，即 $g(x)=f(x)+C$，其中 C 为任意常数。

在 5.1 节中，我们将看到这一推论对于理解不定积分的概念非常重要。

4.1.3　柯西中值定理

下面给出柯西中值定理的内容。

定理 4.4（柯西中值定理，**Cauchy mean value theorem**）　若函数 $f(x)$ 及 $g(x)$ 满足：
(1) 在闭区间 $[a,b]$ 上连续，
(2) 在开区间 (a,b) 内可导，且 $g'(x)$ 在 (a,b) 内每一点处均不为零，
则在 (a,b) 内至少有一点 c，使得 $\dfrac{f(b)-f(a)}{g(b)-g(a)}=\dfrac{f'(c)}{g'(c)}$。

证明　仍然使用罗尔定理。作辅助函数
$$\varphi(x)=f(x)[g(b)-g(a)]-g(x)[f(b)-f(a)],$$
则 $\varphi(x)$ 在区间 $[a,b]$ 上满足罗尔定理的条件，于是在 (a,b) 内至少存在一点 c，使得 $\varphi'(c)=0$，即
$$\varphi'(c)=f'(c)[g(b)-g(a)]-g'(c)[f(b)-f(a)]=0。$$
又 $g'(c)\neq 0$，所以 $\dfrac{f(b)-f(a)}{g(b)-g(a)}=\dfrac{f'(c)}{g'(c)}$。

在柯西中值定理中，若取 $g(x)=x$，则可得拉格朗日中值定理，说明柯西中值定理是拉格朗日中值定理的推广。

柯西中值定理的几何解释是：将 $u=g(x)$ 和 $v=f(x)$ 看作以 x 为参数的参数方程 $\begin{cases} u=g(x),\\ v=f(x), \end{cases} x\in[a,b]$，则它在 uOv 平面上表示一段曲线，如图 4.6 所示。连接该曲线两个端点的弦 AB 的斜率为 $\dfrac{f(b)-f(a)}{g(b)-g(a)}$，而 $\dfrac{f'(c)}{g'(c)}=\dfrac{\mathrm{d}v}{\mathrm{d}u}\Big|_{x=c}$ 为该曲线上的点 $P(g(c),f(c))$ 处的切线斜率。柯西中值定理表明上述切线与弦 AB 平行。

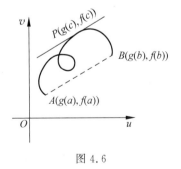

图 4.6

柯西中值定理的一个重要应用，就是可以用来证明 $\dfrac{0}{0}$ 型或 $\dfrac{\infty}{\infty}$ 型未定式的洛必达法则，而这是 4.2 节的内容。

思　考　题

1. 罗尔定理、拉格朗日中值定理及柯西中值定理这三个定理间有什么关系？

2. 在拉格朗日中值定理中，若 $b < a$，定理的结论是否仍然成立？

3. 在柯西中值定理中，是否需要加上条件 $g(b) - g(a) \neq 0$？为什么？

习题 4.1

A 组

1. 判断下列函数在给定的闭区间上是否满足罗尔定理的条件？若满足，求出罗尔定理中 c 的值。

(1) $f(x) = x^2 - 3x$，$[0,3]$；　　　　　(2) $f(x) = \tan x$，$[0,\pi]$；

(3) $f(x) = |x - 1|$，$[0,2]$；　　　　　(4) $f(x) = \ln x$，$[1,e]$。

2. 判断上题中的各个函数在给定的闭区间上是否满足拉格朗日中值定理的条件？若满足，求出拉格朗日定理中 c 的值。

3. 已知 $f(x)$ 在 $x = 2$ 处连续，$f(2) = 6$，并且在区间 $(2, 2.2)$ 上满足 $0.3 < f'(x) < 0.4$，利用拉格朗日中值定理估计 $f(2.1)$ 的范围。

4. 证明：当 $x > 0$ 时，$\dfrac{x}{1 + x^2} < \arctan x < x$。

5. 证明：方程 $x^5 - 5x + 1 = 0$ 有且仅有一个小于 1 的正实根。

6. 设有一辆汽车行驶在公路上，在某时刻的显示速度为 50km/h，15min 后显示速度为 70km/h，请说明该车在此 15min 内某时刻的加速度恰好为 80km/h^2。

B 组

1. 设函数 $f(x) = a_0 + a_1 x + \cdots + a_n x^n$，且 $a_0, a_1, \cdots, a_n$ 满足 $a_0 + \dfrac{a_1}{2} + \cdots + \dfrac{a_n}{n+1} = 0$，证明：$f(x) = 0$ 在区间 $(0,1)$ 内必有一根。

2. (1) 证明：若函数 $f(x)$ 在点 x_0 的某个邻域 $N(x_0, \delta)$ 内连续，在点 x_0 的去心邻域 $\mathring{N}(\bar{x}_0, \delta)$ 内可导，且极限 $\lim\limits_{x \to x_0^-} f'(x)$ 和 $\lim\limits_{x \to x_0^+} f'(x)$ 都存在，则 $f'_-(x_0) = \lim\limits_{x \to x_0^-} f'(x)$，$f'_+(x_0) = \lim\limits_{x \to x_0^+} f'(x)$。

(2) 利用 (1) 的结果，求函数 $f(x) = \begin{cases} \cos x - 1, & x < 0 \\ \ln(1+x), & x \geqslant 0 \end{cases}$ 在点 $x_0 = 0$ 处的单侧导数。

3. 证明：$\arcsin x = \dfrac{\pi}{2} - \arccos x$，$x \in [-1, 1]$。

4. 设函数 $f(x)$ 在区间 $[a,b]$（$a > 0$）上连续，在 (a,b) 内可导。证明：存在 $c \in (a,b)$，使得 $\dfrac{af(b) - bf(a)}{b - a} = cf'(c) - f(c)$。

5. 某一路段总长 100km，该路段全程限速 60km/h，司机小赵在该路段上行驶时长为 75min，试利用拉格朗日中值定理判断小赵此次驾车过程中是否存在超速行为?

6. 某一段路程，高速公路与铁路并行，一辆小汽车在高速公路上行驶，一列动车在铁路上行驶，在同样的时间段内，动车的行驶里程是小汽车行驶里程的 4 倍，试利用柯西中值定理，判断这段时间内，是否存在某一时刻，在该时刻动车的车速是小汽车车速的 4 倍? 为什么?

4.2 未定式·洛必达法则

4.2.1 $\dfrac{0}{0}$型和$\dfrac{\infty}{\infty}$型未定式

考虑如下两个极限：(1) $\lim\limits_{x \to 0} \dfrac{e^x - e^{-x}}{\sin x}$； (2) $\lim\limits_{x \to +\infty} \dfrac{\ln x}{x}$。

对极限(1)，当 $x \to 0$ 时，分子分母的极限都为 0，显然，不能用极限的商法则。而且，形如这样的问题，其极限可能存在也可能不存在，因此，称形如这样的极限为 $\dfrac{0}{0}$ **型的未定式** $\left(\text{indeterminate form } \dfrac{0}{0}\right)$；类似地，形如(2)的极限就称为$\dfrac{\infty}{\infty}$ **型的未定式** $\left(\text{indeterminate form } \dfrac{\infty}{\infty}\right)$。下面就给出一个非常有效地求上述类型的极限的方法，即洛必达法则(L'Hospital rule)。

定理 4.5 $\left(\dfrac{0}{0}$**型未定式的洛必达法则**$\right)$　设函数 $f(x)$ 和 $g(x)$ 满足：

(1) $\lim\limits_{x \to x_0} f(x) = 0$，$\lim\limits_{x \to x_0} g(x) = 0$，

(2) 在 x_0 点的某去心邻域内，$f'(x)$ 和 $g'(x)$ 都存在，且 $g'(x) \neq 0$，

(3) $\lim\limits_{x \to x_0} \dfrac{f'(x)}{g'(x)}$ 存在(或为无穷大)，

则有

$$\lim_{x \to x_0} \frac{f(x)}{g(x)} = \lim_{x \to x_0} \frac{f'(x)}{g'(x)}。$$

证明　对 $f(x)$ 和 $g(x)$，补充(或改变)在 $x = x_0$ 的定义，使得它们在点 $x = x_0$ 处都连续，为此定义辅助函数

$$f_1(x) = \begin{cases} f(x), & x \neq x_0, \\ 0, & x = x_0, \end{cases} \qquad g_1(x) = \begin{cases} g(x), & x \neq x_0, \\ 0, & x = x_0。 \end{cases}$$

在点 x_0 的去心邻域内任取一点 x，可以验证，在以 x_0 和 x 为端点的区间上，函数 $f_1(x)$ 和 $g_1(x)$ 满足柯西中值定理的条件，则有

$$\frac{f_1(x)}{g_1(x)} = \frac{f_1(x) - f_1(x_0)}{g_1(x) - g_1(x_0)} = \frac{f'_1(c)}{g'_1(c)} \quad (c \text{ 在 } x_0 \text{ 和 } x \text{ 之间}),$$

于是

$$\lim_{x \to x_0} \frac{f(x)}{g(x)} = \lim_{x \to x_0} \frac{f_1(x)}{g_1(x)} = \lim_{c \to x_0} \frac{f'_1(c)}{g'_1(c)} = \lim_{c \to x_0} \frac{f'(c)}{g'(c)} = \lim_{x \to x_0} \frac{f'(x)}{g'(x)}。$$ ∎

注：(1) 将上述定理中的 $x \to x_0$ 改为 $x \to x_0^+$、$x \to x_0^-$、$x \to +\infty$、$x \to -\infty$ 或 $x \to \infty$，同时相应地修改条件中的邻域，结论仍然成立。

(2) 使用洛必达法则求极限时，若 $\lim\limits_{x \to x_0} \dfrac{f'(x)}{g'(x)}$ 仍属于 $\dfrac{0}{0}$ 型，且 $f'(x)$ 和 $g'(x)$ 满足洛必达法则的条件，则可继续使用洛必达法则。

例 1　求 $\lim\limits_{x \to 0} \dfrac{1 - \cos x}{\sin^2 x}$。

解　这是 $\dfrac{0}{0}$ 型的未定式，应用洛必达法则，得

$$\lim_{x \to 0} \frac{1 - \cos x}{\sin^2 x} = \lim_{x \to 0} \frac{(1 - \cos x)'}{(\sin^2 x)'} = \lim_{x \to 0} \frac{\sin x}{2 \sin x \cos x} = \lim_{x \to 0} \frac{1}{2 \cos x} = \frac{1}{2}。$$

例 2　求 $\lim\limits_{x \to 0} \dfrac{e^x - e^{-x}}{\sin x}$。

解　$\lim\limits_{x \to 0} \dfrac{e^x - e^{-x}}{\sin x} = \lim\limits_{x \to 0} \dfrac{e^x + e^{-x}}{\cos x} = 2$。

例 3　求 $\lim\limits_{x \to 1} \dfrac{x^3 - 3x + 2}{x^3 - x^2 - x + 1}$。

解　$\lim\limits_{x \to 1} \dfrac{x^3 - 3x + 2}{x^3 - x^2 - x + 1} = \lim\limits_{x \to 1} \dfrac{3x^2 - 3}{3x^2 - 2x - 1} = \lim\limits_{x \to 1} \dfrac{6x}{6x - 2} = \dfrac{3}{2}$。

例 4　求 $\lim\limits_{x \to +\infty} \dfrac{\dfrac{\pi}{2} - \arctan x}{\dfrac{1}{x}}$。

解　这是 $\dfrac{0}{0}$ 型的未定式，则

$$\lim_{x \to +\infty} \frac{\dfrac{\pi}{2} - \arctan x}{\dfrac{1}{x}} = \lim_{x \to +\infty} \frac{-\dfrac{1}{1 + x^2}}{-\dfrac{1}{x^2}} = \lim_{x \to +\infty} \frac{x^2}{1 + x^2} = 1。$$

定理 4.6（$\dfrac{\infty}{\infty}$型未定式的洛必达法则）　设函数 $f(x)$ 和 $g(x)$ 满足：

(1) $\lim\limits_{x \to x_0} f(x) = \infty$，$\lim\limits_{x \to x_0} g(x) = \infty$，

(2) 在 x_0 点的某去心邻域内，$f'(x)$ 和 $g'(x)$ 都存在，且 $g'(x) \neq 0$，

(3) $\lim\limits_{x \to x_0} \dfrac{f'(x)}{g'(x)}$ 存在（或为无穷大），

则有

$$\lim_{x \to x_0} \frac{f(x)}{g(x)} = \lim_{x \to x_0} \frac{f'(x)}{g'(x)}。$$

定理 4.6 的证明从略。同理,对定理 4.5 的注解,这里仍然成立。

例 5　求 $\lim\limits_{x\to+\infty}\dfrac{\ln x}{x}$。

解　这是 $\dfrac{\infty}{\infty}$ 型的未定式,则有

$$\lim_{x\to+\infty}\frac{\ln x}{x}=\lim_{x\to+\infty}\frac{x^{-1}}{1}=\lim_{x\to+\infty}\frac{1}{x}=0。$$

例 6　求 $\lim\limits_{x\to+\infty}\dfrac{x^2}{\mathrm{e}^x}$。

解　$\lim\limits_{x\to+\infty}\dfrac{x^2}{\mathrm{e}^x}=\lim\limits_{x\to+\infty}\dfrac{2x}{\mathrm{e}^x}=\lim\limits_{x\to+\infty}\dfrac{2}{\mathrm{e}^x}=0。$

4.2.2　其他类型的未定式

形如 $0\cdot\infty,\infty-\infty,0^0,1^\infty,\infty^0$ 型的未定式,可以通过适当的变换转换为 $\dfrac{0}{0}$ 型或 $\dfrac{\infty}{\infty}$ 型未定式,从而应用洛必达法则来计算,下面通过例题来说明。

例 7　求 $\lim\limits_{x\to0}x\cot3x$。

解　这是 $0\cdot\infty$ 型的未定式,可以转化为 $\dfrac{0}{0}$ 型,即

$$\lim_{x\to0}x\cot3x=\lim_{x\to0}\frac{x}{\tan3x}=\lim_{x\to0}\frac{1}{3\sec^23x}=\frac{1}{3}。$$

例 8　求 $\lim\limits_{x\to0^+}x\ln x$。

解　这是 $0\cdot\infty$ 型的未定式,可以转化为 $\dfrac{\infty}{\infty}$ 型,即

$$\lim_{x\to0^+}x\ln x=\lim_{x\to0^+}\frac{\ln x}{x^{-1}}=\lim_{x\to0^+}\frac{x^{-1}}{-x^{-2}}=-\lim_{x\to0^+}x=0。$$

例 9　求 $\lim\limits_{x\to0}\left(\dfrac{1}{x}-\dfrac{1}{\mathrm{e}^x-1}\right)$。

解　这是 $\infty-\infty$ 型的未定式,通过通分可转化为 $\dfrac{0}{0}$ 型,即

$$\lim_{x\to0}\left(\frac{1}{x}-\frac{1}{\mathrm{e}^x-1}\right)=\lim_{x\to0}\frac{\mathrm{e}^x-1-x}{x(\mathrm{e}^x-1)}=\lim_{x\to0}\frac{\mathrm{e}^x-1}{\mathrm{e}^x-1+x\mathrm{e}^x}=\lim_{x\to0}\frac{\mathrm{e}^x}{2\mathrm{e}^x+x\mathrm{e}^x}=\frac{1}{2}。$$

例 10　求 $\lim\limits_{x\to0^+}x^x$。

解　这是 0^0 型的未定式,设 $y=x^x$,两边取对数,得 $\ln y=x\ln x$,则 $x\to0^+$ 时,可转化为 $0\cdot\infty$ 型,利用例 8 的结果,可得

$$\lim_{x\to0^+}\ln y=\lim_{x\to0^+}x\ln x=0,$$

所以,$\lim\limits_{x\to0^+}x^x=\lim\limits_{x\to0^+}y=\mathrm{e}^0=1。$

例 11　求 $\lim\limits_{x\to0}(1+3x)^{\frac{1}{x}}$。

解   这是 1^∞ 型的未定式,设 $y = (1+3x)^{\frac{1}{x}}$,两边取对数,得 $\ln y = \dfrac{1}{x}\ln(1+3x)$,则 $x \to 0$

时,转化为 $\dfrac{0}{0}$ 型,于是

$$\lim_{x \to 0}\ln y = \lim_{x \to 0}\frac{\ln(1+3x)}{x} = \lim_{x \to 0}\frac{\dfrac{3}{1+3x}}{1} = 3 .$$

所以,$\lim\limits_{x \to 0}(1+3x)^{\frac{1}{x}} = \lim\limits_{x \to 0} y = \mathrm{e}^3 $。

例 12   求 $\lim\limits_{x \to \infty}(1+x^2)^{\frac{1}{x}}$ 。

解   这是 ∞^0 型的未定式,设 $y = (1+x^2)^{\frac{1}{x}}$,两边取对数,得 $\ln y = \dfrac{\ln(1+x^2)}{x}$,则

$$\lim_{x \to \infty}\ln y = \lim_{x \to \infty}\frac{\ln(1+x^2)}{x} = \lim_{x \to \infty}\frac{\dfrac{2x}{1+x^2}}{1} = 0 ,$$

所以,$\lim\limits_{x \to \infty}(1+x^2)^{\frac{1}{x}} = \lim\limits_{x \to \infty} y = \mathrm{e}^0 = 1 $。

思 考 题

对于极限 $\lim\limits_{x \to \infty}\dfrac{x+\sin x}{x}$,若使用洛必达法则,得

$$\lim_{x \to \infty}\frac{x+\sin x}{x} = \lim_{x \to \infty}\frac{1+\cos x}{1} = \lim_{x \to \infty}(1+\cos x) ,$$

因为 $\lim\limits_{x \to \infty}(1+\cos x)$ 不存在,故 $\lim\limits_{x \to \infty}\dfrac{x+\sin x}{x}$ 不存在,对吗?

习题 4.2

A 组

一、选择题

1. 下述极限不是 $\dfrac{0}{0}$ 型未定式的是(   )。

    A. $\lim\limits_{x \to -1}\dfrac{x^2-1}{x+1}$ B. $\lim\limits_{x \to 0}\dfrac{\sin 2x}{\sin 3x}$ C. $\lim\limits_{x \to 0}\dfrac{x-\sin x}{x^3}$ D. $\lim\limits_{x \to 1}\dfrac{x}{x^2+1}$

2. 极限 $\lim\limits_{x \to 0}\dfrac{3^x-1}{x}$ 的值是(   )。

    A. 不存在   B. 0   C. $\ln 3$ D. 3

二、解答题

1. 用洛必达法则求下列极限:

(1) $\lim\limits_{x\to 0}\dfrac{\ln(1+2x)}{x}$；

(2) $\lim\limits_{x\to 1}\dfrac{x-1}{x^{10}-1}$；

(3) $\lim\limits_{x\to \pi}\dfrac{\tan 2x}{\sin 3x}$；

(4) $\lim\limits_{x\to +\infty}\dfrac{\ln x}{x^3}$；

(5) $\lim\limits_{x\to \frac{\pi}{2}}\dfrac{\tan 3x}{\tan x}$；

(6) $\lim\limits_{x\to 0^+}\dfrac{\ln\sin 5x}{\ln\sin 8x}$；

(7) $\lim\limits_{x\to 0^+}\dfrac{1}{\ln x}\ln\cot x$；

(8) $\lim\limits_{x\to +\infty}x\left(\dfrac{\pi}{2}-\arctan x\right)$；

(9) $\lim\limits_{x\to 0}\left(\dfrac{1}{\sin x}-\dfrac{1}{x}\right)$；

(10) $\lim\limits_{x\to 0^+}x^{\sin x}$；

(11) $\lim\limits_{x\to +\infty}x^{\frac{1}{x}}$；

(12) $\lim\limits_{x\to 0}(x+\mathrm{e}^x)^{\frac{1}{x}}$。

2. 若函数 $f(x)=\begin{cases}\dfrac{6x-3\sin 2x}{x^3}, & x\neq 0,\\ k, & x=0\end{cases}$ 在点 $x=0$ 处连续，求参数 k。

B 组

1. 已知 $f(x)=\begin{cases}x+2, & x\neq 0,\\ 0, & x=0,\end{cases}$ $g(x)=\begin{cases}x+1, & x\neq 0,\\ 0, & x=0。\end{cases}$

(1) 验证 $\lim\limits_{x\to 0}\dfrac{f'(x)}{g'(x)}=1$，但 $\lim\limits_{x\to 0}\dfrac{f(x)}{g(x)}=2$；

(2) 上述结果与洛必达法则是否矛盾？为什么？

2. 求 $\lim\limits_{x\to 0}\dfrac{1}{x^2}\ln\dfrac{\sin x}{x}$。

3. 求 $\lim\limits_{x\to 0}\left[\dfrac{1}{\mathrm{e}^x-1}-\dfrac{1}{\ln(1+x)}\right]$。

4. 验证 $\lim\limits_{x\to +\infty}\dfrac{x+\sin x}{2x+\cos x}$ 存在，但不能用洛必达法则求出。

5. 设 $f(x)=\dfrac{1+x}{\sin x}-\dfrac{1}{x}$，若 $f(x)-1$ 与 x^k 为同阶无穷小 $(k>0)$，求 k。

4.3 函数的单调性与极值

4.3.1 函数的单调性

由第 1 章我们已经知道，若函数值随着自变量的增加而增加，则称函数为单调递增的，若函数值随着自变量的增加而减少，则称函数为单调递减的。比如，从图 4.7 中可以看出，当 $x<a$ 及 $b<x<c$ 时，函数单调递增，当 $a<x<b$ 及 $c<x<d$ 时，函数单调递减。在 $x=a$ 及 $x=c$ 处，曲线停止上升而开始下降，而在 $x=b$ 及 $x=d$ 处，曲线停止下降而开始上升。

设函数 $y=f(x)$ 在 (a,b) 内可导，下面我们讨论函数的单调性与导数符号间的关系。

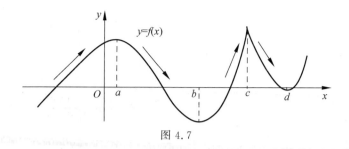

图 4.7

若函数在 (a,b) 内单调递增(单调递减),如图 4.8 所示,则其图形上各点处的切线斜率除个别点可能为零外,其余都是正的(负的),即在 (a,b) 内, $f'(x) \geqslant 0(f'(x) \leqslant 0)$ 。

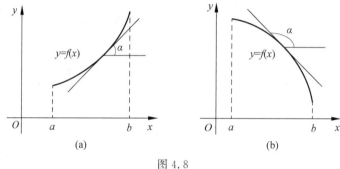

图 4.8

反之,在 (a,b) 内,若 $f'(x) > 0(f'(x) < 0)$,则切线斜率为正(负),曲线上升(下降),函数单调递增(单调递减)。因此,我们有下面的定理。

> **定理 4.7**(用导数符号判定函数的单调性) 设函数 $y = f(x)$ 在 $[a,b]$ 上连续,在 (a,b) 内可导。
> (1) 若在 (a,b) 内 $f'(x) > 0$,则函数 $y = f(x)$ 在 $[a,b]$ 上单调递增;
> (2) 若在 (a,b) 内 $f'(x) < 0$,则函数 $y = f(x)$ 在 $[a,b]$ 上单调递减。

证明 在 $[a,b]$ 上任取两点 $x_1, x_2 (x_1 < x_2)$,不难验证函数 $f(x)$ 在区间 $[x_1, x_2]$ 上满足拉格朗日中值定理的条件,因此存在 $c \in (x_1, x_2)$,使得

$$f(x_2) - f(x_1) = f'(c)(x_2 - x_1) 。$$

在上式中, $x_2 - x_1 > 0$,因此,若在 (a,b) 内 $f'(x) > 0$,则 $f'(c) > 0$,于是

$$f(x_2) - f(x_1) = f'(c)(x_2 - x_1) > 0, \quad 即 \quad f(x_2) > f(x_1),$$

这表明函数 $y = f(x)$ 在 $[a,b]$ 上单调递增,这就证明了(1)。

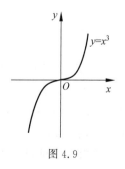

图 4.9

对(2),类似可证,请读者自行完成。 ■

注:(1) 将该定理中的闭区间 $[a,b]$ 换成 $[a,b)$ 、 $(a,b]$ 或 (a,b) ,结论仍然成立。

(2) 虽然定理 4.7 中要求 $f(x)$ 的导数 $f'(x) > 0$ (或 $f'(x) < 0$),其实,若在 (a,b) 内有有限个点处 $f'(x) = 0$,仍不影响其单调性。比如, $y = x^3$,其导数 $y' = 3x^2$,虽然在 $x = 0$ 处 $y' = 0$,但该函数在其定义域 $(-\infty, +\infty)$ 内是单调递增的(图 4.9)。

例 1　判定函数 $y = \sin x + \cos x$ 在 $\left[0, \dfrac{\pi}{4}\right]$ 上的单调性。

解　因为在 $\left(0, \dfrac{\pi}{4}\right)$ 内

$$y' = \cos x - \sin x > 0,$$

所以，函数 $y = \sin x + \cos x$ 在 $\left[0, \dfrac{\pi}{4}\right]$ 上单调递增。

例 2　讨论函数 $y = x^2 - 4x + 5$ 的单调性。

解　该函数的定义域为 $(-\infty, +\infty)$，它的导数为

$$y' = 2x - 4 = 2(x - 2)。$$

于是，当 $x < 2$ 时，$y' < 0$；当 $x > 2$ 时，$y' > 0$。因此函数 $y = x^2 - 4x + 5$ 在 $(-\infty, 2]$ 上单调递减，在 $[2, +\infty)$ 上单调递增。

例 3　确定函数 $y = \sqrt[3]{x^2}$ 的单调区间。

解　该函数的定义域为 $(-\infty, +\infty)$，其导数为

$$y' = \frac{2}{3} \cdot \frac{1}{\sqrt[3]{x}} \quad (x \neq 0)。$$

$x = 0$ 为函数的不可导点。当 $x < 0$ 时，$y' < 0$；当 $x > 0$ 时，$y' > 0$。因此函数 $y = \sqrt[3]{x^2}$ 在 $(-\infty, 0]$ 上单调递减，在 $[0, +\infty)$ 上单调递增。

函数 $y = \sqrt[3]{x^2}$ 的图像如图 4.10 所示。

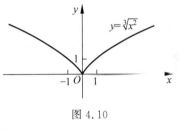

图 4.10

由例 2 可知，$x = 2$ 是函数 $y = x^2 - 4x + 5$ 的单调递减区间 $(-\infty, 2]$ 和单调递增区间 $[2, +\infty)$ 的分界点，而在 $x = 2$ 处，$y' = 0$。例 3 中，$x = 0$ 是函数 $y = \sqrt[3]{x^2}$ 的单调递减区间 $(-\infty, 0]$ 与单调递增区间 $[0, +\infty)$ 的分界点，而在 $x = 0$ 处，该函数的导数不存在。

综上所述，可以给出如下**求连续函数 $y = f(x)$ 的单调区间的步骤**：

(1) 确定函数 $y = f(x)$ 的定义域；

(2) 求出函数单调区间的所有**分界点**（critical point），即：使 $f'(x) = 0$ 的点或 $f'(x)$ 不存在的点，并利用分界点将定义域分成相应的部分区间；

(3) 根据 $f'(x)$ 在各部分区间内的符号确定函数在相应部分区间上的单调性。

例 4　求函数 $y = 2x^3 - 6x^2 - 18x - 7$ 的单调区间。

解　该函数的定义域为 $(-\infty, +\infty)$，求导得

$$y' = 6x^2 - 12x - 18 = 6(x - 3)(x + 1)。$$

令 $y' = 0$，得 $x_1 = 3$，$x_2 = -1$，这两个点将 $(-\infty, +\infty)$ 分成了 3 个部分区间 $(-\infty, -1]$、$[-1, 3]$ 及 $[3, +\infty)$。

当 $x \in (-\infty, -1)$ 或 $x \in (3, +\infty)$ 时，$y' > 0$；当 $x \in (-1, 3)$ 时，$y' < 0$。因此，函数 $y = 2x^3 - 6x^2 - 18x - 7$ 在 $(-\infty, -1]$ 或 $[3, +\infty)$ 内单调递增，在 $[-1, 3]$ 上单调递减。

为清晰，也可以列表讨论：

x	$(-\infty,-1)$	-1	$(-1,3)$	3	$(3,+\infty)$
$f'(x)$	$+$	0	$-$	0	$+$
$f(x)$	单调递增		单调递减		单调递增

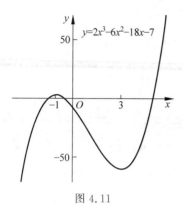

图 4.11

函数 $y=2x^3-6x^2-18x-7$ 的图像如图 4.11 所示。

例 5 求函数 $y=\sqrt[3]{x^2}-x$ 的单调区间。

解 该函数的定义域为 $(-\infty,+\infty)$，求导得

$$y'=\frac{2}{3\sqrt[3]{x}}-1=\frac{2-3\sqrt[3]{x}}{3\sqrt[3]{x}}。$$

在 $x_1=0$ 处，导数不存在。令 $y'=0$，得 $x_2=\dfrac{8}{27}$。这两个点将 $(-\infty,+\infty)$ 分成了 3 个部分区间 $(-\infty,0]$、$\left[0,\dfrac{8}{27}\right]$ 及 $\left[\dfrac{8}{27},+\infty\right)$。

当 $x\in(-\infty,0)$ 或 $x\in\left(\dfrac{8}{27},+\infty\right)$ 时，$y'<0$；当 $x\in\left(0,\dfrac{8}{27}\right)$ 时，$y'>0$。因此，函数 $y=\sqrt[3]{x^2}-x$ 在 $(-\infty,0]$ 或 $\left[\dfrac{8}{27},+\infty\right)$ 内单调递减，在 $\left[0,\dfrac{8}{27}\right]$ 上单调递增。

为清晰，也可以列表讨论：

x	$(-\infty,0)$	0	$\left(0,\dfrac{8}{27}\right)$	$\dfrac{8}{27}$	$\left(\dfrac{8}{27},+\infty\right)$
$f'(x)$	$-$	不存在	$+$	0	$-$
$f(x)$	单调递减		单调递增		单调递减

函数 $y=\sqrt[3]{x^2}-x$ 的图像如图 4.12 所示。

利用函数的单调性可以很方便地证明一些不等式，例如下面的例 6。

例 6 证明：当 $x>0$ 时，$e^x>1+x$。

证明 令 $f(x)=e^x-1-x$，则 $f'(x)=e^x-1$。

当 $x>0$ 时，$f'(x)>0$，因此 $f(x)$ 在 $[0,+\infty)$ 上单调递增。由于 $f(0)=0$，所以，当 $x>0$ 时，$f(x)>f(0)=0$，即 $e^x-1-x>0$，亦即 $e^x>1+x$。

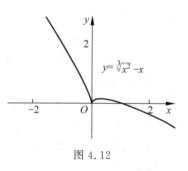

图 4.12

4.3.2 函数的极值

在图 4.13 中，我们看到点 B、D 是曲线的"峰点"，点 A、C、F 是曲线的"谷点"，而点 E 既非曲线的"峰点"，也非曲线的"谷点"，我们将这些"峰点"和"谷点"处的函数值分别称为函数的极大值和极小值。

定义 4.1（函数的极值） 设函数 $f(x)$ 在 x_0 的某一邻域内有定义。

（1）如果对于该邻域内的任一点 $x(x\neq x_0)$，都有 $f(x)<f(x_0)$，则称 $f(x_0)$ 是函数

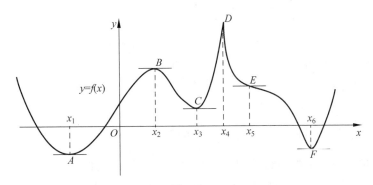

图 4.13

$f(x)$ 的一个**极大值**(local maximum);

(2) 如果对于该邻域内的任一点 $x(x \neq x_0)$,都有 $f(x) > f(x_0)$,则称 $f(x_0)$ 是函数 $f(x)$ 的一个**极小值**(local minimum)。

函数的极大值与极小值统称为函数的**极值**(local extrema),使函数取得极值的点称为函数的**极值点**(extreme point)。在图 4.13 中,x_1,x_3,x_6 为函数的极小值点,x_2,x_4 为函数的极大值点,x_5 不是极值点。又例如,函数 $y = x^2 + 1$ 在 $x = 0$ 处取得极小值 1,$x = 0$ 称为 $y = x^2 + 1$ 的极小值点。

注:函数的极值概念是局部性的,是相对于极值点附近的一个局部范围来说的。而且,对同一函数来说,$f(x)$ 的一个极大值可能比它的一个极小值小。

从图 4.13 可以看出,在曲线上的点 A、B、C、F 处有平行于 x 轴的切线,虽然在 E 点也有平行于 x 轴的切线,但这点处的函数值并不是函数的极值。事实上,结合极值的定义和费马定理(定理 4.1),不难得到下面的定理。

定理 4.8（函数取得极值的必要条件）　若函数 $f(x)$ 在点 x_0 处可导,且在 x_0 处取得极值,则函数 $f(x)$ 在 x_0 处的导数为零,即 $f'(x_0) = 0$。

一般地,称使导数 $f'(x) = 0$ 的点为函数 $f(x)$ 的**驻点**(stationary point)。例如,$x = 2$ 为函数 $y = x^2 - 4x + 5$ 的驻点,也是极值点;$x = 0$ 为函数 $y = x^3$ 的驻点,但不是极值点。

所以,定理 4.8 也可叙述为:**可导函数 $f(x)$ 的极值点必定是它的驻点。但是反过来,函数 $f(x)$ 的驻点却不一定是它的极值点。**

进一步观察图 4.13,曲线上的"尖点"D 处的函数值虽然是极大值,但曲线在这点并没有切线,即说明函数 $f(x)$ 在点 x_4 处的导数 $f'(x_4)$ 是不存在的。

又例如,函数 $y = |x|$ 及 $y = \sqrt[3]{x^2}$ 都在 $x = 0$ 处取得极值,但在点 $x = 0$ 不可导,不同的是,$y = |x|$ 在点 $(0,0)$ 处没有切线,而 $y = \sqrt[3]{x^2}$ 在点 $(0,0)$ 处有垂直于 x 轴的切线。

那么,如何判定函数的驻点或不可导点是否为极值点呢? 下面给出用一阶导数符号判定函数极值点的方法。

定理 4.9（极值的一阶导数判别法,first derivative test for local extrema）　设 $f(x)$ 在点 x_0 的某邻域 $(x_0 - \delta, x_0 + \delta)$ 内连续,x_0 为函数 $f(x)$ 的驻点或不可导点,且 $f(x)$ 在 x_0

的两侧邻域$(x_0-\delta,x_0)$和$(x_0,x_0+\delta)$内可导。

(1) 若 x 位于$(x_0-\delta,x_0)$内时,$f'(x)>0$,位于$(x_0,x_0+\delta)$内时,$f'(x)<0$,则 $f(x)$ 在 x_0 处取得极大值;

(2) 若 x 位于$(x_0-\delta,x_0)$内时,$f'(x)<0$,位于$(x_0,x_0+\delta)$内时,$f'(x)>0$,则 $f(x)$ 在 x_0 处取得极小值;

(3) 若 x 位于 x_0 的两侧邻域时,$f'(x)$ 的符号保持不变,则 $f(x)$ 在 x_0 处不取极值。

证明　对情形(1),根据函数单调性的判别法(定理 4.7)知,函数在$(x_0-\delta,x_0)$内单调递增,在$(x_0,x_0+\delta)$内单调递减,又因为函数 $f(x)$ 在 x_0 处是连续的,故当 x 位于 x_0 的这两侧邻域时,总有 $f(x)<f(x_0)$,所以 $f(x)$ 在 x_0 处取得极大值。

对情形(2)和(3),可类似地给出证明。　■

图 4.14 给出了定理 4.9 的三种情形,其中图 4.14(a)和图 4.14(b)分别对应情形(1)和情形(2),而图 4.14(c)和图 4.14(d),对应情形(3)。

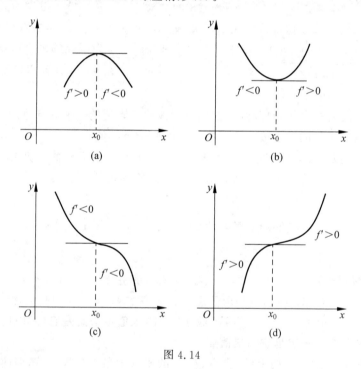

图 4.14

由定理 4.9,可以得出**求函数 $f(x)$ 的极值的步骤**:

(1) 求函数的导数 $f'(x)$;

(2) 求出 $f(x)$ 的所有可能的极值点,即驻点和不可导点;

(3) 判断每个可能极值点附近的导数的符号,从而确定函数的极值点,并求出函数的极值。

例 7　求函数 $f(x)=x^3-3x^2-9x+5$ 的极值。

解　显然,函数 $f(x)$ 在$(-\infty,+\infty)$内连续,且

$$f'(x)=3x^2-6x-9=3(x+1)(x-3)。$$

令 $f'(x)=0$,得驻点 $x_1=-1$,$x_2=3$,为清晰,列表讨论:

x	$(-\infty,-1)$	-1	$(-1,3)$	3	$(3,+\infty)$
$f'(x)$	$+$	0	$-$	0	$+$
$f(x)$	单调递增	极大值	单调递减	极小值	单调递增

所以极大值为 $f(-1)=10$,极小值为 $f(3)=-22$。

函数 $f(x)=x^3-3x^2-9x+5$ 的图像如图 4.15 所示。

例 8 求函数 $f(x)=(x-2)^{\frac{2}{3}}$ 的极值。

解 显然,函数 $f(x)$ 在 $(-\infty,+\infty)$ 内连续,且

$$f'(x)=\frac{2}{3}(x-2)^{-\frac{1}{3}}, \quad x\neq 2。$$

可知函数 $f(x)$ 没有驻点,且 $x=2$ 为 $f(x)$ 的不可导点。

当 $x<2$ 时,$y'<0$;$x>2$ 时,$y'>0$;所以,$x=2$ 为极小值点,极小值为 $f(2)=1$。

函数 $f(x)=(x-2)^{\frac{2}{3}}$ 的图像如图 4.16 所示。

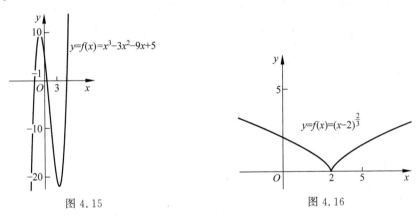

图 4.15   图 4.16

利用函数的单调性和极值,还可以判断方程根的个数,例如下面的例 9。

例 9 证明:方程 $4\arctan x-x+\dfrac{4\pi}{3}-\sqrt{3}=0$ 恰有两个实根。

证明 定义函数 $f(x)=4\arctan x-x+\dfrac{4\pi}{3}-\sqrt{3}$,显然 $f(x)$ 在 $(-\infty,+\infty)$ 内连续,其导数为

$$f'(x)=\frac{4}{1+x^2}-1=\frac{3-x^2}{1+x^2}。$$

令 $f'(x)=0$,得驻点 $x_1=-\sqrt{3}$,$x_2=\sqrt{3}$。

当 $x<-\sqrt{3}$ 时,$f'(x)<0$,函数 $f(x)$ 在 $(-\infty,-\sqrt{3})$ 内单调递减;当 $-\sqrt{3}<x<\sqrt{3}$ 时,$f'(x)>0$,函数 $f(x)$ 在 $(-\sqrt{3},\sqrt{3})$ 内单调递增。从而函数 $f(x)$ 在 $x_1=-\sqrt{3}$ 处取极小值,极小值为 $f(-\sqrt{3})=0$。因此方程 $f(x)=0$ 在 $(-\infty,\sqrt{3})$ 内只有一个实根,该实根即为 $x_1=-\sqrt{3}$。

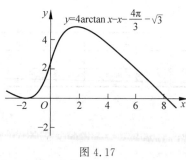

图 4.17

当 $x > \sqrt{3}$ 时，$f'(x) < 0$，函数 $f(x)$ 在 $(\sqrt{3}, +\infty)$ 内单调递减，所以 $f(x)$ 在 $x_2 = \sqrt{3}$ 处取极大值 $f(\sqrt{3}) = 2\left(\dfrac{4\pi}{3} - \sqrt{3}\right) > 0$。又因为 $\lim\limits_{x \to +\infty} f(x) = -\infty$，所以方程 $f(x) = 0$ 在 $(\sqrt{3}, +\infty)$ 内有且只有一个实根。

综上知，方程 $f(x) = 0$ 恰有两个实根。函数 $f(x)$ 的图像如图 4.17 所示。

下面给出用驻点 x_0 处的二阶导数 $f''(x_0)$ 的符号来判定 x_0 是否为 $f(x)$ 的极值点的方法。

> **定理 4.10**（极值的二阶导数判别法，second derivative test for local extrema）　设 $f'(x_0) = 0$，且 $f(x)$ 在点 x_0 处具有二阶导数。
>
> （1）若 $f''(x_0) < 0$，则 $f(x)$ 在 x_0 处取得极大值；
>
> （2）若 $f''(x_0) > 0$，则 $f(x)$ 在 x_0 处取得极小值。

证明　（1）若 $f''(x_0) < 0$，则由二阶导数的定义知

$$f''(x_0) = \lim_{x \to x_0} \frac{f'(x) - f'(x_0)}{x - x_0} < 0。$$

再由函数极限的局部保号性知，当 x 在 x_0 的某一去心邻域内时，有

$$\frac{f'(x) - f'(x_0)}{x - x_0} < 0。$$

但 $f'(x_0) = 0$，所以上式即为 $\dfrac{f'(x)}{x - x_0} < 0$。

于是，对于该去心邻域内的 x 来说，当 $x - x_0 < 0$，即 $x < x_0$ 时，$f'(x) > 0$；当 $x - x_0 > 0$，即 $x > x_0$ 时，$f'(x) < 0$。根据定理 4.9 可知，$f(x)$ 在 x_0 处取得极大值。

类似可证（2），请读者自行完成。∎

注：若 $f''(x_0) = 0$，定理 4.10 就不能适用了，这时 $f(x)$ 在 x_0 处可能取得极大值，可能取得极小值，也可能不取极值。例如，函数 $f(x) = x^4$ 及 $g(x) = x^3$ 在点 $x = 0$ 处的二阶导数均为 0，但 $f(x) = x^4$ 在 $x = 0$ 处取极小值，$g(x) = x^3$ 在 $x = 0$ 处不取极值。

例 10　求函数 $f(x) = 2x^3 + 3x^2 - 12x - 5$ 的极值。

解　求一阶导数得，$f'(x) = 6x^2 + 6x - 12 = 6(x + 2)(x - 1)$。

令 $f'(x) = 0$，得驻点 $x_1 = -2$，$x_2 = 1$。二阶导数为 $f''(x) = 12x + 6$。

由于 $f''(-2) = -18 < 0$，所以在 $x_1 = -2$ 处取极大值，极大值为 $f(-2) = 15$；而 $f''(1) = 18 > 0$，所以在 $x_2 = 1$ 处取极小值，极小值为 $f(1) = -12$。

4.3.3　函数的最大值和最小值

在许多实际问题中，常常会遇到"收益最大""用料最省""成本最低"等问题，这类问题在数学上有时可以归结为求某一函数（通常称为**目标函数**，objective function）在某个区间上的最大值或最小值问题。

假定函数 $f(x)$ 在闭区间 $[a,b]$ 上连续,则函数在该区间上一定可以取得最大值和最小值。函数的最值可能在闭区间 $[a,b]$ 的端点取得,也可能在开区间 (a,b) 内取得,在后一种情况下,最值一定也是函数的极值。因此,有如下的**求函数 $f(x)$ 在闭区间 $[a,b]$ 上的最大值和最小值的步骤**:

(1) 求出 $f(x)$ 在 (a,b) 内的所有可能的极值点(即驻点和不可导点);

(2) 计算 $f(x)$ 在这些可能的极值点处及两个端点处的函数值;

(3) 对上一步中所有的函数值进行比较,最大的就是最大值,最小的就是最小值。

注:若函数 $f(x)$ 在区间(有限或无限,开或闭)内只有一个极值点 x_0,则当 $f(x_0)$ 是极大(小)值时,它也是 $f(x)$ 在该区间上的最大(小)值。

例 11　求出函数 $f(x)=2x^3+3x^2-12x-5$ 在 $[-3,0]$ 上的最大值和最小值。

解　求一阶导数,得 $f'(x)=6x^2+6x-12=6(x+2)(x-1)$。

令 $f'(x)=0$,得驻点 $x_1=-2,x_2=1$。显然,$x_2=1$ 不属于区间 $[-3,0]$,故舍去。

由于 $f(-3)=4,f(-2)=15,f(0)=-5$,比较可得函数 $f(x)$ 在 $[-3,0]$ 上的最大值为 $f(-2)=15$,最小值为 $f(0)=-5$。

例 12　设某小工厂生产某种产品,已知生产 q 单位的该产品需要的成本为 $C(q)=3q^2+q+48$ 元,当 q 为何值时,生产每单位该产品的平均成本 $A(q)$ 最小?

解　由条件知,生产每单位该产品的平均成本为

$$A(q)=\frac{C(q)}{q}=\frac{3q^2+q+48}{q}=3q+1+\frac{48}{q},\quad q>0。$$

因此,问题归结为:q 在 $(0,+\infty)$ 内取何值时,目标函数 $A(q)$ 的值最小。

$A'(q)=3-\dfrac{48}{q^2}$,解 $A'(q)=0$,得 $q=\pm4$,只有 $q=4$ 属于 $(0,+\infty)$。

又 $A''(q)=\dfrac{96}{q^3}$,且 $A''(4)=\dfrac{96}{4^3}>0$,于是,$A(q)$ 在 $q=4$ 处取极小值,也即最小值。所以,当生产 4 单位的该产品时,生产每单位该产品的平均成本最小,最小值为 $A(4)=25$ 元。

注:对于某些实际问题,我们往往可以根据问题的性质判断出目标函数 $f(x)$ 确有最大(小)值,且最值一定在定义区间内部取得,这时,如果 $f(x)$ 在定义区间内部只有一个驻点(或不可导点)x_0,那么可直接断定 x_0 是最大(小)值点。

例 13　某礼品店每天可以制作 50 件礼品,当每件礼品出售价格定为 180 元时,这 50 件礼品可以全部售出。当每件礼品的出售价格每增加 10 元时,就有一件礼品卖不出去,而每件礼品的成本为 20 元。试问每件礼品的出售价格定为多少时,该礼品店可获得最大利润?最大利润为多少?

解　设每件礼品的出售价格为 x 元,则卖出去的礼品有 $\left(50-\dfrac{x-180}{10}\right)$ 件,每天的利润为

$$P(x)=(x-20)\left(50-\frac{x-180}{10}\right)=(x-20)\left(68-\frac{x}{10}\right),\quad 180\leqslant x\leqslant 680。$$

求导得　　　　　$P'(x)=\left(68-\dfrac{x}{10}\right)+(x-20)\left(-\dfrac{1}{10}\right)=70-\dfrac{x}{5}$,

解 $P'(x)=0$,得 $x=350$,这是区间 $[180,680]$ 上的唯一驻点。所以每件礼品的出售价格定为 350 元时利润最大,获得的最大利润为

$$P(x) = (350 - 20)\left(68 - \frac{350}{10}\right) = 10890(元)。$$

思 考 题

1. 已知某可导函数 $f(x)$ 在区间 $[a,b]$ 上单调递增,则在区间 (a,b) 内是否一定有 $f'(x) > 0$?

2. 设函数 $f(x)$ 在点 c 处取得极小值,是否一定有 $f'(c) = 0$?

习题 4.3

A 组

一、选择题

1. 在区间 $(1, +\infty)$ 内单调递增的函数为(　　)。

　　A. $y = -x^2 + 2x + 3$ 　　　　　　　　B. $y = \ln(x - 1)$

　　C. $y = \cos x$ 　　　　　　　　　　　D. $y = e^{-x}$

2. 在 $x = 0$ 处取极小值的函数为(　　)。

　　A. $y = \sin x$ 　　　B. $y = x^3$ 　　　C. $y = |x|$ 　　　D. $y = e^x$

3. 设某产品的成本函数为 $C(q)$,其中 q 为产量,若 $C(q)$ 可导,且产量为 q_0 时平均成本最小,则(　　)。

　　A. $C'(q_0) = 0$ 　　　　　　　　　　B. $C'(q_0) = C(q_0)$

　　C. $C'(q_0) = q_0 C(q_0)$ 　　　　　　　D. $q_0 C'(q_0) = C(q_0)$

4. 若 $x = a$ 为函数 $f(x)$ 的不可导点,$x = b$ 为 $f(x)$ 的驻点,且 $f'(c) = -2$,则下列图像中哪个可能是 $f(x)$ 的图像?

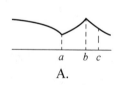
A.

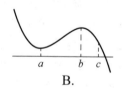
B.

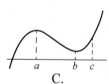
C.

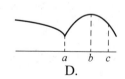
D.

二、填空题

1. 函数 $y = 2x^3 - 9x^2 + 12x - 3$ 的驻点为 $x_1 = $ ＿＿＿＿＿＿和 $x_2 = $ ＿＿＿＿＿＿。

2. 函数 $f(x) = a\sin x + \frac{1}{3}\sin 3x$ 在 $x = \frac{\pi}{3}$ 处有极值,则 $a = $ ＿＿＿＿＿＿,且 $f\left(\frac{\pi}{3}\right)$ 为极＿＿＿＿＿＿值。

3. 若函数 $f(x)$ 在 $x=a$ 处取得极小值,当 $f(x)$ 为奇函数时,$f(x)$ 在 $x=-a$ 处取得极_____值；当 $f(x)$ 为偶函数时,$f(x)$ 在 $x=-a$ 处取得极_____值。

三、解答题

1. 确定下列函数的单调区间:

(1) $y=2x^3-9x^2+12x-3$；　　　　(2) $y=x-\ln(1+x)$。

2. 证明:当 $x>0$ 时,$x>\sin x>x-\dfrac{x^3}{6}$。

3. 求下列函数的极值:

(1) $y=x^4-32x$；　　　　　　　(2) $y=2x^3+3x^2-12x-7$；

(3) $y=\sqrt{3-2x-x^2}$；　　　　　(4) $y=e^x+2e^{-x}$。

4. 求函数 $y=x^3-\dfrac{3}{2}x^2-6x+10$ 在区间 $[-3,3]$ 上的最大值与最小值。

5. 已知某函数 $f(x)$ 在区间 $[a,s]$ 上有定义,且其图像如图 4.18 所示。

(1) 求函数 $f(x)$ 的所有驻点；

(2) 求函数 $f(x)$ 的单调区间；

(3) 求函数 $f(x)$ 的所有极值点；

(4) 求函数 $f(x)$ 的最大值点和最小值点。

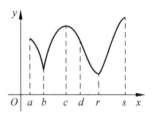

图 4.18

6. 已知某服装厂制作一件 T 恤衫的成本为 40 元,如果每件 T 恤衫的售出价格定为 x 元,售出的 T 恤衫件数为 $y=\dfrac{a}{x-40}+b(80-x)$,其中 a、b 为常数。问每件 T 恤衫的售出价格定为多少时利润最大?

7. 某公司生产某产品,设每件产品的售价为 1500 元,一年生产 x 件产品的总成本是 $C(x)=9+3x+0.015x^2$ 元,假设产品当年都能售出,求此公司的最大年利润。

B 组

1. 设 $b>a>e$,证明:$b\ln a>a\ln b$。

2. 设函数 $y=f(x)$ 由方程 $y^3+xy^2+x^2y+6=0$ 确定,求 $f(x)$ 的极值。

3. 由直线 $y=0$、$x=8$ 及抛物线 $y=x^2$ 围成一个曲边三角形,在曲边 $y=x^2$ 上求一点,使曲线 $y=x^2$ 在该点处的切线与直线 $y=0$ 及 $x=8$ 所围成的三角形面积最大。

4. 在抛物线 $y^2=2x$ 上,求与点 $(1,4)$ 距离最近的点。

5. 求半径为 2 的半圆中,内接矩形面积的最大值。

6. 如果销售某种产品 x 件的成本函数 $C(x)$ 和收益函数 $R(x)$ 均可导 $(x>0)$,它们的导数分别称为**边际成本**(marginal cost)和**边际收益**(marginal revenue)。试解释为什么当利润 $P(x)$ 达到最大值时,边际成本 $C'(x)$ 与边际收益 $R'(x)$ 相等?

4.4　曲线的凹凸性、函数作图

观察图 4.19 的曲线,在区间 (a,c) 内,曲线的两端是向上弯曲的,在区间 (c,b) 内,曲线的两端是向下弯曲的,由曲线的这种弯曲方向的不同,给出曲线的凹凸性的概念。

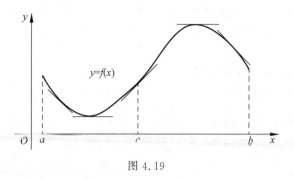

图 4.19

4.4.1　曲线的凹凸性

定义 4.2(曲线凹凸性的定义 1)　设 $f(x)$ 在区间 (a,b) 上可导,若在区间 (a,b) 内, $f(x)$ 对应的曲线上任意一点的切线都位于曲线的下方,则称曲线在 (a,b) 上是**凹的** (concave);若在区间 (a,b) 内,曲线上任意一点的切线都位于曲线的上方,则称曲线在 (a,b) 上是**凸的**(convex)。

曲线是凹的也可以说成"上凹"(cancave upward),曲线是凸的也可以说成"下凹"(cancave downward)。

由定义 4.2 知,图 4.19 中的曲线在区间 (a,c) 上是凹的,在区间 (c,b) 上是凸的。

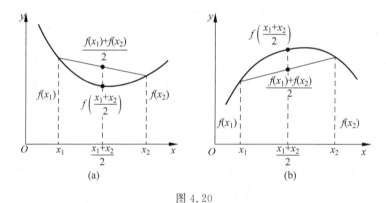

图 4.20

观察图 4.20,曲线的凹凸性还可以有如下的定义。

定义 4.3(曲线凹凸性的定义 2)　设 $f(x)$ 在区间 (a,b) 上连续,若对 (a,b) 内任意两点 x_1 和 x_2,恒有

$$f\left(\frac{x_1+x_2}{2}\right) < \frac{f(x_1)+f(x_2)}{2},$$

则称 $f(x)$ 在 (a,b) 上的图形是**凹的**;若恒有

$$f\left(\frac{x_1+x_2}{2}\right) > \frac{f(x_1)+f(x_2)}{2},$$

则称 $f(x)$ 在 (a,b) 上的图形是**凸的**。

从图 4.19 可以看出,在区间 (a,c) 内,曲线上每一点处的切线斜率 $f'(x)$ 随 x 的增加而增加;在区间 (c,b) 内,曲线上每一点处的切线斜率 $f'(x)$ 随 x 的增加而减小。因此,我们可以用二阶导数的符号来判断曲线的凹凸性。

定理 4.11(曲线凹凸性的判定) 设 $f(x)$ 在 (a,b) 内具有二阶导数 $f''(x)$,在该区间上:

(1) 若 $f''(x)>0$,则曲线是凹的;

(2) 若 $f''(x)<0$,则曲线是凸的。

证明 (1) 欲证曲线是凹的,由定义 4.2 知,只需证 $\forall x_0 \in (a,b)$,曲线在点 x_0 处的切线均位于曲线 $f(x)$ 的下方。因为曲线 $f(x)$ 在点 x_0 处的切线方程为 $y=f'(x_0)(x-x_0)+f(x_0)$,因此,只需证

$$f'(x_0)(x-x_0)+f(x_0)<f(x), \quad x \neq x_0。$$

先考虑 $x>x_0$ 的情况。易验证 $f(x)$ 在区间 $[x_0,x]$ 上满足拉格朗日中值定理的条件,所以存在 $c \in (x_0,x)$,使得

$$f(x)-f(x_0)=f'(c)(x-x_0), \quad 即 \quad f(x)=f'(c)(x-x_0)+f(x_0)。$$

由 $f''(x)>0$ 知,$f'(x)$ 在区间 (a,b) 内单调递增,有 $f'(x_0)<f'(c)$。又因为 $x>x_0$,从而有

$$f'(x_0)(x-x_0)+f(x_0)<f'(c)(x-x_0)+f(x_0)=f(x),$$

即 $f'(x_0)(x-x_0)+f(x_0)<f(x)$。

对于 $x<x_0$ 的情况,类似可证 $f'(x_0)(x-x_0)+f(x_0)<f(x)$ 也成立。

因此,$\forall x_0 \in (a,b)$,曲线在点 x_0 处的切线均位于曲线的下方,即当 $f''(x)>0$ 时,曲线 $f(x)$ 是凹的。

对于(2),类似可证,读者可自行完成。∎

例 1 判断曲线 $y=\ln x$ 的凹凸性。

解 因为 $y''=-\dfrac{1}{x^2}<0(0<x<+\infty)$,所以曲线 $y=\ln x$ 在定义域内是凸的。

例 2 判断曲线 $y=\sin x$ 在 $[0,2\pi]$ 内的凹凸性。

解 因为 $y'=\cos x$,$y''=-\sin x$。所以,当 $0<x<\pi$ 时,$y''<0$;当 $\pi<x<2\pi$ 时,$y''>0$。因此,曲线 $y=\sin x$ 在区间 $[0,\pi]$ 上是凸的,在区间 $[\pi,2\pi]$ 上是凹的。

定义 4.4(拐点) 若曲线 $y=f(x)$ 在点 $(x_0,f(x_0))$ 处有切线,且在点 $(x_0,f(x_0))$ 两侧附近曲线的凹凸性不同,则称点 $(x_0,f(x_0))$ 为曲线 $y=f(x)$ 的**拐点**(inflection point)。

例如,例 2 中,点 $(\pi,0)$ 为曲线 $y=\sin x$ 在 $[0,2\pi]$ 上的拐点。由定义 4.4 可知,拐点是曲线凹和凸的分界点。

如何求出曲线 $y=f(x)$ 的拐点呢?

根据定理 4.11,要求曲线的拐点,只要找出使二阶导数 $f''(x)$ 的符号发生变化的点即可。一般地,在曲线的拐点 $(x_0,f(x_0))$ 处,$f''(x_0)=0$ 或 $f''(x_0)$ 不存在。因此,我们给出如下**确定曲线 $y=f(x)$ 的拐点的步骤:**

（1）求出 $f''(x)$；

（2）求出使 $f''(x)=0$ 的点或 $f''(x)$ 不存在的点；

（3）对于（2）中求出的每一个点 x_0，检查 x_0 左右两侧邻近的 $f''(x)$ 的符号，若两侧的符号相反，则点 $(x_0,f(x_0))$ 是拐点，否则，就不是拐点。

例3　求曲线 $y=\mathrm{e}^{-x^2}$ 的拐点。

解　该函数在 $(-\infty,+\infty)$ 内连续，它的一、二阶导数分别为 $y'=-2x\mathrm{e}^{-x^2}$，$y''=-2\mathrm{e}^{-x^2}+4x^2\mathrm{e}^{-x^2}=2\mathrm{e}^{-x^2}(2x^2-1)$。令 $y''=0$，得 $x_1=-\dfrac{\sqrt{2}}{2}$，$x_2=\dfrac{\sqrt{2}}{2}$，无 $f''(x)$ 不存在的点。

当 $x<-\dfrac{\sqrt{2}}{2}$ 或 $x>\dfrac{\sqrt{2}}{2}$ 时，$y''>0$，所以曲线在区间 $\left(-\infty,-\dfrac{\sqrt{2}}{2}\right]$ 及 $\left[\dfrac{\sqrt{2}}{2},+\infty\right)$ 上是凹的；当 $-\dfrac{\sqrt{2}}{2}<x<\dfrac{\sqrt{2}}{2}$ 时，$y''<0$，所以曲线在区间 $\left[-\dfrac{\sqrt{2}}{2},\dfrac{\sqrt{2}}{2}\right]$ 上是凸的。因此，该曲线有两个拐点，分别为 $\left(-\dfrac{\sqrt{2}}{2},\dfrac{1}{\sqrt{\mathrm{e}}}\right)$ 和 $\left(\dfrac{\sqrt{2}}{2},\dfrac{1}{\sqrt{\mathrm{e}}}\right)$。

函数 $y=\mathrm{e}^{-x^2}$ 的图像如图 4.21 所示。

例4　求曲线 $y=\sqrt[3]{x}$ 的拐点。

解　该函数在 $(-\infty,+\infty)$ 内连续，当 $x\neq0$ 时，它的一、二阶导数分别为

$$y'=\frac{1}{3\sqrt[3]{x^2}}, \quad y''=-\frac{2}{9x\sqrt[3]{x^2}}。$$

当 $x=0$ 时，y'，y'' 都不存在，所以二阶导数在 $(-\infty,+\infty)$ 内不连续，且没有使 $y''=0$ 的点。但 $x=0$ 是二阶导数不存在的点，且曲线在 $(0,0)$ 处有竖直切线。当 $x<0$ 时，$y''>0$；当 $x>0$ 时，$y''<0$。所以该曲线在 $(-\infty,0]$ 上是凹的，在 $[0,+\infty)$ 上是凸的，而当 $x=0$ 时，$y=0$，故点 $(0,0)$ 为此曲线的拐点。

函数 $y=\sqrt[3]{x}$ 的图像如图 4.22 所示。

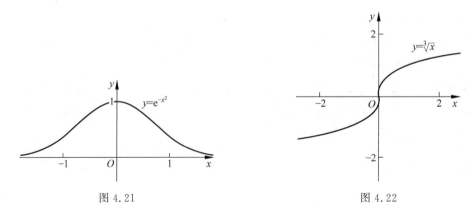

图 4.21　　　　　　　　　　　　　　图 4.22

4.4.2　函数图形的描绘

目前,已经有许多数学软件都具有画出各种函数图像的功能。但是,我们掌握一点手工

描绘函数图形的技术也还是有必要的。

通过前面的讨论,我们已经获得了了解函数性态的方法:一阶导数的符号可以确定函数曲线的上升和下降区间,可以确定极值点的位置;二阶导数的符号可以确定曲线的弯曲方向(即凹凸性)及拐点。因而,我们可以比较准确地作出函数的图形。下面给出**利用一、二阶导数描绘出连续函数曲线的步骤:**

(1) 确定函数 $f(x)$ 的定义域及函数的某些特性(如奇偶性、周期性等);

(2) 求出使 $f'(x)=0$ 的点或 $f'(x)$ 不存在的点,确定曲线的升降区间及取得极值点的位置;

(3) 求出使 $f''(x)=0$ 的点或 $f''(x)$ 不存在的点,找出曲线的凹凸区间及拐点;

(4) 确定曲线的渐近线;

(5) 为了提高所绘图形的准确性,可以再求出一些特殊点,比如曲线与坐标轴的交点等。

例 5 画出函数 $y=x^4+8x^3+18x^2-8$ 的图形。

解 (1) 该函数的定义域为 $(-\infty,+\infty)$。

(2) 函数的一阶导数为
$$f'(x)=4x^3+24x^2+36x=4x(x+3)^2。$$
令 $f'(x)=0$,得 $x_1=0,x_2=-3$。易知,函数在 $(-\infty,0]$ 上单调递减,在 $[0,+\infty)$ 上单调递增,极小值 $f(0)=-8$。

(3) 函数的二阶导数为
$$f''(x)=12x^2+48x^2+36=12(x+3)(x+1)。$$
令 $f''(x)=0$,得 $x_3=-3,x_4=-1$。易知,曲线在 $(-\infty,-3]$ 和 $[-1,+\infty)$ 上是凹的,在 $[-3,-1]$ 上是凸的,有两个拐点 $(-3,19)$ 和 $(-1,3)$。

因为使 $f'(x)=0$ 的点及 $f''(x)=0$ 的点 $x_{2,3}=-3,x_4=-1,x_1=0$ 将 $(-\infty,+\infty)$ 分成 4 个部分区间 $(-\infty,-3],[-3,-1],[-1,0],[0,+\infty)$。为清晰起见,将上面的讨论列成下表:

x	$(-\infty,-3)$	-3	$(-3,-1)$	-1	$(-1,0)$	0	$(0,+\infty)$
$f'(x)$	$-$	0	$-$	$-$	$-$	0	$+$
$f''(x)$	$+$	0	$-$	0	$+$	$+$	$+$
曲线 $f(x)$	$\searrow,\cup$	拐点 $(-3,19)$	$\searrow,\cap$	拐点 $(-1,3)$	$\searrow,\cup$	极小-8	$\nearrow,\cup$

这里记号 $\searrow$($\nearrow$)表示曲线是下降的(上升的),$\cup$($\cap$)表示曲线弧是凹的(凸的)。"$\searrow,\cup$"表示曲线在这个区间内下降而且是凹的。

注意 $x=-3$ 不是极值点。

(4) 曲线的其他变化趋势:当 $x\to\infty$ 时,$y\to+\infty$。曲线没有渐近线。

根据以上分析,可以画出该函数的图形,如图 4.23 所示。

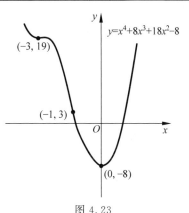

图 4.23

思　考　题

曲线 $y = x^4$ 是否有拐点？

习题 4.4

A 组

1. 判定下列曲线的凹凸性：

(1) $y = 4x - x^2$；　　　　　　　　　　　　　(2) $y = x - \ln(x+1)$。

2. 求下列函数图形的拐点及凹、凸区间：

(1) $y = 3x^4 - 4x^3 + 1$；　　　　　　　　　　(2) $y = x\mathrm{e}^{-x}$。

3. 求曲线 $y = x^2 + 2\ln x$ 在其拐点处的切线方程。

4. 已知函数 $y = f(x)$ 在 $\mathbb{R}$ 上连续，其导数 $f'(x)$ 的图像如图 4.24 所示，则函数 $y = f(x)$ 有几个极值点，有几个拐点？

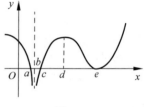

图 4.24

5. 作出下列函数的图形：

(1) $y = 2x^3 + 3x^2 - 12x - 7$；　　　(2) $y = \dfrac{x}{1+x^2}$。

B 组

1. 求曲线 $y = (x-2)(x+1)^{\frac{5}{3}}$ 的凹凸区间和拐点。

2. 设函数 $y = f(x)$ 由参数方程 $\begin{cases} x = \dfrac{1}{3}t^3 + t + \dfrac{1}{3}, \\ y = \dfrac{1}{3}t^3 - t + \dfrac{1}{3} \end{cases}$ 确定，求曲线 $y = f(x)$ 的凹凸区间和拐点。

3. 设函数 $y = f(x)$ 由方程 $y\ln y - x + y = 0$ 确定，判断曲线 $y = f(x)$ 在点 $(1,1)$ 附近的凹凸性。

4. 画出函数 $y = \dfrac{(x+1)^2}{1+x^2}$ 的图形。

复习题 4

一、选择题

1. 在区间 $[-1,1]$ 上，下列函数中满足罗尔定理的是（　）。

A. $f(x) = \sqrt{x}$　　　　　　　　　B. $f(x) = |x|$

C. $f(x) = \ln(1+x^2)$　　　　　　D. $f(x) = \mathrm{e}^x$

2. 函数 $y=\ln(1+x^2)$ 的单调递增区间为（   ）。

    A. $[-1,1]$　　　　　　B. $(-\infty,0)$　　　　　C. $[0,+\infty)$　　　　　D. $(-\infty,+\infty)$

3. 设在 $[0,1]$ 上，$f''(x)>0$，则 $f'(0)$、$f'(1)$、$f(1)-f(0)$ 或 $f(0)-f(1)$ 的大小顺序为（   ）。

    A. $f'(1)>f'(0)>f(1)-f(0)$　　　　　　　B. $f'(1)>f(0)-f(1)>f'(0)$

    C. $f(1)-f(0)>f'(1)>f'(0)$　　　　　　　D. $f'(1)>f(1)-f(0)>f'(0)$

4. 设函数 $y=f(x)$ 在点 $x=x_0$ 处取得极大值，则必有（   ）。

    A. $f'(x_0)=0$　　　　　　　　　　　　　B. $f'(x_0)=0$ 或 $f'(x_0)$ 不存在

    C. $f''(x_0)<0$　　　　　　　　　　　　　D. $f'(x_0)=0$ 且 $f''(x_0)<0$

5. 已知极限 $\lim\limits_{x\to 0}\dfrac{x-\arctan x}{x^k}=c$，其中 k,c 为常数，且 $c\neq 0$，则（   ）。

    A. $k=2,c=-\dfrac{1}{2}$　　B. $k=2,c=\dfrac{1}{2}$　　C. $k=3,c=-\dfrac{1}{3}$　　D. $k=3,c=\dfrac{1}{3}$

二、填空题

1. 函数 $y=3x^4-4x^3+1$ 在区间 _____ 上单调递增，在区间 _____ 上单调递减。

2. 函数 $y=2x^3-3x^2$ 在区间 $[-1,4]$ 上的最小值为 _____。

3. 曲线 $y=2x^3+3x^2-12x+14$ 在区间 _____ 上是凸的，在区间 _____ 上是凹的，点 _____ 为曲线的拐点。

4. 设函数 $f(x)$ 在 $x=0$ 处具有二阶连续导数，且 $f(0)=0,f'(0)=1,f''(0)=-2$，则 $\lim\limits_{x\to 0}\dfrac{f(x)-x}{x^2}=$ _____。

5. 已知函数 $y=x^3+ax^2+bx$ 在 $x=1$ 处取得极小值 -2，则 $a=$ _____，$b=$ _____。

三、解答题

1. 求下列函数的极限：

(1) $\lim\limits_{x\to 0}\dfrac{e^x-e^{-x}}{\sin 2x}$；　　　　　　　　　　(2) $\lim\limits_{x\to 0}\dfrac{\sqrt{4+x}-2}{x\cos x}$；

(3) $\lim\limits_{x\to +\infty}\dfrac{1}{x}\ln(x+e^x)$；　　　　　　　(4) $\lim\limits_{x\to 1}\left(\dfrac{1}{x-1}-\dfrac{x+2}{x^3-1}\right)$；

(5) $\lim\limits_{x\to 0}\dfrac{(1+2x)^{10}-1}{x}$；　　　　　　　(6) $\lim\limits_{x\to 1}\dfrac{\ln x}{x^2-1}$。

2. 证明方程 $x-2-\sin x=0$ 在区间 $(0,3)$ 内有唯一的根。

3. 已知某函数曲线如图 4.25 所示：

(1) 若该曲线是 $f(x)$ 的曲线，那么函数 $f(x)$ 有哪些极值点？这些极值点哪些是极大值点，哪些是极小值点？曲线 $y=f(x)$ 有几个拐点？

(2) 若该曲线是 $f'(x)$ 的曲线，那么函数 $f(x)$ 有哪些极值点？这些极值点哪些是极大值点，哪些是极小值点？曲线 $y=f(x)$ 有几个拐点？并求出所有拐点的横坐标。

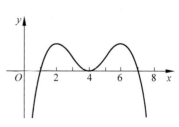

图 4.25

（3）若该曲线是 $f''(x)$ 的曲线,那么曲线 $y=f(x)$ 有几个拐点? 并求出这些拐点的横坐标。

4. 在抛物线 $y=1-x^2$ 与 x 轴所围成的图形中内接一矩形,该矩形的一条边在 x 轴上,另两个顶点在 $y=1-x^2$ 上,问该矩形在 x 轴上的这条边长为多少时,其面积最大,最大面积为多少?

5. 某公司有 3 万元资金可用于广告宣传或产品开发。当投入到广告宣传和产品开发的资金分别为 x 和 y 时,得到的回报是 $P=x^{\frac{1}{9}}y^{\frac{2}{9}}$,试问如何分配资金,可以使公司获得最大的回报?

第5章

不定积分

我们知道导数是一个非常重要的概念。它不仅仅是一种形式运算，在实际问题中还具有非常广泛的应用。例如：(1)已知物体的路程函数 $s=s(t)$，求物体的瞬时速度 $v(t)$；(2)已知曲线 $y=f(x)$，求它的切线的斜率。由导数的物理意义和几何意义，对于问题(1)，有 $v(t)=s'(t)$；对于问题(2)，切线的斜率为 $f'(x)$。

如果我们讨论的是反问题：已知物体运动的瞬时速度，即速度函数 $v(t)$，求物体的路程函数 $s=s(t)$；已知曲线在每一点处的切线斜率，求此曲线。这样的问题实际上可以归结为：已知一个函数的导数，求出这个函数。这便是本章所要讨论的问题，这是积分学中的基本问题之一。

本章主要讨论

1. 何谓不定积分？
2. 不定积分有哪些基本性质？
3. 如何计算不定积分？主要方法是什么？

5.1　不定积分的概念和性质

5.1.1　原函数与不定积分

定义 5.1(原函数)　设函数 $f(x)$ 在区间 I 上有定义，如果存在函数 $F(x)$，使得
$$F'(x)=f(x) \quad 或 \quad \mathrm{d}F(x)=f(x)\mathrm{d}x(x\in I),$$
则称 $F(x)$ 是函数 $f(x)$ 在区间 I 上的一个原函数(antiderivative)。

例如：由于 $(\sin x)'=\cos x, x\in(-\infty,+\infty)$，所以 $\sin x$ 是 $\cos x$ 在 $(-\infty,+\infty)$ 上的一个原函数。但由于 $(\sin x+C)'=\cos x, x\in(-\infty,+\infty)$，$C$ 为任意常数，所以 $\cos x$ 在 $(-\infty,+\infty)$ 上有无穷多个原函数 $\sin x+C$。

关于原函数，我们提出下列问题：

(1) 一个函数具备什么条件才能保证它的原函数一定存在？

(2) 如果函数 $f(x)$ 的原函数存在，那么它的原函数是否唯一？

(3) 同一函数的任意两个原函数之间有什么关系？

显然对第(2)个问题,上面的例子已经给出了答案。对于第(1)个问题,我们有下面的定理。

定理 5.1(原函数存在定理) 如果函数 $f(x)$ 在区间 I 上连续,则函数 $f(x)$ 在该区间上的原函数必定存在。

该定理的证明见定理 6.3。

设函数 $F(x)$ 和函数 $\Phi(x)$ 为函数 $f(x)$ 在区间 I 上的任意的两个原函数,即有 $F'(x)=f(x)$,$\Phi'(x)=f(x)$,由第 4 章定理 4.3 的推论 2 得 $\Phi(x)-F(x)+C$(C 为常数),**这表明函数 $f(x)$ 的任意两个原函数之间仅相差一个常数**。因此,若 $F(x)$ 是函数 $f(x)$ 在区间 I 上的一个原函数,设 C 是任意常数,则表达式 $F(x)+C$ 就可以表示函数 $f(x)$ 在区间 I 上的所有原函数。至此第(3)个问题也就解决了。

由以上几个问题的讨论,我们给出不定积分的定义。

定义 5.2(不定积分) 若 $F(x)$ 是函数 $f(x)$ 在区间 I 上的一个原函数,则 $F(x)+C$(C 为任意常数)称为 $f(x)$ 在该区间上的 **不定积分**(indefinite integral),记作 $\int f(x)\mathrm{d}x$,即

$$\int f(x)\mathrm{d}x=F(x)+C,$$

其中 $\int$ 称为**积分号**(integral sign),$f(x)$ 称为**被积函数**(integrand),$f(x)\mathrm{d}x$ 称为**被积表达式**,x 称为**积分变量**,任意常数 C 称为**积分常数**。

从定义可以看出,一个函数的不定积分指的就是这个函数的所有原函数,它是个函数族。因此,求一个函数的不定积分时,只要求出它的一个原函数,再加上任意常数 C 即可。

例 1 求下列不定积分:

(1) $\int 2x\,\mathrm{d}x$;   (2) $\int \sin x\,\mathrm{d}x$;   (3) $\int \dfrac{1}{1+x^2}\mathrm{d}x$ 。

解 (1) 因为 $(x^2)'=2x$,所以 $\int 2x\,\mathrm{d}x=x^2+C$。

(2) 因为 $(-\cos x)'=\sin x$,所以 $\int \sin x\,\mathrm{d}x=-\cos x+C$。

(3) 因为 $(\arctan x)'=\dfrac{1}{1+x^2}$,所以 $\int \dfrac{1}{1+x^2}\mathrm{d}x=\arctan x+C$。

例 2 求不定积分 $\int \dfrac{1}{x}\mathrm{d}x$ 。

解 由 3.2 节例 13 知,$(\ln|x|)'=\dfrac{1}{x}$,所以,$\int \dfrac{1}{x}\mathrm{d}x=\ln|x|+C$。

例 3 已知一曲线过点 $(1,2)$,且其上任一点 (x,y) 处的切线斜率为该点横坐标的 2 倍,求此曲线的方程。

解 设曲线方程为 $y=f(x)$,由题意及导数的几何意义可知,曲线上任一点 (x,y) 处的切线斜率为 $f'(x)=2x$,这说明 $f(x)$ 是 $2x$ 的一个原函数。

由不定积分的定义可知,$2x$ 的所有原函数为

$$\int 2x\,\mathrm{d}x = x^2 + C_{\circ}$$

因此一定存在某个确定的常数 C，使得 $f(x) = x^2 + C$。

又因为所求曲线经过点 $(1,2)$，于是 $f(1) = 2$，从而得 $C = 1$，因此所求的曲线方程为 $f(x) = x^2 + 1$，即 $y = x^2 + 1$。

由原函数与不定积分的定义，可得下述关系：

(1) $\dfrac{\mathrm{d}}{\mathrm{d}x}\displaystyle\int f(x)\,\mathrm{d}x = f(x)$　或　$\mathrm{d}\displaystyle\int f(x)\,\mathrm{d}x = f(x)\,\mathrm{d}x$；

(2) $\displaystyle\int F'(x)\,\mathrm{d}x = F(x) + C$　或　$\displaystyle\int \mathrm{d}F(x) = F(x) + C_{\circ}$

由此也可以看出，**积分运算与微分运算是互逆的两种运算**，即一个函数的不定积分的导数（或微分）等于这个函数（或被积表达式）；而一个函数的导数（或微分）的不定积分等于此函数加上任意常数。

下面讨论一下不定积分的几何意义。

由不定积分的定义，$\displaystyle\int f(x)\,\mathrm{d}x = F(x) + C$，其中 $F(x) + C$ 是 $f(x)$ 的全体原函数，也

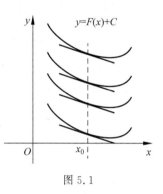

就是导数等于 $f(x)$ 的所有的函数。因此，给 C 一个确定的值 C_0，就对应 $f(x)$ 的一个原函数 $F(x) + C_0$。在平面直角坐标系中，称由 $F(x) + C_0$ 所确定的曲线 $y = F(x) + C_0$ 为 $f(x)$ 的一条**积分曲线**。因为 C 可以取一切实数值，所以 $f(x)$ 的积分曲线就有无穷多条，我们把这些积分曲线的全体称为 $f(x)$ 的**积分曲线族**（图 5.1）。因此，不定积分 $\displaystyle\int f(x)\,\mathrm{d}x = F(x) + C$ 在几何上表示函数 $f(x)$ 的积分曲线族 $y = F(x) + C$，这族曲线的特点是：在它们的横坐标相同的点处，所有的切线都是彼此平行的。

图 5.1

5.1.2　基本积分公式

由于积分运算是微分运算的逆运算，所以由基本初等函数的导数公式可以直接得到基本初等函数的积分公式。现将它们列成表，这个表一般称为**基本积分表**。

(1) $\displaystyle\int k\,\mathrm{d}x = kx + C$（$k$ 为常数）；

(2) $\displaystyle\int x^{\mu}\,\mathrm{d}x = \dfrac{x^{\mu+1}}{\mu+1} + C$（$\mu \neq -1$）；

(3) $\displaystyle\int a^x\,\mathrm{d}x = \dfrac{a^x}{\ln a} + C$（$a > 0, a \neq 1$）；

(4) $\displaystyle\int \mathrm{e}^x\,\mathrm{d}x = \mathrm{e}^x + C$；

(5) $\displaystyle\int \dfrac{1}{x}\,\mathrm{d}x = \ln|x| + C$；

(6) $\int \cos x \, dx = \sin x + C$；

(7) $\int \sin x \, dx = -\cos x + C$；

(8) $\int \dfrac{1}{\cos^2 x} dx = \int \sec^2 x \, dx = \tan x + C$；

(9) $\int \dfrac{1}{\sin^2 x} dx = \int \csc^2 x \, dx = -\cot x + C$；

(10) $\int \dfrac{1}{\sqrt{1-x^2}} dx = \arcsin x + C = -\arccos x + C$；

(11) $\int \dfrac{1}{1+x^2} dx = \arctan x + C = -\text{arccot}\, x + C$；

(12) $\int \sec x \tan x \, dx = \sec x + C$；

(13) $\int \csc x \cot x \, dx = -\csc x + C$。

以上积分公式是计算不定积分的基础,必须要牢记。

5.1.3　不定积分的性质

根据不定积分的定义,不定积分有以下性质:

性质 1　两个函数和(差)的不定积分等于这两个函数不定积分的和(差),即

$$\int [f(x) \pm g(x)] dx = \int f(x) dx \pm \int g(x) dx。$$

性质 2　被积函数中的非零常数因子可以提到积分号外面,即

$$\int k f(x) dx = k \int f(x) dx \quad (k \text{ 为常数,且 } k \neq 0)。$$

事实上,根据导数的运算法则,很容易验证性质 1 与性质 2 中等式右端的导数等于左端不定积分中的被积函数。

利用不定积分的性质以及基本积分表中的公式,我们可以直接计算一些简单函数的不定积分。

例 4　利用不定积分的性质,计算下列不定积分:

(1) $\int (3x^2 + 2x - 4) dx$；　　(2) $\int (6e^x - 5\cos x) dx$；　　(3) $\int \sqrt{x}(x^2 - 5) dx$。

解　(1) $\int (3x^2 + 2x - 4) dx = \int 3x^2 dx + \int 2x \, dx - \int 4 dx$

$$= x^3 + C_1 + x^2 + C_2 - 4(x + C_3)$$

$$= x^3 + x^2 - 4x + C_1 + C_2 - 4C_3 = x^3 + x^2 - 4x + C。$$

该题中出现了不同的任意常数 C_1, C_2 和 C_3,因为任意常数的倍数及任意常数的和仍为任意常数,即 $C_1 + C_2 - 4C_3$ 仍为任意常数,习惯上把它们合并成一个任意常数 C,以后我们直接用 C 表示它们,不再叙述类似的过程。

(2) $\int (6e^x - 5\cos x) dx = \int 6e^x dx - \int 5\cos x \, dx = 6\int e^x dx - 5\int \cos x \, dx$

$$= 6e^x - 5\sin x + C。$$

$(3) \int \sqrt{x} \, (x^2 - 5) \mathrm{d}x = \int (x^{\frac{5}{2}} - 5x^{\frac{1}{2}}) \mathrm{d}x = \int x^{\frac{5}{2}} \mathrm{d}x - 5 \int x^{\frac{1}{2}} \mathrm{d}x$

$$= \frac{2}{7} x^{\frac{7}{2}} - \frac{10}{3} x^{\frac{3}{2}} + C = \frac{2}{7} x^3 \sqrt{x} - \frac{10}{3} x \sqrt{x} + C。$$

例 5 求 $\int \dfrac{x^2}{1+x^2} \mathrm{d}x$。

解 $\int \dfrac{x^2}{1+x^2} \mathrm{d}x = \int \dfrac{1+x^2-1}{1+x^2} \mathrm{d}x = \int \left(1 - \dfrac{1}{1+x^2}\right) \mathrm{d}x$

$$= \int 1 \mathrm{d}x - \int \frac{1}{1+x^2} \mathrm{d}x = x - \arctan x + C。$$

例 6 求 $\int \dfrac{(2x-1)^2}{x} \mathrm{d}x$。

解 $\int \dfrac{(2x-1)^2}{x} \mathrm{d}x = \int \dfrac{4x^2 - 4x + 1}{x} \mathrm{d}x = \int \left(4x - 4 + \dfrac{1}{x}\right) \mathrm{d}x$

$$= \int 4x \, \mathrm{d}x - \int 4 \mathrm{d}x + \int \frac{1}{x} \mathrm{d}x = 2x^2 - 4x + \ln|x| + C。$$

例 7 求 $\int \dfrac{1}{\sin^2 x \cdot \cos^2 x} \mathrm{d}x$。

解 $\int \dfrac{1}{\sin^2 x \cdot \cos^2 x} \mathrm{d}x = \int \dfrac{\sin^2 x + \cos^2 x}{\sin^2 x \cdot \cos^2 x} \mathrm{d}x = \int \dfrac{1}{\cos^2 x} \mathrm{d}x + \int \dfrac{1}{\sin^2 x} \mathrm{d}x$

$$= \int \sec^2 x \, \mathrm{d}x + \int \csc^2 x \, \mathrm{d}x = \tan x - \cot x + C。$$

思 考 题

1. 对一个函数先求导后,对导函数再求不定积分,是否仍得到原来的函数?

2. 对一个函数先求不定积分后再求导,是否仍得到原来的函数?

3. $\int 0 \mathrm{d}x = 0$,这个等式成立吗?

4. $\int [f(x) \cdot g(x)] \mathrm{d}x = \int f(x) \mathrm{d}x \cdot \int g(x) \mathrm{d}x$,这个等式成立吗?

5. "若 $F(x)$ 和 $G(x)$ 是 $f(x)$ 在区间 I 上的两个不同的原函数,则它们的图像永不相交"。这句话对吗?

习题 5.1

A 组

一、选择题

1. 若 $F(x)$、$G(x)$ 均为 $f(x)$ 的原函数,则 $F'(x) - G'(x) = ($)。

   A. $f(x)$ B. 0   C. $F(x)$ D. $f'(x)$

2. 函数 $f(x)$ 的( )原函数,称为 $f(x)$ 的不定积分。

    A. 任意一个   B. 所有   C. 唯一   D. 某一个

3. 已知 $\int f(x)\,\mathrm{d}x = \mathrm{e}^x\cos 2x + C$,则 $f(x) = ($ $)$。

    A. $\mathrm{e}^x(\cos 2x - 2\sin 2x)$ B. $\mathrm{e}^x(\cos 2x - 2\sin 2x) + C$

    C. $\mathrm{e}^x\cos 2x$ D. $-\mathrm{e}^x\sin 2x$

二、填空题

1. $x^2 + \cos x$ 的一个原函数是_____,而_____的原函数是 $x^2 + \cos x$。

2. 若 $f(x)$ 的一个原函数是 $\cos x$,则 $\int f'(x)\,\mathrm{d}x = $ _____。

3. 设 $f'(x)$ 存在且连续,则 $\left(\int \mathrm{d}f(x)\right)' = $ _____。

三、解答题

1. 求下列不定积分:

(1) $\displaystyle\int (4x^2 + x)\,\mathrm{d}x$;

(2) $\displaystyle\int (x^3 - \sqrt{x} + 2)\,\mathrm{d}x$;

(3) $\displaystyle\int (x - \sqrt{x})^2\,\mathrm{d}x$;

(4) $\displaystyle\int (10^x + 3\sin x + \sqrt{x})\,\mathrm{d}x$;

(5) $\displaystyle\int \left(\frac{1}{\sqrt{x}} - 2\sin x + \frac{3}{x}\right)\mathrm{d}x$;

(6) $\displaystyle\int \frac{x^2 + \sin^2 x}{x^2\sin^2 x}\,\mathrm{d}x$;

(7) $\displaystyle\int \frac{(x-1)(x+2)}{x^2}\,\mathrm{d}x$;

(8) $\displaystyle\int \frac{2 - \sqrt{1-x^2}}{\sqrt{1-x^2}}\,\mathrm{d}x$;

(9) $\displaystyle\int (2^x + 3^x)^2\,\mathrm{d}x$;

(10) $\displaystyle\int \tan^2 x\,\mathrm{d}x$;

(11) $\displaystyle\int \mathrm{e}^{x-2}\,\mathrm{d}x$;

(12) $\displaystyle\int 5^{-x}\mathrm{e}^x\,\mathrm{d}x$;

(13) $\displaystyle\int \frac{(2x+1)^2}{x^2}\,\mathrm{d}x$;

(14) $\displaystyle\int \frac{1}{x^2(1+x^2)}\,\mathrm{d}x$;

(15) $\displaystyle\int \frac{x^4}{1+x^2}\,\mathrm{d}x$;

(16) $\displaystyle\int \cos^2\frac{x}{2}\,\mathrm{d}x$;

(17) $\displaystyle\int \frac{\sin 2x}{\cos x}\,\mathrm{d}x$;

(18) $\displaystyle\int \frac{1}{1+\cos 2x}\,\mathrm{d}x$ 。

2. 一曲线通过点 $(\mathrm{e}^2, 1)$,且曲线上任一点 (x, y) 处的切线斜率等于该点横坐标的倒数,求该曲线的方程。

3. 一物体由静止开始作直线运动,经 $t(\mathrm{s})$ 后的速度为 $3t^2(\mathrm{m/s})$,问:

(1) 经 $2(\mathrm{s})$ 后物体离开出发点的距离是多少?

(2) 物体与出发点的距离为 $512(\mathrm{m})$ 时经过了多少时间?

B 组

1. 在下面括号中填上正确的内容:

(1) $\mathrm{d}x = ($ $)\mathrm{d}2x$;

(2) $\mathrm{d}x = ($ $)\mathrm{d}(3-2x)$;

(3) $\dfrac{1}{x}\mathrm{d}x = \mathrm{d}(\quad)$；

(4) $(2x+1)\cos(x^2+x)\mathrm{d}x = \mathrm{d}(\quad)$；

(5) $x\,\mathrm{d}x = (\quad)\mathrm{d}(x^2-1)$；

(6) $\cos 2x\,\mathrm{d}x = (\quad)\mathrm{d}\sin 2x$；

(7) $\mathrm{e}^{-x}\mathrm{d}x = (\quad)\mathrm{d}\mathrm{e}^{-x}$；

(8) $x\,\mathrm{e}^{x^2}\mathrm{d}x = (\quad)\mathrm{d}\mathrm{e}^{x^2}$；

(9) $\dfrac{1}{x^3}\mathrm{d}x = \mathrm{d}(\quad)$；

(10) $\dfrac{1}{\sqrt{2+3x}}\mathrm{d}x = (\quad)\mathrm{d}\sqrt{2+3x}$。

2. 已知 $\displaystyle\int f(x)\mathrm{d}x = F(x)+C$，求不定积分 $\displaystyle\int \cos x\, f(\sin x)\mathrm{d}x$。

5.2 换元积分法

利用基本积分表及不定积分的性质所能计算的不定积分是十分有限的，对于许多常见的且并不复杂的积分，例如 $\displaystyle\int 2\cos 2x\,\mathrm{d}x$、$\displaystyle\int \dfrac{1}{3+2x}\mathrm{d}x$、$\displaystyle\int x^2(x^3+5)^9\mathrm{d}x$ 等，就很难求了，因此有必要寻找其他的积分方法。本节介绍计算不定积分的**换元积分法**（integration by substitution），简称为**换元法**。换元法通常分为第一类换元法和第二类换元法。

5.2.1 第一类换元法

设 $F(u)$ 为 $f(u)$ 的原函数，即 $F'(u)=f(u)$ 或 $\displaystyle\int f(u)\mathrm{d}u = F(u)+C$，如果 $u=\varphi(x)$，且 $\varphi(x)$ 可微，则

$$\frac{\mathrm{d}}{\mathrm{d}x}F[\varphi(x)] = F'(u)\varphi'(x) = f(u)\varphi'(x) = f[\varphi(x)]\varphi'(x)，$$

即 $F[\varphi(x)]$ 为 $f[\varphi(x)]\varphi'(x)$ 的原函数，所以有

$$\int f[\varphi(x)]\varphi'(x)\mathrm{d}x = \int f[\varphi(x)]\mathrm{d}\varphi(x) = \left[\int f(u)\mathrm{d}u\right]_{u=\varphi(x)}$$
$$= F(u)+C = F[\varphi(x)]+C。$$

因此我们可得下面的定理。

> **定理 5.2（不定积分的第一类换元法）**　设 $F(u)$ 为 $f(u)$ 的原函数，且 $u=\varphi(x)$ 可微，则
> $$\int f[\varphi(x)]\varphi'(x)\mathrm{d}x = \left[\int f(u)\mathrm{d}u\right]_{u=\varphi(x)} = F[\varphi(x)]+C。$$

上述公式称为**第一类换元积分公式**。

设有不定积分 $\displaystyle\int g(x)\mathrm{d}x$，若被积函数 $g(x)$ 可以写成 $g(x)=f[\varphi(x)]\varphi'(x)$ 的形式，我们就可以令 $u=\varphi(x)$，然后按定理 5.2 中的换元积分公式进行求解。

例 1　求 $\displaystyle\int \sin 5x\,\mathrm{d}x$。

解　令 $u=5x$，则 $\mathrm{d}u=5\mathrm{d}x$，于是

$$\int \sin 5x\,\mathrm{d}x = \frac{1}{5}\int \sin 5x \cdot 5\mathrm{d}x = \frac{1}{5}\int \sin u\,\mathrm{d}u = -\frac{1}{5}\cos u + C = -\frac{1}{5}\cos 5x + C。$$

例 2　求 $\displaystyle\int\frac{1}{3+2x}\mathrm{d}x$。

解　令 $u=3+2x$，则 $\mathrm{d}u=2\mathrm{d}x$，于是

$$\int\frac{1}{3+2x}\mathrm{d}x=\frac{1}{2}\int\frac{1}{3+2x}\cdot2\mathrm{d}x=\frac{1}{2}\int\frac{1}{u}\mathrm{d}u=\frac{1}{2}\ln\mid u\mid+C=\frac{1}{2}\ln\mid3+2x\mid+C。$$

例 3　求 $\displaystyle\int(1+2x)^{99}\mathrm{d}x$。

解　令 $u=1+2x$，则 $\mathrm{d}u=2\mathrm{d}x$，于是

$$\int(1+2x)^{99}\mathrm{d}x=\frac{1}{2}\int(1+2x)^{99}\cdot2\mathrm{d}x$$

$$=\frac{1}{2}\int u^{99}\mathrm{d}u=\frac{1}{200}u^{100}+C=\frac{1}{200}(1+2x)^{100}+C。$$

例 4　求 $\displaystyle\int x\,\mathrm{e}^{x^2}\mathrm{d}x$

解　令 $u=x^2$，则 $\mathrm{d}u=2x\mathrm{d}x$，于是

$$\int x\,\mathrm{e}^{x^2}\mathrm{d}x=\frac{1}{2}\int\mathrm{e}^{x^2}\cdot2x\mathrm{d}x=\frac{1}{2}\int\mathrm{e}^u\,\mathrm{d}u=\frac{1}{2}\mathrm{e}^u+C=\frac{1}{2}\mathrm{e}^{x^2}+C。$$

当运算比较熟练以后，就不必写出所用的中间变量 u 了。例如本题也可以这样求解：

$$\int x\,\mathrm{e}^{x^2}\mathrm{d}x=\frac{1}{2}\int\mathrm{e}^{x^2}\cdot2x\mathrm{d}x=\frac{1}{2}\int\mathrm{e}^{x^2}\cdot(x^2)'\mathrm{d}x=\frac{1}{2}\int\mathrm{e}^{x^2}\mathrm{d}x^2=\frac{1}{2}\mathrm{e}^{x^2}+C。$$

例 5　求 $\displaystyle\int x^2(x^3+5)^9\mathrm{d}x$。

解　$\displaystyle\int x^2(x^3+5)^9\mathrm{d}x=\int(x^3+5)^9\cdot\frac{1}{3}(x^3+5)'\mathrm{d}x$

$$=\frac{1}{3}\int(x^3+5)^9\mathrm{d}(x^3+5)=\frac{1}{30}(x^3+5)^{10}+C。$$

注：应用第一类换元法不写出中间变量 u 的关键在于将被积函数凑成 $f[\varphi(x)]\varphi'(x)$ 的形式，或将被积表达式凑成 $f[\varphi(x)]\mathrm{d}\varphi(x)$ 的形式，因而这种积分方法也称为"凑微分法"。

例 6　求 $\displaystyle\int\tan x\,\mathrm{d}x$。

解　$\displaystyle\int\tan x\,\mathrm{d}x=\int\frac{\sin x}{\cos x}\mathrm{d}x=\int\frac{-(\cos x)'}{\cos x}\mathrm{d}x$

$$=-\int\frac{1}{\cos x}\mathrm{d}(\cos x)=-\ln\mid\cos x\mid+C。$$

类似可求得　　　　　　　　$\displaystyle\int\cot x\,\mathrm{d}x=\ln\mid\sin x\mid+C。$

例 7　求 $\displaystyle\int\cos^2 x\,\mathrm{d}x$。

解　由三角公式 $\cos^2 x=\dfrac{1+\cos2x}{2}$，得

$$\int\cos^2 x\,\mathrm{d}x=\int\left(\frac{1+\cos2x}{2}\right)\mathrm{d}x=\frac{1}{2}\int(1+\cos2x)\mathrm{d}x$$

$$=\frac{1}{2}\left(x+\frac{1}{2}\sin2x\right)+C=\frac{1}{2}x+\frac{1}{4}\sin2x+C。$$

例 8 求 $\displaystyle\int \frac{1}{x^2 - a^2} \mathrm{d}x \ (a \neq 0)$。

解
$$\int \frac{1}{x^2 - a^2} \mathrm{d}x = \frac{1}{2a} \int \left(\frac{1}{x-a} - \frac{1}{x+a} \right) \mathrm{d}x$$

$$= \frac{1}{2a} \left[\int \frac{1}{x-a} \mathrm{d}x - \int \frac{1}{x+a} \mathrm{d}x \right]$$

$$= \frac{1}{2a} \left[\int \frac{1}{x-a} \mathrm{d}(x-a) - \int \frac{1}{x+a} \mathrm{d}(x+a) \right]$$

$$= \frac{1}{2a} (\ln |x-a| - \ln |x+a|) + C = \frac{1}{2a} \ln \left| \frac{x-a}{x+a} \right| + C。$$

例 9 求 $\displaystyle\int \frac{1}{a^2 + x^2} \mathrm{d}x \ (a \neq 0)$。

解
$$\int \frac{1}{a^2 + x^2} \mathrm{d}x = \frac{1}{a^2} \int \frac{1}{1 + \left(\frac{x}{a}\right)^2} \mathrm{d}x = \frac{1}{a} \int \frac{1}{1 + \left(\frac{x}{a}\right)^2} \cdot \left(\frac{x}{a}\right)' \mathrm{d}x$$

$$= \frac{1}{a} \int \frac{1}{1 + \left(\frac{x}{a}\right)^2} \mathrm{d}\left(\frac{x}{a}\right) = \frac{1}{a} \arctan \frac{x}{a} + C。$$

例 10 求 $\displaystyle\int \frac{1}{\sqrt{a^2 - x^2}} \mathrm{d}x \ (a > 0)$。

解
$$\int \frac{\mathrm{d}x}{\sqrt{a^2 - x^2}} = \frac{1}{a} \int \frac{1}{\sqrt{1 - \left(\frac{x}{a}\right)^2}} \mathrm{d}x = \int \frac{1}{\sqrt{1 - \left(\frac{x}{a}\right)^2}} \cdot \left(\frac{x}{a}\right)' \mathrm{d}x$$

$$= \int \frac{1}{\sqrt{1 - \left(\frac{x}{a}\right)^2}} \mathrm{d}\left(\frac{x}{a}\right) = \arcsin \frac{x}{a} + C。$$

例 11 求 $\displaystyle\int \sec x \, \mathrm{d}x$。

解
$$\int \sec x \, \mathrm{d}x = \int \sec x \cdot 1 \mathrm{d}x = \int \sec x \cdot \frac{\sec x + \tan x}{\sec x + \tan x} \mathrm{d}x$$

$$= \int \frac{\sec^2 x + \sec x \cdot \tan x}{\sec x + \tan x} \mathrm{d}x = \int \frac{(\sec x + \tan x)'}{\sec x + \tan x} \mathrm{d}x$$

$$= \int \frac{1}{\sec x + \tan x} \mathrm{d}(\sec x + \tan x)$$

$$= \ln |\sec x + \tan x| + C,$$

即
$$\int \sec x \, \mathrm{d}x = \ln |\sec x + \tan x| + C。$$

类似可求得
$$\int \csc x \, \mathrm{d}x = \ln |\csc x - \cot x| + C。$$

5.2.2　第二类换元法

第一类换元法能解决一类不定积分的计算。但是有些不定积分,例如 $\int \sqrt{a^2-x^2}\,dx$、$\int \dfrac{dx}{\sqrt{a^2+x^2}}$、$\int \dfrac{1}{1+\sqrt{x}}\,dx$ 等,就不方便用第一换元法来积分,但是此类不定积分可以通过适当的变量替换改变被积函数的形式,使之转化为容易计算的积分,这就是下面要介绍的求不定积分的第二类换元法。

> **定理 5.3(不定积分的第二类换元法)**　设函数 $f(x)$ 连续,$x=\varphi(t)$ 单调可导且 $\varphi'(t)\neq 0$。若
> $$\int f[\varphi(t)]\varphi'(t)\,dt=F(t)+C,$$
> 则有换元积分公式
> $$\int f(x)\,dx=\left[\int f[\varphi(t)]\varphi'(t)\,dt\right]_{t=\varphi^{-1}(x)}=F[\varphi^{-1}(x)]+C。$$
> 其中 $t=\varphi^{-1}(x)$ 是 $x=\varphi(t)$ 的反函数。

这种对积分变量作代换 $x=\varphi(t)$,将积分 $\int f(x)\,dx$ 化为 $\int f[\varphi(t)]\varphi'(t)\,dt$,通过计算 $\int f[\varphi(t)]\varphi'(t)\,dt$ 求出 $\int f(x)\,dx$ 的方法,称为**第二类换元积分法**。上述换元积分公式称为**第二类换元积分公式**。

一般来说,如果积分 $\int f(x)\,dx$ 不易计算,但若设 $x=\varphi(t)$ 后,则有 $dx=\varphi'(t)\,dt$,$\int f(x)\,dx$ 可以化为 $\int f[\varphi(t)]\varphi'(t)\,dt$。当上述积分容易算出时,只要将积分结果中的变量 t 换回到 x,就得到了原式的积分结果。

例 12　求 $\int \dfrac{1}{1+\sqrt{x}}\,dx$。

解　令 $\sqrt{x}=t$,则 $x=t^2$,$dx=dt^2=(t^2)'\,dt=2t\,dt$,于是
$$\int \frac{1}{1+\sqrt{x}}\,dx=\int \frac{2t}{1+t}\,dt=2\int \frac{t}{1+t}\,dt=2\int \frac{1+t-1}{1+t}\,dt$$
$$=2\int \left(1-\frac{1}{1+t}\right)dt=2t-2\ln(1+t)+C$$
$$=2[\sqrt{x}-\ln(1+\sqrt{x})]+C。$$

例 13　求 $\int x\sqrt[3]{x-4}\,dx$。

解　令 $\sqrt[3]{x-4}=t$,则 $x=t^3+4$,$dx=d(t^3+4)=(t^3+4)'\,dt=3t^2\,dt$,于是
$$\int x\sqrt[3]{x-4}\,dx=\int (t^3+4)\cdot t\cdot 3t^2\,dt=3\int (t^6+4t^3)\,dt$$
$$=3\left(\frac{1}{7}t^7+t^4\right)+C=\frac{3}{7}(x-4)^{\frac{7}{3}}+3(x-4)^{\frac{4}{3}}+C。$$

例 14　求 $\displaystyle\int \sqrt{e^x+1}\,dx$。

解　令 $\sqrt{e^x+1}=t$，则 $e^x=t^2-1$，$x=\ln(t^2-1)$，$dx=\left[\ln(t^2-1)\right]'dt=\dfrac{2t}{t^2-1}dt$，于是

$$\int \sqrt{e^x+1}\,dx=\int t\,\frac{2t}{t^2-1}dt=2\int \frac{t^2}{t^2-1}dt=2\int \frac{t^2-1+1}{t^2-1}dt=2\int \left(1+\frac{1}{t^2-1}\right)dt$$

$$=2t+\ln(t-1)-\ln(t+1)+C$$

$$=2\sqrt{e^x+1}+\ln\left(\sqrt{e^x+1}-1\right)-\ln\left(\sqrt{e^x+1}+1\right)+C。$$

例 15　求 $\displaystyle\int \sqrt{a^2-x^2}\,dx\ (a>0)$。

解　设 $x=a\sin t$，$-\dfrac{\pi}{2}\leqslant t\leqslant \dfrac{\pi}{2}$，则 $t=\arcsin\dfrac{x}{a}$，被积函数 $\sqrt{a^2-x^2}=\sqrt{a^2-a^2\sin^2 t}=a\cos t$，且 $dx=d(a\sin t)=a\cos t\,dt$，于是

$$\int \sqrt{a^2-x^2}\,dx=\int a\cos t\cdot a\cos t\,dt=a^2\int \cos^2 t\,dt=a^2\int \left(\frac{1+\cos 2t}{2}\right)dt$$

$$=\frac{a^2}{2}t+\frac{a^2}{4}\sin 2t+C=\frac{a^2}{2}t+\frac{a^2}{2}\sin t\cos t+C$$

$$=\frac{a^2}{2}\arcsin\frac{x}{a}+\frac{1}{2}x\sqrt{a^2-x^2}+C。$$

例 16　求 $\displaystyle\int \frac{1}{\sqrt{a^2+x^2}}dx\ (a>0)$。

解　令 $x=a\tan t$，$-\dfrac{\pi}{2}<t<\dfrac{\pi}{2}$，则 $\sqrt{a^2+x^2}=a\sec t$，$dx=d(a\tan t)=a\sec^2 t\,dt$，于是

$$\int \frac{1}{\sqrt{a^2+x^2}}dx=\int \frac{1}{a\sec t}a\sec^2 t\,dt=\int \sec t\,dt\quad (利用例\ 11\ 的结果)$$

$$=\ln|\sec t+\tan t|+C_1$$

$$=\ln\left|\frac{\sqrt{a^2+x^2}}{a}+\frac{x}{a}\right|+C_1=\ln|x+\sqrt{x^2+a^2}|+C,$$

其中 $C=C_1-\ln a$。

类似地，令 $x=a\sec t$，$0<t<\dfrac{\pi}{2}$，可求得 $\displaystyle\int \frac{1}{\sqrt{x^2-a^2}}dx=\ln|x+\sqrt{x^2-a^2}|+C$。

在本节中有几个结果通常也可当作公式使用，这样，常用的积分公式除了基本积分表中的那些，再添加下面几个。

(14) $\displaystyle\int \tan x\,dx=-\ln|\cos x|+C$；

(15) $\displaystyle\int \cot x\,dx=\ln|\sin x|+C$；

(16) $\displaystyle\int \sec x\,dx=\ln|\sec x+\tan x|+C$；

(17) $\displaystyle\int \csc x\,dx=\ln|\csc x-\cot x|+C$。

思　考　题

对于不定积分 $\int \sin 2x \, \mathrm{d}x$，有以下 3 种解法：

方法 1：$\displaystyle\int \sin 2x \, \mathrm{d}x = \frac{1}{2} \int \sin 2x \, \mathrm{d}2x = -\frac{1}{2} \cos 2x + C$；

方法 2：$\displaystyle\int \sin 2x \, \mathrm{d}x = \int 2 \sin x \cos x \, \mathrm{d}x = 2 \int \sin x \, \mathrm{d} \sin x = \sin^2 x + C$；

方法 3：$\displaystyle\int \sin 2x \, \mathrm{d}x = \int 2 \sin x \cos x \, \mathrm{d}x = -2 \int \cos x \, \mathrm{d} \cos x = -\cos^2 x + C$。

3 种解法都是正确的吗？

习题 5.2

A 组

一、选择题

1. 下列各式中不正确的是(　　)。

 A. $\mathrm{d}x = \dfrac{1}{3} \mathrm{d}(3x - 5)$ B. $\dfrac{1}{x} \mathrm{d}x = -\dfrac{1}{5} \mathrm{d}(2 - 5\ln x)$

 C. $\mathrm{e}^{2x} \mathrm{d}x = \mathrm{d}\mathrm{e}^{2x}$ D. $x \sin x^2 \, \mathrm{d}x = -\dfrac{1}{2} \mathrm{d}\cos x^2$

2. 已知 $\displaystyle\int x^3 \mathrm{d}x = \frac{1}{4} x^4 + C$，则 $\displaystyle\int (2x + 7)^3 \mathrm{d}x = ($ $)$。

 A. $\dfrac{1}{4}(2x + 7)^4 + C$ B. $\dfrac{1}{6}(2x + 7)^4 + C$

 C. $\dfrac{1}{9}(2x + 7)^4 + C$ D. $\dfrac{1}{8}(2x + 7)^4 + C$

3. 若 $\displaystyle\int f(x) \mathrm{d}x = x^2 + C$，则 $\displaystyle\int x f(1 - x^2) \mathrm{d}x = ($ $)$。

 A. $2(1 - x^2)^2 + C$ B. $-2(1 - x^2)^2 + C$

 C. $\dfrac{1}{2}(1 - x^2)^2 + C$ D. $-\dfrac{1}{2}(1 - x^2)^2 + C$

4. $\displaystyle\int \mathrm{e}^{-x} \sin \mathrm{e}^{-x} \mathrm{d}x = ($ $)$。

 A. $-\cos \mathrm{e}^{-x} + C$ B. $\cos \mathrm{e}^{-x} + C$ C. $-\cos \mathrm{e}^{x} + C$ D. $\cos \mathrm{e}^{x} + C$

二、解答题

1. 利用第一类换元积分法求下列不定积分：

 (1) $\displaystyle\int \cos 3x \, \mathrm{d}x$；   (2) $\displaystyle\int \mathrm{e}^{2x} \mathrm{d}x$；

 (3) $\displaystyle\int (3x - 2)^5 \mathrm{d}x$；   (4) $\displaystyle\int \sqrt{3x} \, \mathrm{d}x$；

(5) $\int \sqrt{1-2x}\,\mathrm{d}x$;

(6) $\int \dfrac{1}{2+5x}\,\mathrm{d}x$;

(7) $\int \dfrac{1}{(3+2x)^2}\,\mathrm{d}x$;

(8) $\int x^3 \cos x^4\,\mathrm{d}x$;

(9) $\int \mathrm{e}^x \sin \mathrm{e}^x\,\mathrm{d}x$;

(10) $\int \sin^5 x \cos x\,\mathrm{d}x$;

(11) $\int x(x^2+1)^9\,\mathrm{d}x$;

(12) $\int \mathrm{e}^x (\mathrm{e}^x+2)^5\,\mathrm{d}x$;

(13) $\int (x^2-3x+1)^{100}(2x-3)\,\mathrm{d}x$;

(14) $\int x^3 \sqrt{1-x^2}\,\mathrm{d}x$;

(15) $\int \dfrac{x}{x^2+4}\,\mathrm{d}x$;

(16) $\int \dfrac{1}{x\ln x}\,\mathrm{d}x$;

(17) $\int \dfrac{\sin x}{1+\cos x}\,\mathrm{d}x$;

(18) $\int \dfrac{1}{x^2}\cos \dfrac{1}{x}\,\mathrm{d}x$;

(19) $\int \dfrac{1}{x\sqrt{1+\ln x}}\,\mathrm{d}x$;

(20) $\int \dfrac{\cos x}{1+\sin^2 x}\,\mathrm{d}x$;

(21) $\int \dfrac{\mathrm{e}^{3\sqrt{x}}}{\sqrt{x}}\,\mathrm{d}x$;

(22) $\int \dfrac{3x}{\sqrt{2x^2+5}}\,\mathrm{d}x$ 。

2．利用第二类换元积分法求下列不定积分：

(1) $\int x\sqrt{x-1}\,\mathrm{d}x$;

(2) $\int \dfrac{1}{1-\sqrt{2x}}\,\mathrm{d}x$;

(3) $\int \dfrac{\sqrt{x}}{1+x}\,\mathrm{d}x$;

(4) $\int \dfrac{1}{x^2\sqrt{1+x^2}}\,\mathrm{d}x$ 。

3．已知 $\int x f(x)\,\mathrm{d}x = \arcsin x + C$ ，求 $\int \dfrac{1}{f(x)}\,\mathrm{d}x$ 。

B 组

1．利用换元积分法求下列不定积分：

(1) $\int \dfrac{1}{x^2-16}\,\mathrm{d}x$;

(2) $\int \dfrac{1}{x^2+16}\,\mathrm{d}x$;

(3) $\int \dfrac{1}{\sqrt{9-4x^2}}\,\mathrm{d}x$;

(4) $\int \dfrac{x}{\sqrt{9-4x^2}}\,\mathrm{d}x$;

(5) $\int \dfrac{\mathrm{e}^{2x}}{1+\mathrm{e}^{2x}}\,\mathrm{d}x$;

(6) $\int \dfrac{\mathrm{e}^x}{1+\mathrm{e}^{2x}}\,\mathrm{d}x$;

(7) $\int \dfrac{x^3}{1+x^4}\,\mathrm{d}x$;

(8) $\int \dfrac{x}{1+x^4}\,\mathrm{d}x$;

(9) $\int \dfrac{1}{x^2+2x+3}\,\mathrm{d}x$;

(10) $\int \dfrac{\cos x+\sin x}{\sqrt[5]{\sin x-\cos x}}\,\mathrm{d}x$;

(11) $\int \dfrac{1}{1+\sqrt[3]{x+1}}\,\mathrm{d}x$;

(12) $\int \dfrac{x}{\sqrt{3x+4}}\,\mathrm{d}x$;

$$(13) \int \frac{1}{(1 + \sqrt[3]{x})\sqrt{x}} \mathrm{d}x ; \qquad\qquad (14) \int \frac{1}{\sqrt{\mathrm{e}^x + 1}} \mathrm{d}x 。$$

5.3 分部积分法

换元积分法在计算不定积分时起到了非常重要的作用,但是仅有这种方法还是远远不够的,例如对不定积分 $\int x\mathrm{e}^x \mathrm{d}x$、$\int \ln x \mathrm{d}x$ 及 $\int x\cos x \mathrm{d}x$ 等的计算,换元积分法就无能为力了。但上述不定积分可用本节将要介绍的另外一种十分重要的积分方法 —— **分部积分法**(integration by part)来求解。

不定积分的分部积分法是根据两个函数乘积的求导法则建立起来的,这种方法主要是解决某些被积函数是两类不同函数乘积的不定积分。

设函数 $u = u(x)$、$v = v(x)$ 具有连续导数,则有

$$(uv)' = u'v + uv',$$

两边积分,有

$$\int (uv)' \mathrm{d}x = \int (u'v + uv') \mathrm{d}x,$$

即

$$uv = \int u'v \mathrm{d}x + \int uv' \mathrm{d}x,$$

移项得

$$\int uv' \mathrm{d}x = uv - \int u'v \mathrm{d}x,$$

或写为

$$\int u \mathrm{d}v = uv - \int v \mathrm{d}u 。$$

我们将上述结果用定理的形式表述如下。

> **定理 5.4** 设函数 $u = u(x)$,$v = v(x)$ 具有连续导数,则有
>
> $$\int uv' \mathrm{d}x = uv - \int u'v \mathrm{d}x, \tag{1}$$
>
> 或
>
> $$\int u \mathrm{d}v = uv - \int v \mathrm{d}u 。 \tag{2}$$

(1) 式和(2) 式均称为**分部积分公式**。因此,如果要求的积分 $\int uv' \mathrm{d}x$ 不容易求得,而 $\int u'v \mathrm{d}x$ 又比较容易求出时,就可以使用分部积分法。

分部积分法常常应用在被积函数为以下函数形式的积分中:
(1) 幂函数与指数函数乘积的形式,如 $x\mathrm{e}^x$、$x^2 a^x$ 等;
(2) 幂函数与三角函数乘积的形式,如 $x\sin x$、$x^2\cos x$ 等;
(3) 幂函数与对数函数乘积的形式,如 $\ln x$、$x\ln x$、$\sqrt{x}\ln x$ 等;
(4) 幂函数与反三角函数乘积的形式,如 $x\arcsin x$、$x^2\arctan x$ 等;
(5) 指数函数与三角函数乘积的形式,如 $\mathrm{e}^x\sin x$、$a^x\cos x$ 等。

例 1 求 $\int x\cos x \mathrm{d}x$。

解 被积函数 $x\cos x$ 是幂函数与余弦函数的乘积,不能用换元积分法求解,我们用分部积分法来求解。

设 $u=x,v'=\cos x$,则 $u'=1,v=\sin x$,代入分部积分公式(1),得

$$\int x\cos x\,\mathrm{d}x = x\sin x - \int \sin x\,\mathrm{d}x = x\sin x + \cos x + C。$$

如果用分部积分公式(2)来求解,设 $u=x,\mathrm{d}v=\cos x\,\mathrm{d}x$,则 $\mathrm{d}u=\mathrm{d}x,v=\sin x$,代入公式(2),得

$$\int x\cos x\,\mathrm{d}x = x\sin x - \int \sin x\,\mathrm{d}x = x\sin x + \cos x + C。$$

在例 1 中,如果选取 $u=\cos x,v'=x$,则 $u'=-\sin x,v=\dfrac{x^2}{2}$,由分部积分公式(1),得

$$\int x\cos x\,\mathrm{d}x = \frac{x^2}{2}\cdot\cos x + \int \frac{x^2}{2}\sin x\,\mathrm{d}x。$$

这样就把要求的不定积分变得更复杂了。由此可知,在使用分部积分公式时,u 和 v' 的选择不是随意的,选择不当就有可能使计算变得很复杂甚至求不出结果。u 和 v' 选取的一般原则是:(1)v 要容易求出;(2)积分 $\int u'v\,\mathrm{d}x$ 要比积分 $\int uv'\,\mathrm{d}x$ 容易求出。

例 2 求 $\displaystyle\int x\mathrm{e}^x\,\mathrm{d}x$。

解 设 $u=x,v'=\mathrm{e}^x$,则 $u'=1,v=\mathrm{e}^x$,由分部积分公式(1)得

$$\int x\mathrm{e}^x\,\mathrm{d}x = x\mathrm{e}^x - \int \mathrm{e}^x\,\mathrm{d}x = x\mathrm{e}^x - \mathrm{e}^x + C。$$

读者可以用分部积分公式(2)计算这个积分。

当运算熟练之后,可以不必设出 u、v' 或者 u、$\mathrm{d}v$,而直接计算,此时用分部积分公式(2)比较便捷。比如,例 2 可以直接计算如下:

$$\int x\mathrm{e}^x\,\mathrm{d}x = \int x\,\mathrm{d}\mathrm{e}^x = x\mathrm{e}^x - \int \mathrm{e}^x\,\mathrm{d}x = x\mathrm{e}^x - \mathrm{e}^x + C。$$

例 3 求 $\displaystyle\int x^2\mathrm{e}^x\,\mathrm{d}x$。

解 设 $u=x^2,\mathrm{d}v=\mathrm{e}^x\,\mathrm{d}x$,则 $v=\mathrm{e}^x,\mathrm{d}u=2x\,\mathrm{d}x$,由分部积分公式(2)得

$$\int x^2\mathrm{e}^x\,\mathrm{d}x = x^2\mathrm{e}^x - 2\int x\mathrm{e}^x\,\mathrm{d}x。$$

对于上式等号右端的积分 $\int x\mathrm{e}^x\,\mathrm{d}x$,可以用例 2 的结果,从而有

$$\int x^2\mathrm{e}^x\,\mathrm{d}x = x^2\mathrm{e}^x - 2\int x\mathrm{e}^x\,\mathrm{d}x$$

$$= x^2\mathrm{e}^x - 2(x\mathrm{e}^x - \mathrm{e}^x) + C = (x^2 - 2x + 2)\mathrm{e}^x + C。$$

事实上,例 3 使用了两次分部积分法。

注 由例 1、例 2 及例 3 可以看出,当被积函数是幂函数与正弦(余弦)函数的乘积或是幂函数与指数函数的乘积时,可用分部积分法,并取幂函数为 u,正弦(余弦)函数或指数函数为 v'。这样,经过一次分部积分,幂函数的幂次就降低一次。

例 4 求 $\displaystyle\int x\ln x\,\mathrm{d}x$。

解 设 $u=\ln x$，$v'=x$，则 $u'=\dfrac{1}{x}$，$v=\dfrac{1}{2}x^2$，代入分部积分公式(1)，得

$$\int x\ln x\,\mathrm{d}x=\frac{1}{2}x^2\ln x-\int\frac{1}{x}\cdot\frac{x^2}{2}\,\mathrm{d}x$$

$$=\frac{1}{2}x^2\ln x-\frac{1}{2}\int x\,\mathrm{d}x=\frac{1}{2}x^2\ln x-\frac{1}{4}x^2+C。$$

例 5 求 $\int\ln x\,\mathrm{d}x$。

解 因为 $\int\ln x\,\mathrm{d}x=\int\ln x\cdot 1\,\mathrm{d}x$，所以，设 $u=\ln x$，$v'=1$，则 $u'=\dfrac{1}{x}$，$v=x$，代入分部积分公式(1)，得

$$\int\ln x\,\mathrm{d}x=x\ln x-\int\frac{1}{x}\cdot x\,\mathrm{d}x=x\ln x-\int 1\,\mathrm{d}x=x\ln x-x+C。$$

例 6 求 $\int x\arctan x\,\mathrm{d}x$。

解 设 $u=\arctan x$，$v'=x$，则 $u'=\dfrac{1}{1+x^2}$，$v=\dfrac{1}{2}x^2$，代入分部积分公式(1)，得

$$\int x\arctan x\,\mathrm{d}x=\frac{1}{2}x^2\arctan x-\int\frac{1}{1+x^2}\cdot\frac{x^2}{2}\,\mathrm{d}x$$

$$=\frac{1}{2}x^2\arctan x-\frac{1}{2}\int\frac{x^2}{1+x^2}\,\mathrm{d}x=\frac{1}{2}x^2\arctan x-\frac{1}{2}\int\left(1-\frac{1}{1+x^2}\right)\mathrm{d}x$$

$$=\frac{1}{2}\left[x^2\arctan x-x+\arctan x\right]+C。$$

注：由例 4、例 5 及例 6 可以看出，当被积函数是幂函数与对数函数的乘积或是幂函数与反三角函数的乘积时，可使用分部积分法，并取对数函数或反三角函数为 u，幂函数为 v'。

例 7 求 $\int\mathrm{e}^x\sin x\,\mathrm{d}x$。

解 （**方法 1**） 设 $u=\mathrm{e}^x$，$\mathrm{d}v=\sin x\,\mathrm{d}x$，则有 $\mathrm{d}u=\mathrm{e}^x\,\mathrm{d}x$，$v=-\cos x$，所以

$$\int\mathrm{e}^x\sin x\,\mathrm{d}x=-\mathrm{e}^x\cos x+\int\mathrm{e}^x\cos x\,\mathrm{d}x。$$

对 $\int\mathrm{e}^x\cos x\,\mathrm{d}x$ 再使用分部积分法：设 $u=\mathrm{e}^x$，$\mathrm{d}v=\cos x\,\mathrm{d}x$，则 $\mathrm{d}u=\mathrm{e}^x\,\mathrm{d}x$，$v=\sin x$，故

$$\int\mathrm{e}^x\cos x\,\mathrm{d}x=\mathrm{e}^x\sin x-\int\mathrm{e}^x\sin x\,\mathrm{d}x。$$

从而 $$\int\mathrm{e}^x\sin x\,\mathrm{d}x=-\mathrm{e}^x\cos x+\mathrm{e}^x\sin x-\int\mathrm{e}^x\sin x\,\mathrm{d}x。$$

移项得 $$2\int\mathrm{e}^x\sin x\,\mathrm{d}x=\mathrm{e}^x(\sin x-\cos x)+C_1，$$

所以 $$\int\mathrm{e}^x\sin x\,\mathrm{d}x=\frac{1}{2}\mathrm{e}^x(\sin x-\cos x)+C，\quad 其中\ C=\frac{1}{2}C_1。$$

（方法 2）　设 $u=\sin x$，$\mathrm{d}v=\mathrm{e}^x\,\mathrm{d}x$，则 $\mathrm{d}u=\cos x\,\mathrm{d}x$，$v=\mathrm{e}^x$，于是

$$\int \mathrm{e}^x \sin x\,\mathrm{d}x = \mathrm{e}^x \sin x - \int \mathrm{e}^x \cos x\,\mathrm{d}x。$$

对 $\displaystyle\int \mathrm{e}^x \cos x\,\mathrm{d}x$ 再使用分部积分法：设 $u=\cos x$，$\mathrm{d}v=\mathrm{e}^x\,\mathrm{d}x$，则 $\mathrm{d}u=-\sin x\,\mathrm{d}x$，$v=\mathrm{e}^x$，故

$$\int \mathrm{e}^x \cos x\,\mathrm{d}x = \mathrm{e}^x \cos x + \int \mathrm{e}^x \sin x\,\mathrm{d}x，$$

从而

$$\int \mathrm{e}^x \sin x\,\mathrm{d}x = \mathrm{e}^x \sin x - \mathrm{e}^x \cos x - \int \mathrm{e}^x \sin x\,\mathrm{d}x，$$

移项，两边同除以 2 得

$$\int \mathrm{e}^x \sin x\,\mathrm{d}x = \frac{1}{2}\mathrm{e}^x(\sin x - \cos x) + C。$$

注：由例 7 可以看出，当被积函数是指数函数和三角函数的乘积时，可使用分部积分法，并且取指数函数或三角函数为 u 均可。

例 8　求 $\displaystyle\int \mathrm{e}^{\sqrt{x}}\,\mathrm{d}x$。

解　令 $\sqrt{x}=t$，则 $x=t^2$，$\mathrm{d}x=2t\,\mathrm{d}t$，因此

$$\int \mathrm{e}^{\sqrt{x}}\,\mathrm{d}x = \int \mathrm{e}^t 2t\,\mathrm{d}t = 2\int t\,\mathrm{e}^t\,\mathrm{d}t = 2(t\,\mathrm{e}^t - \mathrm{e}^t) + C = 2\mathrm{e}^{\sqrt{x}}(\sqrt{x}-1) + C。$$

注：有些不定积分在积分过程中要兼用到换元法与分部积分法。

思　考　题

1. 对于不定积分 $\displaystyle\int x\sqrt{x+1}\,\mathrm{d}x$，是否可以用两类换元积分法进行计算？

2. 对于不定积分 $\displaystyle\int x\sqrt{x+1}\,\mathrm{d}x$，是否可以用分部积分法进行计算？

习题 5.3

A 组

一、填空题

1. 使用分部积分法计算不定积分 $\displaystyle\int x\,\mathrm{e}^{-x}\,\mathrm{d}x$ 时，取 $u=$ _____，$v=$ _____。

2. 使用分部积分法计算不定积分 $\displaystyle\int \arccos x\,\mathrm{d}x$ 时，取 $u=$ _____，$v=$ _____。

二、解答题

1. 利用分部积分法计算下列不定积分：

(1) $\displaystyle\int x\sin x\,\mathrm{d}x$；

(2) $\displaystyle\int x\,\mathrm{e}^{-x}\,\mathrm{d}x$；

(3) $\displaystyle\int x\cos 3x\,\mathrm{d}x$；

(4) $\displaystyle\int x\,\mathrm{e}^{2x}\,\mathrm{d}x$；

(5) $\displaystyle\int \ln 3x\,\mathrm{d}x$；　　　　　　　　　　(6) $\displaystyle\int \dfrac{\ln x}{x^2}\,\mathrm{d}x$；

(7) $\displaystyle\int x^2 \ln x\,\mathrm{d}x$；　　　　　　　　(8) $\displaystyle\int \dfrac{x}{\sin^2 x}\,\mathrm{d}x$；

(9) $\displaystyle\int \arcsin x\,\mathrm{d}x$；　　　　　　　(10) $\displaystyle\int \arctan x\,\mathrm{d}x$；

(11) $\displaystyle\int x(x-1)^{10}\,\mathrm{d}x$；　　　　　(12) $\displaystyle\int x\sqrt{x+1}\,\mathrm{d}x$。

2. 已知 $f(x)=\dfrac{1}{x}\mathrm{e}^x$，求 $\displaystyle\int x f''(x)\,\mathrm{d}x$。

B 组

1. 计算下列不定积分：

(1) $\displaystyle\int x\cos^2 x\,\mathrm{d}x$；　　　　　　　(2) $\displaystyle\int x^2 \mathrm{e}^{3x}\,\mathrm{d}x$；

(3) $\displaystyle\int (\ln x)^2\,\mathrm{d}x$；　　　　　　　(4) $\displaystyle\int x^3 \ln x^5\,\mathrm{d}x$；

(5) $\displaystyle\int \sqrt{x}\,\ln\sqrt{x}\,\mathrm{d}x$；　　　　　(6) $\displaystyle\int x^5 \mathrm{e}^{x^2}\,\mathrm{d}x$；

(7) $\displaystyle\int \mathrm{e}^x \cos x\,\mathrm{d}x$；　　　　　　(8) $\displaystyle\int \sin\sqrt{x}\,\mathrm{d}x$。

2. 设 $f(x)$ 有一原函数为 $\dfrac{\sin x}{x}$，求 $\displaystyle\int x f'(x)\,\mathrm{d}x$。

3. 已知 $f'(\ln x)=1+x\ln x$，求 $f(x)$。

复习题 5

一、选择题

1. 若 $\ln|x|$ 是函数 $f(x)$ 的一个原函数，则下列函数中也是 $f(x)$ 的原函数的是(　)。

　　A. $\ln|ax|$　　　　　B. $\dfrac{1}{a}\ln|ax|$　　　　C. $\ln|x+a|$　　　　D. $\dfrac{1}{2}(\ln x)^2$

2. 若 $f'(x)=g'(x)$，则下列式子一定成立的是(　)。

　　A. $f(x)=g(x)$　　　　　　　　　B. $\displaystyle\int f(x)\,\mathrm{d}x=\int g(x)\,\mathrm{d}x$

　　C. $\left(\displaystyle\int \mathrm{d}f(x)\right)'=\left(\int \mathrm{d}g(x)\right)'$　　　　D. $f(x)=g(x)+1$

3. $\displaystyle\int\left(\dfrac{1}{1+x^2}\right)'\mathrm{d}x=$(　)。

　　A. $\dfrac{1}{1+x^2}$　　　　　B. $\dfrac{1}{1+x^2}+C$　　　C. $\arctan x$　　　　D. $\arctan x+C$

4. 设 $f(x)$ 是连续函数，且 $\displaystyle\int f(x)\,\mathrm{d}x=F(x)+C$，则下列各式中正确的是(　)。

A. $\int f(x^2)\mathrm{d}x = F(x^2)+C$　　　　　　B. $\int f(3x+2)\mathrm{d}x = F(3x+2)+C$

C. $\int f(\mathrm{e}^x)\mathrm{d}x = F(\mathrm{e}^x)+C$　　　　　D. $\int f(\ln x)\dfrac{1}{x}\mathrm{d}x = F(\ln x)+C$

5. $\int [f(x)+xf'(x)]\mathrm{d}x = (\quad)$。

　　A. $f(x)+C$　　　　B. $f'(x)+C$　　　　C. $xf(x)+C$　　　　D. $f^2(x)+C$

6. 若 $\int f(x)\mathrm{e}^{-\frac{1}{x}}\mathrm{d}x = -\mathrm{e}^{-\frac{1}{x}}+C$，则 $f(x)$ 为（　）。

　　A. $-\dfrac{1}{x}$　　　　　B. $-\dfrac{1}{x^2}$　　　　　C. $\dfrac{1}{x}$　　　　　D. $\dfrac{1}{x^2}$

7. 利用分部积分法计算 $\int \sqrt{x}\ln x\,\mathrm{d}x$，$u$ 和 v 的正确选取应为（　）。

　　A. $u=\sqrt{x},v=\ln x$　　　　　　　　B. $u=\ln x,v=\sqrt{x}$

　　C. $u=\sqrt{x},v=\dfrac{1}{x}$　　　　　　　D. $u=\ln x,v=\dfrac{2}{3}x^{\frac{3}{2}}$

8. 设 $f(x)$ 有原函数 $x\ln x$，则 $\int xf(x)\mathrm{d}x = (\quad)$。

　　A. $x^2\left(\dfrac{1}{2}+\dfrac{1}{4}\ln x\right)+C$　　　　　　B. $x^2\left(\dfrac{1}{4}+\dfrac{1}{2}\ln x\right)+C$

　　C. $x^2\left(\dfrac{1}{4}-\dfrac{1}{2}\ln x\right)+C$　　　　　　D. $x^2\left(\dfrac{1}{2}-\dfrac{1}{4}\ln x\right)+C$

二、填空题

1. 设 x^3 为 $f(x)$ 的一个原函数，则 $\int f(x)\mathrm{d}x = $ _____。

2. 设 $f(x)$ 为连续函数，则 $\int f^2(x)\mathrm{d}f(x) = $ _____。

3. $\int f'(2x)\mathrm{d}x = $ _____。

4. 设 e^{-x} 是 $f(x)$ 的一个原函数，则 $\int xf(x)\mathrm{d}x = $ _____。

5. 设 $f(x)=\mathrm{e}^{-x}$，则 $\int \dfrac{f'(\ln x)}{x}\mathrm{d}x = $ _____。

6. 已知 $f'(3x-1)=\mathrm{e}^x$，则 $f(x) = $ _____。

三、解答题

1. 求下列不定积分：

(1) $\int \left(\dfrac{1}{x}+4^x\right)\mathrm{d}x$；　　　　　　　　(2) $\int \dfrac{2x^2+3}{x^2+1}\mathrm{d}x$；

(3) $\int \dfrac{\mathrm{e}^x}{2-3\mathrm{e}^x}\mathrm{d}x$；　　　　　　　　(4) $\int x\sqrt{x^2+3}\,\mathrm{d}x$；

(5) $\int \dfrac{x}{\sqrt{x+2}}\mathrm{d}x$；　　　　　　　　(6) $\int (x-3)\cos(x-3)\mathrm{d}x$；

(7) $\displaystyle\int \ln(1+x^2)\mathrm{d}x$；

(8) $\displaystyle\int \cos\sqrt{x+1}\,\mathrm{d}x$；

(9) $\displaystyle\int (x^2+1)\sin(x^3+3x)\mathrm{d}x$；

(10) $\displaystyle\int x\,2^x\,\mathrm{d}x$。

2. 设 $f(\ln x)=\dfrac{\ln(1+x)}{x}$，求 $\displaystyle\int f(x)\mathrm{d}x$。

第6章

定积分及其应用

定积分是积分学中的另一个基本问题,自然科学与生产实践中的许多问题,如求平面图形的面积、立体的体积、曲线的弧长、水压力、变力所做的功等都可以归结为定积分问题,即定积分在几何学、物理学、力学等诸多领域中都有着广泛的应用。

本章主要讨论

1. 定积分是怎样产生的? 何谓定积分?
2. 定积分与原函数之间有什么关系?
3. 计算定积分有哪些主要的方法?
4. 如何应用定积分求平面图形的面积和立体的体积?
5. 何谓无穷积分?

6.1 定积分的概念和性质

6.1.1 两个实际问题

1. 曲边梯形的面积

在初等数学中,我们学习了一些简单的平面封闭图形(如矩形、三角形、圆等)的面积的计算。但实际问题中出现的图形常具有不规则的"曲边",我们怎样计算这些图形的面积呢? 下面以曲边梯形为例来讨论这个问题。

设函数 $y=f(x)$ 在区间 $[a,b]$ 上连续,由曲线 $y=f(x)$、直线 $x=a$、$x=b$ 及 x 轴所围成的图形称为曲边梯形(图 6.1(a))。为讨论方便,假定 $f(x) \geqslant 0$。从整体上看,曲边梯形的高是变化的,因此不能直接利用矩形的面积公式计算此曲边梯形的面积。但是我们可以把曲边梯形分成若干个小曲边梯形,每个小曲边梯形可用一个小矩形近似表示,然后用取极限的方法就可求出大曲边梯形的面积。具体步骤如下:

(1)分割:在区间 $[a,b]$ 内任意插入 $n-1$ 个分点

$$a=x_0 < x_1 < x_2 < \cdots < x_{n-1} < x_n = b,$$

把 $[a,b]$ 分成 n 个小区间 $[x_0,x_1]$,$[x_1,x_2]$,$\cdots$,$[x_{n-1},x_n]$,每个小区间的长度依次为:$\Delta x_1 = x_1 - x_0$,$\Delta x_2 = x_2 - x_1$,$\cdots$,$\Delta x_n = x_n - x_{n-1}$。经过每一个分点 x_i 作平行于 y 轴的

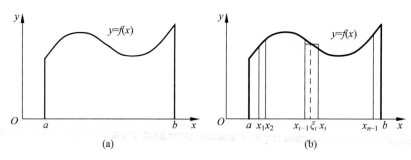

图 6.1

直线段,把曲边梯形分成 n 个小曲边梯形,并记它们的面积分别为:$\Delta A_1,\Delta A_2,\cdots,\Delta A_n$。

(2) 代替:在每个小区间 $[x_{i-1},x_i]$ 内任取一点 ξ_i,用以 $[x_{i-1},x_i]$ 为底、$f(\xi_i)$ 为高的小矩形近似代替第 i 个小曲边梯形 $(i=1,2,\cdots,n)$(图 6.1(b)),因此第 i 个小曲边梯形的面积就近似等于此小矩形的面积,即

$$\Delta A_i \approx f(\xi_i)\Delta x_i, \quad i=1,2,\cdots,n。$$

(3) 求和:将(2)中的 n 个小矩形的面积之和作为所求曲边梯形面积 A 的近似值,即

$$A = \Delta A_1 + \Delta A_2 + \cdots + \Delta A_n \approx f(\xi_1)\Delta x_1 + f(\xi_2)\Delta x_2 + \cdots + f(\xi_n)\Delta x_n$$

$$= \sum_{i=1}^{n} f(\xi_i)\Delta x_i = \sigma。$$

(4) 取极限:为了求得曲边梯形面积 A 的精确值,我们可把区间 $[a,b]$ 无限地细分下去,使得每个小区间的长度 $\Delta x_i(i=1,2,\cdots,n)$ 都趋于零,为了方便起见,令 $\lambda=\max\{\Delta x_1,\Delta x_2,\cdots,\Delta x_n\}$,于是,当 $\lambda\to0$ 时,每个小区间的长度都趋向于零,此时,和数 σ 的极限便是所求曲边梯形的面积 A,即

$$A = \lim_{\lambda\to0}\sum_{i=1}^{n} f(\xi_i)\Delta x_i。$$

2. 变速直线运动的路程

设物体作变速直线运动,已知其速度是时间 t 的连续函数,即 $v=v(t)$,试计算在时间间隔 $[T_1,T_2]$ 内物体所经过的路程 S。

因为物体作变速直线运动,速度 $v(t)$ 随时间 t 而不断变化,故不能用匀速直线运动的公式 $S=vt$ 来计算路程,然而因为物体运动的速度函数 $v=v(t)$ 是**连续**变化的,所以在很小的一段时间间隔内,物体的速度的变化是很小的,近似于匀速,所以在很小的一段时间间隔内,物体所作的运动可近似看作是匀速直线运动,因此,求在时间间隔 $[T_1,T_2]$ 内物体所经过的路程 S 也可用类似于计算曲边梯形面积的方法来处理。具体步骤如下:

(1) 分割:在时间间隔 $[T_1,T_2]$ 内任意插入 $n-1$ 个分点

$$T_1 = t_0 < t_1 < t_2 < \cdots < t_{n-1} < t_n = T_2,$$

把 $[T_1,T_2]$ 分成 n 个小的时间间隔 $[t_0,t_1],[t_1,t_2],\cdots,[t_{n-1},t_n]$,各小的时间间隔的长度依次为:$\Delta t_1=t_1-t_0,\Delta t_2=t_2-t_1,\cdots,\Delta t_n=t_n-t_{n-1}$,设相应各小的时间段内物体所经过的路程为:$\Delta S_1,\Delta S_2,\cdots,\Delta S_n$。

(2) 代替:在时间间隔 $[t_{i-1},t_i]$ 内任取一个时刻 $\tau_i(t_{i-1}\leqslant\tau_i\leqslant t_i)$,以物体在 τ_i 时刻

的速度 $v(\tau_i)$ 来代替物体在时间间隔 $[t_{i-1}, t_i]$ 内各个时刻的速度,得到 $[t_{i-1}, t_i]$ 内物体所经过的路程 ΔS_i 的近似值,即

$$\Delta S_i \approx v(\tau_i)\Delta t_i, \quad i = 1, 2, \cdots, n。$$

(3) 求和:将(2)中的每个小的时间间隔内物体所经过的路程的近似值累加起来,就得到物体在时间间隔 $[T_1, T_2]$ 内所经过的路程 S 的近似值,即

$$S = \Delta S_1 + \Delta S_2 + \cdots + \Delta S_n \approx v(\tau_1)\Delta t_1 + v(\tau_2)\Delta t_2 + \cdots + v(\tau_n)\Delta t_n$$

$$= \sum_{i=1}^{n} v(\tau_i)\Delta t_i = \sigma。$$

(4) 取极限:令 $\lambda = \max\{\Delta t_1, \Delta t_2, \cdots, \Delta t_n\}$,则当 $\lambda \to 0$ 时,每个小时间间隔的长度都趋于零。此时和数 σ 的极限便是所求路程 S 的精确值,即

$$S = \lim_{\lambda \to 0} \sum_{i=1}^{n} v(\tau_i)\Delta t_i。$$

虽然以上两个例子的实际意义不同,但处理问题的思想方法是相同的,都是先把整体问题通过"分割"化为局部问题,在局部上通过"以直代曲"或"以不变代变"作近似代替,由此得到整体的一个近似值,再通过取极限,便得到所求的量。这个方法的过程可简单描述为"**分割 — 代替 — 求和 — 取极限**",采用这种方法解决问题时,最后都归结为求一种**和式的极限**,即:面积 $A = \lim\limits_{\lambda \to 0} \sum\limits_{i=1}^{n} f(\xi_i)\Delta x_i$,路程 $S = \lim\limits_{\lambda \to 0} \sum\limits_{i=1}^{n} v(\tau_i)\Delta t_i$。事实上,在自然科学和工程技术中,还有许多类似问题的解决都可归结为计算这种特定和式的极限,抛开问题的具体意义,抓住它们在数量关系上共同的本质与特性加以概括,抽象出其中的数学概念和思想,我们给出定积分的定义。

6.1.2　定积分的定义及几何意义

1. 定积分的定义

定义 6.1(定积分)　设函数 $f(x)$ 在 $[a, b]$ 上有界,在 $[a, b]$ 内任意插入 $n-1$ 个分点

$$a = x_0 < x_1 < x_2 < \cdots < x_{n-1} < x_n = b,$$

把区间 $[a, b]$ 分成 n 个小区间

$$[x_0, x_1], [x_1, x_2], \cdots, [x_{n-1}, x_n],$$

各个小区间的长度依次为

$$\Delta x_1 = x_1 - x_0, \Delta x_2 = x_2 - x_1, \cdots, \Delta x_n = x_n - x_{n-1}。$$

在每个小区间 $[x_{i-1}, x_i]$ 内任取一点 $\xi_i (x_{i-1} \leqslant \xi_i \leqslant x_i)$,作乘积 $f(\xi_i)\Delta x_i (i = 1, 2, \cdots, n)$,并作和

$$\sigma = \sum_{i=1}^{n} f(\xi_i)\Delta x_i。$$

记 $\lambda = \max\{\Delta x_1, \Delta x_2, \cdots, \Delta x_n\}$,如果不论区间 $[a, b]$ 的分法如何,也不论小区间 $[x_{i-1}, x_i]$ 内的点 ξ_i 的取法如何,只要当 $\lambda \to 0$ 时,和数 σ 总趋于确定的极限 I,我们就称这个极限 I 为函数 $f(x)$ **在区间 $[a, b]$ 上的定积分**(definite integral of $f(x)$ over $[a, b]$),记作 $\int_a^b f(x)\mathrm{d}x$,即

$$\int_a^b f(x)\mathrm{d}x = I = \lim_{\lambda \to 0} \sum_{i=1}^n f(\xi_i)\Delta x_i,$$

在 $\int_a^b f(x)\mathrm{d}x$ 中，$f(x)$ 称为**被积函数**，$f(x)\mathrm{d}x$ 称为**被积表达式**，x 称为**积分变量** (variable of integration)，a 称为**积分下限** (lower limit of integration)，b 称为**积分上限** (upper limit of integration)，$[a,b]$ 称为**积分区间**，和数 σ 称为**积分和或黎曼和** (Riemann sum)，若 $f(x)$ 在 $[a,b]$ 上的定积分存在，则称 $f(x)$ 在 $[a,b]$ 上**可积**。

根据定积分的定义，6.1.1 节的例子中的曲边梯形的面积可用定积分表示为 $A = \int_a^b f(x)\mathrm{d}x$；作变速直线运动的物体在时间间隔 $[T_1, T_2]$ 内所经过的路程 S 用定积分可以表示为 $S = \int_{T_1}^{T_2} v(t)\mathrm{d}t$。

注：对于定积分，需要注意以下几点：

(1) 定积分与不定积分是两个完全不同的概念，不定积分是微分的逆运算，是个函数族，而定积分是一种特殊的和式的极限，其值是一个数，它的大小与被积函数 $f(x)$ 和积分区间 $[a,b]$ 有关，而与积分变量用什么符号表示无关，如：

$$\int_a^b f(x)\mathrm{d}x, \quad \int_a^b f(t)\mathrm{d}t, \quad \int_a^b f(u)\mathrm{d}u$$

等都表示同一个定积分，它们的值相等，这是因为和式 $\sum_{i=1}^n f(\xi_i)\Delta x_i$ 中变量采用什么记号与其极限值无关。

(2) 为了今后使用方便，我们规定：

$$\text{当 } a > b \text{ 时}, \quad \int_a^b f(x)\mathrm{d}x = -\int_b^a f(x)\mathrm{d}x.$$

$$\text{当 } a = b \text{ 时}, \quad \int_a^a f(x)\mathrm{d}x = 0.$$

(3) 对于定积分，有这样一个问题：函数 $f(x)$ 在区间 $[a,b]$ 上满足怎样的条件，$f(x)$ 在 $[a,b]$ 上才一定可积？对于这个问题我们不作深入讨论，只给出以下两个充分条件。

定理 6.1   如果函数 $f(x)$ 在区间 $[a,b]$ 上连续，则 $f(x)$ 在 $[a,b]$ 上可积。

定理 6.2   如果函数 $f(x)$ 在区间 $[a,b]$ 上有界，且只有有限个间断点，则 $f(x)$ 在 $[a,b]$ 上可积。

2. 定积分的几何意义

(1) 由前面的讨论知，当 $f(x) \geqslant 0$ 时，定积分 $\int_a^b f(x)\mathrm{d}x$ 表示由曲线 $y = f(x)$、直线 $x = a$、$x = b$ 及 x 轴围成的曲边梯形的面积 (图 6.2(a))；

(2) 当 $f(x) \leqslant 0$ 时，由曲线 $y = f(x)$、直线 $x = a$、$x = b$ 及 x 轴围成的曲边梯形位于 x 轴的下方，按照定积分的定义，此时定积分 $\int_a^b f(x)\mathrm{d}x$ 的值为负值，因此定积分 $\int_a^b f(x)\mathrm{d}x$ 的绝对值等于此曲边梯形的面积 (图 6.2(b))；

(3) 若在区间 $[a,b]$ 上 $f(x)$ 有正有负，则对应的曲边梯形某些部分在 x 轴的上方，某

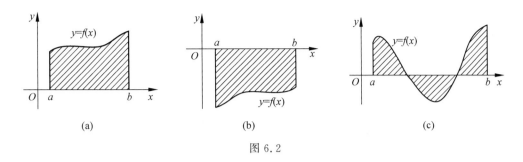

图 6.2

些部分在 x 轴的下方，此时定积分 $\int_a^b f(x)\mathrm{d}x$ 表示由曲线 $y=f(x)$、直线 $x=a$、$x=b$ 及 x 轴围成的曲边梯形位于 x 轴上方的面积减去位于 x 轴下方的面积(图 6.2(c))。

例 1 用定积分表示(1)图 6.3(a)和(2)图 6.3(b)中阴影部分的面积。

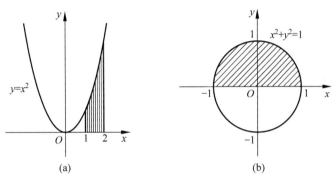

图 6.3

解 由定积分的几何意义知，(1) $A=\int_1^2 x^2\mathrm{d}x$；(2) $A=\int_{-1}^1\sqrt{1-x^2}\,\mathrm{d}x$。

6.1.3 定积分的性质

由定积分的定义以及极限的运算法则与性质，可以得到定积分的几个简单性质。为方便起见，在以下的讨论中假定各性质中所列出的定积分都是存在的。

性质 1 两个函数和(差)的定积分等于这两个函数定积分的和(差)，即
$$\int_a^b [f(x)\pm g(x)]\mathrm{d}x = \int_a^b f(x)\mathrm{d}x \pm \int_a^b g(x)\mathrm{d}x 。$$

性质 2 被积函数中的常数因子可提到积分号外面，即
$$\int_a^b kf(x)\mathrm{d}x = k\int_a^b f(x)\mathrm{d}x \quad (k \text{ 为常数}) 。$$

性质 3(积分区间的可加性) 对于任意三个数 a,b,c 恒有
$$\int_a^b f(x)\mathrm{d}x = \int_a^c f(x)\mathrm{d}x + \int_c^b f(x)\mathrm{d}x 。$$

性质 4 如果在区间 $[a,b]$ 上，$f(x)\equiv 1$，则
$$\int_a^b f(x)\mathrm{d}x = \int_a^b 1\mathrm{d}x = b-a 。$$

上述各性质,可根据定积分的定义与极限的运算性质加以证明。

性质 5 如果在区间 $[a,b]$ 上, $f(x) \geqslant 0$, 则 $\int_a^b f(x) \mathrm{d}x \geqslant 0$。

证明 因为 $f(x) \geqslant 0$, 故 $f(\xi_i) \geqslant 0 (i=1,2,\cdots,n)$。又因

$$\Delta x_i \geqslant 0 (i=1,2,\cdots,n), \qquad 故 \qquad \sum_{i=1}^{n} f(\xi_i) \Delta x_i \geqslant 0,$$

根据极限的保号性,必有 $\lim\limits_{\lambda \to 0} \sum\limits_{i=1}^{n} f(\xi_i) \Delta x_i \geqslant 0$,即 $\int_a^b f(x) \mathrm{d}x \geqslant 0$。

推论 1 如果在 $[a,b]$ 上, $f(x) \leqslant g(x)$, 则

$$\int_a^b f(x) \mathrm{d}x \leqslant \int_a^b g(x) \mathrm{d}x。$$

请读者自己证明。

推论 2 $\left| \int_a^b f(x) \mathrm{d}x \right| \leqslant \int_a^b |f(x)| \mathrm{d}x。$

证明 因为 $\qquad\qquad -|f(x)| \leqslant f(x) \leqslant |f(x)|,$

所以由推论 1 可得

$$-\int_a^b |f(x)| \mathrm{d}x \leqslant \int_a^b f(x) \mathrm{d}x \leqslant \int_a^b |f(x)| \mathrm{d}x,$$

即 $$\left| \int_a^b f(x) \mathrm{d}x \right| \leqslant \int_a^b |f(x)| \mathrm{d}x。$$

性质 6(估值不等式) 设 M 与 m 分别是函数 $f(x)$ 在 $[a,b]$ 上的最大值及最小值,则

$$m(b-a) \leqslant \int_a^b f(x) \mathrm{d}x \leqslant M(b-a)。$$

证明 因为 $m \leqslant f(x) \leqslant M$, 由性质 5 的推论 1 得

$$\int_a^b m \mathrm{d}x \leqslant \int_a^b f(x) \mathrm{d}x \leqslant \int_a^b M \mathrm{d}x。$$

再由性质 1 与性质 4 得, $m(b-a) \leqslant \int_a^b f(x) \mathrm{d}x \leqslant M(b-a)$。

这个性质说明,由被积函数在积分区间上的最大值及最小值,可以估计积分值的取值范围。

性质 7(定积分中值定理,the mean value theorem for definite integral) 如果函数 $f(x)$ 在区间 $[a,b]$ 上连续,则在积分区间 $[a,b]$ 内至少存在一点 ξ,使得下式成立:

$$\int_a^b f(x) \mathrm{d}x = f(\xi)(b-a), \quad a \leqslant \xi \leqslant b。$$

称此公式为**积分中值公式**。

证明 因为 $f(x)$ 在闭区间 $[a,b]$ 上连续,所以它有最大值 M 和最小值 m,由性质 6 可知

$$m \leqslant \frac{1}{b-a} \int_a^b f(x) \mathrm{d}x \leqslant M。$$

这就说明,数值 $\dfrac{1}{b-a} \int_a^b f(x) \mathrm{d}x$ 介于函数 $f(x)$ 的最大值 M 和最小值 m 之间,根据闭区间上连续函数的介值定理(定理 2.21)可知,在区间 $[a,b]$ 内至少存在一点 ξ,使得

$$f(\xi) = \frac{1}{b-a} \int_a^b f(x) \mathrm{d}x 。$$

从而得到

$$\int_a^b f(x) \mathrm{d}x = f(\xi)(b-a), \quad a \leqslant \xi \leqslant b 。 \qquad ■$$

定积分中值定理有如下的几何解释：在闭区间 $[a,b]$ 上以连续曲线 $y = f(x)$ 为曲边的曲边梯形的面积等于一个与它同底的而高为 $f(\xi)$ 的矩形的面积(见图 6.4)。我们称 $f(\xi) = \frac{1}{b-a} \int_a^b f(x) \mathrm{d}x$ 为函数 $f(x)$ 在区间 $[a,b]$ 上的**平均值**（average value）。

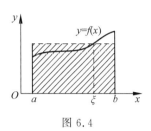

图 6.4

例 2 不计算定积分，试比较下面两个定积分的大小。

$$\int_0^{\frac{\pi}{2}} x \mathrm{d}x \quad \text{与} \quad \int_0^{\frac{\pi}{2}} \sin x \mathrm{d}x 。$$

解 因为当 $0 \leqslant x \leqslant \frac{\pi}{2}$ 时，有 $\sin x \leqslant x$。

由性质 5 的推论 1 知

$$\int_0^{\frac{\pi}{2}} \sin x \mathrm{d}x \leqslant \int_0^{\frac{\pi}{2}} x \mathrm{d}x 。$$

例 3 估计定积分 $\int_1^3 \mathrm{e}^x \mathrm{d}x$ 的值。

解 因为指数函数 $f(x) = \mathrm{e}^x$ 在区间 $[1,3]$ 上是单调递增的，且最大值为 e^3，最小值为 e，由性质 6 知

$$\mathrm{e}(3-1) \leqslant \int_1^3 \mathrm{e}^x \mathrm{d}x \leqslant \mathrm{e}^3(3-1), \quad \text{即} \quad 2\mathrm{e} \leqslant \int_1^3 \mathrm{e}^x \mathrm{d}x \leqslant 2\mathrm{e}^3 。$$

思　考　题

1. 设 $f(x) = \begin{cases} \dfrac{1}{x}, & x \in (0,1], \\ 0, & x = 0, \end{cases}$ 问 $f(x)$ 在 $[0,1]$ 上是否可积？

2. $\int_a^b [f(x) \cdot g(x)] \mathrm{d}x = \int_a^b f(x) \mathrm{d}x \cdot \int_a^b g(x) \mathrm{d}x$，此式成立吗？

习题 6.1

A 组

一、选择题

1. 下列说法正确的是(   )。

　　A. 定积分的大小与被积函数无关，只与积分区间有关

　　B. 定积分的大小与积分区间无关，只与被积函数有关

C. 定积分的大小与积分区间、被积函数都有关,而与区间的分法及点 ξ_i 的取法无关

D. 定积分的大小与积分区间、被积函数都无关,而与区间的分法及点 ξ_i 的取法有关

2. 下列定积分是负数的是(   )。

A. $\int_0^{\frac{\pi}{2}} \sin x \, dx$ B. $\int_0^{\frac{\pi}{2}} \cos x \, dx$ C. $\int_{\frac{\pi}{2}}^{\pi} \sin x \, dx$ D. $\int_{\frac{\pi}{2}}^{\pi} \cos x \, dx$

3. 若 $f(x)$ 在 $[-2,1]$ 上的最大值为 5,最小值为 1,则(   )。

A. $3 \leqslant \int_{-2}^1 f(x) dx \leqslant 15$ B. $1 \leqslant \int_{-2}^1 f(x) dx \leqslant 5$

C. $-2 \leqslant \int_{-2}^1 f(x) dx \leqslant 5$ D. $-2 \leqslant \int_{-2}^1 f(x) dx \leqslant 1$

4. 下列等式错误的是(   )。

A. $\int_0^{\pi} (\sin x + \cos x) dx = \int_0^{\pi} \sin x \, dx + \int_0^{\pi} \cos x \, dx$

B. $\int_{-1}^3 (e^x + 1) dx = \int_{-1}^0 e^x \, dx + \int_0^3 1 dx$

C. $\int_1^2 (3x - 9) dx = 3 \int_1^2 (x - 3) dx$

D. $-\int_2^5 \frac{1}{x} dx = \int_5^2 \frac{1}{x} dx$

5. 下列不等式成立的是(   )。

A. $\int_2^3 x^3 dx < \int_2^3 x^2 dx$ B. $\int_{-1}^0 1 dx < \int_{-1}^0 e^x \, dx$

C. $\int_0^{\frac{\pi}{4}} \sin x \, dx < \int_0^{\frac{\pi}{4}} \cos x \, dx$ D. $\int_1^2 \ln x \, dx < \int_1^2 (\ln x)^2 dx$

二、填空题

1. 已知 $\int_1^3 f(x) dx = 3$,$\int_3^1 g(x) dx = -3$,则 $\int_1^3 [f(x) + g(x)] dx = $ _____。

2. 根据定积分的几何意义,当 $a > 0$ 时,$\int_{-a}^a \sqrt{a^2 - x^2} dx = $ _____;$\int_1^3 2x \, dx = $ _____。

3. 若 $\int_0^2 f(x) dx = 6$,则 $f(x)$ 在 $[0,2]$ 上的平均值为 _____。

4. 一物体以速度 $v = 2t + 1$ 作直线运动,该物体在时间区间 $[0,3]$ 内所经过的路程 S 可以用定积分表示为 _____。

三、解答题

1. 用定积分表示下列各曲线围成的平面图形的面积:

(1) $y = x^2, x = 1, y = 0$;   (2) $y = \frac{1}{x}, x = 1, x = 2, y = 0$;

(3) $y = \ln x, x = e, y = 0$;   (4) $y = e^x, y = 2, x = 0$。

2. 利用定积分的性质估计下列定积分的取值范围：

(1) $\int_0^1 \dfrac{1}{1+x^2}\mathrm{d}x$;

(2) $\int_0^{\frac{\pi}{2}} (1+\cos^4 x)\mathrm{d}x$ 。

B 组

1. 试用定积分表示下列各图中阴影部分的面积：

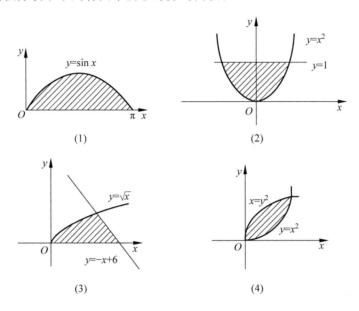

(1)

(2)

(3)

(4)

2. 一个物体在 $t=0(\mathrm{s})$ 时位于原点并且有 $v(0)=0$，速度单位为 m/s，且

$$v(t)=\begin{cases} t/20, & 0\leqslant t\leqslant 40, \\ 2, & 40<t\leqslant 60 \\ 5-t/20, & t>60 \end{cases}$$

请以定积分的形式表示出在 $t=120(\mathrm{s})$ 时物体的位移 S 。

6.2　微积分基本定理

前面我们已经讨论了定积分的由来、定义及基本性质，并且指出了定积分与不定积分是两个不同的概念，本节将讨论两者之间的内在联系——微积分基本定理，从而得到计算定积分的有效方法。

6.2.1　变上限的定积分

由定积分的定义可知，定积分作为积分和的极限，其大小仅与被积函数及积分区间有关，因此定积分是一个与被积函数及积分上、下限有关的常数。显然如果被积函数已经给定，则定积分的值就由积分上、下限来确定；如果下限也已经给定，则定积分的值就仅由积分上限来确定了，这样对于每一个积分上限，则通过定积分就有唯一确定的一个数值与之相对应。所以,如果我们把定积分的上限看作自变量 x,则定积分 $\int_a^x f(t)\mathrm{d}t$ 就定义了一个关于 x 的函数。

> **定义 6.2(变上限的定积分)** 设函数 $f(x)$ 在区间 $[a,b]$ 上可积,则对于任意 $x \in [a,b]$,$f(x)$ 在区间 $[a,x]$ 上也可积,且有积分 $\int_a^x f(x)\mathrm{d}x$ 与之对应,我们称 $\int_a^x f(x)\mathrm{d}x$ 为 $f(x)$ 的变上限的定积分,记作 $\Phi(x)$,即
>
> $$\Phi(x) = \int_a^x f(x)\mathrm{d}x, \quad a \leqslant x \leqslant b。$$

积分变量与积分上限用同一字母表示容易造成理解上的误会。又因为积分值与积分变量用什么符号表示无关,所以我们可用 t 代替积分变量 x,于是变上限的定积分 $\Phi(x)$ 通常写成

$$\Phi(x) = \int_a^x f(t)\mathrm{d}t。$$

因为这个积分值是随着积分上限 x 而变化的,所以 $\int_a^x f(t)\mathrm{d}t$ 又称为**积分上限 x 的函数**。

关于函数 $\Phi(x) = \int_a^x f(t)\mathrm{d}t$,有两个基本定理,它们在整个微积分学中起着重要的作用。

> **定理 6.3** 设函数 $f(x)$ 在 $[a,b]$ 上连续,则函数 $\Phi(x) = \int_a^x f(t)\mathrm{d}t\ (a \leqslant x \leqslant b)$ 在区间 $[a,b]$ 上可导,且 $\Phi'(x) = \left[\int_a^x f(t)\mathrm{d}t\right]' = f(x)$,即 $\Phi(x)$ 是连续函数 $f(x)$ 在 $[a,b]$ 上的一个原函数。

证明 对于任意给定的 $x \in [a,b]$,给 x 一个增量 Δx,使得 $x + \Delta x \in [a,b]$,则函数 $\Phi(x)$ 具有增量

$$\Delta\Phi = \Phi(x + \Delta x) - \Phi(x) = \int_a^{x+\Delta x} f(t)\mathrm{d}t - \int_a^x f(t)\mathrm{d}t$$

$$= \int_a^x f(t)\mathrm{d}t + \int_x^{x+\Delta x} f(t)\mathrm{d}t - \int_a^x f(t)\mathrm{d}t = \int_x^{x+\Delta x} f(t)\mathrm{d}t。$$

由定积分的性质7(定积分中值定理)得

$$\Delta\Phi = \int_x^{x+\Delta x} f(t)\mathrm{d}t = f(\xi)\,\Delta x \quad (\xi \text{ 介于 } x \text{ 与 } x + \Delta x \text{ 之间}),$$

即

$$\frac{\Delta\Phi}{\Delta x} = f(\xi)。$$

因为 $f(x)$ 在 $[a,b]$ 上连续,所以当 $\Delta x \to 0$ 时,$\xi \to x$,因此有

$$\lim_{\Delta x \to 0} \frac{\Delta\Phi}{\Delta x} = \lim_{\xi \to x} f(\xi) = f(x)。$$

根据导数定义,$\lim\limits_{\Delta x \to 0} \dfrac{\Delta\Phi}{\Delta x} = \Phi'(x)$,即 $\Phi'(x) = f(x)$。 ∎

这个定理告诉我们,任何连续函数都有原函数,$f(x)$ 的变上限的定积分 $\Phi(x)$ 就是其中的一个,即 $\Phi'(x) = \left[\int_a^x f(t)\mathrm{d}t\right]' = f(x)$。

例 1　求 $\dfrac{\mathrm{d}}{\mathrm{d}x}\displaystyle\int_a^x \sin t\,\mathrm{d}t$。

解　由定理 6.3 知，$\dfrac{\mathrm{d}}{\mathrm{d}x}\displaystyle\int_a^x \sin t\,\mathrm{d}t = \sin x$。

例 2　求 $\dfrac{\mathrm{d}}{\mathrm{d}x}\displaystyle\int_x^5 (t^2 + \mathrm{e}^t)\,\mathrm{d}t$。

解　$\dfrac{\mathrm{d}}{\mathrm{d}x}\displaystyle\int_x^5 (t^2 + \mathrm{e}^t)\,\mathrm{d}t = \dfrac{\mathrm{d}}{\mathrm{d}x}\left(-\int_5^x (t^2 + \mathrm{e}^t)\,\mathrm{d}t\right) = -\dfrac{\mathrm{d}}{\mathrm{d}x}\int_5^x (t^2 + \mathrm{e}^t)\,\mathrm{d}t = -(x^2 + \mathrm{e}^x)$。

例 3　求 $\dfrac{\mathrm{d}}{\mathrm{d}x}\displaystyle\int_0^{x^2} \cos t\,\mathrm{d}t$。

解　这里 $\displaystyle\int_0^{x^2} \cos t\,\mathrm{d}t$ 是 x^2 的函数，因而是 x 的复合函数，令 $u = x^2$，则 $\displaystyle\int_0^{x^2} \cos t\,\mathrm{d}t$ 可看作是由 $\displaystyle\int_0^u \cos t\,\mathrm{d}t$ 与 $u = x^2$ 复合而成的复合函数，由复合函数的求导法则得

$$\frac{\mathrm{d}}{\mathrm{d}x}\int_0^{x^2} \cos t\,\mathrm{d}t = \frac{\mathrm{d}}{\mathrm{d}u}\int_0^u \cos t\,\mathrm{d}t \cdot \frac{\mathrm{d}u}{\mathrm{d}x} = \cos u \cdot 2x = 2x\cos x^2 。$$

例 4　求 $\displaystyle\lim_{x\to 0} \dfrac{\displaystyle\int_0^{x^2} \sin t\,\mathrm{d}t}{x^4}$。

解　易知这是一个 $\dfrac{0}{0}$ 型的未定式，可利用洛必达法则来计算。所以

$$\lim_{x\to 0} \frac{\displaystyle\int_0^{x^2} \sin t\,\mathrm{d}t}{x^4} = \lim_{x\to 0} \frac{\left(\displaystyle\int_0^{x^2} \sin t\,\mathrm{d}t\right)'}{(x^4)'} = \lim_{x\to 0} \frac{2x\sin x^2}{4x^3} = \lim_{x\to 0} \frac{\sin x^2}{2x^2} = \frac{1}{2} 。$$

6.2.2　牛顿-莱布尼茨公式

现在我们用定理 6.3 来证明另外一个重要定理，这个定理给出了用原函数计算定积分的公式。

> **定理 6.4**（微积分基本定理，**the fundamental theorem of calculus**）　如果函数 $f(x)$ 在区间 $[a,b]$ 上连续，且 $F(x)$ 是 $f(x)$ 在 $[a,b]$ 上的一个原函数，则
> $$\int_a^b f(x)\,\mathrm{d}x = F(b) - F(a) 。$$

证明　已知 $F(x)$ 是 $f(x)$ 在 $[a,b]$ 上的一个原函数，而由定理 6.3 知 $\varPhi(x) = \displaystyle\int_a^x f(t)\,\mathrm{d}t$ 也是 $f(x)$ 在 $[a,b]$ 上的一个原函数。又因为 $f(x)$ 的任意两个原函数之间仅相差一个常数，故有

$$F(x) - \varPhi(x) = C \quad (C \text{ 为常数}) 。$$

因为　　　　　$\varPhi(a) = \displaystyle\int_a^a f(t)\,\mathrm{d}t = 0$，　　所以　　$F(a) = C$。

故　　　　　$F(x) - \varPhi(x) = F(a)$，　　从而　　$\varPhi(x) = F(x) - F(a)$，

即　　　　　$\varPhi(x) = \displaystyle\int_a^x f(t)\,\mathrm{d}t = F(x) - F(a)$。

在上式中令 $x=b$，则有$\int_a^b f(t)\mathrm{d}t=F(b)-F(a)$，即

$$\int_a^b f(x)\mathrm{d}x=F(b)-F(a)。$$ ■

为了书写方便，通常用 $F(x)|_a^b$ 来表示 $F(b)-F(a)$，即

$$\int_a^b f(x)\mathrm{d}x=F(x)\,|_a^b=F(b)-F(a)。$$

此公式称为**牛顿-莱布尼茨**(Newton-Leibniz)公式，又称为**微积分基本公式**。

微积分基本公式是一个非常重要的公式，它揭示了定积分与不定积分之间的内在联系，为定积分的计算提供了非常有效的方法，即：**计算函数 $f(x)$ 在 $[a,b]$ 上的定积分，只需要计算 $f(x)$ 的任一原函数 $F(x)$ 在 $[a,b]$ 上的增量 $F(b)-F(a)$，从而将计算定积分的问题转化为了求原函数的问题。**

例 5 求$\int_0^4(2x+3)\mathrm{d}x$。

解 $\int_0^4(2x+3)\mathrm{d}x=(x^2+3x)\Big|_0^4=4^2+12=28$。

例 6 求$\int_2^5\frac{1}{x}\mathrm{d}x$。

解 $\int_2^5\frac{1}{x}\mathrm{d}x=\ln|x|\,|_2^5=\ln5-\ln2=\ln\frac{5}{2}$。

例 7 求$\int_{-1}^1\frac{1}{1+x^2}\mathrm{d}x$。

解 $\int_{-1}^1\frac{1}{1+x^2}\mathrm{d}x=\arctan x\,|_{-1}^1=\arctan1-\arctan(-1)=\frac{\pi}{4}-\left(-\frac{\pi}{4}\right)=\frac{\pi}{2}$。

例 8 计算正弦曲线 $y=\sin x$ 在 $[0,\pi]$ 上与 x 轴所围成的平面图形的面积(图 6.5)。

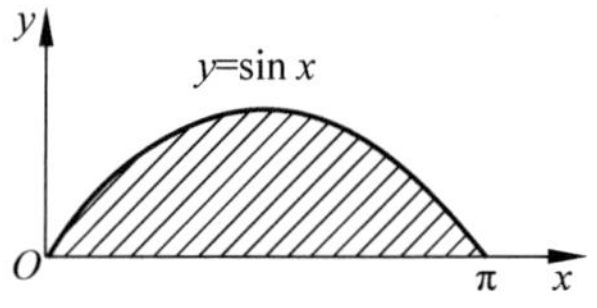

图 6.5

解 该图形可看作是一个曲边梯形，由定积分的几何意义知，其面积为

$$A=\int_0^\pi\sin x\,\mathrm{d}x。$$

由于$-\cos x$ 是 $\sin x$ 的一个原函数，所以由微积分基本公式得

$$A=\int_0^\pi\sin x\,\mathrm{d}x=(-\cos x)\Big|_0^\pi=(-\cos\pi)-(-\cos0)=-(-1)-(-1)=2。$$

例 9 求$\int_{-1}^2 f(x)\mathrm{d}x$，其中 $f(x)=\begin{cases}1-x, & -1\leqslant x<0,\\ \mathrm{e}^x, & 0\leqslant x\leqslant 2。\end{cases}$

解 由积分区间的可加性得

$$\begin{aligned}\int_{-1}^2 f(x)\mathrm{d}x&=\int_{-1}^0 f(x)\mathrm{d}x+\int_0^2 f(x)\mathrm{d}x=\int_{-1}^0(1-x)\mathrm{d}x+\int_0^2\mathrm{e}^x\,\mathrm{d}x\\&=\left(x-\frac{x^2}{2}\right)\Bigg|_{-1}^0+\mathrm{e}^x\,\Big|_0^2=\frac{1}{2}+\mathrm{e}^2。\end{aligned}$$

例 10 求$\int_{-4}^4|x-3|\,\mathrm{d}x$。

解 该定积分需要先去掉被积函数的绝对值符号再进行计算。因为

$$| x - 3 | = \begin{cases} x - 3, & x \geqslant 3, \\ 3 - x, & x < 3, \end{cases}$$

由积分区间的可加性得

$$\int_{-4}^{4} | x - 3 | \mathrm{d}x = \int_{-4}^{3} | x - 3 | \mathrm{d}x + \int_{3}^{4} | x - 3 | \mathrm{d}x$$

$$= \int_{-4}^{3} (3 - x) \mathrm{d}x + \int_{3}^{4} (x - 3) \mathrm{d}x$$

$$= \left(3x - \frac{1}{2} x^2 \right) \Big|_{-4}^{3} + \left(\frac{1}{2} x^2 - 3x \right) \Big|_{3}^{4}$$

$$= 25。$$

请读者思考一下,本题的定积分可否用定积分的几何意义求出?

思　考　题

下面定积分的计算对吗? 为什么?

1. $\displaystyle\int_{-1}^{1} \frac{1}{x^2} \mathrm{d}x = -\frac{1}{x} \Big|_{-1}^{1} = -2$;

2. $\displaystyle\int_{1}^{2} \frac{1}{x^2} \mathrm{d}x = -\frac{1}{x} \Big|_{1}^{2} = \frac{1}{2}$。

习题 6.2

A 组

一、选择题

1. 设函数 $f(x)$ 在区间 $[a, b]$ 上连续,则下列结论不正确的是(　　)。

　　A. $\displaystyle\int_{a}^{b} f(x) \mathrm{d}x$ 是 $f(x)$ 的一个原函数

　　B. $\displaystyle\int_{a}^{x} f(x) \mathrm{d}x$ 是 $f(x)$ 的一个原函数$(a < x < b)$

　　C. $\displaystyle\int_{x}^{b} f(t) \mathrm{d}t$ 是 $-f(x)$ 的一个原函数$(a < x < b)$

　　D. $f(x)$ 在 $[a, b]$ 上可积

2. 若 $\displaystyle\int_{0}^{1} (2x + k) \mathrm{d}x = 2$,则 $k = ($　　$)$。

　　A. 0 　　　　　　　　B. 1 　　　　　　　　C. -1 　　　　　　　　D. $\dfrac{1}{2}$

3. 下列等式中错误的是(　　)。

　　A. $\dfrac{\mathrm{d}}{\mathrm{d}x} \displaystyle\int_{0}^{x} \sin t \, \mathrm{d}t = \sin x$ 　　　　　　　　B. $\dfrac{\mathrm{d}}{\mathrm{d}x} \displaystyle\int_{0}^{x^2} \sin t \, \mathrm{d}t = \sin x^2$

　　C. $\dfrac{\mathrm{d}}{\mathrm{d}x} \displaystyle\int e^{2x} \mathrm{d}x = e^{2x}$ 　　　　　　　　D. $\displaystyle\int (e^{2x})' \mathrm{d}x = e^{2x} + C$

4. 设 $y = \int_0^x (t+1)(t-2)\mathrm{d}t$，则 $y'(0) = (\quad)$。

A. -2 B. -1 C. 1   D. 2

二、填空题

1. $\dfrac{\mathrm{d}}{\mathrm{d}x}\int_0^{\frac{\pi}{2}} \sin x^2 \, \mathrm{d}x = $ _____。

2. $\dfrac{\mathrm{d}^2}{\mathrm{d}x^2}\int_0^\tau xt \, \mathrm{d}t = $ _____。

3. $\lim\limits_{x \to 0^+} \dfrac{\int_0^x \sin t^2 \, \mathrm{d}t}{x^3} = $ _____。

4. 设 $\int_0^x f(t)\mathrm{d}t = \sin 2x$，其中 $f(x)$ 连续，则 $f(x) = $ _____。

三、解答题

1. 求下列定积分：

(1) $\displaystyle\int_0^1 (3x - 4)\mathrm{d}x$；

(2) $\displaystyle\int_1^4 \left(3x^2 + \sqrt{x} - \dfrac{1}{\sqrt{x}}\right)\mathrm{d}x$；

(3) $\displaystyle\int_1^2 \left(x + \dfrac{1}{x}\right)^2 \mathrm{d}x$；

(4) $\displaystyle\int_0^1 \mathrm{e}^{x-1}\mathrm{d}x$；

(5) $\displaystyle\int_{-1}^1 \dfrac{x^2}{1+x^2}\mathrm{d}x$；

(6) $\displaystyle\int_{-1}^1 (x-1)^3 \mathrm{d}x$；

(7) $\displaystyle\int_{-1}^{-2} \dfrac{x+3}{x}\mathrm{d}x$；

(8) $\displaystyle\int_1^4 \sqrt{(2-x)^2}\,\mathrm{d}x$。

2. 求定积分 $\displaystyle\int_0^4 f(x)\mathrm{d}x$，其中 $f(x) = \begin{cases} 1, & 0 \leqslant x < 1, \\ x, & 1 \leqslant x < 2, \\ 4-x, & 2 \leqslant x \leqslant 4。 \end{cases}$

3. 求由抛物线 $y = x^2 + 1$、x 轴、y 轴及直线 $x = 2$ 所围成的平面图形的面积。

4. 从原点出发的粒子速度 $v(t) = \sqrt{t} + t\,\mathrm{km/h}$，其中，$t$ 是粒子离开原点的时间。求粒子在 $1\sim4\mathrm{h}$ 之间走过的路程。

B 组

1. 设 $f(x)$ 是连续函数且 $\displaystyle\int_0^{\sqrt{x}} f(t^2)\mathrm{d}t = -x$，求 $f(1)$。

2. 求函数 $f(x) = \displaystyle\int_0^x (t^2 - 2t - 3)\mathrm{d}t$ 的极值。

3. 设 $f(x)$ 在 $(-\infty, +\infty)$ 上可导，且 $f'(x) < 0$，讨论函数 $F(x) = \displaystyle\int_0^x (x - 2t)f(t)\mathrm{d}t$ 在 $(-\infty, +\infty)$ 上的单调性。

4. 设 $f(x) = x^2 - x\displaystyle\int_0^1 f(x)\mathrm{d}x + 2\displaystyle\int_0^1 f(x)\mathrm{d}x$，求 $f(x)$。

5. 设一物体的运动速度为 $v(t) = \begin{cases} 5, & 0 \leqslant t \leqslant 100, \\ 6 - \dfrac{t}{100}, & 100 < t \leqslant 700, \\ -1, & t > 700。 \end{cases}$

（1）假设当时间 $t = 0$ 时，物体位于原点，试用关于时间 t 的函数来表示此物体的位移 S；

（2）在正方向上，物体离原点最远能有多远？

（3）当时间 t 为何值时，物体会回到原点？

6.3 定积分的计算

对于定积分 $\int_a^b f(x)\mathrm{d}x$，若已知被积函数 $f(x)$ 的一个原函数，利用微积分基本公式很容易计算该定积分。因此，求定积分的问题就归结为求被积函数的原函数的问题。在第 5 章介绍了计算不定积分的换元积分法和分部积分法，本节将给出计算定积分的换元积分法和分部积分法。

6.3.1 定积分的换元积分法

在不定积分的计算中，介绍了第一类换元法和第二类换元法，同不定积分类似，定积分的换元法也可分为第一类换元法和第二类换元法，首先我们先来看定积分的第一类换元法。

> **定理 6.5**（定积分的第一类换元法）　设函数 $\varphi(x)$ 在区间 $[a,b]$ 上有连续的导数，且函数 $f(x)$ 在 $\varphi(x)$ 的值域上连续，则有
> $$\int_a^b f[\varphi(x)]\varphi'(x)\mathrm{d}x = \int_{\varphi(a)}^{\varphi(b)} f(u)\mathrm{d}u,$$
> 其中 $u = \varphi(x)$。

证明　因为函数 $f(x)$ 在 $\varphi(x)$ 的值域上连续，所以由定理 6.3 知，$f(x)$ 一定存在原函数，设 $F(x)$ 为函数 $f(x)$ 的一个原函数，则由微积分基本定理，有

$$\int_{\varphi(a)}^{\varphi(b)} f(u)\mathrm{d}u = F(u)\Big|_{\varphi(a)}^{\varphi(b)} = F[\varphi(b)] - F[\varphi(a)]。$$

由不定积分的第一类换元法（定理 5.2），可得

$$\int f[\varphi(x)]\varphi'(x)\mathrm{d}x = F[\varphi(x)] + C,$$

即 $F[\varphi(x)]$ 为 $f[\varphi(x)]\varphi'(x)$ 的一个原函数，所以由微积分基本定理得

$$\int_a^b f[\varphi(x)]\varphi'(x)\mathrm{d}x = F[\varphi(b)] - F[\varphi(a)]$$

所以 $\int_a^b f[\varphi(x)]\varphi'(x)\mathrm{d}x = \int_{\varphi(a)}^{\varphi(b)} f(u)\mathrm{d}u$。∎

例 1　计算 $\int_0^{\frac{\pi}{2}} \cos^5 x \sin x \, \mathrm{d}x$。

解　令 $u = \cos x$，则 $\mathrm{d}u = \mathrm{d}\cos x = -\sin x\,\mathrm{d}x$。当 $x = 0$ 时，$u = 1$；当 $x = \dfrac{\pi}{2}$ 时，$u = 0$。于是

$$\int_0^{\frac{\pi}{2}} \cos^5 x \sin x\,\mathrm{d}x = -\int_1^0 u^5\,\mathrm{d}u = \int_0^1 u^5\,\mathrm{d}u = \frac{u^6}{6}\bigg|_0^1 = \frac{1}{6}.$$

注：上述例 1 的求解，在换元以后，积分变量已经变为了 u，这个时候一定要注意定积分的上下限也要发生相应的变化，换成关于 u 的积分限，即**换元必换限**。另外，换元后有时会有下限大于上限的情况，此时，直接计算即可。若要变换上下限，积分号前面需要添加负号。

当然，如果第一类换元积分法熟练以后，我们在计算的过程中也可不写出中间变量 u，换元的过程直接在心里进行，此时积分的上下限不必发生变化，例如上述的例 1 也可以如下求解：

$$\int_0^{\frac{\pi}{2}} \cos^5 x \sin x\,\mathrm{d}x = -\int_0^{\frac{\pi}{2}} \cos^5 x\,(\cos x)'\,\mathrm{d}x = -\int_0^{\frac{\pi}{2}} \cos^5 x\,\mathrm{d}\cos x$$

$$= -\frac{\cos^6 x}{6}\bigg|_0^{\frac{\pi}{2}} = -\left(0 - \frac{1}{6}\right) = \frac{1}{6}.$$

例 2　计算 $\displaystyle\int_0^1 8x\,(x^2 + 1)^3\,\mathrm{d}x$。

解　$\displaystyle\int_0^1 8x\,(x^2 + 1)^3\,\mathrm{d}x = \int_0^1 4 \cdot 2x\,(x^2 + 1)^3\,\mathrm{d}x = \int_0^1 4\,(x^2 + 1)'\,(x^2 + 1)^3\,\mathrm{d}x$

$$= \int_0^1 4\,(x^2 + 1)^3\,\mathrm{d}(x^2 + 1) = (x^2 + 1)^4\big|_0^1 = 16 - 1 = 15.$$

> **定理 6.6**（定积分的第二类换元法）　设函数 $f(x)$ 在区间 $[a, b]$ 上连续，函数 $x = \varphi(t)$ 满足条件：
>
> (1) $\varphi(t)$ 在区间 $[\alpha, \beta]$ 上单调且具有连续导数 $\varphi'(t)$，
>
> (2) 当 t 在 $[\alpha, \beta]$ 上变化时，$x = \varphi(t)$ 的值在 $[a, b]$ 上变化，且有 $\varphi(\alpha) = a$，$\varphi(\beta) = b$，
>
> 则有
>
> $$\int_a^b f(x)\,\mathrm{d}x = \int_\alpha^\beta f[\varphi(t)]\varphi'(t)\,\mathrm{d}t.$$

证明　根据定理的条件，上述公式两端的定积分都是存在的。

设 $F(x)$ 是 $f(x)$ 的一个原函数，因此有

$$\int_a^b f(x)\,\mathrm{d}x = F(b) - F(a).$$

由复合函数的求导法则知，$F[\varphi(t)]$ 是 $f[\varphi(t)]\varphi'(t)$ 的一个原函数，所以

$$\int_\alpha^\beta f[\varphi(t)]\varphi'(t)\,\mathrm{d}t = F[\varphi(t)]\big|_\alpha^\beta = F[\varphi(\beta)] - F[\varphi(\alpha)] = F(b) - F(a).$$

因此有　　　　　　　　　$\displaystyle\int_a^b f(x)\,\mathrm{d}x = \int_\alpha^\beta f[\varphi(t)]\varphi'(t)\,\mathrm{d}t.$　■

例 3　计算 $\displaystyle\int_1^4 \frac{1}{x + \sqrt{x}}\,\mathrm{d}x$。

解　令 $\sqrt{x} = t$，则 $x = t^2$，$\mathrm{d}x = \mathrm{d}t^2 = 2t\,\mathrm{d}t$。当 $x = 1$ 时，$t = 1$；当 $x = 4$ 时，$t = 2$。于是

$$\int_1^4 \frac{1}{x+\sqrt{x}}dx = \int_1^2 \frac{2t}{t^2+t}dt = 2\int_1^2 \frac{1}{t+1}dt = 2\ln(t+1)\Big|_1^2 = 2(\ln 3 - \ln 2) = 2\ln\frac{3}{2}。$$

在 6.1 节的习题中,我们利用定积分的几何意义计算了定积分 $\int_{-a}^{a}\sqrt{a^2-x^2}\,dx = \frac{\pi a^2}{2}$,在这里我们利用定积分的第二类换元法计算此题。

例 4　计算 $\int_{-a}^{a}\sqrt{a^2-x^2}\,dx$　$(a>0)$。

解　令 $x=a\sin t$,$-\dfrac{\pi}{2}\leqslant t\leqslant\dfrac{\pi}{2}$,则 $dx = d a\sin t = a\cos t\,dt$。当 $x=-a$ 时,$t=-\dfrac{\pi}{2}$,当 $x=a$ 时,$t=\dfrac{\pi}{2}$。于是

$$\int_{-a}^{a}\sqrt{a^2-x^2}\,dx = \int_{-\frac{\pi}{2}}^{\frac{\pi}{2}}\sqrt{a^2-a^2\sin^2 t}\cdot a\cos t\,dt = \int_{-\frac{\pi}{2}}^{\frac{\pi}{2}}a^2\cos^2 t\,dt$$

$$= a^2\int_{-\frac{\pi}{2}}^{\frac{\pi}{2}}\frac{1+\cos 2t}{2}dt = \frac{a^2}{2}\left(t+\frac{\sin 2t}{2}\right)\Bigg|_{-\frac{\pi}{2}}^{\frac{\pi}{2}} = \frac{\pi a^2}{2}。$$

例 5　设 $f(x)$ 在 $[-a,a]$ 上连续,证明:

(1) 如果 $f(x)$ 是 $[-a,a]$ 上的偶函数,则 $\int_{-a}^{a}f(x)dx = 2\int_0^a f(x)dx$;

(2) 如果 $f(x)$ 是 $[-a,a]$ 上的奇函数,则 $\int_{-a}^{a}f(x)dx = 0$。

证明　由积分区间的可加性知

$$\int_{-a}^{a}f(x)dx = \int_{-a}^{0}f(x)dx + \int_0^a f(x)dx,$$

在上式右边第一个积分中,令 $x=-t$,则

$$\int_{-a}^{0}f(x)dx = \int_a^0 f(-t)d(-t) = -\int_a^0 f(-t)dt = \int_0^a f(-t)dt = \int_0^a f(-x)dx,$$

于是　　$\int_{-a}^{a}f(x)dx = \int_0^a f(-x)dx + \int_0^a f(x)dx = \int_0^a [f(-x)+f(x)]dx。$

(1) 如果 $f(x)$ 是偶函数,那么 $f(-x)+f(x)=2f(x)$,则

$$\int_{-a}^{a}f(x)dx = \int_0^a [f(-x)+f(x)]dx = 2\int_0^a f(x)dx。$$

(2) 如果 $f(x)$ 是奇函数,那么 $f(-x)+f(x)=0$,则

$$\int_{-a}^{a}f(x)dx = \int_0^a [f(-x)+f(x)]dx = \int_0^a 0 dx = 0。$$

利用例 4 的结论,可简化一些对称区间 $[-a,a]$ 上的定积分的计算,例如

$$\int_{-2}^{2}x^2 dx = 2\int_0^2 x^2 dx,\qquad \int_{-a}^{a}\sqrt{a^2-x^2}\,dx = 2\int_0^a \sqrt{a^2-x^2}\,dx,\qquad \int_{-3}^{3}x^5\cos x\,dx = 0。$$

6.3.2　定积分的分部积分法

定理 6.7　设函数 $u(x),v(x)$ 在区间 $[a,b]$ 上有连续的导数 $u'(x),v'(x)$,则有

$$\int_a^b uv'dx = uv\Big|_a^b - \int_a^b u'v\,dx \tag{1}$$

或写为

$$\int_a^b u\,\mathrm{d}v = uv \Big|_a^b - \int_a^b v\,\mathrm{d}u 。 \tag{2}$$

(1)式和(2)式均称为**定积分的分部积分公式**。

证明 因为 $u(x), v(x)$ 在 $[a,b]$ 上具有连续导数,则由两函数乘积的求导法则得

$$(uv)' = u'v + uv',$$

等式两边分别求在 $[a,b]$ 上的定积分得

$$\int_a^b (uv)'\,\mathrm{d}x = \int_a^b u'v\,\mathrm{d}x + \int_a^b uv'\,\mathrm{d}x,$$

移项得

$$\int_a^b uv'\,\mathrm{d}x = \int_a^b (uv)'\,\mathrm{d}x - \int_a^b u'v\,\mathrm{d}x 。$$

又因为 $\int_a^b (uv)'\,\mathrm{d}x = uv\Big|_a^b$,所以上式可写为

$$\int_a^b uv'\,\mathrm{d}x = uv \Big|_a^b - \int_a^b u'v\,\mathrm{d}x,$$

或

$$\int_a^b u\,\mathrm{d}v = uv \Big|_a^b - \int_a^b v\,\mathrm{d}u 。$$

■

例 6 计算 $\int_0^\pi x\sin x\,\mathrm{d}x$。

解 令 $u = x, v' = \sin x$,则 $u' = 1, v = -\cos x$,由分部积分公式(1)得

$$\int_0^\pi x\sin x\,\mathrm{d}x = x \cdot (-\cos x)\Big|_0^\pi - \int_0^\pi (-\cos x)\,\mathrm{d}x$$

$$= x \cdot (-\cos x)\Big|_0^\pi + \int_0^\pi \cos x\,\mathrm{d}x = \pi + \sin x\Big|_0^\pi = \pi 。$$

此题也可以用分部积分公式(2)求解,请读者自己求解一下。

例 7 计算 $\int_1^{\mathrm{e}} \ln x\,\mathrm{d}x$。

解 令 $u = \ln x, v' = 1$,则 $u' = \dfrac{1}{x}, v = x$,由分部积分公式(1)得

$$\int_1^{\mathrm{e}} \ln x\,\mathrm{d}x = x\ln x\Big|_1^{\mathrm{e}} - \int_1^{\mathrm{e}} \frac{1}{x} \cdot x\,\mathrm{d}x = \mathrm{e} - \int_1^{\mathrm{e}} 1\,\mathrm{d}x = \mathrm{e} - x\Big|_1^{\mathrm{e}} = 1 。$$

例 8 计算 $\int_0^{\frac{\pi}{2}} \mathrm{e}^x \cos x\,\mathrm{d}x$。

解 令 $u = \cos x, v' = \mathrm{e}^x$,则 $u' = -\sin x, v = \mathrm{e}^x$,由分部积分公式(1)得

$$\int_0^{\frac{\pi}{2}} \mathrm{e}^x \cos x\,\mathrm{d}x = \mathrm{e}^x \cos x\Big|_0^{\frac{\pi}{2}} + \int_0^{\frac{\pi}{2}} \sin x \cdot \mathrm{e}^x\,\mathrm{d}x = -1 + \int_0^{\frac{\pi}{2}} \mathrm{e}^x \sin x\,\mathrm{d}x 。$$

在计算 $\int_0^{\frac{\pi}{2}} \mathrm{e}^x \sin x\,\mathrm{d}x$ 时,令 $u = \sin x, v' = \mathrm{e}^x$,则 $u' = \cos x, v = \mathrm{e}^x$,由分部积分公式(1)得

$$\int_0^{\frac{\pi}{2}} \mathrm{e}^x \sin x\,\mathrm{d}x = \mathrm{e}^x \sin x\Big|_0^{\frac{\pi}{2}} - \int_0^{\frac{\pi}{2}} \cos x \cdot \mathrm{e}^x\,\mathrm{d}x = \mathrm{e}^{\frac{\pi}{2}} - \int_0^{\frac{\pi}{2}} \mathrm{e}^x \cos x\,\mathrm{d}x 。$$

所以

$$\int_0^{\frac{\pi}{2}} \mathrm{e}^x \cos x\,\mathrm{d}x = -1 + \mathrm{e}^{\frac{\pi}{2}} - \int_0^{\frac{\pi}{2}} \mathrm{e}^x \cos x\,\mathrm{d}x,$$

移项整理得

$$\int_0^{\frac{\pi}{2}} \mathrm{e}^x \cos x\,\mathrm{d}x = \frac{1}{2}\left(\mathrm{e}^{\frac{\pi}{2}} - 1\right) 。$$

此题也可令 $u = e^x$、$v' = \cos x$ 进行计算,请读者自己求解一下。

例9 计算 $\int_0^1 e^{\sqrt{x}} \, dx$。

解 令 $\sqrt{x} = t$,则 $x = t^2$,$dx = dt^2 = 2t \, dt$。当 $x = 0$ 时,$t = 0$;当 $x = 1$ 时,$t = 1$。

于是
$$\int_0^1 e^{\sqrt{x}} \, dx = \int_0^1 e^t 2t \, dt = 2 \int_0^1 t e^t \, dt$$
$$= 2 \int_0^1 t (e^t)' \, dt = 2t e^t \Big|_0^1 - 2 \int_0^1 t' e^t \, dt = 2e - 2e^t \Big|_0^1$$
$$= 2e - 2(e - 1) = 2。$$

思 考 题

利用换元积分法计算定积分:

$$\int_{-1}^1 \frac{1}{1+x^2} dx \overset{x=\frac{1}{t}}{=\!=\!=} \int_{-1}^1 \frac{1}{1+\frac{1}{t^2}} d\frac{1}{t} = \int_{-1}^1 \frac{-\frac{1}{t^2}}{1+\frac{1}{t^2}} dt = -\int_{-1}^1 \frac{1}{1+t^2} dt = -\int_{-1}^1 \frac{1}{1+x^2} dx,$$

从而得 $\int_{-1}^1 \frac{1}{1+x^2} dx = 0$。这种解法正确吗?

习题 6.3

A 组

一、选择题

1. 设函数 $f(x)$ 在 $[0,1]$ 上连续,令 $t = 2x$,则 $\int_0^1 f(2x) dx = ($)。

    A. $\int_0^2 f(t) dt$ B. $\frac{1}{2} \int_0^1 f(t) dt$

    C. $2 \int_0^2 f(t) dt$ D. $\frac{1}{2} \int_0^2 f(t) dt$

2. 若 $\int_1^e \frac{1}{x} f(\ln x) dx = \int_a^b f(u) du$,则( )。

    A. $a = 0, b = 1$ B. $a = 0, b = e$

    C. $a = 1, b = 0$ D. $a = e, b = 1$

3. $\int_1^2 -\frac{1}{x^2} e^{\frac{1}{x}} dx = ($)。

    A. $e^{\frac{1}{2}}$ B. $e^{\frac{1}{2}} - e$ C. 1 D. 不存在

4. 下列积分正确的是( )。

    A. $\int_{-1}^1 \frac{1}{x^2} dx = -\frac{1}{x} \Big|_{-1}^1 = -2$

B. $\int_{-\frac{\pi}{2}}^{\frac{\pi}{2}} \sin x \, dx = 2$

C. $\int_{-\frac{\pi}{2}}^{\frac{\pi}{2}} \cos x \, dx = 0$

D. $\int_{-1}^{1} \sqrt{1-x^2} \, dx = 2\int_{0}^{1} \sqrt{1-x^2} \, dx = \frac{\pi}{2}$

5. 设 $a > 0$，则 $\int_{0}^{a} x^3 f(x^2) \, dx = ($　$)$。

A. $\int_{0}^{a^2} x f(x) \, dx$　　　　　　　　B. $\int_{0}^{a} x f(x) \, dx$

C. $\frac{1}{2} \int_{0}^{a^2} x f(x) \, dx$　　　　　　D. $\frac{1}{2} \int_{0}^{a} x f(x) \, dx$

6. 利用分部积分法计算 $\int_{0}^{1} x \sqrt{2x+1} \, dx$ 时，u 和 v 的正确选取应为($\quad$)。

A. $u = x, v = \sqrt{2x+1}$　　　　　　B. $u = x, v = \frac{1}{3}(2x+1)^{\frac{3}{2}}$

C. $u = \sqrt{2x+1}, v = \frac{x^2}{2}$　　　　　D. $u = x, v = \frac{1}{\sqrt{2x+1}}$

二、计算题

1. 利用换元积分法计算下列定积分：

(1) $\int_{0}^{1} \frac{1}{3x+2} \, dx$；

(2) $\int_{0}^{1} \frac{1}{(1+2x)^3} \, dx$；

(3) $\int_{1}^{4} \frac{1}{1+\sqrt{x}} \, dx$；

(4) $\int_{4}^{9} \frac{\sqrt{x}}{\sqrt{x}-1} \, dx$；

(5) $\int_{0}^{3} \frac{x}{\sqrt{x+1}} \, dx$；

(6) $\int_{1}^{4} \frac{e^{\sqrt{x}}}{\sqrt{x}} \, dx$；

(7) $\int_{1}^{2} \frac{1}{x^2} e^{\frac{1}{x}} \, dx$；

(8) $\int_{0}^{1} x e^{x^2} \, dx$；

(9) $\int_{1}^{e} \frac{(\ln x)^4}{x} \, dx$；

(10) $\int_{-2}^{0} \frac{1}{x^2+2x+2} \, dx$；

(11) $\int_{0}^{\ln 2} \sqrt{e^x-1} \, dx$；

(12) $\int_{0}^{2} |(x-1)^3| \, dx$。

2. 利用分部积分法计算下列定积分：

(1) $\int_{0}^{\pi} x \cos x \, dx$；

(2) $\int_{0}^{1} x e^x \, dx$；

(3) $\int_{1}^{e} x^2 \ln x \, dx$；

(4) $\int_{1}^{4} \frac{\ln x}{\sqrt{x}} \, dx$；

(5) $\int_{0}^{1} x^2 e^{-x} \, dx$；

(6) $\int_{0}^{\frac{\pi}{2}} e^x \sin x \, dx$。

B 组

1. 计算 $\int_{0}^{\pi^2} \sin \sqrt{x} \, dx$。

2. 已知 $a\int_0^1 xf(x^2)\mathrm{d}x=\int_0^1 f(x)\mathrm{d}x$，且 $\int_0^1 f(x)\mathrm{d}x\neq 0$，求 a。

3. 设 $f(x)=\int_1^x \mathrm{e}^{-t^2}\mathrm{d}t$，求 $\int_0^1 f(x)\mathrm{d}x$。

4. 设 $f'(x)$ 连续，且 $f(2)-f(0)=2$，求 $\int_0^1 f'(2x)\mathrm{d}x$。

5. 设 $f''(x)$ 连续，且 $f(0)=1$，$f(2)=3$，$f'(2)=5$，求 $\int_0^1 xf''(2x)\mathrm{d}x$。

6. 设 $f(x)$ 是以 l 为周期的函数，证明 $\int_a^{a+l}f(x)\mathrm{d}x=\int_0^l f(x)\mathrm{d}x$。

6.4 定积分在几何中的简单应用

定积分在几何学、物理学、经济学、社会学等许多领域都有着广泛的应用。我们在学习的过程中，不仅要掌握计算某些实际问题的公式，更重要的还在于深刻领会用定积分解决实际问题的基本思想和分析方法，不断提高数学的应用能力。本节我们将应用定积分的理论来分析和解决一些几何中的问题。

6.4.1 平面图形的面积

本小节只讨论平面直角坐标系下平面图形的面积。

由定积分的几何意义可知：

（1）在 $[a,b]$ 上，当 $f(x)\geqslant 0$ 时，由连续曲线 $y=f(x)$、直线 $x=a$、$x=b$ 及 x 轴所围成的曲边梯形（图 6.2(a)）的面积 $A=\int_a^b f(x)\mathrm{d}x$。

（2）在 $[a,b]$ 上，当 $f(x)\leqslant 0$ 时，由连续曲线 $y=f(x)$、直线 $x=a$、$x=b$ 及 x 轴所围成的曲边梯形（图 6.2(b)）的面积 $A=-\int_a^b f(x)\mathrm{d}x$。

（3）类似地，在 $[c,d]$ 上，当 $x=\varphi(y)\geqslant 0$ 时，由连续曲线 $x=\varphi(y)$、直线 $y=c$、$y=d$ 及 y 轴所围成的曲边梯形（图 6.6(a)）的面积 $A=\int_c^d \varphi(y)\mathrm{d}y$。

（4）在 $[c,d]$ 上，当 $x=\varphi(y)\leqslant 0$ 时，由连续曲线 $x=\varphi(y)$、直线 $y=c$、$y=d$ 及 y 轴所围成的曲边梯形（图 6.6(b)）的面积 $A=-\int_c^d \varphi(y)\mathrm{d}y$。

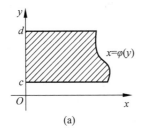 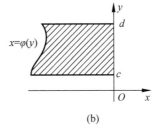

(a)　　　　　　　(b)

图 6.6

但是,关于曲线围成的平面图形,我们还经常会遇到下面两种情况:

(1) 平面图形如图 6.7(a)或图 6.7(b)所示,即图形是由连续曲线 $y=f(x)$、$y=g(x)$ 及直线 $x=a$、$x=b$ 所围成,且在区间$[a,b]$上,$f(x) \geqslant g(x)$。这时,所围成图形的面积为

$$A = \int_a^b f(x) \mathrm{d}x - \int_a^b g(x) \mathrm{d}x = \int_a^b [f(x) - g(x)] \mathrm{d}x。 \tag{1}$$

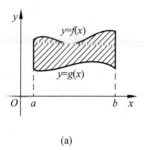 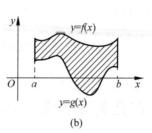

(a)   (b)

图 6.7

(2) 平面图形如图 6.8(a)或图 6.8(b)所示,即图形是由连续曲线 $x=\varphi(y)$、$x=\psi(y)$ 及直线 $y=c$、$y=d$ 所围成,且在区间$[c,d]$上,$\varphi(y) \geqslant \psi(y)$。这时,所围成图形的面积为

$$A = \int_c^d \varphi(y) \mathrm{d}y - \int_c^d \psi(y) \mathrm{d}y = \int_c^d [\varphi(y) - \psi(y)] \mathrm{d}y。 \tag{2}$$

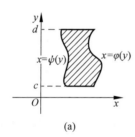 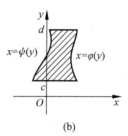

(a)   (b)

图 6.8

注：如果利用公式(1)计算平面图形的面积,则要选取 x 作为积分变量；如果利用公式(2)计算平面图形的面积,则要选取 y 作为积分变量。

例 1　求由 $y=x^2$ 和 $y^2=x$ 所围成的图形(图 6.9)的面积。

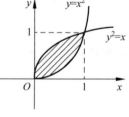

解　解方程组 $\begin{cases} y=x^2, \\ y^2=x, \end{cases}$ 得两曲线的交点坐标为$(0,0)$、$(1,1)$。

(方法 1)　选取 x 为积分变量,积分区间为$[0,1]$,由公式(1)得所求图形的面积为

$$A = \int_0^1 (\sqrt{x} - x^2) \mathrm{d}x = \left(\frac{2}{3} x^{\frac{3}{2}} - \frac{x^3}{3} \right) \Big|_0^1 = \frac{1}{3}。$$

图 6.9

(方法 2)　选取 y 为积分变量,积分区间为$[0,1]$,由公式(2)得所求图形的面积为

$$A = \int_0^1 (\sqrt{y} - y^2) \mathrm{d}y = \left(\frac{2}{3} y^{\frac{3}{2}} - \frac{y^3}{3} \right) \Big|_0^1 = \frac{1}{3}。$$

例 2　求抛物线 $y^2 = \dfrac{x}{2}$ 与直线 $x-2y=4$ 所围成的图形(图 6.10(a))的面积。

解   解方程组 $\begin{cases} y^2 = \dfrac{x}{2}, \\ x - 2y = 4, \end{cases}$ 得交点坐标为 $(2, -1)$ 和 $(8, 2)$。

（方法 1）   选取 y 为积分变量，y 的变化区间为 $[-1, 2]$，由公式(2)得所求图形的面积为

$$A = \int_{-1}^{2} (2y + 4 - 2y^2)\,\mathrm{d}y = \left(y^2 + 4y - \frac{2}{3}y^3 \right) \Big|_{-1}^{2} = 9。$$

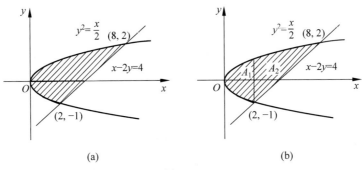

图 6.10

（方法 2）   选取 x 为积分变量，x 的变化区间为 $[0, 8]$，若要利用公式(1)求平面图形的面积，需把图形划分为两部分(图 6.10(b))，将区间 $[0, 8]$ 分成 $[0, 2]$ 和 $[2, 8]$ 两个区间。因此所求面积为 $A = A_1 + A_2$，即

$$A = \int_0^2 \left(\sqrt{\frac{x}{2}} - \left(-\sqrt{\frac{x}{2}} \right) \right)\mathrm{d}x + \int_2^8 \left(\sqrt{\frac{x}{2}} - \frac{x}{2} + 2 \right)\mathrm{d}x$$

$$= \frac{2\sqrt{2}}{3} x^{\frac{3}{2}} \Big|_0^2 + \left(\frac{\sqrt{2}}{3} x^{\frac{3}{2}} - \frac{x^2}{4} + 2x \right) \Big|_2^8 = 9。$$

对于例 2，比较两种解法可见，选取 y 作为积分变量要比选取 x 作为积分变量计算简单。因此，在求解某些问题时应该注意选取适当的积分变量。

例 3   求由曲线 $y = \mathrm{e}^x$、$y = \mathrm{e}^{-x}$ 及直线 $x = 3$ 所围成的图形(图 6.11)的面积。

解   此题虽然可选取 x 为积分变量，也可选取 y 为积分变量，但显然选取 x 为积分变量容易求解。

由公式(1)知所求平面图形的面积为

$$A = \int_0^3 (\mathrm{e}^x - \mathrm{e}^{-x})\,\mathrm{d}x = (\mathrm{e}^x + \mathrm{e}^{-x}) \Big|_0^3 = \mathrm{e}^3 + \mathrm{e}^{-3} - 2。$$

例 4   求由椭圆 $\dfrac{x^2}{a^2} + \dfrac{y^2}{b^2} = 1$ 所围成的平面图形(图 6.12)的面积。

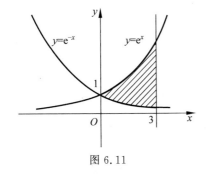

图 6.11

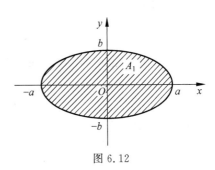

图 6.12

解　由椭圆的对称性,椭圆所围成的平面图形的面积为 $A=4A_1$,其中 A_1 为该椭圆在第一象限的部分与两坐标轴所围图形的面积,因此

$$A=4\int_0^a y\,\mathrm{d}x=4\int_0^a \frac{b}{a}\sqrt{a^2-x^2}\,\mathrm{d}x。$$

接下来我们用换元积分法计算此定积分,令 $x=a\sin t$,$0\leqslant t\leqslant \dfrac{\pi}{2}$,当 $x=0$ 时,$t=0$,当 $x=a$ 时,$t=\dfrac{\pi}{2}$。因此

$$A=4\int_0^a \frac{b}{a}\sqrt{a^2-x^2}\,\mathrm{d}x=4\int_0^{\frac{\pi}{2}}\frac{b}{a}\sqrt{a^2-a^2\sin^2 t}\,\mathrm{d}(a\sin t)$$

$$=4\int_0^{\frac{\pi}{2}}ab\cos^2 t\,\mathrm{d}t=4ab\int_0^{\frac{\pi}{2}}\frac{1+\cos 2t}{2}\,\mathrm{d}t=\pi ab。$$

6.4.2　平行截面面积为已知的立体的体积

如图 6.13 所示,有一立体 Ω 位于垂直于 x 轴的两平面 $x=a$ 与 $x=b$ 之间,已知过 $[a,b]$ 上任一点 x 且垂直于 x 轴的平面与立体 Ω 相交的截面面积为 $A(x)$,且 $A(x)$ 为 x 的连续函数,那么如何求出该立体 Ω 的体积呢?

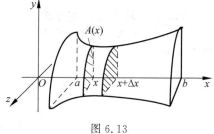

图 6.13

下面我们用类似于求曲边梯形的面积的方法进行求解,即:分割、代替、求和、取极限 4 个步骤。

将 $[a,b]$ 分成 n 个小区间 $[x_{i-1},x_i]$($i=1$, $2,\cdots,n$),记 Δx_i 为区间 $[x_{i-1},x_i]$ 的长度,过每个分点 x_i 作垂直于 x 轴的平面,这些平面将立体 Ω 截成 n 个小薄片,则第 i 个小区间 $[x_{i-1},x_i]$ 对应的小薄片的体积就可以用以 $A(x_i)$ 为底面积,高为 Δx_i 的小直柱体的体积近似代替,即 $\Delta V_i\approx A(x_i)\Delta x_i$($i=1,2,\cdots,n$),$n$ 个小薄片对应的 n 个小直柱体的体积相加就得到 Ω 的体积的近似值,即 $V\approx\sum_{i=1}^n A(x_i)\Delta x_i$,取 $\lambda=\max\{\Delta x_1,\Delta x_2,\cdots,\Delta x_n\}$,当 $\lambda\to 0$ 时,$V=\lim\limits_{\lambda\to 0}\sum_{i=1}^n A(x_i)\Delta x_i$。由定积分的定义知

$$\lim_{\lambda\to 0}\sum_{i=1}^n A(x_i)\Delta x_i=\int_a^b A(x)\,\mathrm{d}x,$$

所以立体 Ω 的体积为

$$V=\int_a^b A(x)\,\mathrm{d}x,\tag{3}$$

即 $A(x)$ 在 $[a,b]$ 上的定积分就是 Ω 的体积。

例 5　已知一立体的底部位于平面直角坐标系的第一象限内,其区域由曲线 $y=1-\dfrac{x^2}{9}$、x 轴及 y 轴围成(图 6.14(a)),并且该立体中垂直于 x 轴的横切面均为正方形(图 6.14(b)),求此立体的体积。

解　根据已知,该立体中垂直于 x 轴的横切面均为正方形,可得横切面的面积为 $A(x)=$

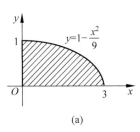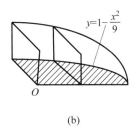

图 6.14

$\left(1-\dfrac{x^2}{9}\right)^2$，所以由公式（3）得该立体的体积为

$$V=\int_0^3\left(1-\frac{x^2}{9}\right)^2\mathrm{d}x=\int_0^3\left(1-\frac{2x^2}{9}+\frac{x^4}{81}\right)\mathrm{d}x=\left(x-\frac{2x^3}{27}+\frac{x^5}{405}\right)\Bigg|_0^3=\frac{8}{5}。$$

6.4.3 旋转体的体积

平面图形绕着它所在平面内的一条直线旋转一周所生成的立体称为**旋转体**（solid of revolution），这条直线称为**旋转轴**（axis of rotation）。

下面计算由连续曲线 $y=f(x)$、直线 $x=a$、$x=b(a<b)$ 及 x 轴所围成的曲边梯形（图 6.15(a)）**绕 x 轴旋转**（revolving about the x-axis）一周生成的旋转体（图 6.15(b)）的体积。

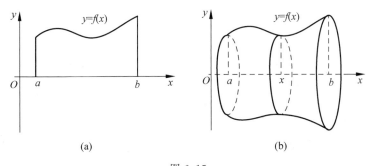

图 6.15

任取区间 $[a,b]$ 内的一点 x，过此点作垂直于 x 轴的平面，则所得旋转体的横截面的面积为 $A(x)=\pi f^2(x)$，根据平行截面面积为已知的立体体积的计算公式（3）得

$$V=\int_a^b A(x)\mathrm{d}x=\int_a^b\pi f^2(x)\mathrm{d}x=\pi\int_a^b f^2(x)\mathrm{d}x，$$

即旋转体（图 6.15(b)）的体积为

$$V=\pi\int_a^b f^2(x)\mathrm{d}x。 \tag{4}$$

类似地，可求得由连续曲线 $x=g(y)$、直线 $y=c$、$y=d(c<d)$ 及 y 轴所围成的曲边梯形（图 6.16(a)）绕 y 轴旋转一周生成的旋转体（图 6.16(b)）的体积为

$$V=\pi\int_c^d g^2(y)\mathrm{d}y。 \tag{5}$$

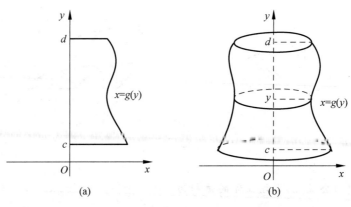

图 6.16

例 6　计算由椭圆 $\dfrac{x^2}{a^2}+\dfrac{y^2}{b^2}=1$ 围成的平面图形绕 x 轴旋转一周而生成的旋转椭球体（图 6.17）的体积。

解　由椭圆方程 $\dfrac{x^2}{a^2}+\dfrac{y^2}{b^2}=1$ 得 $y^2=\dfrac{b^2}{a^2}(a^2-x^2)$，由公式（4）可得所求椭球体的体积为

$$V=\int_{-a}^{a}\pi\,\frac{b^2}{a^2}(a^2-x^2)\mathrm{d}x=\pi\,\frac{b^2}{a^2}\left(a^2x-\frac{x^3}{3}\right)\Big|_{-a}^{a}=\frac{4}{3}\pi ab^2\,\text{。}$$

例 7　求由曲线 $y=x^2$、$y^2=x$ 所围成的图形（图 6.18）绕 y 轴旋转一周所生成的旋转体的体积。

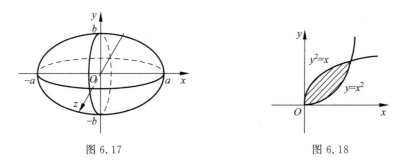

图 6.17　　　　　　　　　　　　图 6.18

解　解方程组 $\begin{cases}y=x^2,\\ y^2=x,\end{cases}$ 得交点 $(0,0)$ 和 $(1,1)$。

以 y 为积分变量，积分区间为 $[0,1]$，记由曲线 $y=x^2$、$y=1$ 及 y 轴所围成的图形绕 y 轴旋转一周所生成的旋转体的体积记为 V_1，由曲线 $y^2=x$、$y=1$ 及 y 轴所围成的图形绕 y 轴旋转一周所生成的旋转体的体积记为 V_2，则所求旋转体的体积 $V=V_1-V_2$，而

$$V_1=\pi\int_0^1(\sqrt{y})^2\mathrm{d}y=\frac{1}{2}\pi y^2\Big|_0^1=\frac{1}{2}\pi,$$

$$V_2=\pi\int_0^1(y^2)^2\mathrm{d}y=\frac{1}{5}\pi y^5\Big|_0^1=\frac{1}{5}\pi\,\text{。}$$

所以

$$V = V_1 - V_2 = \frac{1}{2}\pi - \frac{1}{5}\pi = \frac{3}{10}\pi。$$

思 考 题

例 7 中的旋转体的体积可否这样求：$V = \pi \int_0^1 (\sqrt{y} - y^2)^2 \mathrm{d}y$？

习题 6.4

A 组

1. 利用定积分计算下列各个图形中阴影部分的面积：

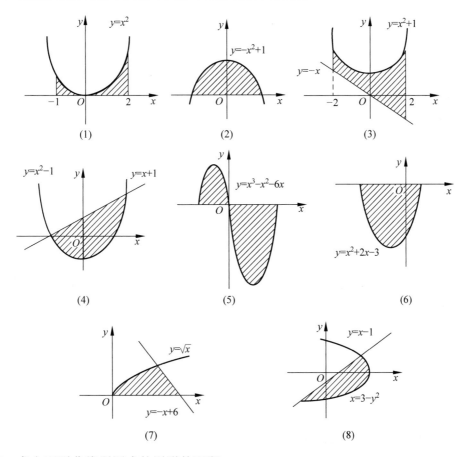

(1) (2) (3)

(4) (5) (6)

(7) (8)

2. 求由下列曲线所围成的图形的面积：

(1) $y = x^3$，$y = 1$，$x = 0$；

(2) $y = \mathrm{e}^x$，$y = \mathrm{e}$，$x = 0$；

(3) $y = x^2$，$y = 2x$；

(4) $y = \ln x$，$y = 0$，$x = 2$；

(5) $y = \dfrac{1}{x}$,$y = x$,$x = 2$;

(6) $y = \sin x$,$y = \cos x$,$x = 0$,$x = \dfrac{\pi}{2}$。

3. 求由曲线 $y = 5x - x^2$ 与其在点 $(0,0)$ 处的切线及直线 $x = 5$ 所围平面图形的面积。

4. 已知一立体的底部是由曲线 $y = \cos x \left(-\dfrac{\pi}{2} \leqslant x \leqslant \dfrac{\pi}{2} \right)$ 与 x 轴所围成的区域(如图 6.19(a)所示),而立体中每一个垂直于 x 轴的横切面均是一个等边三角形(如图 6.19(b)所示),试计算此立体的体积。

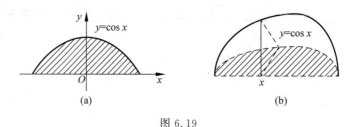

图 6.19

5. 求由抛物线 $y = x^2 + 1$、x 轴、y 轴及直线 $x = 2$ 所围成的平面图形分别绕 x 轴和 y 轴旋转所生成的旋转体的体积。

6. 求下列各曲线所围成的平面图形绕 x 轴旋转所生成的旋转体的体积:

(1) $y = x^2$ 和 $y = 2x$;

(2) $y = \sin x (0 \leqslant x \leqslant \pi)$ 和 $y = 0$。

B 组

1. 利用定积分求出顶点为 $(-1,4)$、$(2,-1)$ 和 $(5,2)$ 的三角形的面积。

2. 求抛物线 $y = -x^2 + 4x - 3$ 与其在点 $(0,-3)$ 和 $(3,0)$ 处的切线所围平面图形的面积。

3. 设区域 D 是由曲线 $y = 1 + \sin x$ 与直线 $x = 0$、$x = \pi$ 及 $y = 0$ 所围成的曲边梯形,求 D 绕 x 轴旋转一周生成的旋转体的体积。

6.5 无穷积分

在前面定义定积分 $\displaystyle\int_a^b f(x)\mathrm{d}x$ 时,有下面两个条件:

(1) 积分区间 $[a,b]$ 为有限区间;

(2) 被积函数 $f(x)$ 在积分区间上有界。

但有时我们还会遇到函数在无穷区间上的积分,例如,$\displaystyle\int_0^{+\infty} \dfrac{1}{1+x^2}\mathrm{d}x$、$\displaystyle\int_{-\infty}^0 x\mathrm{e}^x\,\mathrm{d}x$ 及

$\displaystyle\int_{-\infty}^{+\infty} \dfrac{x}{\sqrt{x^2+9}}\mathrm{d}x$ 等,也会遇到无界函数在有限区间上的积分,例如,$\displaystyle\int_0^2 \dfrac{1}{\sqrt{4-x^2}}\mathrm{d}x$ 及 $\displaystyle\int_{-1}^1 \dfrac{1}{x^2}\mathrm{d}x$

等,它们已经不属于前面所讲的定积分。像这种定义在无穷区间上的积分和无界函数在有限区间上的积分统称为**反常积分**(improper integral)。本节仅介绍定义在无穷区间上的反常积分,即无穷积分。

6.5.1　无穷积分的定义

由定积分的几何意义,可知曲线 $y=\dfrac{1}{x^2}$、直线 $x=1$、x 轴及直线 $x=p$ 所围成的曲边梯形(图 6.20)的面积为

$$A(p)=\int_1^p \frac{1}{x^2}\mathrm{d}x=\left(-\frac{1}{x}\right)\Big|_1^p=1-\frac{1}{p}。$$

面积 $A(p)$ 可以看成是积分上限 p 的函数,p 越大,$A(p)$ 也越大,当 $p\to+\infty$ 时,曲边梯形变成开口的曲边梯形,其面积

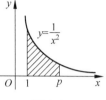

图 6.20

$$A=\lim_{p\to+\infty}\int_1^p \frac{1}{x^2}\mathrm{d}x=\lim_{p\to+\infty}\left(-\frac{1}{x}\right)\Big|_1^p=\lim_{p\to+\infty}\left(1-\frac{1}{p}\right)=1。$$

即这个开口的曲边梯形的面积不是趋于正无穷大,而是趋于 1。很自然地我们可以定义

$$\int_1^{+\infty}\frac{1}{x^2}\mathrm{d}x=\lim_{p\to+\infty}\int_1^p\frac{1}{x^2}\mathrm{d}x=\lim_{p\to+\infty}\left(-\frac{1}{x}\right)\Big|_1^p=\lim_{p\to+\infty}\left(1-\frac{1}{p}\right)=1。$$

下面给出无穷积分的一般定义。

定义 6.3(无穷积分)　设函数 $f(x)$ 在区间 $[a,+\infty)$ 上连续,取 $b>a$,称极限 $\displaystyle\lim_{b\to+\infty}\int_a^b f(x)\mathrm{d}x$ 为函数 $f(x)$ 在区间 $[a,+\infty)$ 上的**无穷积分**(infinite integral),记作 $\displaystyle\int_a^{+\infty}f(x)\mathrm{d}x$,即

$$\int_a^{+\infty}f(x)\mathrm{d}x=\lim_{b\to+\infty}\int_a^b f(x)\mathrm{d}x。$$

如果上式右端的极限等于一个常数 I,则称无穷积分 $\displaystyle\int_a^{+\infty}f(x)\mathrm{d}x$ **收敛**,且收敛于 I;否则,称无穷积分 $\displaystyle\int_a^{+\infty}f(x)\mathrm{d}x$ **发散**。

类似地,可定义:

(1) 设函数 $f(x)$ 在区间 $(-\infty,b]$ 上连续,取 $a<b$,称极限 $\displaystyle\lim_{a\to-\infty}\int_a^b f(x)\mathrm{d}x$ 为函数 $f(x)$ 在区间 $(-\infty,b]$ 上的无穷积分,记作 $\displaystyle\int_{-\infty}^b f(x)\mathrm{d}x$,即

$$\int_{-\infty}^b f(x)\mathrm{d}x=\lim_{a\to-\infty}\int_a^b f(x)\mathrm{d}x。$$

如果上式右端的极限等于一个常数 I,则称无穷积分 $\displaystyle\int_{-\infty}^b f(x)\mathrm{d}x$ 收敛,且收敛于 I;否则,称无穷积分 $\displaystyle\int_{-\infty}^b f(x)\mathrm{d}x$ 发散。

(2) 设函数 $f(x)$ 在区间 $(-\infty, +\infty)$ 上连续, c 为任意常数, 若无穷积分 $\int_{-\infty}^{c} f(x)\mathrm{d}x$ 和 $\int_{c}^{+\infty} f(x)\mathrm{d}x$ 都收敛, 则称无穷积分 $\int_{-\infty}^{+\infty} f(x)\mathrm{d}x$ 收敛, 且有

$$\int_{-\infty}^{+\infty} f(x)\mathrm{d}x = \int_{-\infty}^{c} f(x)\mathrm{d}x + \int_{c}^{+\infty} f(x)\mathrm{d}x;$$

若 $\int_{-\infty}^{c} f(x)\mathrm{d}x$ 与 $\int_{c}^{+\infty} f(x)\mathrm{d}x$ 有一个不存在时, 则称无穷积分 $\int_{-\infty}^{+\infty} f(x)\mathrm{d}x$ 发散。

6.5.2　无穷积分的计算

设 $F(x)$ 是 $f(x)$ 的一个原函数, 则有

$$\int_{a}^{+\infty} f(x)\mathrm{d}x = \lim_{b \to +\infty} \int_{a}^{b} f(x)\mathrm{d}x = \lim_{b \to +\infty} F(x)\Big|_{a}^{b} = \lim_{b \to +\infty} F(b) - F(a) = \lim_{x \to +\infty} F(x) - F(a)。$$

记 $\lim\limits_{x \to +\infty} F(x) = F(+\infty)$, 则 $\int_{a}^{+\infty} f(x)\mathrm{d}x$ 可表示为

$$\int_{a}^{+\infty} f(x)\mathrm{d}x = F(x)\Big|_{a}^{+\infty} = F(+\infty) - F(a)。$$

类似地有

$$\int_{-\infty}^{b} f(x)\mathrm{d}x = F(x)\Big|_{-\infty}^{b} = F(b) - F(-\infty);$$

$$\int_{-\infty}^{+\infty} f(x)\mathrm{d}x = F(x)\Big|_{-\infty}^{+\infty} = F(+\infty) - F(-\infty)。$$

注: 从形式上来看, 上述公式与微积分基本公式相似, 即判断无穷积分是否收敛, 首先要求出被积函数的原函数, 只不过在计算时应注意 $F(+\infty)$ 与 $F(-\infty)$ 都是求极限。计算无穷积分时, 定积分的计算方法仍然可以使用, 例如, 换元积分法和分部积分法。

例 1　计算下列无穷积分:

(1) $\int_{0}^{+\infty} \dfrac{1}{1+x^2}\mathrm{d}x$;　　　(2) $\int_{-\infty}^{0} \dfrac{1}{1+x^2}\mathrm{d}x$;　　　(3) $\int_{-\infty}^{+\infty} \dfrac{1}{1+x^2}\mathrm{d}x$。

解　(1) $\int_{0}^{+\infty} \dfrac{1}{1+x^2}\mathrm{d}x = \arctan x\Big|_{0}^{+\infty} = \lim\limits_{x \to +\infty} \arctan x - \arctan 0 = \dfrac{\pi}{2}$。

(2) $\int_{-\infty}^{0} \dfrac{1}{1+x^2}\mathrm{d}x = \arctan x\Big|_{-\infty}^{0} = \arctan 0 - \lim\limits_{x \to -\infty} \arctan x = \dfrac{\pi}{2}$。

(3) $\int_{-\infty}^{+\infty} \dfrac{1}{1+x^2}\mathrm{d}x = \int_{-\infty}^{0} \dfrac{1}{1+x^2}\mathrm{d}x + \int_{0}^{+\infty} \dfrac{1}{1+x^2}\mathrm{d}x = \dfrac{\pi}{2} + \dfrac{\pi}{2} = \pi$。

例 2　计算 $\int_{\mathrm{e}}^{+\infty} \dfrac{1}{x\ln x}\mathrm{d}x$。

解　$\int_{\mathrm{e}}^{+\infty} \dfrac{1}{x\ln x}\mathrm{d}x = \int_{\mathrm{e}}^{+\infty} \dfrac{1}{\ln x}(\ln x)'\mathrm{d}x = \int_{\mathrm{e}}^{+\infty} \dfrac{1}{\ln x}\mathrm{d}\ln x = \ln(\ln x)\Big|_{\mathrm{e}}^{+\infty}$
$$= \lim\limits_{x \to +\infty} \ln(\ln x) - \ln(\ln \mathrm{e}) = +\infty,$$

因此无穷积分 $\int_{\mathrm{e}}^{+\infty} \dfrac{1}{x\ln x}\mathrm{d}x$ 发散。

例 3　计算 $\int_{-\infty}^{0} x\,\mathrm{e}^x\,\mathrm{d}x$。

解　$\displaystyle\int_{-\infty}^{0} x\,\mathrm{e}^{x}\,\mathrm{d}x = \int_{-\infty}^{0} x\,(\mathrm{e}^{x})'\,\mathrm{d}x = x\,\mathrm{e}^{x}\Big|_{-\infty}^{0} - \int_{-\infty}^{0} x'\,\mathrm{e}^{x}\,\mathrm{d}x = x\,\mathrm{e}^{x}\Big|_{-\infty}^{0} - \mathrm{e}^{x}\Big|_{-\infty}^{0}$

$$= (0 - \lim_{x \to -\infty} x\,\mathrm{e}^{x}) - (1 - \lim_{x \to -\infty} \mathrm{e}^{x}),$$

利用洛必达法则，可得 $\displaystyle\lim_{x \to -\infty} x\,\mathrm{e}^{x} = \lim_{x \to -\infty} \frac{x}{\mathrm{e}^{-x}} = \lim_{x \to -\infty} \frac{1}{-\mathrm{e}^{-x}} = 0$，而 $\displaystyle\lim_{x \to -\infty} \mathrm{e}^{x} = 0$，从而得

$$\int_{-\infty}^{0} x\,\mathrm{e}^{x}\,\mathrm{d}x = (0 - \lim_{x \to -\infty} x\,\mathrm{e}^{x}) - (1 - \lim_{x \to -\infty} \mathrm{e}^{x}) = (0-0) - (1-0) = -1_\circ$$

例 4　证明 $\displaystyle\int_{a}^{+\infty} \frac{1}{x^{p}}\,\mathrm{d}x\,(a > 0)$ 当 $p > 1$ 时收敛，当 $p \leqslant 1$ 时发散。

证明　当 $p = 1$ 时，有

$$\int_{a}^{+\infty} \frac{1}{x^{p}}\,\mathrm{d}x = \int_{a}^{+\infty} \frac{1}{x}\,\mathrm{d}x = (\ln x)\Big|_{a}^{+\infty} = \lim_{x \to +\infty} \ln x - \ln a = +\infty_\circ$$

当 $p \neq 1$ 时，有

$$\int_{a}^{+\infty} \frac{1}{x^{p}}\,\mathrm{d}x = \int_{a}^{+\infty} x^{-p}\,\mathrm{d}x = \left(\frac{x^{1-p}}{1-p}\right)\Big|_{a}^{+\infty} = \lim_{x \to +\infty} \frac{x^{1-p}}{1-p} - \frac{a^{1-p}}{1-p} = \begin{cases} +\infty, & p < 1, \\ \dfrac{a^{1-p}}{p-1}, & p > 1_\circ \end{cases}$$

因此，当 $p > 1$ 时，$\displaystyle\int_{a}^{+\infty} \frac{1}{x^{p}}\,\mathrm{d}x$ 收敛；当 $p \leqslant 1$ 时，$\displaystyle\int_{a}^{+\infty} \frac{1}{x^{p}}\,\mathrm{d}x$ 发散。

思　考　题

请思考 $\displaystyle\int_{-\infty}^{+\infty} \frac{1}{1+x^{2}}\,\mathrm{d}x$ 的几何意义是什么？

习题 6.5

A 组

1. 判断下列无穷积分是否收敛，若收敛，求出其值。

(1) $\displaystyle\int_{1}^{+\infty} \frac{1}{x^{2}}\,\mathrm{d}x$；

(2) $\displaystyle\int_{1}^{+\infty} \frac{1}{\sqrt{x}}\,\mathrm{d}x$；

(3) $\displaystyle\int_{1}^{+\infty} \mathrm{e}^{-100x}\,\mathrm{d}x$；

(4) $\displaystyle\int_{0}^{+\infty} \frac{1}{100+x^{2}}\,\mathrm{d}x$；

(5) $\displaystyle\int_{0}^{+\infty} x\,\mathrm{e}^{-x^{2}}\,\mathrm{d}x$；

(6) $\displaystyle\int_{1}^{+\infty} x\,\mathrm{e}^{-x}\,\mathrm{d}x$；

(7) $\displaystyle\int_{-\infty}^{1} \frac{1}{(2x-3)^{3}}\,\mathrm{d}x$；

(8) $\displaystyle\int_{2}^{+\infty} \frac{\ln x}{x^{2}}\,\mathrm{d}x$；

(9) $\displaystyle\int_{-\infty}^{+\infty} \frac{x}{\sqrt{x^{2}+9}}\,\mathrm{d}x$；

(10) $\displaystyle\int_{-\infty}^{+\infty} \frac{1}{\mathrm{e}^{x}+\mathrm{e}^{-x}}\,\mathrm{d}x_\circ$

B 组

1. 设函数 $f(x)=\begin{cases} e^x/2, & x\leqslant 0, \\ 1/4, & 0<x\leqslant 2, \\ 0, & x>2, \end{cases}$ 求 $F(x)=\displaystyle\int_{-\infty}^x f(t)\mathrm{d}t$。

2. 设 $\displaystyle\int_{-\infty}^{+\infty}\frac{1}{\sqrt{2\pi}}e^{-\frac{x^2}{2}}\mathrm{d}x=1$，证明，$\displaystyle\int_{\mu}^{+\infty}\frac{1}{\sqrt{2\pi}\sigma}e^{-\frac{(x-\mu)^2}{2\sigma^2}}\mathrm{d}x=\frac{1}{2}$，其中 σ,μ 均为常数，且 $\sigma>0$。

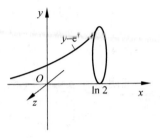

图 6.21

3. 如图 6.21 所示有一喇叭形立体，已知该立体的垂直于 x 轴的横截面均是圆盘，其直径从 x 轴伸展到曲线 $y=e^x$，$-\infty<x\leqslant\ln2$，试求此喇叭形立体的体积。

复习题 6

一、选择题

1. 定积分 $\displaystyle\int_0^1(e^x+e^{-x})\mathrm{d}x=(\quad)$。

    A. $e+\dfrac{1}{e}$ B. $e-\dfrac{1}{e}$ C. $e+\dfrac{1}{e}-1$ D. $e-\dfrac{1}{e}+1$

2. 定积分 $\displaystyle\int_0^1\frac{x^2}{1+x^2}\mathrm{d}x=(\quad)$。

    A. $-1-\dfrac{\pi}{4}$ B. $1-\dfrac{\pi}{4}$ C. $1+\dfrac{\pi}{4}$ D. $\dfrac{\pi}{4}$

3. 设 $f(x)=\begin{cases} x, & 0\leqslant x\leqslant 1, \\ 1, & 1<x\leqslant 2, \end{cases}$ 则 $\displaystyle\int_0^2 f(x)\mathrm{d}x=(\quad)$。

    A. $\dfrac{1}{2}$ B. 1 C. $\dfrac{3}{2}$ D. 2

4. $\displaystyle\lim_{x\to 0}\frac{\int_0^x\ln(1+t)\mathrm{d}t}{1-\cos x}=(\quad)$。

    A. 0 B. 1 C. -1 D. $\dfrac{1}{2}$

5. 已知 $F(x)$ 是 $f(x)$ 的原函数，则 $\displaystyle\int_a^x f(t+a)\mathrm{d}t=(\quad)$。

    A. $F(x)-F(a)$ B. $F(t+a)-F(2a)$

    C. $F(x+a)-F(2a)$ D. $F(x)-F(a)$

6. 下列定积分中，值等于 0 的是（ ）。

    A. $\displaystyle\int_{-1}^2 x\mathrm{d}x$ B. $\displaystyle\int_{-1}^1 x\sin^2 x\mathrm{d}x$ C. $\displaystyle\int_{-1}^1 x\sin x\mathrm{d}x$ D. $\displaystyle\int_{-1}^1 x^2\sin^2 x\mathrm{d}x$

7. 定积分 $\displaystyle\int_0^{\frac{\pi}{2}} \frac{\sin x}{1+\cos^2 x}\,\mathrm{d}x$ 换元后应等于（　）。

    A. $\displaystyle\int_0^1 \frac{1}{1+t^2}\,\mathrm{d}t$ B. $\displaystyle -\int_0^1 \frac{1}{1+t^2}\,\mathrm{d}t$ C. $\displaystyle\int_0^{\frac{\pi}{2}} \frac{1}{1+t^2}\,\mathrm{d}t$ D. $\displaystyle -\int_0^{\frac{\pi}{2}} \frac{1}{1+t^2}\,\mathrm{d}t$

8. 利用换元积分法，$\displaystyle\int_0^4 \frac{1}{1+\sqrt{x}}\,\mathrm{d}x = $（　）。

    A. $\displaystyle\int_0^4 \frac{2t}{1+t}\,\mathrm{d}t$ B. $\displaystyle\int_0^4 \frac{1}{1+t}\,\mathrm{d}t$ C. $\displaystyle\int_0^2 \frac{2t}{1+t}\,\mathrm{d}t$ D. $\displaystyle\int_0^2 \frac{1}{1+t}\,\mathrm{d}t$

9. $\displaystyle\int_0^1 x\mathrm{e}^{-x}\,\mathrm{d}x = $（　）。

    A. $\displaystyle x\mathrm{e}^{-x}\Big|_0^1 - \int_0^1 \mathrm{e}^{-x}\,\mathrm{d}x$ B. $\displaystyle -x\mathrm{e}^{-x}\Big|_0^1 - \int_0^1 \mathrm{e}^{-x}\,\mathrm{d}x$

    C. $\displaystyle x\mathrm{e}^{-x}\Big|_0^1 + \int_0^1 \mathrm{e}^{-x}\,\mathrm{d}x$ D. $\displaystyle -x\mathrm{e}^{-x}\Big|_0^1 + \int_0^1 \mathrm{e}^{-x}\,\mathrm{d}x$

10. 若 $\displaystyle\int_0^x f(t)\,\mathrm{d}t = \ln(5-x^2)$，其中 $0<x<\sqrt{5}$，则 $f(x) = $（　）。

    A. $\dfrac{5}{5-x^2}$ B. $\dfrac{2x}{5-x^2}$ C. $\dfrac{-2x}{5-x^2}$ D. $5x$

11. 设 $f(x)$ 在闭区间 $[0,1]$ 上连续，且 $F'(x)=f(x)$，$a\neq 0$，则 $\displaystyle\int_0^1 f(ax)\,\mathrm{d}x = $（　）。

    A. $F(1)-F(0)$ B. $F(a)-F(0)$

    C. $\dfrac{1}{a}\big[F(a)-F(0)\big]$ D. $a\big[F(a)-F(0)\big]$

12. 曲线 $y=\dfrac{1}{2}x^2$ 与 $x^2+y^2=8(y\geqslant 0)$ 所围成的图形的面积为（　）。

    A. $\displaystyle\int_{-2}^2 \left(\frac{x^2}{2}-\sqrt{8-x^2}\right)\mathrm{d}x$ B. $\displaystyle\int_{-2}^2 \left(\sqrt{8-x^2}-\frac{x^2}{2}\right)\mathrm{d}x$

    C. $\displaystyle\int_{-1}^1 \left(\sqrt{8-x^2}-\frac{x^2}{2}\right)\mathrm{d}x$ D. $\displaystyle\int_{-1}^1 \left(\frac{x^2}{2}-\sqrt{8-x^2}\right)\mathrm{d}x$

二、填空题

1. $\displaystyle\int_{-\pi}^{\pi} (x^2+\sin x)\,\mathrm{d}x = $ _____。

2. 设 $f(2)=1$，$\displaystyle\int_0^2 f(x)\,\mathrm{d}x = 1$，则 $\displaystyle\int_0^2 xf'(x)\,\mathrm{d}x = $ _____。

3. $\displaystyle\int_1^5 \frac{\sqrt{x-1}}{x}\,\mathrm{d}x = $ _____。

4. $\displaystyle\int_{-1}^1 \frac{\tan x}{\sin^2 x+1}\,\mathrm{d}x = $ _____。

5. 若 $\displaystyle\int_{-\infty}^{+\infty} \frac{k}{1+x^2}\,\mathrm{d}x = 1$，则常数 $k = $ _____。

6. 设 $\displaystyle\int_0^x f(t)\,\mathrm{d}t = \frac{1}{2}x^4$，则 $\displaystyle\int_0^4 \frac{1}{\sqrt{x+1}}f(\sqrt{x+1})\,\mathrm{d}x = $ _____。

三、解答题

1. 求下列定积分：

(1) $\int_{-\frac{1}{2}}^{\frac{1}{2}} (x^7 + \sin x + x^2) \mathrm{d}x$；

(2) $\int_{-1}^{3} |2 - x| \mathrm{d}x$；

(3) $\int_{1}^{e} \frac{1}{x(2x+1)} \mathrm{d}x$；

(4) $\int_{0}^{8} \frac{1}{1 + \sqrt[3]{x}} \mathrm{d}x$；

(5) $\int_{1}^{e^{\pi}} \cos(\ln x) \mathrm{d}x$；

(6) $\int_{0}^{\frac{\pi}{4}} x \cos 2x \, \mathrm{d}x$。

2. 若 $b > 0$，且 $\int_{1}^{b} \ln x \, \mathrm{d}x = 1$，求 b 的值。

3. 设 $f(2x+1) = x e^x$，求 $\int_{3}^{5} f(t) \mathrm{d}t$。

4. 求 $f(x) = \int_{0}^{x} (t-4) t \, \mathrm{d}t$ 在 $[-1, 5]$ 上的最大值与最小值。

5. 利用定积分求下列面积：

(1) 由曲线 $y = x^3$ 与 $y = \sqrt{x}$ 所围平面图形的面积；

(2) 抛物线 $y = 1 - x^2$ 与其在点 $(1, 0)$ 处的切线和 y 轴所围平面图形的面积；

(3) 曲线 $y = e^x$ 与其通过原点的切线及 y 轴所围平面图形的面积。

6. 设平面图形 D 由抛物线 $y = 1 - x^2$ 和 x 轴围成，试求：

(1) D 的面积；　　　　(2) D 绕 x 轴旋转所得旋转体的体积。

第**7**章

多元函数微分法及其应用

前面几章讨论的是一元函数的微积分,所谓一元函数,就是只含一个自变量的函数。但在许多实际问题中,一个量的变化往往是由多个因素决定的,因而就提出了多元函数的概念以及多元函数的微分和积分问题。

多元函数微分学是一元函数微分学的推广与发展,其概念、理论和方法与一元函数有许多相似之处,但也有一些本质的差别。然而二元与二元以上函数之间的差别是不大的,所以在本章的讨论中,以二元函数为主。

本章主要讨论

1. 多元函数的定义是什么?
2. 偏导数是如何定义的?
3. 全微分是如何定义的?
4. 如何求多元函数的极值?

7.1 多元函数的基本概念

7.1.1 多元函数的概念

我们知道,长方形的面积公式为 $S=ab$,说明长方形的面积 S 是由它的长 a 及宽 b 两个量确定的,我们称 S 为二元函数。下面给出二元函数的定义。

定义 7.1(二元函数) 设 D 为二维实平面($\mathbb{R}^2$)上的一个点集,f 是一个对应法则,若对每一个点 $(x,y) \in D$,通过 f 都有唯一的数 $z \in \mathbb{R}$ 与之对应,则称对应法则 f 为由 D 到 $\mathbb{R}$ 内的**二元函数**(function of two variables)。记为
$$f:D \to \mathbb{R};$$
称 z 为 f 在点 (x,y) 处的函数值,记作 $z=f(x,y)$;D 称为函数 f 的**定义域**(domain),所有函数值的集合 $Z=\{f(x,y) \mid (x,y) \in D\}$ 称为函数的**值域**(range)。

习惯上,称 $z=f(x,y)$ 为 x,y 的二元函数,x 和 y 为**自变量**(independent variable),z 为**因变量**(dependent variable)。

类似地,可以给出三元函数和三元以上的函数的定义。

例 1 已知函数 $z = \ln(x+y)$,求:

(1) 该函数的定义域;

(2) $f(5, -3)$。

解 (1) 要使函数 $z = \ln(x+y)$ 有意义,须使

$$x + y > 0,$$

由此可见,它的定义域 $D = \{(x, y) \,|\, x+y > 0\}$ 是一个不包含边界线 $x+y=0$ 的半平面,如图 7.1 的阴影部分所示。

(2) $f(5, -3) = \ln(5-3) = \ln 2$。

例 2 求函数 $z = \sqrt{1 - x^2 - y^2}$ 的定义域。

解 函数的定义域为 $D = \{(x, y) \,|\, x^2 + y^2 \leqslant 1\}$,即为以 $(0, 0)$ 为圆心,以 1 为半径的**闭圆**(closed disk),如图 7.2 的阴影部分所示。

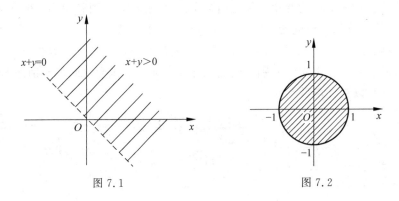

图 7.1　　　　　　　　　　　　图 7.2

注:在二元函数的讨论中,为了描述变量的变化范围,经常用到邻域、区域等概念。为了方便,现将一些基本的概念列在下面。

(1) **平面点集**(set of points in a plane) 平面上满足某些条件的点的集合,称为平面点集。

(2) **邻域**(neighborhood) xOy 平面上与点 $P_0(x_0, y_0)$ 的距离小于 $\delta(\delta > 0)$ 的点 $P(x, y)$ 的全体,称为点 P_0 的 δ **邻域**,记为 $U(P_0, \delta)$,即

$$U(P_0, \delta) = \{P \,|\, |PP_0| < \delta\} = \left\{(x, y) \,\middle|\, \sqrt{(x-x_0)^2 + (y-y_0)^2} < \delta\right\}。$$

(3) **内点**(interior point) 设 E 是平面上的一个点集,P 是平面上的一个点。如果存在点 P 的某一邻域 $U(P) \subset E$,则称 P 为 E 的内点。显然,E 的内点属于 E。

(4) **开集**(open set) 如果平面点集 E 的点都是内点,则称 E 为开集。

(5) **边界点**(boundary point) 如果点 P 的任一邻域内既有属于平面点集 E 的点,也有不属于 E 的点(点 P 本身可以属于 E,也可以不属于 E),则称 P 为 E 的边界点。

(6) **边界**(boundary) 集合 E 的边界点的全体称为 E 的边界。

(7) **连通集**(connected set) 设 D 是开集,如果对于 D 内的任何两点,都可用完全位于 D 内的折线连结起来,则称开集 D 是连通的。

(8) **开区域**(open region) 连通的开集称为区域或开区域。

(9) **闭区域**(closed region) 开区域连同它的边界一起所构成的点集,称为闭区域。

(10) **有界区域和无界区域**(bounded region and unbounded region) 对于区域 E,如果

存在两个实数 k 和 K，使得对于 E 中的所有点 $P(x,y)$，都满足不等式 $k\leqslant x\leqslant K$，$k\leqslant y\leqslant K$，则称区域 E 是有界区域；否则称为无界区域。

7.1.2 空间直角坐标系、二元函数的图形

1. 空间直角坐标系

在空间任取一定点 O，过点 O 作三条互相垂直的直线 Ox、Oy、Oz，依次记为 x 轴（横轴）、y 轴（纵轴）、z 轴（竖轴），构成一个**空间直角坐标系**（three dimensional rectangular coordinate system），如图 7.3(a) 所示，记为 $Oxyz$，并且称 O 为**坐标原点**（origin）。一般按**右手法则**（right-handed rule）规定 x、y、z 轴的正方向，即：将右手伸直，四指指向 x 轴的正向，四指弯曲 90° 后的指向为 y 轴的正向，大拇指的指向就是 z 轴的正向。

三个**坐标平面**（coordinate plane）xOy 面、yOz 面及 zOx 面将空间分成了八个部分，称为八个卦限（octant），如图 7.3(b) 所示，它们分别是，**第一卦限**（first octant）：$x>0,y>0$，$z>0$；第二卦限：$x<0,y>0,z>0$；第三卦限：$x<0,y<0,z>0$；第四卦限：$x>0,y<0$，$z>0$；第五卦限：$x>0,y>0,z<0$；第六卦限：$x<0,y>0,z<0$；第七卦限：$x<0,y<0$，$z<0$；第八卦限：$x>0,y<0,z<0$。

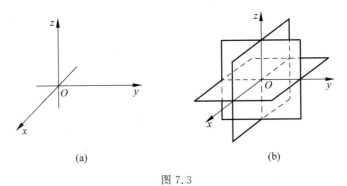

(a)　　　　　　　　　　　　(b)

图 7.3

对空间中的任意一个点 P，过 P 分别作垂直于 x、y、z 轴的平面，三个垂足 x_0、y_0、z_0 构成的**有序数组**（ordered triple）(x_0,y_0,z_0) 称为**点 P 的坐标**（coordinate of P），依次把 x_0、y_0、z_0 称为点 P 的横坐标、纵坐标、竖坐标（图 7.4）。反之，对于给定的一个三维有序数组 (x_0,y_0,z_0)，可以确定空间中的一个点 P，这样点 P 和三维有序数组 (x_0,y_0,z_0) 之间就建立了一一对应的关系。

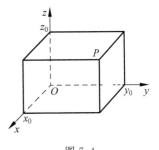

因为 xOy 坐标平面内任意点的竖坐标等于 0，即 xOy 坐标平面是形如 $(x,y,0)(x,y\in\mathbb{R})$ 的点构成的点集，所以在空间直角坐标系下 $z=0$ 表示 xOy 坐标平面；相应地，$x=0$ 表示 yOz 坐标平面，$y=0$ 表示 zOx 坐标平面。

图 7.4

$z=a$ 表示与 xOy 坐标平面平行且与 xOy 坐标平面的距离等于 $|a|$ 的一个平面。

因为 x 轴可以看成是 xOy 坐标平面与 zOx 坐标平面的交线，所以在空间直角坐标系下，$\begin{cases} z=0, \\ y=0 \end{cases}$ 表示 x 轴；相应地，$\begin{cases} z=0, \\ x=0 \end{cases}$ 表示 y 轴，$\begin{cases} x=0, \\ y=0 \end{cases}$ 表示 z 轴。

平面上**两点间的距离公式**(the formula for the distance between two points)可以推广到空间。设 $P_1(x_1, y_1, z_1)$ 和 $P_2(x_2, y_2, z_2)$ 为空间直角坐标系中的两点,则它们之间的距离为

$$|P_1 P_2| = \sqrt{(x_1 - x_2)^2 + (y_1 - y_2)^2 + (z_1 - z_2)^2}。$$

根据两点间的距离公式,在空间直角坐标系中,**球心**(center of sphere)为 $M(x_0, y_0, z_0)$,**半径**(radius)为 R 的**球面**(sphere)方程为

$$(x - x_0)^2 + (y - y_0)^2 + (z - z_0)^2 = R^2。$$

特别地,称以坐标原点 $O(0,0,0)$ 为球心,以 1 为半径的球面为**单位球面**(unit sphere),其方程为

$$x^2 + y^2 + z^2 = 1。$$

2. 二元函数的图形

我们知道,一元函数 $y = f(x)$ 可以在平面直角坐标系里表示出来,其图形为平面中的曲线。下面我们会发现,二元函数 $z = f(x, y)$ 可以在空间直角坐标系里表示出来,其图形一般为空间中的曲面。

已知二元函数 $z = f(x, y)$,其定义域为 D。设空间直角坐标系 $Oxyz$,在 xOy 坐标平面中表示出定义域 D。对于 D 内的任意一点 (x, y),按照函数 $z = f(x, y)$,就可以得到 z,从而得到空间的一点 (x, y, z)。当取遍 D 中所有的点时,其对应的空间中的所有点的集合就是函数 $z = f(x, y)$ 的图像,如图 7.5 所示。

例 3 作出函数 $z = x^2 + y^2$ 的图形。

解 此函数的定义域为全平面(即 xOy 坐标平面),值域为 $[0, +\infty)$。用平面 $z = C$($C > 0$)去截该曲面,得到的是在平面 $z = C$ 上以 $\sqrt{C}$ 为半径的圆;分别用平行于坐标平面 yOz、zOx 的平面去截该曲面,得到的都是抛物线,故该函数的图形为一个**旋转抛物面**(paraboloid),其图形如图 7.6 所示。

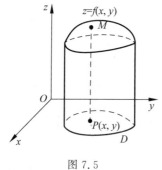

图 7.5

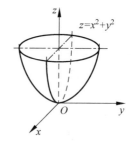

图 7.6

7.1.3　二元函数的极限与连续

1. 二元函数的极限

下面将一元函数在一点处的极限的直观描述性定义推广到二元函数的情形。

定义 7.2(二元函数的极限)　设二元函数 $f(x, y)$ 在点 $P_0(x_0, y_0)$ 附近有定义。如果 $P(x, y)$ 以任何方式趋于 $P_0(x_0, y_0)$ 时,$f(x, y)$ 都趋于一个常数 L,则称 L 为函数

$f(x,y)$在$(x,y)\rightarrow(x_0,y_0)$时的**极限**(limit),记作

$$\lim_{(x,y)\to(x_0,y_0)}f(x,y)=L,\quad\text{或}\quad f(x,y)\rightarrow L((x,y)\rightarrow(x_0,y_0)),$$

或记作

$$\lim_{\substack{x\to x_0\\y\to y_0}}f(x,y)=L。$$

需要注意的是,所谓二元函数在一点的极限存在,是指 $P(x,y)$ 以"任何方式"趋于 $P_0(x_0,y_0)$ 时,函数都无限趋近于常数 L。因此,如果点 $P(x,y)$ 沿着两种不同的方式趋于 $P_0(x_0,y_0)$ 时,函数 $f(x,y)$ 趋于不同的值,那么我们就可以断定,当 $P(x,y)$ 趋于 $P_0(x_0,y_0)$ 时,函数的极限不存在。下面的例 4 就说明了这种情形。

例 4　判断函数

$$f(x,y)=\begin{cases}\dfrac{xy}{x^2+y^2}, & x^2+y^2\neq0,\\[2mm]0, & x^2+y^2=0\end{cases}$$

在$(x,y)\rightarrow(0,0)$时的极限是否存在。

解　粗略地看,当$(x,y)\rightarrow(0,0)$时,函数 $f(x,y)$ 的分子、分母都趋于 0,而且趋于 0 的速度差不多。但是,如果令点(x,y)沿直线 $y=kx$ 趋于点$(0,0)$,就有

$$\lim_{\substack{(x,y)\to(0,0)\\y=kx}}f(x,y)=\lim_{\substack{(x,y)\to(0,0)\\y=kx}}\frac{xy}{x^2+y^2}=\lim_{x\to0}\frac{kx^2}{x^2+k^2x^2}=\frac{k}{1+k^2},$$

显然它随着 k 的值的改变而改变,当 $k=0$ 及 $k=1$ 时,即当点(x,y)分别沿着直线 $y=0$(即 x 轴)和 $y=x$ 趋于点$(0,0)$时,函数 $f(x,y)$ 分别趋于 0 和 1/2,因此,$\lim\limits_{(x,y)\to(0,0)}f(x,y)$ 不存在。

2. 二元函数的连续性

定义 7.3(**二元函数在一点处的连续性**)　设函数 $f(x,y)$ 在点 $P_0(x_0,y_0)$ 及其邻域内有定义,如果 $f(x,y)$ 在点 P_0 有极限,且极限值等于点 P_0 处的函数值,即

$$\lim_{(x,y)\to(x_0,y_0)}f(x,y)=f(x_0,y_0),$$

则称函数 $f(x,y)$ **在点 $P_0(x_0,y_0)$ 连续**(continuous at $P_0(x_0,y_0)$);否则就称函数 $f(x,y)$ 在点 $P_0(x_0,y_0)$ **不连续或间断**(discontinuous),并称 $P_0(x_0,y_0)$ 为函数的**间断点**(a point of discontinuity)。

由二元函数在一点处的连续性定义可知,例 4 中的函数 $f(x,y)$ 在点$(0,0)$是不连续的,点$(0,0)$为它的一个间断点。

与一元函数类似,如果函数 $f(x,y)$ 在区域 D 内的每一点都连续,就称函数 $f(x,y)$ **在 D 内连续**(continuous on D),或者称 $f(x,y)$ 是 D 内的**连续函数**(continuous function)。

定义 7.4(**最大值和最小值**)　设函数 $y=f(x,y)$ 的定义域为区域 D。
(1) 若存在点$(x_0,y_0)\in D$,使得对于 D 中的任意点(x,y),都有 $f(x,y)\leqslant f(x_0,y_0)$,则称 $f(x_0,y_0)$ 为函数 $f(x,y)$ 在 D 上的**最大值**,(x_0,y_0) 称为最大值点;

(2) 若存在点 $(x_0, y_0) \in D$,使得对于 D 中的任意点 (x,y),都有 $f(x,y) \geqslant f(x_0, y_0)$,则称 $f(x_0, y_0)$ 为函数 $f(x,y)$ 在 D 上的**最小值**,(x_0, y_0) 称为**最小值点**。

最大值和最小值统称为**最值**。

需要注意的是,不是任何二元函数在任何区域上都存在最大值和最小值,但是,下面的定理给出了一个函数具有最大值和最小值的充分条件。

定理 7.1(最大值和最小值定理) 有界闭区域 D 上的二元连续函数,在 D 上一定有最大值和最小值。

这就是说,在 D 上至少有一点 (a,b) 及一点 (c,d),使得 $f(a,b)$ 为最大值而 $f(c,d)$ 为最小值,即对于 D 内的任意点 (x,y),都有

$$f(c,d) \leqslant f(x,y) \leqslant f(a,b)。$$

定理 7.2(介值定理) 在有界闭区域 D 上的二元连续函数,必取得介于最大值和最小值之间的任何值。

由 x、y 的一元基本初等函数与常数经过有限次四则运算和复合运算而得到的由一个式子表示的函数称为**二元初等函数**。

一切二元初等函数在其定义区域内都是连续的。所谓定义区域是指包含在定义域内的开区域或闭区域。

由二元初等函数的连续性,如果要求它在点 (x_0, y_0) 处的极限,而该点又在此函数的定义区域内,则极限值就是函数在该点处的函数值,即

$$\lim_{(x,y) \to (x_0, y_0)} f(x,y) = f(x_0, y_0)。$$

以上性质对二元以上的函数也是成立的。

例 5 求 $\displaystyle\lim_{(x,y) \to (1,2)} \frac{x+y}{xy}$。

解 函数 $f(x,y) = \dfrac{x+y}{xy}$ 是初等函数,它的定义域为 $D = \{(x,y) \mid x \neq 0, y \neq 0\}$。因此,$f(x,y)$ 在点 $(1,2)$ 处连续。于是

$$\lim_{(x,y) \to (1,2)} \frac{x+y}{xy} = f(1,2) = \frac{3}{2}。$$

例 6 求 $\displaystyle\lim_{(x,y) \to (0,0)} \frac{\sqrt{xy+1}-1}{xy}$。

解 $\displaystyle\lim_{(x,y) \to (0,0)} \frac{\sqrt{xy+1}-1}{xy} = \lim_{(x,y) \to (0,0)} \frac{xy+1-1}{xy(\sqrt{xy+1}+1)} = \lim_{(x,y) \to (0,0)} \frac{1}{\sqrt{xy+1}+1} = \frac{1}{2}。$

思 考 题

1. 在空间直角坐标系中,下列各点应该在第几卦限?

$A(1,2,3)$;$B(1,2,-3)$;$C(-1,2,-3)$;$D(-1,-2,3)$。

2. 方程 $x^2+y^2=9$ 在平面直角坐标系和空间直角坐标系中分别表示什么样的图形?

习题 7.1

A 组

1. 求下列函数在指定点的函数值:

(1) $f(x,y)=x^2+y^2,f(0,0),f(1,1),f(1,-1)$;

(2) $f(x,y)=\sqrt{9-x^2-y^2},f(0,0),f(3,0),f(-3,0)$。

2. 求下列函数的定义域和值域,并画出定义域所表示的区域:

(1) $z=\ln(x-y+1)$;

(2) $z=\sqrt{1-\dfrac{x^2}{16}-\dfrac{y^2}{9}}$;

(3) $z=\sqrt{4-x^2}+\sqrt{9-y^2}$;

(4) $w=\dfrac{1}{x^2+y^2+z^2-2x}$。

3. 试写出以点 $M_0(1,2,3)$ 为球心,以 4 为半径的球面方程。

4. 计算下列极限:

(1) $\lim\limits_{(x,y)\to(1,2)}\dfrac{2-x+y}{3+2x-y}$;

(2) $\lim\limits_{(x,y)\to(0,0)}\dfrac{3-\sqrt{xy+9}}{xy}$;

(3) $\lim\limits_{(x,y)\to(0,0)}\left(x\sin\dfrac{1}{y}+y\sin\dfrac{1}{x}\right)$;

(4) $\lim\limits_{(x,y)\to(2,0)}\dfrac{\sin(x^2y)}{xy}$。

5. 某加工厂要用铁板做一个体积为 $2(\mathrm{m}^3)$ 的有盖长方体水箱,若设水箱的长为 $x(\mathrm{m})$,宽为 $y(\mathrm{m})$,试将水箱所用的材料面积 A 表示为 x,y 的函数,并求所得面积函数的定义域。

6. 某豆制品加工厂每天分别生产 x 桶果味豆浆和 y 桶原味豆浆,设果味豆浆每桶的售出价格为 $100-x$,原味豆浆每桶的售出价格为 $100-y$,并且这两种豆浆每天的**总成本函数**(total cost function)为 $C(x,y)=x^2+xy+y^2$。

(1) 写出该加工厂每天生产并售出 x 桶果味豆浆和 y 桶原味豆浆所获得的**总收益函数**(total revenue function)$R(x,y)$;

(2) 写出该加工厂每天生产并售出 x 桶果味豆浆和 y 桶原味豆浆所获得的**总利润函数**(total profit function)$P(x,y)$。

B 组

1. 已知二元函数 $f(x,y)=1+\sqrt{25-x^2-y^2}$,求:

(1) $f(0,0)$ 和 $f(3,4)$;

(2) $f(x,y)$ 的定义域,并画出定义域所表示的图形;

(3) $f(x,y)$ 的值域。

2. 平面 $z=c$ 和曲面 $z=f(x,y)$ 的交线称为**等高线**(contour curve)。在地理学中绘制等高线时,通常是将等高线垂直投影到坐标平面 xOy 内。

(1) 画出 $z=x^2+y^2$ 在 $z=1$ 时的等高线;

(2) 试给出类似于等高线的一些例子。

3. 在空间直角坐标系 $Oxyz$ 中,若:

（1）yOz 坐标面内的直线 $y=3$ 绕 z 轴旋转一周会形成怎样的曲面？试写出该曲面的方程；

（2）yOz 坐标面内的直线 $z=2y$ 绕 z 轴旋转一周会形成怎样的曲面？试写出该曲面的方程；

（3）yOz 坐标面内的抛物线 $z=y^2$ 绕 z 轴旋转一周会形成怎样的曲面？试写出该曲面的方程；

（4）yOz 坐标面内的双曲线 $\dfrac{y^2}{9}-\dfrac{z^2}{16}=1$ 绕 z 轴旋转一周会形成怎样的曲面？试写出该曲面的方程；

（5）yOz 坐标面内的椭圆 $\dfrac{y^2}{9}+\dfrac{z^2}{16}=1$ 绕 z 轴旋转一周会形成怎样的曲面？试写出该曲面的方程。

7.2 偏导数与全微分

7.2.1 偏导数的定义及其计算

对于一元函数,我们研究了函数值随自变量变化的变化率问题,引入了导数的概念。对于多元函数,因为自变量的个数不止一个,我们需要首先研究函数关于某一个变量的变化率。例如,底面半径为 r、高为 h 的圆柱体的体积为 $V=\pi r^2 h$,V 是 r 和 h 的二元函数,我们可以分别考虑 V 关于 r 的变化率以及 V 关于 h 的变化率,从而引出**偏导数**（partial derivative)的概念。

1. 偏导数的定义

已知二元函数 $z=f(x,y)$,设 (x_0,y_0) 为其定义域内的一点,如果只有自变量 x 变化,而自变量 y 固定为常数 y_0,这时函数就变成 x 的一元函数 $f(x,y_0)$,它在点 $x=x_0$ 处的导数,就称为二元函数 $z=f(x,y)$ 在点 (x_0,y_0) 处对 x 的偏导数。于是有如下定义。

定义 7.5（偏导数） 设函数 $z=f(x,y)$ 在点 (x_0,y_0) 的某一邻域内有定义,当 y 固定在 y_0,而 x 在 x_0 处有增量 Δx 时,相应地,函数有增量
$$f(x_0+\Delta x,y_0)-f(x_0,y_0),$$
若极限
$$\lim_{\Delta x \to 0}\frac{f(x_0+\Delta x,y_0)-f(x_0,y_0)}{\Delta x}$$
存在,则称此极限为函数 $z=f(x,y)$ **在点** (x_0,y_0) **处对** x **的偏导数**（partial derivative of $f(x,y)$ with respect to x at (x_0,y_0)),记为 $f_x(x_0,y_0)$,即
$$f_x(x_0,y_0)=\lim_{\Delta x \to 0}\frac{f(x_0+\Delta x,y_0)-f(x_0,y_0)}{\Delta x}.$$
也可记作 $\dfrac{\partial z}{\partial x}\Big|_{(x_0,y_0)}$,$\dfrac{\partial f}{\partial x}\Big|_{\substack{x=x_0\\y=y_0}}$ 或 $z_x(x_0,y_0)$。

类似地,函数 $z=f(x,y)$ 在点 (x_0,y_0) **处对 y 的偏导数**定义为

$$f_y(x_0,y_0)=\lim_{\Delta y\to 0}\frac{f(x_0,y_0+\Delta y)-f(x_0,y_0)}{\Delta y}。$$

也可记作 $\dfrac{\partial z}{\partial y}\Big|_{(x_0,y_0)}$,$\dfrac{\partial f}{\partial y}\Big|_{\substack{x=x_0\\y=y_0}}$ 或 $z_y(x_0,y_0)$。

若函数 $z=f(x,y)$ 在区域 D 内每一点 (x,y) 处对 x 的偏导数都存在,则这个偏导数就是 x、y 的二元函数,我们称之为函数 $z=f(x,y)$ 对**自变量 x 的偏导函数**,简称**偏导数**,记作

$$\frac{\partial z}{\partial x},\quad \frac{\partial f}{\partial x},\quad z_x\quad \text{或}\quad f_x(x,y)。$$

将定义 7.5 中的 (x_0,y_0) 换成 (x,y),可以得 $f_x(x,y)$ 的定义式

$$f_x(x,y)=\lim_{\Delta x\to 0}\frac{f(x+\Delta x,y)-f(x,y)}{\Delta x}。$$

类似地,可以定义函数 $z=f(x,y)$ 对**自变量 y 的偏导数**,记作

$$\frac{\partial z}{\partial y},\quad \frac{\partial f}{\partial y},\quad z_y\quad \text{或}\quad f_y(x,y)。$$

注:(1) 根据偏导数的定义,显然,偏导数 $f_x(x_0,y_0)$ 为二元函数 $z=f(x,y)$ 对 x 的偏导函数 $f_x(x,y)$ 在 (x_0,y_0) 处的函数值;偏导数 $f_y(x_0,y_0)$ 为二元函数 $z=f(x,y)$ 对 y 的偏导函数 $f_y(x,y)$ 在 (x_0,y_0) 处的函数值。

(2) 求 $z=f(x,y)$ 对 x 的偏导数 $\dfrac{\partial z}{\partial x}$ 时,把变量 y 看成常量,只对变量 x 求导;求 $z=f(x,y)$ 对 y 的偏导数 $\dfrac{\partial z}{\partial y}$ 时,把变量 x 看成常量,只对变量 y 求导。

(3) 对于二元以上的函数,例如三元函数 $w=f(x,y,z)$,偏导数的定义可以类似给出,求函数对某个自变量的偏导数时,将其余变量都看成常量,例如,求 $w=f(x,y,z)$ 对 x 的偏导数 $\dfrac{\partial w}{\partial x}$ 时,把变量 y 和 z 看成常量,只对变量 x 求导。

(4) 因为求多元函数的偏导数时,实质上是针对某一个变量求导数,其余变量都看成常量,所以,一元函数的求导法则在求多元函数的偏导数时依然适用。

2. 偏导数的计算举例

例 1 设 $z=x^2+3xy+y^2$,求 $f_x(-2,3)$ 和 $f_y(-2,3)$。

解 把 y 看作常量,对 x 求导,得

$$f_x(x,y)=2x+3y,\quad \text{因此}\quad f_x(-2,3)=2\cdot(-2)+3\cdot3=5;$$

把 x 看作常量,对 y 求导,得

$$f_y(x,y)=3x+2y,\quad \text{因此}\quad f_y(-2,3)=3\cdot(-2)+2\cdot3=0。$$

例 2 设 $z=(x^2+xy+y)^5$,求偏导数 $f_x(x,y)$ 和 $f_y(x,y)$。

解 将 y 看成常量,利用复合函数的求导法则求 z 对 x 的导数,得

$$f_x(x,y)=5(x^2+xy+y)^4(2x+y);$$

将 x 看成常量,利用复合函数的求导法则求 z 对 y 的导数,得

$$f_y(x,y)=5(x^2+xy+y)^4(x+1)。$$

例3　设 $z=x^y(x>0,x\neq1)$，求证：$\dfrac{x}{y}\dfrac{\partial z}{\partial x}+\dfrac{1}{\ln x}\dfrac{\partial z}{\partial y}=2z。$

证明　将 y 看成常量，求 z 对 x 的导数，得 $\dfrac{\partial z}{\partial x}=yx^{y-1}$；将 x 看成常量，求 z 对 y 的导数，得 $\dfrac{\partial z}{\partial y}=x^y\ln x。$ 从而

$$\frac{x}{y}\frac{\partial z}{\partial x}+\frac{1}{\ln x}\frac{\partial z}{\partial y}=\frac{x}{y}yx^{y-1}+\frac{1}{\ln x}x^y\ln x=x^y+x^y=2z。$$

例4　求 $r=\sqrt{x^2+y^2+z^2}$ 的偏导数。

解　这是一个三元函数，x、y、z 为自变量。把 y 和 z 都看作常量，得

$$\frac{\partial r}{\partial x}=\frac{x}{\sqrt{x^2+y^2+z^2}}=\frac{x}{r}。$$

由所给函数关于自变量的对称性，可得

$$\frac{\partial r}{\partial y}=\frac{y}{r}，\qquad \frac{\partial r}{\partial z}=\frac{z}{r}。$$

3. 偏导数的几何意义（**interpretations of partial derivatives**）

若在 $z=f(x,y)$ 中，固定 $y=y_0$，则由点 $(x,y_0,f(x,y_0))$ 形成的图形为曲面 $z=f(x,y)$ 与平面 $y=y_0$ 的交线，记为 C_x。所以**偏导数 $f_x(x_0,y_0)$ 的几何意义**是曲线 C_x 在点 $M_0(x_0,y_0,z_0)$ 处的切线 M_0T_x 对 x 轴的斜率，如图 7.7 所示；同理，**偏导数 $f_y(x_0,y_0)$ 的几何意义**是曲面 $z=f(x,y)$ 与平面 $x=x_0$ 的交线 C_y 在点 M_0 处的切线 M_0T_y 对 y 轴的斜率。

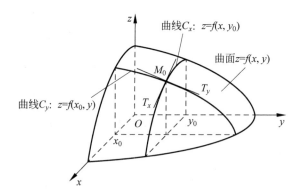

图 7.7

7.2.2　高阶偏导数

我们已经知道，函数 $z=f(x,y)$ 的偏导数 $f_x(x,y)$ 及 $f_y(x,y)$ 仍是 x、y 的二元函数，如果这两个函数的偏导数也存在，则称它们是函数 $z=f(x,y)$ 的**二阶偏导数**（second-order partial derivative）。按照对变量求导次序的不同，二元函数的二阶偏导数共有四个，分别为

$$\frac{\partial}{\partial x}\left(\frac{\partial z}{\partial x}\right)=\frac{\partial^2 z}{\partial x^2}=f_{xx}(x,y), \qquad \frac{\partial}{\partial y}\left(\frac{\partial z}{\partial x}\right)=\frac{\partial^2 z}{\partial x\partial y}=f_{xy}(x,y),$$

$$\frac{\partial}{\partial x}\left(\frac{\partial z}{\partial y}\right)=\frac{\partial^2 z}{\partial y\partial x}=f_{yx}(x,y), \qquad \frac{\partial}{\partial y}\left(\frac{\partial z}{\partial y}\right)=\frac{\partial^2 z}{\partial y^2}=f_{yy}(x,y).$$

其中第二、三个偏导数称为**二阶混合偏导数**（mixed second-order partial derivatives），其中 $\frac{\partial^2 z}{\partial x\partial y}=f_{xy}(x,y)$ 为先对 x、后对 y 的二阶混合偏导数，$\frac{\partial^2 z}{\partial y\partial x}=f_{yx}(x,y)$ 为先对 y、后对 x 的二阶混合偏导数。

同样可得更高阶的偏导数，例如

$$\frac{\partial}{\partial x}\left(\frac{\partial^2 z}{\partial x^2}\right)=\frac{\partial^3 z}{\partial x^3}, \qquad \frac{\partial}{\partial y}\left(\frac{\partial^2 z}{\partial x\partial y}\right)=\frac{\partial^3 z}{\partial x\partial y^2}.$$

习惯上，$z=f(x,y)$ 的偏导数 $f_x(x,y)$ 及 $f_y(x,y)$ 也称为**一阶偏导数**（first-order partial derivative）。

例 5 设 $z=x^3 y^2-3xy^3-3xy+9$，求 $\frac{\partial^2 z}{\partial x^2}$、$\frac{\partial^2 z}{\partial x\partial y}$、$\frac{\partial^2 z}{\partial y\partial x}$、$\frac{\partial^2 z}{\partial y^2}$ 及 $\frac{\partial^3 z}{\partial y^3}$。

解 先求一阶偏导数，得

$$\frac{\partial z}{\partial x}=3x^2 y^2-3y^3-3y, \qquad \frac{\partial z}{\partial y}=2x^3 y-9xy^2-3x;$$

从而得

$$\frac{\partial^2 z}{\partial x^2}=6xy^2, \qquad \frac{\partial^2 z}{\partial x\partial y}=6x^2 y-9y^2-3,$$

$$\frac{\partial^2 z}{\partial y\partial x}=6x^2 y-9y^2-3, \qquad \frac{\partial^2 z}{\partial y^2}=2x^3-18xy, \qquad \frac{\partial^3 z}{\partial y^3}=-18x.$$

在此例中，我们看到两个二阶混合偏导数相等，即 $\frac{\partial^2 z}{\partial x\partial y}=\frac{\partial^2 z}{\partial y\partial x}$，即二阶混合偏导数与求导的先后次序无关，但这个结论并非对所有的函数都成立，下面的定理说明了成立的条件。

> **定理 7.3** 如果函数 $z=f(x,y)$ 的两个二阶混合偏导数 $\frac{\partial^2 z}{\partial x\partial y}$ 及 $\frac{\partial^2 z}{\partial y\partial x}$ 在区域 D 内连续，那么在该区域内这两个二阶混合偏导数必相等。

定理的证明从略。

7.2.3 全微分的定义

在一元函数微分学中，对于函数 $y=f(x)$，当自变量由 x_0 变到 $x_0+\Delta x$ 时，函数的增量为

$$\Delta y=f(x_0+\Delta x)-f(x_0).$$

若函数 $y=f(x)$ 在点 x_0 处可导，$y=f(x)$ 在 x_0 处的微分为

$$\mathrm{d}y\big|_{x=x_0}=f'(x_0)\Delta x.$$

并且，当 $f'(x_0)\neq 0$ 且 $\Delta x\neq 0$ 时，

$$\Delta y = f'(x_0)\Delta x + \alpha \Delta x,$$

其中 $\lim\limits_{\Delta x \to 0}\alpha = 0$，即当 $\Delta x \to 0$ 时，$\alpha \Delta x$ 是 Δx 的高阶无穷小。因此，若 $f'(x_0) \neq 0$，且 $|\Delta x|$ 很小时，有近似公式

$$\Delta y \approx \mathrm{d}y\big|_{x=x_0} = f'(x_0)\Delta x.$$

对于二元函数，是否也有类似的关系呢？

与一元函数的增量概念相对应，先给出二元函数的全增量的概念。

设函数 $z = f(x,y)$ 在点 (x_0,y_0) 的某一邻域内有定义，自变量 x_0、y_0 的增量分别为 Δx、Δy，且点 $(x_0+\Delta x, y_0+\Delta y)$ 仍在这个邻域内，称因变量 z 获得的增量

$$\Delta z = f(x_0+\Delta x, y_0+\Delta y) - f(x_0,y_0)$$

为函数 z 在点 (x_0,y_0) 处的**全增量**(total increment)。对于 $z = f(x,y)$ 的全增量，我们有如下的定理。

定理 7.4（二元函数的全增量定理）　若 $z = f(x,y)$ 的偏导数 $f_x(x,y)$ 与 $f_y(x,y)$ 在点 (x_0,y_0) 的某个邻域内存在，且 $f_x(x,y)$ 与 $f_y(x,y)$ 在点 (x_0,y_0) 连续，则函数 $z = f(x,y)$ 在点 (x_0,y_0) 处的全增量 $\Delta z = f(x_0+\Delta x, y_0+\Delta y) - f(x_0,y_0)$ 可以写成

$$\Delta z = f_x(x_0,y_0)\Delta x + f_y(x_0,y_0)\Delta y + \alpha_1\Delta x + \alpha_2\Delta y,$$

其中 α_1 和 α_2 均为 $\Delta x \to 0$，$\Delta y \to 0$ 时的无穷小。

*证明　我们将全增量 Δz 写成如下形式：

$$\Delta z = f(x_0+\Delta x, y_0+\Delta y) - f(x_0,y_0)$$
$$= [f(x_0+\Delta x, y_0+\Delta y) - f(x_0, y_0+\Delta y)] + [f(x_0, y_0+\Delta y) - f(x_0,y_0)],$$

上式第一个括号里的表达式，因为变量 y 没变（均为 $y_0+\Delta y$），所以可以看成是关于 x 的一元函数 $f(x, y_0+\Delta y)$ 在 x_0 处的增量；第二个括号里的表达式，因为变量 x 没变（均为 x_0），可以看成是关于 y 的一元函数 $f(x_0, y)$ 在 y_0 处的增量。分别对它们应用一元函数的拉格朗日中值定理，得

$$f(x_0+\Delta x, y_0+\Delta y) - f(x_0, y_0+\Delta y) = f_x(x_0+\theta_1\Delta x, y_0+\Delta y)\Delta x, \quad 0 < \theta_1 < 1,$$
$$f(x_0, y_0+\Delta y) - f(x_0,y_0) = f_y(x_0, y_0+\theta_2\Delta y)\Delta y, \quad 0 < \theta_2 < 1.$$

从而有

$$\Delta z = f_x(x_0+\theta_1\Delta x, y_0+\Delta y)\Delta x + f_y(x_0, y_0+\theta_2\Delta y)\Delta y,$$

由于偏导数 $f_x(x,y)$ 与 $f_y(x,y)$ 在点 (x_0,y_0) 连续，则有

$$\lim_{\substack{\Delta x \to 0 \\ \Delta y \to 0}} f_x(x_0+\theta_1\Delta x, y_0+\Delta y) = f_x(x_0,y_0), \qquad \lim_{\substack{\Delta x \to 0 \\ \Delta y \to 0}} f_y(x_0, y_0+\theta_2\Delta y) = f_y(x_0,y_0),$$

因此

$$f_x(x_0+\theta_1\Delta x, y_0+\Delta y) = f_x(x_0,y_0) + \alpha_1, \quad f_y(x_0, y_0+\theta_2\Delta y) = f_y(x_0,y_0) + \alpha_2,$$

其中，$\lim\limits_{\substack{\Delta x \to 0 \\ \Delta y \to 0}}\alpha_1 = 0$，$\lim\limits_{\substack{\Delta x \to 0 \\ \Delta y \to 0}}\alpha_2 = 0$，即 α_1 和 α_2 均为 $\Delta x \to 0$，$\Delta y \to 0$ 时的无穷小。

因此，全增量 Δz 可以表示为

$$\Delta z = f_x(x_0,y_0)\Delta x + f_y(x_0,y_0)\Delta y + \alpha_1\Delta x + \alpha_2\Delta y, \tag{1}$$

其中 α_1 和 α_2 均为 $\Delta x \to 0$，$\Delta y \to 0$ 时的无穷小。　∎

对于(1)式中的 $\alpha_1\Delta x + \alpha_2\Delta y$，由于 $\left|\dfrac{\alpha_1\Delta x + \alpha_2\Delta y}{\sqrt{\Delta x^2 + \Delta y^2}}\right| \leqslant |\alpha_1| + |\alpha_2|$，所以当 $(\Delta x,\Delta y)\to$

$(0,0)$时，$\alpha_1\Delta x + \alpha_2\Delta y$ 为 $\rho = \sqrt{\Delta x^2 + \Delta y^2}$ 的高阶无穷小。于是当 $|\Delta x|$ 和 $|\Delta y|$ 均较小时，就有近似等式

$$\Delta z \approx f_x(x_0,y_0)\Delta x + f_y(x_0,y_0)\Delta y。$$

因为 $f_x(x_0,y_0)$ 和 $f_y(x_0,y_0)$ 为常数，所以 $f_x(x_0,y_0)\Delta x + f_y(x_0,y_0)\Delta y$ 是关于 Δx、Δy 的线性函数，由此，我们引入全微分的定义。

定义 7.6（全微分） 若函数 $z = f(x,y)$ 的偏导数 $f_x(x,y)$ 与 $f_y(x,y)$ 在点 (x_0,y_0) 连续，称 $f_x(x_0,y_0)\Delta x + f_y(x_0,y_0)\Delta y$ 为函数 $z = f(x,y)$ 在点 (x_0,y_0) 处的**全微分**（total differential），记为 $\mathrm{d}z\big|_{(x_0,y_0)}$，即

$$\mathrm{d}z\big|_{(x_0,y_0)} = f_x(x_0,y_0)\Delta x + f_y(x_0,y_0)\Delta y，$$

并且称函数 $f(x,y)$ 在点 (x_0,y_0) 处**可微**（differentiable）。

对于二元函数 $z = f(x,y)$，由于自变量的增量 Δx、Δy 分别等于它们的微分，即 $\Delta x = \mathrm{d}x$，$\Delta y = \mathrm{d}y$，因此，$z = f(x,y)$ 在点 (x_0,y_0) 处的全微分也可以写为

$$\mathrm{d}z\big|_{(x_0,y_0)} = f_x(x_0,y_0)\mathrm{d}x + f_y(x_0,y_0)\mathrm{d}y。$$

由前面的讨论及全微分的定义知 $\Delta z \approx \mathrm{d}z\big|_{(x_0,y_0)}$。

若函数 $z = f(x,y)$ 在区域 D 上的每一点 (x,y) 都可微，则称函数 $f(x,y)$ 在区域 D 上**可微**，且 $f(x,y)$ 在 D 上的全微分为

$$\mathrm{d}z = f_x(x,y)\mathrm{d}x + f_y(x,y)\mathrm{d}y，$$

或写为

$$\mathrm{d}z = \frac{\partial z}{\partial x}\mathrm{d}x + \frac{\partial z}{\partial y}\mathrm{d}y。$$

此时，也称 $f(x,y)$ 为区域 D 上的**可微函数**（differentiable function）。

例 6 已知 $z = x^2 + 3xy + y^2$，求：

(1) 该函数的全微分；

(2) 函数在点 $(1,2)$ 处的全微分。

解 (1) 由于

$$\frac{\partial z}{\partial x} = 2x + 3y，\quad \frac{\partial z}{\partial y} = 3x + 2y，$$

因此该函数的全微分为

$$\mathrm{d}z = (2x + 3y)\mathrm{d}x + (3x + 2y)\mathrm{d}y。$$

(2) 因为

$$\frac{\partial z}{\partial x}\bigg|_{(1,2)} = 2\times1 + 3\times2 = 8，\quad \frac{\partial z}{\partial y}\bigg|_{(1,2)} = 3\times1 + 2\times2 = 7，$$

所以函数在点 $(1,2)$ 处的全微分为

$$\mathrm{d}z\big|_{(1,2)} = 8\mathrm{d}x + 7\mathrm{d}y。$$

例 7 设一长方形钢板的长和宽分别为 $x = 10$ 和 $y = 8$，假设该钢板受热膨胀后边长的

增量分别为 $\Delta x=0.02$ 和 $\Delta y=0.01$。

(1) 求面积的全增量；

(2) 利用全微分求面积全增量的近似值。

解 (1) 用 S 表示长方形钢板的面积，则有 $S=xy$。当边长 x、y 的增量分别为 Δx、Δy 时，面积的全增量为

$$\Delta S=(x+\Delta x)(y+\Delta y)-xy=y\Delta x+x\Delta y+\Delta x\Delta y。$$

当 $x=10,y=8,\Delta x=0.02,\Delta y=0.01$ 时，可得面积的全增量为

$$\Delta S=8\times0.02+10\times0.01+0.02\times0.01=0.2602。$$

(2) 函数 $S=xy$ 的两个偏导数为 $\dfrac{\partial S}{\partial x}=y,\dfrac{\partial S}{\partial y}=x$，因此 $S=xy$ 的全微分为

$$\mathrm{d}S=\frac{\partial S}{\partial x}\Delta x+\frac{\partial S}{\partial y}\Delta y=y\Delta x+x\Delta y。$$

当 $x=10,y=8,\Delta x=0.02,\Delta y=0.01$ 时，可得面积的全微分为

$$\mathrm{d}S=8\times0.02+10\times0.01=0.26，$$

即面积的全增量的近似值为

$$\Delta S\approx\mathrm{d}S=0.26。$$

可以看出，本例中，函数 $S=xy$ 的全增量 ΔS 与全微分 $\mathrm{d}S$ 的差为

$$\Delta S-\mathrm{d}S=\Delta x\Delta y=0.02\times0.01=0.0002，$$

也就是说，当 $|\Delta x|$ 和 $|\Delta y|$ 较小时，全增量 ΔS 与全微分 $\mathrm{d}S$ 的差更小。

注：(1) 在全微分 $\mathrm{d}z=\dfrac{\partial z}{\partial x}\mathrm{d}x+\dfrac{\partial z}{\partial y}\mathrm{d}y$ 中，称 $\dfrac{\partial z}{\partial x}\mathrm{d}x$ 为函数 $f(x,y)$ 在点 (x,y) 处关于变量 x 的**偏微分**(partial differential)，$\dfrac{\partial z}{\partial y}\mathrm{d}y$ 为函数 $f(x,y)$ 在点 (x,y) 处关于变量 y 的偏微分，因此二元函数 $f(x,y)$ 的全微分是它的两个偏微分之和。对于三元函数 $u=f(x,y,z)$，其全微分为它的三个偏微分之和，即

$$\mathrm{d}u=\frac{\partial u}{\partial x}\mathrm{d}x+\frac{\partial u}{\partial y}\mathrm{d}y+\frac{\partial u}{\partial z}\mathrm{d}z。$$

(2) $f(x,y)$ 的偏导数 $f_x(x,y)$ 与 $f_y(x,y)$ 在点 (x,y) 连续是函数 $f(x,y)$ 在点 (x,y) 可微的充分条件。

(3) $f(x,y)$ 在点 (x,y) 的偏导数 $f_x(x,y)$、$f_y(x,y)$ 存在是函数在点 (x,y) 可微的必要条件，而不是充分条件，即 $f(x,y)$ 在点 (x,y) 的偏导数 $f_x(x,y)$ 与 $f_y(x,y)$ 存在，$f(x,y)$ 在这点不一定可微。这和一元函数中"可导与可微是等价的"结论不同。这是因为对于二元函数来说，当函数的各偏导数都存在时，虽然能形式地写出 $\dfrac{\partial z}{\partial x}\Delta x+\dfrac{\partial z}{\partial y}\Delta y$，但它与 Δz 之差并不一定是 $\rho=\sqrt{\Delta x^2+\Delta y^2}$ 的高阶无穷小，因此它不一定是函数的全微分。如下面的例 8。

例 8 函数

$$f(x,y)=\begin{cases}\dfrac{xy}{\sqrt{x^2+y^2}}, & x^2+y^2\neq0,\\[3mm] 0, & x^2+y^2=0\end{cases}$$

在点$(0,0)$处是否可微?

解 利用偏导数定义,可得

$$f_x(0,0) = \lim_{\Delta x \to 0} \frac{f(\Delta x, 0) - f(0,0)}{\Delta x} = 0。$$

同理可得 $f_y(0,0) = 0$。所以

$$\Delta z - [f_x(0,0) \cdot \Delta x + f_y(0,0) \cdot \Delta y] = \frac{\Delta x \cdot \Delta y}{\sqrt{(\Delta x)^2 + (\Delta y)^2}}。$$

若函数 $f(x,y)$ 在点$(0,0)$处可微,则 $\dfrac{\Delta x \cdot \Delta y}{\sqrt{(\Delta x)^2 + (\Delta y)^2}}$ 应为 $\rho = \sqrt{\Delta x^2 + \Delta y^2}$ 的高阶无穷小,但是,当点$(\Delta x, \Delta y)$沿着直线 $y = x$ 趋于$(0,0)$时,有

$$\frac{\dfrac{\Delta x \cdot \Delta y}{\sqrt{(\Delta x)^2 + (\Delta y)^2}}}{\rho} = \frac{\Delta x \cdot \Delta y}{(\Delta x)^2 + (\Delta y)^2} = \frac{\Delta x \cdot \Delta x}{(\Delta x)^2 + (\Delta x)^2} = \frac{1}{2}。$$

这说明 $\rho \to 0$ 时,$\Delta z - [f_x(0,0) \cdot \Delta x + f_y(0,0) \cdot \Delta y]$ 并不是 ρ 的高阶无穷小,因此函数在点$(0,0)$处不可微。

根据前边的讨论及全微分的定义,当函数 $z = f(x,y)$ 在(x_0, y_0)可微,且 $|\Delta x|$、$|\Delta y|$ 都较小时,就有近似公式

$$\Delta z \approx \mathrm{d}z \big|_{(x_0, y_0)} = f_x(x_0, y_0)\Delta x + f_y(x_0, y_0)\Delta y。 \tag{2}$$

上式也可以写成

$$f(x_0 + \Delta x, y_0 + \Delta y) \approx f(x_0, y_0) + f_x(x_0, y_0)\Delta x + f_y(x_0, y_0)\Delta y。 \tag{3}$$

若令 $x = x_0 + \Delta x$,$y = y_0 + \Delta y$,(3)式变为

$$f(x,y) \approx f(x_0, y_0) + f_x(x_0, y_0)(x - x_0) + f_y(x_0, y_0)(y - y_0)。 \tag{4}$$

称公式(4)为函数 $f(x,y)$ 在点(x_0, y_0)处的**线性近似**(linear approximation)或**切平面近似**(tangent plane approximation)。

注:事实上,方程 $z = f(x_0, y_0) + f_x(x_0, y_0)(x - x_0) + f_y(x_0, y_0)(y - y_0)$ 为曲面 $z = f(x,y)$ 在点(x_0, y_0)处的**切平面方程**(tangent plane),关于平面方程的内容超出了本书的范围,这里不作过多介绍。

例 9 计算$(1.05)^{3.02}$ 的近似值。

解 设函数 $f(x,y) = x^y$,显然要计算的是函数值 $f(1.05, 3.02)$。

由于 $\qquad f_x(x,y) = yx^{y-1}, \qquad f_y(x,y) = x^y \ln x,$

取 $x_0 = 1$,$y_0 = 3$,$\Delta x = 0.05$,$\Delta y = 0.02$,则有

$$f(1,3) = 1, \qquad f_x(1,3) = 3, \qquad f_y(1,3) = 0。$$

利用近似公式(3),可得

$$(1.05)^{3.02} = f(1 + 0.05, 3 + 0.02) \approx 1 + 3 \times 0.05 + 0 \times 0.02 = 1.15。$$

7.2.4 求多元复合函数偏导数的链式法则

我们以二元函数为主,给出多元复合函数偏导数的链式法则,这里只考虑两种情况。

设函数 $z = f(u,v)$,通过中间变量 $u = \varphi(t)$、$v = \psi(t)$ 复合后得到函数 $z = f[\varphi(t), \psi(t)]$,它是 t 的一元函数,下面给出 z 对 t 的导数的链式法则。

定理 7.5　设函数 $u=\varphi(t)$ 及 $v=\psi(t)$ 都在点 t 处可导,且在对应点 (u,v) 处,函数 $z=f(u,v)$ 可微,则复合函数 $z=f[\varphi(t),\psi(t)]$ 在点 t 处可导,且有公式

$$\frac{\mathrm{d}z}{\mathrm{d}t}=\frac{\partial z}{\partial u}\frac{\mathrm{d}u}{\mathrm{d}t}+\frac{\partial z}{\partial v}\frac{\mathrm{d}v}{\mathrm{d}t},$$

一般称 $\dfrac{\mathrm{d}z}{\mathrm{d}t}$ 为**全导数**。

证明　设 t 获得增量 Δt,这时 $u=\varphi(t)$ 和 $v=\psi(t)$ 相应获得增量为 Δu 和 Δv,函数 $z=f(u,v)$ 对应地获得的增量记为 Δz。由于函数 $z=f(u,v)$ 在点 (u,v) 处可微,由定理 7.4,$z=f(u,v)$ 的全增量

$$\Delta z=\frac{\partial z}{\partial u}\Delta u+\frac{\partial z}{\partial v}\Delta v+\alpha_1\Delta u+\alpha_2\Delta v,$$

其中,α_1,α_2 均为 $\Delta u\to 0,\Delta v\to 0$ 时的无穷小。

将上式两边各除以 Δt,得

$$\frac{\Delta z}{\Delta t}=\frac{\partial z}{\partial u}\frac{\Delta u}{\Delta t}+\frac{\partial z}{\partial v}\frac{\Delta v}{\Delta t}+\alpha_1\frac{\Delta u}{\Delta t}+\alpha_2\frac{\Delta v}{\Delta t}。$$

因为 $u=\varphi(t)$ 及 $v=\psi(t)$ 都在点 t 处可导,则当 $\Delta t\to 0$ 时,

$$\frac{\Delta u}{\Delta t}\to\frac{\mathrm{d}u}{\mathrm{d}t},\qquad\frac{\Delta v}{\Delta t}\to\frac{\mathrm{d}v}{\mathrm{d}t}。$$

又由 $u=\varphi(t)$ 及 $v=\psi(t)$ 都在点 t 处可导,知 $u=\varphi(t)$ 及 $v=\psi(t)$ 在点 t 处连续,则当 $\Delta t\to 0$ 时,$\Delta u\to 0,\Delta v\to 0$,从而 $\alpha_1\to 0,\alpha_2\to 0$。因此得

$$\frac{\mathrm{d}z}{\mathrm{d}t}=\lim_{\Delta t\to 0}\frac{\Delta z}{\Delta t}=\frac{\partial z}{\partial u}\frac{\mathrm{d}u}{\mathrm{d}t}+\frac{\partial z}{\partial v}\frac{\mathrm{d}v}{\mathrm{d}t}+0\cdot\frac{\mathrm{d}u}{\mathrm{d}t}+0\cdot\frac{\mathrm{d}v}{\mathrm{d}t},$$

即复合函数 $z=f[\varphi(t),\psi(t)]$ 在点 t 处可导,且

$$\frac{\mathrm{d}z}{\mathrm{d}t}=\frac{\partial z}{\partial u}\frac{\mathrm{d}u}{\mathrm{d}t}+\frac{\partial z}{\partial v}\frac{\mathrm{d}v}{\mathrm{d}t}。$$

例 10　设 $z=2u^3v+\sin u$,而 $u=\mathrm{e}^t,v=\ln t$,求全导数 $\dfrac{\mathrm{d}z}{\mathrm{d}t}$。

解　$\dfrac{\partial z}{\partial u}=6u^2v+\cos u,\dfrac{\partial z}{\partial v}=2u^3;\dfrac{\mathrm{d}u}{\mathrm{d}t}=\mathrm{e}^t,\dfrac{\mathrm{d}v}{\mathrm{d}t}=\dfrac{1}{t}$。于是

$$\frac{\mathrm{d}z}{\mathrm{d}t}=\frac{\partial z}{\partial u}\frac{\mathrm{d}u}{\mathrm{d}t}+\frac{\partial z}{\partial v}\frac{\mathrm{d}v}{\mathrm{d}t}=(6u^2v+\cos u)\mathrm{e}^t+2u^3\frac{1}{t}$$

$$=[6\mathrm{e}^{2t}\ln t+\cos(\mathrm{e}^t)]\mathrm{e}^t+2\mathrm{e}^{3t}/t。$$

定理 7.5 还可推广到中间变量不是一元函数而是多元函数的情形。例如,$z=f(u,v)$,其中 $u=\varphi(x,y),v=\psi(x,y)$,由此得复合函数 $z=f[\varphi(x,y),\psi(x,y)]$,则有下面的定理。

定理 7.6　设函数 $u=\varphi(x,y)$ 和 $v=\psi(x,y)$ 在点 (x,y) 处的偏导数均存在,函数 $z=f(u,v)$ 在对应点 (u,v) 处可微,则复合函数 $z=f[\varphi(x,y),\psi(x,y)]$ 在点 (x,y) 处的两个偏导数存在,且有公式

$$\frac{\partial z}{\partial x}=\frac{\partial z}{\partial u}\frac{\partial u}{\partial x}+\frac{\partial z}{\partial v}\frac{\partial v}{\partial x},\qquad\frac{\partial z}{\partial y}=\frac{\partial z}{\partial u}\frac{\partial u}{\partial y}+\frac{\partial z}{\partial v}\frac{\partial v}{\partial y}。$$

例 11　设 $z = \mathrm{e}^u \sin v, u = xy, v = x^2 + y^2$，求 $\dfrac{\partial z}{\partial x}$ 和 $\dfrac{\partial z}{\partial y}$。

解　利用定理 7.6 给出的公式，可求得

$$\frac{\partial z}{\partial x} = \frac{\partial z}{\partial u}\frac{\partial u}{\partial x} + \frac{\partial z}{\partial v}\frac{\partial v}{\partial x} = \mathrm{e}^u \sin v \cdot y + \mathrm{e}^u \cos v \cdot 2x$$

$$= \mathrm{e}^{xy}[y\sin(x^2 + y^2) + 2x\cos(x^2 + y^2)],$$

$$\frac{\partial z}{\partial y} = \frac{\partial z}{\partial u}\frac{\partial u}{\partial y} + \frac{\partial z}{\partial v}\frac{\partial v}{\partial y} = \mathrm{e}^u \sin v \cdot x + \mathrm{e}^u \cos v \cdot 2y$$

$$= \mathrm{e}^{xy}[x\sin(x^2 + y^2) + 2y\cos(x^2 + y^2)]。$$

注：例 10 和例 11 也可以把 u 和 v 代入 $z = f(u,v)$，再求全导数或偏导数。

7.2.5　隐函数的求导法则

1. 由方程 $F(x,y)=0$ 所确定的隐函数 $y=f(x)$ 的求导法则

在一元函数微分学中，我们曾利用复合函数求导法则求出了由方程 $F(x,y)=0$ 所确定的隐函数 $y=f(x)$ 的导数 $\dfrac{\mathrm{d}y}{\mathrm{d}x}$，下面利用二元复合函数的求导法则来导出隐函数的求导公式。

> **定理 7.7**　设 $y=f(x)$ 是由方程 $F(x,y)=0$ 确定的隐函数，且偏导数 $F_y = \dfrac{\partial F}{\partial y} \neq 0$，则 $\dfrac{\mathrm{d}y}{\mathrm{d}x} = -\dfrac{F_x}{F_y}$。

证明　因为 $F(x,y)=0, y=f(x)$，利用定理 7.5，方程 $F(x,y)=0$ 两端求对 x 的全导数，有

$$\frac{\partial F}{\partial x} + \frac{\partial F}{\partial y}\frac{\mathrm{d}y}{\mathrm{d}x} = 0。$$

又因为 $\dfrac{\partial F}{\partial y} \neq 0$，则可得

$$\frac{\mathrm{d}y}{\mathrm{d}x} = -\frac{\partial F}{\partial x} \bigg/ \frac{\partial F}{\partial y} = -\frac{F_x}{F_y}。$$

例 12　已知方程 $x^2 + y^2 - \sin xy = 0$，求 $\dfrac{\mathrm{d}y}{\mathrm{d}x}$。

解　设 $F(x,y) = x^2 + y^2 - \sin xy$，则有

$$F_x = 2x - y\cos xy, \quad F_y = 2y - x\cos xy,$$

于是

$$\frac{\mathrm{d}y}{\mathrm{d}x} = -\frac{F_x}{F_y} = \frac{2x - y\cos xy}{x\cos xy - 2y}。$$

2. 由方程 $F(x,y,z)=0$ 所确定的隐函数 $z=f(x,y)$ 的求导法则

> **定理 7.8**　设 $z=f(x,y)$ 是由方程 $F(x,y,z)=0$ 确定的二元隐函数，且偏导数 $F_z = \dfrac{\partial F}{\partial z} \neq 0$，则 $\dfrac{\partial z}{\partial x} = -\dfrac{F_x}{F_z}, \dfrac{\partial z}{\partial y} = -\dfrac{F_y}{F_z}$。

证明　因为 $F(x,y,z)=0,z=f(x,y)$，方程 $F(x,y,z)=0$ 两端分别对 x、y 求偏导，有

$$F_x+F_z \cdot \frac{\partial z}{\partial x}=0, \quad F_y+F_z \cdot \frac{\partial z}{\partial y}=0。$$

又因为 $F_z \neq 0$，则得

$$\frac{\partial z}{\partial x}=-\frac{F_x}{F_z}, \quad \frac{\partial z}{\partial y}=-\frac{F_y}{F_z}。$$

例 13　已知方程 $x^2+y^2+z^2=4z$，求偏导数 $\dfrac{\partial z}{\partial x}$、$\dfrac{\partial z}{\partial y}$ 及 $\dfrac{\partial^2 z}{\partial x^2}$。

解　设 $F(x,y,z)=x^2+y^2+z^2-4z$，则有

$$F_x=2x, \quad F_y=2y, \quad F_z=2z-4。$$

于是

$$\frac{\partial z}{\partial x}=-\frac{F_x}{F_z}=\frac{x}{2-z}, \quad \frac{\partial z}{\partial y}=-\frac{F_y}{F_z}=\frac{y}{2-z}。$$

将 $\dfrac{\partial z}{\partial x}$ 再一次对 x 求偏导数，得

$$\frac{\partial^2 z}{\partial x^2}=\frac{(2-z)+x\dfrac{\partial z}{\partial x}}{(2-z)^2}=\frac{(2-z)+x\left(\dfrac{x}{2-z}\right)}{(2-z)^2}=\frac{(2-z)^2+x^2}{(2-z)^3}。$$

思　考　题

1. 已知二元函数 $z=\sqrt{1-x^2-y^2}$，偏导数 $f_x(0,0)$ 和 $f_y(0,0)$ 的几何意义是什么？

2. 根据一元函数 $y=f(x)$ 在点 x_0 处的微分的几何意义，试探讨一下二元函数 $z=f(x,y)$ 在点 (x_0,y_0) 处的全微分的几何意义。

习题 7.2

A 组

一、判断下列结论是否正确，并说明理由：

1. 设函数 $f(x,y)=x^2+y^2+xy$，则 $\lim\limits_{x \to a}\dfrac{f(x,b)-f(a,b)}{x-a}=2a+b$。

2. 函数 $f(x,y)=\sqrt{x^2+y^2}$ 在点 $(0,0)$ 处的两个偏导数都不存在。

3. 设 $f(x,y)=x^3-y^3+6xy$，则有 $f_x(2,-2)=0$，$f_y(2,-2)=0$。

4. 设 $f(x,y)=\mathrm{e}^{-(x^2+y^2-4y)}$，则 $\dfrac{\partial f}{\partial y}=-\mathrm{e}^{-(x^2+y^2-4y)}(2x+2y-4)$。

5. 若函数 $z=f(x,y)$ 的全微分 $\mathrm{d}z=(x-2y)\mathrm{d}x+(y^3+3x)\mathrm{d}y$，则有 $\dfrac{\partial z}{\partial x}=y^3+3x$，$\dfrac{\partial z}{\partial y}=x-2y$。

6. 设 $z=f(x,y)$，若 $f_x(a,b)$ 和 $f_y(a,b)$ 均存在，则 $f(x,y)$ 在点 (a,b) 处可微。

7. 设 $u=(x-1)^2+y^2+(6-x-2y)^2$，则 $\dfrac{\partial^2 u}{\partial x \partial y}=4$。

二、解答题

1. 求下列函数的偏导数：

(1) $z=2x^3+3y^2+6xy-5$；　　　　　(2) $z=\dfrac{x}{y}$；

(3) $z=\ln(x+y)+e^{xy}$；　　　　　(4) $z=\sin\sqrt{x^2+y^2}$。

2. 求下列函数在给定点处的偏导数：

(1) 设 $z=x^2+y^3+xy$，求 $z_x(0,1)$ 和 $z_y(0,1)$；

(2) 设 $z=\dfrac{1}{2}\ln(x^2+y^2)+\arctan\dfrac{y}{x}$，求 $\dfrac{\partial z}{\partial x}\bigg|_{(-1,1)}$ 和 $\dfrac{\partial z}{\partial y}\bigg|_{(-1,1)}$。

3. 求下列函数的二阶偏导数：

(1) $z=x^5+3y^4-x^2y$；　　　　　(2) $z=y\ln(x+y)$；

(3) 设 $z=x^3+y^3-3xy$，求 $f_{xx}(1,1)$、$f_{xy}(1,1)$ 和 $f_{yy}(1,1)$。

4. 求下列函数的全微分：

(1) $z=x^3+y^2+2xy$；　　　　　(2) $z=\dfrac{x-y}{x+y}$；

(3) $u=\sqrt{x^2+y^2+z^2}$；　　　　　(4) $u=xyz$。

5. 求下列函数的全导数或偏导数：

(1) 设 $z=\ln(x^2+y^2)$，$x=\sin t$，$y=e^t$，求 $\dfrac{dz}{dt}$；

(2) 设 $z=\dfrac{x+y}{x-y}$，$x=t^3+1$，$y=1-t^3$，求 $\dfrac{dz}{dt}$；

(3) 设 $z=e^u\sin v$，$u=x+y$，$v=xy$，求 $\dfrac{\partial z}{\partial x}$ 和 $\dfrac{\partial z}{\partial y}$；

(4) 设 $z=y+f(v)$，$v=x^2-y^2$，求 $\dfrac{\partial z}{\partial x}$ 和 $\dfrac{\partial z}{\partial y}$；

(5) 设 $z=(x-y)^{xy}$，求 $\dfrac{\partial z}{\partial x}$ 和 $\dfrac{\partial z}{\partial y}$。

6. 设 $u=yf(x^2-y^2)$，证明：$y\dfrac{\partial u}{\partial x}+x\dfrac{\partial u}{\partial y}=\dfrac{x}{y}u$。

7. 求由下列方程所确定的隐函数 $y=f(x)$ 的导数 $\dfrac{dy}{dx}$：

(1) $xy+e^x-e^y=0$；　　　　　(2) $x-y+\dfrac{1}{2}\sin y=0$。

8. 求由下列方程所确定的隐函数 $z=f(x,y)$ 的偏导数：

(1) $2z-e^{-xy}-e^z+5=0$；　　　　　(2) $x^3+y^3+z^3-3xyz=0$；

(3) $\dfrac{x}{z}=\ln\dfrac{z}{y}$；　　　　　(4) $e^{xyz}+\sin(x+y+z)=0$。

9. 求椭圆 $\dfrac{x^2}{16}+\dfrac{y^2}{9}=1$ 在点 $\left(2,\dfrac{3}{2}\sqrt{3}\right)$ 处的切线方程。

10. 设有一圆柱体,底圆半径为 20cm,高为 50cm,若受热膨胀,半径和高分别增加了 0.2cm 和 1cm,问圆柱体的体积近似增加了多少?

B 组

1. 求下列函数的一阶偏导数:

(1) $z=(2x+3y)^{10}$;

(2) $z=\dfrac{xy}{x^2+y}$;

(3) $z=\displaystyle\int_{x^2}^{2y}\cos 2t\,\mathrm{d}t$;

(4) $u=x^{y/z}$。

2. 求下列函数的二阶偏导数:

(1) $z=\displaystyle\int_0^{xy}\mathrm{e}^{t^2}\,\mathrm{d}t$;

(2) $z=f(xy^2)$,其中 f 可微。

3. **拉普拉斯方程**(Laplace's equation),也称**调和方程**(harmonic equation),它在电磁学、天体物理学、力学和数学等领域具有广泛应用。二维拉普拉斯方程为

$$\frac{\partial^2 f}{\partial x^2}+\frac{\partial^2 f}{\partial y^2}=0,$$

三维拉普拉斯方程为

$$\frac{\partial^2 f}{\partial x^2}+\frac{\partial^2 f}{\partial y^2}+\frac{\partial^2 f}{\partial z^2}=0。$$

验证下列函数满足拉普拉斯方程:

(1) $f(x,y)=\mathrm{e}^{-2y}\cos 2x$;

(2) $f(x,y,z)=2z^3-3(x^2+y^2)z$。

4. 求下列函数的全微分 $\mathrm{d}z$:

(1) $x^2+2y^2+3z^2=1$;

(2) $z=x^2 y^3,x=s\cos t,y=t\sin s$。

5. 设函数 $f(u,v)$ 可微,且 $z=z(x,y)$ 由方程 $(x+1)z-y^2=x^2 f(x-z,y)$ 确定,求 $\mathrm{d}z|_{(0,1)}$。

6. 已知函数 $z=f(x,y)$ 的全微分为 $\mathrm{d}z=(5+2x)\mathrm{d}x+(3+4y)\mathrm{d}y$,且 $f(0,0)=10$,求 $f(x,y)$ 的表达式。

7. 假设函数 $z=f(x,y)$ 可微,其中 $x=s+t,y=s-t$,验证

$$\left(\frac{\partial z}{\partial x}\right)^2-\left(\frac{\partial z}{\partial y}\right)^2=\frac{\partial z}{\partial s}\frac{\partial z}{\partial t}。$$

7.3　多元函数的极值及其求法

在一元函数微分学里,我们讨论过一元函数的极值问题,作为二元函数微分学的应用,本节主要讨论利用偏导数确定二元函数极值的方法。

7.3.1　多元函数的极值

因为二元函数 $z=f(x,y)$ 的图形是曲面,所以直观上看,函数的极大值就是曲面上那

些"峰点"处的函数值,极小值就是那些"谷点"处的函数值。

定义 7.7(二元函数的极值) 设函数 $z=f(x,y)$ 在点 (x_0,y_0) 的某邻域内有定义,若对该邻域内异于 (x_0,y_0) 的任意点 (x,y),都有
$$f(x,y) < f(x_0,y_0) \quad (\text{或 } f(x,y) > f(x_0,y_0)),$$
则称函数 $f(x,y)$ 在点 (x_0,y_0) 处取得**极大值**(或**极小值**) $f(x_0,y_0)$。极大值、极小值统称为**极值**。使函数取得极值的点 (x_0,y_0) 称为**极值点**。

显然,二元函数的极值也是局部性的概念,而且,极小值可能比极大值大。

例如,函数 $z=x^2+y^2$ 在点 $(0,0)$ 处取得极小值,而函数 $z=\sqrt{1-x^2-y^2}$ 在点 $(0,0)$ 处取得极大值,函数 $z=xy$ 在点 $(0,0)$ 处既不取得极大值也不取得极小值。

我们曾以导数为工具讨论了一元函数的极值,类似地,下面用偏导数讨论二元函数的极值。

定理 7.9(极值存在的必要条件) 设函数 $z=f(x,y)$ 在点 (x_0,y_0) 具有偏导数,且在点 (x_0,y_0) 处取得极值,则必有
$$f_x(x_0,y_0)=0, \quad f_y(x_0,y_0)=0。$$

证明 不妨设 $z=f(x,y)$ 在点 (x_0,y_0) 处取得极大值。由定义,在点 (x_0,y_0) 的某邻域内,都有
$$f(x,y) < f(x_0,y_0)。$$
当在该邻域内固定 $y=y_0$,而 $x \neq x_0$ 时,总有
$$f(x,y_0) < f(x_0,y_0),$$
这表明一元函数 $f(x,y_0)$ 在 $x=x_0$ 处取得极大值,因此由函数取得极值的必要条件(定理 4.8),可得
$$f_x(x_0,y_0)=0。$$

类似可证
$$f_y(x_0,y_0)=0。 \quad \blacksquare$$

我们把同时满足 $f_x(x,y)=0$、$f_y(x,y)=0$ 的点 (x_0,y_0) 称为函数 $z=f(x,y)$ 的**驻点**(stationary point)。由定理 7.9 可知,具有偏导数的函数的极值点必定是驻点。但是,函数的驻点不一定是极值点。例如,点 $(0,0)$ 是函数 $z=xy$ 的驻点,但该函数在点 $(0,0)$ 处并不取得极值。称这种不是极值点的驻点为函数的**鞍点**(saddle point)。

注:偏导数不存在的点也有可能是极值点。例如,$z=\sqrt{x^2+y^2}$ 在点 $(0,0)$ 处取得极小值,但是它在 $(0,0)$ 处的两个偏导数都不存在。

下面的定理给出了利用二阶偏导数判定驻点是否为极值点的一个方法。

定理 7.10(极值的二阶偏导数判别法,second derivative test for local extreme values) 设点 (x_0,y_0) 是函数 $z=f(x,y)$ 的一个驻点,且函数在该点的某邻域内具有二阶连续偏导数,记
$$f_{xx}(x_0,y_0)=A, \quad f_{xy}(x_0,y_0)=B, \quad f_{yy}(x_0,y_0)=C。$$

(1) 当 $AC-B^2>0$ 时,函数取极值 $f(x_0,y_0)$,且当 $A<0$ 时为极大值,当 $A>0$ 时为

极小值；

（2）当 $AC-B^2<0$ 时，函数在点 (x_0,y_0) 处不取极值，(x_0,y_0) 是函数的鞍点；

（3）当 $AC-B^2=0$ 时，函数在点 (x_0,y_0) 处可能取极值，也可能不取极值，需另作讨论。

定理的证明从略。下面通过例题说明求二元函数极值的步骤。

例 1　求函数 $f(x,y)=x^3-y^3+6xy$ 的极值。

解　先求函数 $f(x,y)$ 的一阶偏导数，并令它们都为零，得方程组

$$\begin{cases} f_x(x,y)=3x^2+6y=0, \\ f_y(x,y)=-3y^2+6x=0, \end{cases}$$

解之，得函数 $f(x,y)$ 的驻点 $(0,0)$ 和 $(2,-2)$。

再求函数 $f(x,y)$ 的二阶偏导数，得

$$f_{xx}(x,y)=6x,\quad f_{xy}(x,y)=6,\quad f_{yy}(x,y)=-6y。$$

最后利用定理 7.10 判断函数 $f(x,y)$ 在每个驻点处是否取极值。

在点 $(0,0)$ 处，$AC-B^2=0\times0-6^2=-36<0$，所以函数在点 $(0,0)$ 处不取极值；

在点 $(2,-2)$ 处，$AC-B^2=12\times12-6^2=108>0$，又 $A=12>0$，所以函数在点 $(2,-2)$ 处取极小值，且极小值为 $f(2,-2)=-8$。

例 2　求函数 $f(x,y)=y^2-x^2$ 的极值。

解　因为 $f_x(x,y)=-2x$，$f_y(x,y)=2y$，求得函数的驻点为 $(0,0)$。

又因为　　　　$f_{xx}(x,y)=-2,\quad f_{xy}(x,y)=0,\quad f_{yy}(x,y)=2,$

则 $AC-B^2=-4<0$，因此点 $(0,0)$ 不是函数 $f(x,y)=y^2-x^2$ 的极值点，是函数的鞍点，因此该函数没有极值。

该函数的图像如图 7.8 所示，形状像**马鞍**（saddle），所以称为**马鞍面**（saddle surface）。

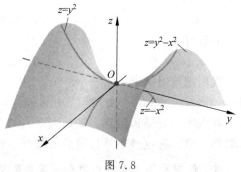

图 7.8

下面的两道例题是应用问题，需利用二元函数极值的理论来求解。但在实际问题中，我们需要求的往往是最大（小）值。如果根据问题的实际意义，可以判断出函数的最大（小）值是在区域的内部取得，且函数的驻点唯一，那么该驻点就是最大（小）值点。

需要说明的是，如果不是应用问题，求二元函数的最大（小）值要比求一元函数的最大（小）值复杂得多，在此我们不作讨论。

例 3　某商店专营 A、B 两个品牌的奶粉，且它们的进货价分别为每袋 30 元和 40 元。商店老板估计，如果 A、B 两个品牌的奶粉的销售价分别定为 x 元和 y 元，每天大约可以分别卖出 $70-5x+4y$ 袋和 $80+6x-7y$ 袋。问商店老板该如何定价，才能从这两个品牌的奶粉中获得最大的利润？最大利润为多少？

解　商店老板获得的总利润是销售这两个品牌的奶粉的利润之和。设总利润函数为 $f(x,y)$，则有

$$f(x,y) = (x-30)(70-5x+4y) + (y-40)(80+6x-7y)$$
$$= -5x^2 + 10xy - 20x - 7y^2 + 240y - 5300 \quad (x > 0, y > 0)。$$

解方程组

$$\begin{cases} f_x(x,y) = -10x + 10y - 20 = 0, \\ f_y(x,y) = 10x - 14y + 240 = 0, \end{cases}$$

得唯一驻点 $(53,55)$。

又因为 $\quad A = f_{xx}(x,y) = -10, \quad B = f_{xy}(x,y) = 10, \quad C = f_{yy}(x,y) = -14,$
则 $AC - B^2 = -10 \times (-14) - 10^2 = 40 > 0$。又 $A = -10 < 0$,所以函数在点 $(53,55)$ 处取极大值,即最大值,这说明 A、B 两个品牌奶粉的定价分别为 53 元和 55 元时,店老板每天获得的利润最大,最大利润为 $f(53,55) = 770$ 元。

例 4 要用铁板做一个体积为 $2\mathrm{m}^3$ 的有盖长方体水箱,问怎样设计才能使用料最省?

解 设水箱的长为 $x\mathrm{m}$,宽为 $y\mathrm{m}$,则其高为 $\dfrac{2}{xy}\mathrm{m}$,水箱所用材料的面积为

$$A = 2\left(xy + y \cdot \frac{2}{xy} + x \cdot \frac{2}{xy}\right) = 2\left(xy + \frac{2}{x} + \frac{2}{y}\right), \quad x > 0, y > 0。$$

解方程组

$$\begin{cases} A_x = 2\left(y - \dfrac{2}{x^2}\right) = 0, \\ A_y = 2\left(x - \dfrac{2}{y^2}\right) = 0 \end{cases}$$

得 $x = \sqrt[3]{2}$,$y = \sqrt[3]{2}$。即 $(\sqrt[3]{2}, \sqrt[3]{2})$ 为函数的唯一驻点。又根据问题的实际意义可以判定该函数有最小值,所以 $(\sqrt[3]{2}, \sqrt[3]{2})$ 为函数的最小值点,此时高为 $\dfrac{2}{\sqrt[3]{2} \times \sqrt[3]{2}} = \sqrt[3]{2}\,\mathrm{m}$。因此当水箱的长、宽、高都为 $\sqrt[3]{2}\,\mathrm{m}$ 时,即水箱为正方体时,用料最省。

7.3.2 条件极值、拉格朗日乘数法

前面讨论的函数 $z = f(x,y)$ 的极值问题,对自变量 x、y 没有附加其他限制条件,它们可以在定义域内自由变化,这种极值我们一般称为**无条件极值**(unconstrained extreme value)。但在许多实际问题中,自变量的变化往往需要一些条件的限制。

比如,设长方形的长和宽分别为 x、y,且满足 $x^2 + y^2 = 8$,求长方形的面积 $A = xy$ 的最大值。这就是求函数 $f(x,y) = xy$ 在条件 $x^2 + y^2 = 8$ 下的极值问题。像这样对自变量附加一些条件的极值称为**条件极值**(constrained extreme value)。

如何求条件极值问题呢?为简便,**我们讨论二元函数 $z = f(x,y)$ 在约束条件 $\varphi(x,y) = 0$ 下的极值**。

如果约束条件比较简单,并且可以从条件 $\varphi(x,y) = 0$ 中解出 $y = y(x)$,将它代入函数 $z = f(x,y)$ 中,得到一元函数 $z = f(x, y(x))$,这样,二元函数的条件极值问题就转化为一元函数的无条件极值问题了。

但是对很多问题,在条件 $\varphi(x,y)=0$ 中解出 $y=y(x)$ 会非常困难,甚至根本就解不出来。这里我们介绍一个求条件极值的著名方法——**拉格朗日乘数法**(method of Lagrange multiplier)。

设方程 $\varphi(x,y)=0$ 所确定的隐函数为 $y=y(x)$,将其代入 $z=f(x,y)$ 中,得一元复合函数

$$z=f(x,y(x))。$$

由函数取极值的必要条件(定理 4.8),得

$$f_x+f_y\frac{\mathrm{d}y}{\mathrm{d}x}=0。$$

利用隐函数的求导法则(定理 7.7),由 $\varphi(x,y)=0$ 可求得

$$\frac{\mathrm{d}y}{\mathrm{d}x}=-\frac{\varphi_x}{\varphi_y}。$$

将其代入前面的等式,并考虑约束条件 $\varphi(x,y)=0$,可得方程组

$$\begin{cases} f_x\varphi_y-f_y\varphi_x=0,\\ \varphi(x,y)=0, \end{cases}$$

解这个关于变量 x、y 的方程组,得到的 (x_0,y_0) 即为可能的极值点。

因为上面方程组中的第一个方程可以写成 $\dfrac{f_x}{\varphi_x}=\dfrac{f_y}{\varphi_y}$,记 $\lambda=-\dfrac{f_y}{\varphi_y}\bigg|_{(x_0,y_0)}$,则 x_0,y_0,λ 满足方程组

$$\begin{cases} f_x+\lambda\varphi_x=0,\\ f_y+\lambda\varphi_y=0,\\ \varphi(x,y)=0。 \end{cases}$$

若引进函数

$$L(x,y,\lambda)=f(x,y)+\lambda\varphi(x,y),$$

则可以看出,该方程组是函数 $L(x,y,\lambda)$ 在点 (x_0,y_0,λ) 取得极值的必要条件。

我们称函数 $L(x,y,\lambda)$ 为**拉格朗日函数**(Lagrange function),参数 λ 称为**拉格朗日乘子**(Lagrange multiplier)。根据上面的讨论,可以得到下面的方法。

拉格朗日乘数法 要求函数 $z=f(x,y)$ 在约束条件 $\varphi(x,y)=0$ 下的可能的极值点,可以先构造辅助函数

$$L(x,y,\lambda)=f(x,y)+\lambda\varphi(x,y),$$

其中 λ 为参数。求其对 x、y 及 λ 的一阶偏导数,并使之为零,得到方程组

$$\begin{cases} L_x=f_x(x,y)+\lambda\varphi_x(x,y)=0,\\ L_y=f_y(x,y)+\lambda\varphi_y(x,y)=0,\\ L_\lambda=\varphi(x,y)=0。 \end{cases}$$

从该方程组中解出 x、y 及 λ,则点 (x,y) 就是函数 $f(x,y)$ 在约束条件 $\varphi(x,y)=0$ 下的可能的极值点。

这个方法还可以推广到自变量多于两个而条件多于一个的情形。

　　至于如何确定所求得的点是否为极值点,在实际问题中往往可根据问题本身的性质来判定。

　　例 5　设长方形的长和宽分别为 x、y,且满足 $x^2 + y^2 = 8$,求长方形的面积 $A = xy$ 的最大值。

　　解　该问题就是在条件

$$\varphi(x,y) = x^2 + y^2 - 8 = 0$$

下,求函数

$$f(x,y) = xy \quad (x > 0, y > 0)$$

的最大值。作拉格朗日函数

$$L(x,y,\lambda) = xy + \lambda(x^2 + y^2 - 8),$$

求其对 x、y 及 λ 的偏导数,并使之为零,得到

$$\begin{cases} L_x = y + 2\lambda x = 0, \\ L_y = x + 2\lambda y = 0, \\ L_\lambda = x^2 + y^2 - 8 = 0。 \end{cases}$$

由前两个方程消去 λ,得到 $x^2 = y^2$,代入第三个方程,得 $2x^2 = 8$。

　　因 $x > 0$,则得 $x = 2$,于是 $y = 2$,这是唯一可能的极值点,且由问题本身可知最大值一定存在。因此,这个唯一的可能的极值点 $(2,2)$ 就是最大值点,且长方形面积的最大值为 4。

　　例 6　求表面积为 a^2 而体积最大的长方体的体积。

　　解　设长方体的长、宽、高分别为 x、y、z,则问题就是求函数

$$V = xyz, \quad x > 0, y > 0, z > 0$$

在条件

$$\varphi(x,y,z) = 2xy + 2yz + 2xz - a^2 = 0$$

下的最大值。作拉格朗日函数

$$L(x,y,z,\lambda) = xyz + \lambda(2xy + 2yz + 2xz - a^2),$$

求其对 x、y、z 和 λ 的偏导数,并使之为零,得到

$$\begin{cases} L_x = yz + 2\lambda(y + z) = 0, \\ L_y = xz + 2\lambda(x + z) = 0, \\ L_z = xy + 2\lambda(y + x) = 0, \\ L_\lambda = 2xy + 2yz + 2xz - a^2 = 0。 \end{cases}$$

因 x、y、z 都不等于零,所以由方程组的前 3 个方程得到

$$\frac{x}{y} = \frac{x + z}{y + z}, \quad \frac{y}{z} = \frac{x + y}{x + z},$$

从而解得 $x = y = z$,将其代入方程组中的最后一个方程,可得

$$x = y = z = \frac{\sqrt{6}}{6} a。$$

这是唯一可能的极值点,且由问题本身可知最大值一定存在,因此,这个唯一的可能的极值点 $\left(\dfrac{\sqrt{6}}{6}a, \dfrac{\sqrt{6}}{6}a, \dfrac{\sqrt{6}}{6}a \right)$ 就是最大值点,且所求的最大体积为 $V = \dfrac{\sqrt{6}}{36} a^3$。

思　考　题

函数 $z=\sqrt{1-x^2-y^2}$ 的极值是多少？函数 $z=\sqrt{1-x^2-y^2}$ 在条件 $y-\dfrac{1}{2}=0$ 之下的极值是多少？两个问题中求出的极值是否一样？

习题 7.3

A 组

1. 求下列函数的驻点：

(1) $f(x,y)=x^2+y^2-6x+4y$；
(2) $f(x,y)=x^2+xy+y^2+x-y+1$。

2. 求下列函数的极值：

(1) $f(x,y)=2xy+\dfrac{27}{x}+\dfrac{4}{y}$；
(2) $f(x,y)=x^2+xy+y^2+x-y+1$；

(3) $f(x,y)=x^3-4xy+y^3$；
(4) $f(x,y)=e^{-(x^2+y^2-4y)}$；

(5) $f(x,y)=x\ln\left(\dfrac{y^2}{x}\right)+3x-xy^2$；
(6) $f(x,y)=x^3-y^3+3x^2+3y^2-9x$。

3. 求下列函数在指定条件下的极值（设问题的极值存在）：

(1) $f(x,y)=x^2+y^2$ 在条件 $x+y=1$ 下的极小值；

(2) $f(x,y)=2x^2+4y^2-3xy-2x-23y+3$ 在条件 $x+y=15$ 下的极小值。

4. 求函数 $f(x,y,z)=x-y+z$ 在条件 $x^2+y^2+z^2=100$ 下的最大值。

5. 某豆制品加工厂每天分别生产 x 桶果味豆浆和 y 桶原味豆浆，设果味豆浆每桶的售出价格为 $100-x$，原味豆浆每桶的售出价格为 $100-y$，设这两种豆浆每天的总成本函数为 x^2+xy+y^2，设生产的豆浆能够全部售出，这两种豆浆每天各生产多少桶时工厂获利最大？

6. 一制造商准备投资 60000 元对产品进行两方面的工作，一是更新产品，二是加大对新产品的促销力度，比如扩大广告投入等。若将 x 千元投资到产品更新上，而 y 千元投资到促销方面，大约能销售 $f(x,y)=20x^{3/2}y$ 单位产品，问资金该如何分配才能获得最大销售？

B 组

1. 设函数 $z=f(x,y)$ 的全微分为 $\mathrm{d}z=x\mathrm{d}x+y\mathrm{d}y$，则点 $(0,0)$ 为 $z=f(x,y)$ 的（　　）

    A. 非连续点　　　　B. 非极值点　　　　C. 极大值点　　　　D. 极小值点

2. 设函数 $z=f(x,y)$ 在有界闭区域 D 上连续，在区域 D 的内部具有二阶连续偏导数，且满足 $\dfrac{\partial^2 z}{\partial x\partial y}\neq 0$，$\dfrac{\partial^2 z}{\partial x^2}+\dfrac{\partial^2 z}{\partial y^2}=0$，则 $z=f(x,y)$ 的（　　）。

    A. 最大值和最小值均在 D 的边界上取得

    B. 最大值和最小值均在 D 的内部取得

C. 最大值在 D 的内部取得，最小值在 D 的边界上取得

D. 最大值在 D 的边界上取得，最小值在 D 的内部取得

3. 求下列函数的极值：

(1) $f(x,y)=x^2(2+y^2)+y\ln y$；　　　　　(2) $f(x,y)=x\mathrm{e}^{-\frac{x^2+y^2}{2}}$；

(3) $f(x,y)=x^3+8y^3-xy$。

4. 求函数 $f(x,y)=x^2+2y^2-x^2y^2$ 在区域 $D=\{(x,y)\,|\,x^2+y^2\leqslant 4,y\geqslant 0\}$ 上的最大值和最小值。

5. 已知 $(x_1,y_1),(x_2,y_2),\cdots,(x_n,y_n)$ 为 xOy 平面内的 n 个点，若它们近似分布在某一条直线周围，我们要寻求一条直线 $y=kx+b$，使得上述 n 个点到直线 $y=kx+b$ 的竖直距离的平方和最小，即确定参数 k 和 b 的值，使得

$$f(k,b)=(y_1-kx_1-b)^2+(y_2-kx_2-b)^2+\cdots+(y_n-kx_n-b)^2$$

最小。假设点为 $(0,1),(1,3),(2,2),(3,4),(4,5)$，求满足上述要求的参数 k 和 b 的值。

复习题 7

一、选择题

1. 函数 $f(x,y)=\begin{cases}\dfrac{\sin 2(x^2+y^2)}{x^2+y^2}, & x^2+y^2\neq 0, \\ 1, & x^2+y^2=0\end{cases}$ 在点 $(0,0)$ 处（　　）。

A. 极限不存在　　　　　　　　　　B. 连续

C. 极限存在，但不连续　　　　　　D. 没定义

2. 函数 $f(x,y)=x^3-y^3+6xy$ 的驻点为（　　）。

A. $(1,0)$ 和 $(2,-2)$　　　　　　B. $(1,0)$ 和 $(2,2)$

C. $(0,0)$ 和 $(2,-2)$　　　　　　D. $(0,0)$ 和 $(2,2)$

3. 点 $(0,0)$ 为函数 $z=xy$ 的（　　）。

A. 驻点　　　　B. 非驻点　　　　C. 极小值点　　　　D. 极大值点

二、填空题

1. 二元函数 $z=\arcsin(1-y)+\ln(x-y)$ 的定义域为 _____。

2. 设函数 $u=\ln(x^2+y^2+z^2)$，则 $\mathrm{d}u\,|_{(1,1,1)}=$ _____。

3. 设 $z=\cos(x^2-y^2)$，则 $\dfrac{\partial z}{\partial y}=$ _____；设 $z=\mathrm{e}^{x^2+xy+y^2}$，则 $\dfrac{\partial^2 z}{\partial x^2}=$ _____。

三、解答题

1. 设 $z=\mathrm{e}^{x-2y}$，$x=\sin t$，$y=t^3$，求全导数 $\dfrac{\mathrm{d}z}{\mathrm{d}t}$。

2. 设函数 $u=f(x+xy+xyz)$，求偏导数。

3. 求由方程 $xy+2^x-y^3=3$ 所确定的隐函数 $y=f(x)$ 的导数 $\dfrac{\mathrm{d}y}{\mathrm{d}x}$。

4. 求由方程 $z^3-3xyz=a^3$ 所确定的隐函数 $z=f(x,y)$ 的偏导数 $\dfrac{\partial z}{\partial x},\dfrac{\partial z}{\partial y}$。

5. 求函数 $z = \dfrac{y}{x}$ 在点 $(2,1)$ 且 $\Delta x = 0.1, \Delta y = -0.2$ 时的全增量与全微分。

6. 求出函数 $f(x,y) = 6xy - 4x^3 - 4y^3 - 10$ 的驻点，并判定在驻点处函数能否取得极值。

7. 若函数 $f(x,y) = 2x^2 + ax + xy^2 + by + 2$ 在点 $(1,-1)$ 处取得极值，试确定常数 a 和 b；$f(1,-1)$ 是极大值还是极小值？

8. 求球面 $x^2 + y^2 + z^2 = 1$ 上到点 $M(1,2,3)$ 距离最近和最远的点。

第8章

二重积分

定积分是在分析和解决实际问题的过程中逐步发展起来的,与定积分类似,二重积分的概念也是从实践中抽象出来的,其中的数学思想与定积分一样,也是一种"和式的极限"。二重积分与定积分的区别是:定积分的被积函数是一元函数,积分范围是一个区间;而二重积分的被积函数是二元函数,积分范围是平面上的一个区域。定积分与二重积分之间存在着密切的联系,二重积分可以通过定积分来计算。

本章主要讨论

1. 二重积分是怎样产生的? 何谓二重积分?
2. 二重积分有哪些重要的性质?
3. 怎样计算二重积分?
4. 如何应用二重积分求平面图形的面积和立体的体积?

8.1 二重积分的概念与性质

8.1.1 二重积分的概念

1. 曲顶柱体的体积

设 D 为 xOy 坐标平面上的一个有界闭区域,二元函数 $z = f(x, y)$ 在 D 上连续,且 $f(x, y) \geqslant 0$,以 $z = f(x, y)$ 所表示的曲面为顶面、区域 D 为底面、D 的边界曲线为准线,且母线平行于 z 轴的柱面为侧面的立体称为**曲顶柱体**(图 8.1)。

下面我们来计算此曲顶柱体的体积 V,仿照求曲边梯形面积的思想方法,分四个步骤来解决这个问题。

(1)**分割**:用任意一组曲线网将区域 D 分成 n 个小闭区域 $\Delta\sigma_1, \Delta\sigma_2, \cdots, \Delta\sigma_n$,以这些小区域的边界曲线为准线,作母线平行于 z 轴的柱面,则这些柱面将原来的曲顶柱体划分成 n 个小曲顶柱体 $\Delta\Omega_1, \Delta\Omega_2, \cdots,$

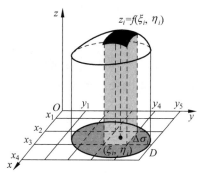

图 8.1

$\Delta\Omega_n$。假设 $\Delta\sigma_i$ 所对应的小曲顶柱体为 $\Delta\Omega_i$，为方便起见，这里 $\Delta\sigma_i$ 既代表第 i 个小闭区域，又表示它的面积值，$\Delta\Omega_i$ 既代表第 i 个小曲顶柱体，又表示它的体积值。从而

$$V = \sum_{i=1}^{n} \Delta\Omega_i。$$

（2）**代替**：由于 $f(x,y)$ 连续，对于同一个小闭区域来说，函数值的变化不大。因此，可以将小曲顶柱体近似地看作小平顶柱体，于是

$$\Delta\Omega_i \approx f(\xi_i, \eta_i)\Delta\sigma_i, \quad \forall (\xi_i, \eta_i) \in \Delta\sigma_i。$$

（3）**求和**：整个曲顶柱体的体积的近似值为

$$V \approx \sum_{i=1}^{n} f(\xi_i, \eta_i)\Delta\sigma_i。$$

（4）**取极限**：为得到 V 的精确值，只需让这 n 个小区域越来越小，也就是让小闭区域的直径越来越小，所谓闭区域的直径是指该区域中任意两点间距离的最大者。设 λ_i 表示小闭区域 $\Delta\sigma_i$ 的直径，取 $\lambda = \max\{\lambda_1, \lambda_2, \cdots, \lambda_n\}$，令 $\lambda \to 0$，对第（3）步中的和式取极限，于是所求曲顶柱体的体积为

$$V = \lim_{\lambda \to 0} \sum_{i=1}^{n} f(\xi_i, \eta_i)\Delta\sigma_i。$$

上述问题是一个几何问题，我们将所求的量最终归结为一种和式的极限。另外，由于在物理学、几何学、力学等许多学科中，许多量的求解都可以归结为求这种和式的极限，因此有必要在普遍意义下研究这种形式的极限，并抽象出下述二重积分的定义。

2. 二重积分的定义

定义 8.1（二重积分） 设 $f(x,y)$ 为有界闭区域 D 上的有界函数。将区域 D 任意分成 n 个小闭区域 $\Delta\sigma_1, \Delta\sigma_2, \cdots, \Delta\sigma_n$，其中，$\Delta\sigma_i$ 既表示第 i 个小闭区域，也表示它的面积。在第 i 个小闭区域 $\Delta\sigma_i$ 上任取一点 (ξ_i, η_i)，作和 $\sum_{i=1}^{n} f(\xi_i, \eta_i)\Delta\sigma_i$，记 λ_i 为 $\Delta\sigma_i$ 的直径，取 $\lambda = \max\{\lambda_1, \lambda_2, \cdots, \lambda_n\}$，若极限

$$\lim_{\lambda \to 0} \sum_{i=1}^{n} f(\xi_i, \eta_i)\Delta\sigma_i$$

存在，并且此极限与区域 D 的分法及点 (ξ_i, η_i) 的取法无关，则称此极限值为函数 $f(x,y)$ 在区域 D 上的**二重积分**（double integral of $f(x,y)$ over D），记作 $\iint\limits_{D} f(x,y)\mathrm{d}\sigma$，即

$$\iint\limits_{D} f(x,y)\mathrm{d}\sigma = \lim_{\lambda \to 0} \sum_{i=1}^{n} f(\xi_i, \eta_i)\Delta\sigma_i。$$

其中，$f(x,y)$ 称为**被积函数**，$f(x,y)\mathrm{d}\sigma$ 称为**被积表达式**，$\mathrm{d}\sigma$ 称为**面积元素**，x 和 y 称为**积分变量**，D 称为**积分区域**，$\sum_{i=1}^{n} f(\xi_i, \eta_i)\Delta\sigma_i$ 称为**积分和**。

由二重积分的定义可知，曲顶柱体的体积为 $V = \iint\limits_{D} f(x,y)\mathrm{d}\sigma$。

注：关于二重积分,需要注意以下几点：

(1) $\lim\limits_{\lambda \to 0} \sum\limits_{i=1}^{n} f(\xi_i, \eta_i) \Delta \sigma_i$ 的存在性不依赖于区域 D 的分割,也不依赖于 (ξ_i, η_i) 在 $\Delta \sigma_i$ 中的取法。

(2) **二重积分的存在性定理**：若 $f(x,y)$ 在闭区域 D 上连续,则 $f(x,y)$ 在 D 上的二重积分存在。

(3) $\iint\limits_{D} f(x,y) \mathrm{d}\sigma$ 中的面积元素 $\mathrm{d}\sigma$ 象征着积分和中的 $\Delta \sigma_i$。

由于二重积分的定义中对区域 D 的划分是任意的,因此在直角坐标系中可以用一组平行于坐标轴的直线来划分区域 D(图 8.2),这样,我们可以将 $\mathrm{d}\sigma$ 记作 $\mathrm{d}x\mathrm{d}y$,并称 $\mathrm{d}x\mathrm{d}y$ 为直角坐标系中的面积元素,所以在直角坐标系下二重积分也可表示成为

$$\iint\limits_{D} f(x,y) \mathrm{d}x\mathrm{d}y。$$

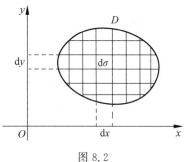

图 8.2

3. 二重积分的几何意义

(1) 由前面曲顶柱体的体积的求解以及二重积分的定义可知,若 $f(x,y) \geqslant 0$,则二重积分 $\iint\limits_{D} f(x,y) \mathrm{d}\sigma$ 表示以 $z = f(x,y)$ 为顶面、D 为底面的曲顶柱体的体积;

(2) 若 $f(x,y) \leqslant 0$,则以 $z = f(x,y)$ 为顶面、D 为底面的曲顶柱体位于 xOy 面的下方,此时 $\iint\limits_{D} f(x,y) \mathrm{d}\sigma$ 表示以 $z = f(x,y)$ 为顶面、D 为底面的曲顶柱体的体积的负值;

(3) 若被积函数 $f(x,y)$ 在 D 的若干部分区域上是正的,而在其余部分区域上是负的,此时二重积分 $\iint\limits_{D} f(x,y) \mathrm{d}\sigma$ 等于位于 xOy 面上方的曲顶柱体的体积减去位于 xOy 面下方的曲顶柱体的体积。

8.1.2　二重积分的性质

二重积分有与定积分相类似的性质,现将这些性质叙述如下。

性质 1　两个函数和(差)的二重积分等于这两个函数的二重积分的和(差),即

$$\iint\limits_{D} [f(x,y) \pm g(x,y)] \mathrm{d}\sigma = \iint\limits_{D} f(x,y) \mathrm{d}\sigma \pm \iint\limits_{D} g(x,y) \mathrm{d}\sigma。$$

性质 2　被积函数中的常数因子可以提到积分号外面,即

$$\iint\limits_{D} kf(x,y) \mathrm{d}\sigma = k\iint\limits_{D} f(x,y) \mathrm{d}\sigma \quad (k \text{ 为常数})。$$

性质 3(积分区域的可加性)　若区域 D 分为两个闭区域 D_1 和 D_2,则

$$\iint\limits_{D} f(x,y) \mathrm{d}\sigma = \iint\limits_{D_1} f(x,y) \mathrm{d}\sigma + \iint\limits_{D_2} f(x,y) \mathrm{d}\sigma。$$

性质 4　若在区域 D 上,$f(x,y) \equiv 1$,用 σ 表示区域 D 的面积,则

$$\iint\limits_{D} f(x,y)\mathrm{d}\sigma = \iint\limits_{D} 1\mathrm{d}\sigma = \sigma_{\circ}$$

性质 5 若在区域 D 上，$f(x,y) \leqslant g(x,y)$，则有不等式

$$\iint\limits_{D} f(x,y)\mathrm{d}\sigma \leqslant \iint\limits_{D} g(x,y)\mathrm{d}\sigma_{\circ}$$

特别地，由于 $-|f(x,y)| \leqslant f(x,y) \leqslant |f(x,y)|$，则有

$$\left| \iint\limits_{D} f(x,y)\mathrm{d}\sigma \right| \leqslant \iint\limits_{D} |f(x,y)|\mathrm{d}\sigma_{\circ}$$

性质 6（估值不等式） 设 M 与 m 分别是 $f(x,y)$ 在闭区域 D 上的最大值和最小值，σ 表示区域 D 的面积，则

$$m\sigma \leqslant \iint\limits_{D} f(x,y)\mathrm{d}\sigma \leqslant M\sigma_{\circ}$$

性质 7（二重积分的中值定理） 设函数 $f(x,y)$ 在闭区域 D 上连续，σ 表示 D 的面积，则在 D 上至少存在一点 (ξ,η)，使得

$$\iint\limits_{D} f(x,y)\mathrm{d}\sigma = f(\xi,\eta)\sigma_{\circ}$$

称 $f(\xi,\eta) = \dfrac{1}{\sigma}\iint\limits_{D} f(x,y)\mathrm{d}\sigma$ 为 $f(x,y)$ 在区域 D 上的**平均值**。

思　考　题

性质 7 中二重积分的中值定理的几何意义是什么？

习题 8.1

A 组

1. 设 D 是矩形闭区域：$|x| \leqslant 2$，$|y| \leqslant 3$，则 $\iint\limits_{D} 1\mathrm{d}x\mathrm{d}y = $ _____。

2. 设 D 是由直线 $y = x$，$y = \dfrac{1}{2}x$，$y = 2$ 所围成的闭区域，则 $\iint\limits_{D} 1\mathrm{d}x\mathrm{d}y = $ _____。

3. 设区域 D 为 $x^2 + y^2 \leqslant R^2$，则 $\iint\limits_{D} \sqrt{R^2 - x^2 - y^2}\,\mathrm{d}\sigma = $ _____。

4. 设区域 D 为 $\{(x,y) \mid 0 \leqslant x \leqslant 3, 0 \leqslant y \leqslant 3\}$，$f(x,y) = \begin{cases} 2, & 0 \leqslant x \leqslant 3, \quad 0 \leqslant y \leqslant 1, \\ 3, & 0 \leqslant x \leqslant 3, \quad 1 < y \leqslant 3, \end{cases}$ 则

$\iint\limits_{D} f(x,y)\mathrm{d}\sigma = $ _____。

B 组

1. 根据二重积分的性质，比较下列二重积分的大小：

(1) $\displaystyle\iint_D (x+y)\mathrm{d}\sigma$ 与 $\displaystyle\iint_D (x+y)^2\mathrm{d}\sigma$，其中 D 是由 x 轴、y 轴及直线 $x+y=1$ 围成的闭区域；

(2) $\displaystyle\iint_D (x+y)\mathrm{d}\sigma$ 与 $\displaystyle\iint_D (x+y)^2\mathrm{d}\sigma$，其中 D 是三角形闭区域，它的三个顶点分别为 $(1,0)$、$(1,1)$ 和 $(2,0)$；

(3) $\displaystyle\iint_D \ln(x+y)\mathrm{d}\sigma$ 与 $\displaystyle\iint_D [\ln(x+y)]^2\mathrm{d}\sigma$，其中 D 是矩形闭区域：$D=\{(x,y)\mid 3\leqslant x\leqslant 5,0\leqslant y\leqslant 1\}$；

(4) $\displaystyle\iint_D \ln(x+y)\mathrm{d}\sigma$ 与 $\displaystyle\iint_D [\ln(x+y)]^2\mathrm{d}\sigma$，其中 D 是由圆周 $\left(x-\dfrac{3}{4}\right)^2+\left(y-\dfrac{3}{4}\right)^2=\dfrac{1}{8}$ 围成的闭区域。

2. 根据二重积分的性质，估计下列二重积分的值：

(1) $\displaystyle\iint_D xy(x+y)\mathrm{d}\sigma$，其中 D 是矩形闭区域：$D=\{(x,y)\mid 0\leqslant x\leqslant 1,0\leqslant y\leqslant 1\}$；

(2) $\displaystyle\iint_D (x+3y+7)\mathrm{d}\sigma$，其中 D 是矩形闭区域：$D=\{(x,y)\mid 0\leqslant x\leqslant 1,0\leqslant y\leqslant 2\}$。

8.2　二重积分的计算

一般情况下，直接通过二重积分的定义与性质来计算二重积分是比较困难的。本节介绍在直角坐标系下和在极坐标系下计算二重积分的方法，在两种坐标系下均是把二重积分化为两次单积分（即两次定积分）来计算。

8.2.1　在直角坐标系下计算二重积分

设函数 $z=f(x,y)$ 在有界闭区域 D 上连续，且 $f(x,y)\geqslant 0$，并设积分区域 D 可用不等式 $a\leqslant x\leqslant b,\varphi_1(x)\leqslant y\leqslant \varphi_2(x)$ 来表示（图 8.3(a)），其中函数 $\varphi_1(x)$、$\varphi_2(x)$ 在区间 $[a,b]$ 上连续，这样的区域称为 **X-型区域**，其特点是：穿过 D 内部且平行于 y 轴的直线与 D 的边界的交点不多于两个。

根据二重积分的几何意义，$\displaystyle\iint_D f(x,y)\mathrm{d}x\mathrm{d}y$ 的值等于以区域 D 为底面、以曲面 $z=f(x,y)$

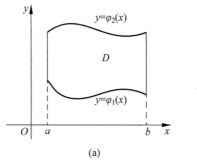
(a)

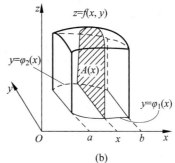
(b)

图 8.3

为顶面的曲顶柱体(图 8.3(b))的体积。而这个曲顶柱体的体积可以利用"平行截面面积为已知的立体的体积"的计算方法来求,具体如下:

在区间 $[a,b]$ 上任意取定一个点 x,过点 x 作垂直于 x 轴的平面,将此平面截曲顶柱体后所得的截面面积记为 $A(x)$(图 8.3(b)),则根据平行截面面积为已知的立体的体积计算公式,曲顶柱体的体积可表示为

$$V = \int_a^b A(x)\mathrm{d}x。$$

另一方面,对固定的 x,该截面是一个以区间 $[\varphi_1(x),\varphi_2(x)]$ 为底边,以截线 $z = f(x,y)$ 为曲边的曲边梯形(图 8.3(b)),此曲边梯形的面积用定积分可表示为

$$A(x) = \int_{\varphi_1(x)}^{\varphi_2(x)} f(x,y)\mathrm{d}y,$$

因此,可得曲顶柱体的体积为

$$V = \int_a^b \left[\int_{\varphi_1(x)}^{\varphi_2(x)} f(x,y)\mathrm{d}y \right] \mathrm{d}x,$$

从而得到**二重积分的计算公式**

$$\iint\limits_D f(x,y)\mathrm{d}\sigma = \int_a^b \left[\int_{\varphi_1(x)}^{\varphi_2(x)} f(x,y)\mathrm{d}y \right] \mathrm{d}x。$$

此公式称为**先对 y、后对 x 的二次积分或累次积分**,也常记作

$$\iint\limits_D f(x,y)\mathrm{d}\sigma = \int_a^b \mathrm{d}x \int_{\varphi_1(x)}^{\varphi_2(x)} f(x,y)\mathrm{d}y。$$

在计算上式的二次积分时,先做里层的积分 $\int_{\varphi_1(x)}^{\varphi_2(x)} f(x,y)\mathrm{d}y$,这时 x 是参变量(视为常数),y 是积分变量,找出 $f(x,y)$ 关于变量 y 的原函数,并将上限 $\varphi_2(x)$ 及下限 $\varphi_1(x)$ 代入,里层的积分结果是 x 的函数;之后再计算外层的积分,可看成是积分区间 $[a,b]$ 上的定积分,x 是积分变量,计算所得的数值就是二重积分的结果。

类似地,如果积分区域 D 可用不等式 $c \leqslant y \leqslant d$,$\psi_1(y) \leqslant x \leqslant \psi_2(y)$ 来表示(图 8.4),其中函数 $\psi_1(y)$ 和 $\psi_2(y)$ 在区间 $[c,d]$ 上连续,这样的区域称为 **Y-型区域**,其特点是:穿过 D 内部且平行于 x 轴的直线与 D 的边界的交点不多于两个。

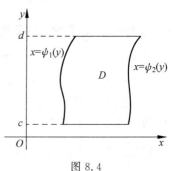

图 8.4

类似地,对于 Y-型区域,我们可以把二重积分化成**先对 x、后对 y 的累次积分**,即

$$\iint\limits_D f(x,y)\mathrm{d}\sigma = \int_c^d \left[\int_{\psi_1(y)}^{\psi_2(y)} f(x,y)\mathrm{d}x \right] \mathrm{d}y,$$

也常记作

$$\iint\limits_D f(x,y)\mathrm{d}\sigma = \int_c^d \mathrm{d}y \int_{\psi_1(y)}^{\psi_2(y)} f(x,y)\mathrm{d}x。$$

注:在推导二重积分的计算公式时,我们假定的是 $f(x,y) \geqslant 0$,事实上,计算公式的成立并不受此条件的限制。

如果积分区域既是 X-型区域,又是 Y-型区域,那么有

$$\iint\limits_{D} f(x,y)\mathrm{d}x\mathrm{d}y = \int_a^b \mathrm{d}x \int_{\varphi_1(x)}^{\varphi_2(x)} f(x,y)\mathrm{d}y = \int_c^d \mathrm{d}y \int_{\psi_1(y)}^{\psi_2(y)} f(x,y)\mathrm{d}x \text{。}$$

也就是二重积分的积分区域如果既是 X-型区域，又是 Y-型区域，那么我们在计算时可**交换积分次序**，即先对 y、后对 x 的二重积分可以转化为先对 x、后对 y 的二重积分，或者是，先对 x、后对 y 的二重积分可以转化为先对 y 后对 x 的二重积分。

例如，积分区域若为矩形区域：$D = \{(x,y) \mid a \leqslant x \leqslant b, c \leqslant y \leqslant d\}$，显然 D 既可看作是 X-型区域，又可看作是 Y-型区域，则有

$$\iint\limits_{D} f(x,y)\mathrm{d}x\mathrm{d}y = \int_a^b \mathrm{d}x \int_c^d f(x,y)\mathrm{d}y = \int_c^d \mathrm{d}y \int_a^b f(x,y)\mathrm{d}x \text{。}$$

如果积分区域既不是 X-型区域，又不是 Y-型区域（图 8.5），这时我们可用平行于坐标轴的网线分割积分区域，使得整个区域被分割成若干个小区域，而每个小区域为 X-型区域或 Y-型区域。图 8.5 中，$D = D_1 \cup D_2 \cup D_3$，这样，利用二重积分对积分区域的可加性，有

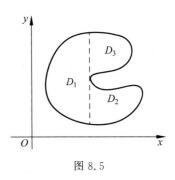

图 8.5

$$\iint\limits_{D} f(x,y)\mathrm{d}x\mathrm{d}y = \iint\limits_{D_1} f(x,y)\mathrm{d}x\mathrm{d}y + \iint\limits_{D_2} f(x,y)\mathrm{d}x\mathrm{d}y +$$
$$\iint\limits_{D_3} f(x,y)\mathrm{d}x\mathrm{d}y \text{。}$$

例 1　计算二重积分 $\iint\limits_{D} (x+y)\mathrm{d}x\mathrm{d}y$，其中 $D = \{(x,y) \mid 0 \leqslant x \leqslant 2, 1 \leqslant y \leqslant 4\}$。

解　这个积分区域是一个矩形区域，因此 D 既可看作是 X-型区域，又可看作是 Y-型区域，所以计算此二重积分有两种方法。

（**方法 1**）$\iint\limits_{D} (x+y)\mathrm{d}x\mathrm{d}y = \int_0^2 \left[\int_1^4 (x+y)\mathrm{d}y \right] \mathrm{d}x = \int_0^2 \left(xy + \frac{1}{2}y^2 \right) \Big|_1^4 \mathrm{d}x$

$$= \int_0^2 \left(3x + \frac{15}{2} \right) \mathrm{d}x = \left(\frac{3}{2}x^2 + \frac{15}{2}x \right) \Big|_0^2 = 21 \text{。}$$

（**方法 2**）$\iint\limits_{D} (x+y)\mathrm{d}x\mathrm{d}y = \int_1^4 \left[\int_0^2 (x+y)\mathrm{d}x \right] \mathrm{d}y = \int_1^4 \left(\frac{1}{2}x^2 + xy \right) \Big|_0^2 \mathrm{d}y$

$$= \int_1^4 (2 + 2y)\mathrm{d}y = (2y + y^2) \Big|_1^4 = 21 \text{。}$$

例 2　计算 $\iint\limits_{D} (1-x^2)\mathrm{d}x\mathrm{d}y$，其中 $D = \{(x,y) \mid 0 \leqslant x \leqslant 1, 0 \leqslant y \leqslant x\}$。

解　（**方法 1**）　此区域可看作 X-型区域，所以由二重积分的计算方法得

$$\iint\limits_{D} (1-x^2)\mathrm{d}x\mathrm{d}y = \int_0^1 \left[\int_0^x (1-x^2)\mathrm{d}y \right] \mathrm{d}x = \int_0^1 \left[(1-x^2)y \right] \Big|_0^x \mathrm{d}x$$

$$= \int_0^1 (1-x^2)x\mathrm{d}x = \left(\frac{x^2}{2} - \frac{x^4}{4} \right) \Big|_0^1 = \frac{1}{4} \text{。}$$

（**方法 2**）　画出积分区域 D，如图 8.6 所示，可以看出，此积分区域也可看作是 Y-型区域，可表示为 $D = \{(x,y) \mid 0 \leqslant y \leqslant 1, y \leqslant x \leqslant 1\}$，因此该二重积分也可以如下计算：

$$\iint\limits_{D}(1-x^2)\mathrm{d}x\,\mathrm{d}y = \int_0^1\left[\int_y^1(1-x^2)\mathrm{d}x\right]\mathrm{d}y$$

$$= \int_0^1\left(x-\frac{1}{3}x^3\right)\bigg|_y^1\mathrm{d}y$$

$$= \int_0^1\left(\frac{2}{3}-y+\frac{1}{3}y^3\right)\mathrm{d}y$$

$$= \left(\frac{2}{3}y-\frac{y^2}{2}+\frac{y^4}{12}\right)\bigg|_0^1 = \frac{1}{4}.$$

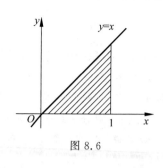

图 8.6

例 3 计算 $\iint\limits_{D}2xy^2\mathrm{d}x\,\mathrm{d}y$,其中 D 为抛物线 $y^2=x$ 与直线 $y=x-2$ 围成的闭区域。

解 首先画出积分区域 D 的图形(图 8.7(a)),求得抛物线与直线的交点为 $(4,2)$ 和 $(1,-1)$,此积分区域可看作 Y-型区域,可表示为

$$D=\{(x,y)\,|-1\leqslant y\leqslant 2, y^2\leqslant x\leqslant y+2\},$$

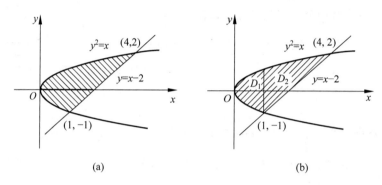

(a)   (b)

图 8.7

因此可得

$$\iint\limits_{D}2xy^2\mathrm{d}x\,\mathrm{d}y = \int_{-1}^2\left[\int_{y^2}^{y+2}2xy^2\mathrm{d}x\right]\mathrm{d}y = \int_{-1}^2 y^2x^2\bigg|_{y^2}^{y+2}\mathrm{d}y$$

$$= \int_{-1}^2(y^4+4y^3+4y^2-y^6)\mathrm{d}y = 15\frac{6}{35}.$$

当然,此积分区域也可看作 X-型区域,但此时需要用直线 $x=1$ 将区域 D 分成

$$D_1=\left\{(x,y)\,|\,0\leqslant x\leqslant 1, -\sqrt{x}\leqslant y\leqslant\sqrt{x}\right\}$$

和

$$D_2=\left\{(x,y)\,|\,1\leqslant x\leqslant 4, x-2\leqslant y\leqslant\sqrt{x}\right\}$$

两部分(图 8.7(b)),由积分区域的可加性得

$$\iint\limits_{D}2xy^2\mathrm{d}x\,\mathrm{d}y = \iint\limits_{D_1}2xy^2\mathrm{d}x\,\mathrm{d}y+\iint\limits_{D_2}2xy^2\mathrm{d}x\,\mathrm{d}y.$$

显然,用这种方法计算比较麻烦。

例 4 计算二重积分 $\iint\limits_{D}\dfrac{\sin y}{y}\mathrm{d}x\,\mathrm{d}y$,其中 D 为由曲线 $y=x$ 以及 $x=y^2$ 所围成的闭区域。

解　如图 8.8 所示，本题的积分区域既可看作 X-型区域，又可看作 Y-型区域，从理论上来讲，两种积分次序都可以选择。若在 X-型区域下进行计算，区域 D 可表示为

$$D = \{(x,y) \mid 0 \leqslant x \leqslant 1, x \leqslant y \leqslant \sqrt{x}\},$$

所以

$$\iint\limits_{D} \frac{\sin y}{y}\mathrm{d}x\,\mathrm{d}y = \int_0^1 \left[\int_x^{\sqrt{x}} \frac{\sin y}{y}\mathrm{d}y \right] \mathrm{d}x。$$

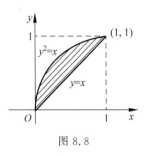

图 8.8

在计算 $\displaystyle\int_x^{\sqrt{x}} \frac{\sin y}{y}\mathrm{d}y$ 时，虽然被积函数 $\dfrac{\sin y}{y}$ 在区间 $\left[x, \sqrt{x}\right]$ 上是可积的，但是 $\dfrac{\sin y}{y}$ 的原函数不易求出，所以我们尝试在 Y-型区域下进行计算。

若在 Y-型区域下进行计算，区域 D 可表示为

$$D = \{(x,y) \mid 0 \leqslant y \leqslant 1, y^2 \leqslant x \leqslant y\},$$

所以

$$\iint\limits_{D} \frac{\sin y}{y}\mathrm{d}x\,\mathrm{d}y = \int_0^1 \left[\int_{y^2}^{y} \frac{\sin y}{y}\mathrm{d}x \right] \mathrm{d}y = \int_0^1 \left(\frac{\sin y}{y} \cdot x \right) \bigg|_{y^2}^{y} \mathrm{d}y$$

$$= \int_0^1 (\sin y - y\sin y)\mathrm{d}y = 1 - \sin 1。$$

注：由例 3 和例 4 可以看出，积分次序选择不同，二重积分计算的难易程度也可能不同，如果选择不当，会使工作量加大，甚至无法解出。

例 5　应用二重积分求由曲线 $y = x^2$ 和 $y = 2 - x$ 所围成的区域的面积。

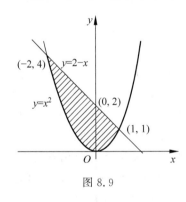

图 8.9

解　由二重积分的性质 4 知，二重积分 $\displaystyle\iint\limits_{D} 1\mathrm{d}x\,\mathrm{d}y$ 在数值上等于积分区域 D 的面积 A，所以我们可以把由曲线 $y = x^2$ 和 $y = 2 - x$ 所围成的区域看作是二重积分 $\displaystyle\iint\limits_{D} 1\mathrm{d}x\,\mathrm{d}y$ 的积分区域 D，见图 8.9，从而得

$$A = \iint\limits_{D} 1\mathrm{d}x\,\mathrm{d}y = \int_{-2}^1 \left[\int_{x^2}^{2-x} 1\mathrm{d}y \right] \mathrm{d}x = \int_{-2}^1 (2 - x - x^2)\mathrm{d}x$$

$$= \left(2x - \frac{1}{2}x^2 - \frac{1}{3}x^3 \right) \bigg|_{-2}^1 = \frac{9}{2}。$$

因此区域 D 的面积等于 $\dfrac{9}{2}$ 平方单位。

例 6　利用二重积分求由抛物柱面 $2y^2 = x$ 与平面 $\dfrac{x}{4} + \dfrac{y}{2} + \dfrac{z}{2} = 1$ 和坐标面 $z = 0$ 所围成的立体的体积 V。

解　根据题意知，即是要计算以平面 $z = 2 - y - \dfrac{x}{2}$ 为顶面，以 xOy 平面内的抛物线 $2y^2 = x$ 与直线 $\dfrac{x}{4} + \dfrac{y}{2} = 1$ 所围成的闭区域为底面（图 8.10）的曲顶柱体的体积，由

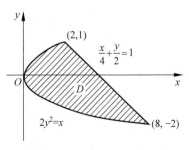

图 8.10

二重积分的几何意义知

$$V = \iint\limits_{D} \left(2 - y - \frac{x}{2}\right) \mathrm{d}x \, \mathrm{d}y,$$

由图 8.10,积分区域 D 可看作 Y-型区域,可表示为

$$D = \{(x,y) \mid -2 \leqslant y \leqslant 1, 2y^2 \leqslant x \leqslant 4 - 2y\},$$

于是

$$V = \iint\limits_{D} \left(2 - y - \frac{x}{2}\right) \mathrm{d}x \, \mathrm{d}y = \int_{-2}^{1} \left[\int_{2y^2}^{4-2y} \left(2 - y - \frac{x}{2}\right) \mathrm{d}x\right] \mathrm{d}y$$

$$= \int_{-2}^{1} \left(2x - yx - \frac{1}{4}x^2\right) \Bigg|_{2y^2}^{4-2y} \mathrm{d}y$$

$$= \int_{-2}^{1} (4 - 4y - 3y^2 + 2y^3 + y^4) \mathrm{d}y$$

$$= \left(4y - 2y^2 - y^3 + \frac{1}{2}y^4 + \frac{1}{5}y^5\right) \Bigg|_{-2}^{1} = \frac{81}{10}.$$

8.2.2 在极坐标系下计算二重积分

有些二重积分,其积分区域的边界曲线在极坐标系下比在直角坐标系下更容易表示,或被积函数用极坐标变量 ρ、θ 来表达比较简单,因此这些二重积分在极坐标系下更容易计算。本节要讨论的便是在极坐标系下二重积分的计算方法。

我们要将二重积分 $\iint\limits_{D} f(x,y)\mathrm{d}\sigma$ 化为极坐标形式,只需将被积函数 $f(x,y)$ 与面积元素 $\mathrm{d}\sigma$ 化为极坐标形式。首先对于被积函数 $f(x,y)$,利用直角坐标与极坐标的坐标变换公式 $x = \rho\cos\theta$,$y = \rho\sin\theta$,可得 $f(x,y) = f(\rho\cos\theta, \rho\sin\theta)$。

接下来我们讨论如何将面积元素 $\mathrm{d}\sigma$ 化为极坐标形式,由二重积分的定义知,积分值与积分区域 D 的分法无关,在极坐标系下,假定从极点 O 出发且穿过积分区域 D 内部的射线与 D 的边界曲线相交不多于两点(图 8.11),我们用以极点 O 为中心的一族同心圆(ρ 为常数),以及从极点 O 出发的一族射线(θ 为常数)把积分区域 D 分成 n 个小闭区域,这些小闭区域的面积 $\Delta\sigma_i (i=1,2,\cdots,n)$ 可看作是两个圆扇形的面积之差,包含边界点的小闭区域除外(因为当取极限时,这些小闭区域对应项的和的极限趋于零,因此在计算积分值时这些小闭区域可以忽略不计)。

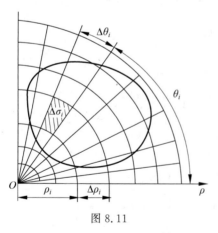

图 8.11

利用扇形的面积公式 $A = \frac{1}{2}\rho^2\theta$,我们可以得到小闭区域的面积 $\Delta\sigma_i$ 为

$$\Delta\sigma_i = \frac{1}{2}(\rho_i + \Delta\rho_i)^2 \Delta\theta_i - \frac{1}{2}\rho_i^2 \Delta\theta_i = \rho_i \Delta\rho_i \Delta\theta_i + \frac{1}{2}(\Delta\rho_i)^2 \Delta\theta_i.$$

当对积分区域 D 的分割越来越细时,即当 $\Delta\rho_i \to 0$ 时,$\frac{1}{2}(\Delta\rho_i)^2 \Delta\theta_i$ 相对于 $\rho_i \Delta\rho_i \Delta\theta_i$ 可忽

略不计,即 $\Delta\sigma_i \approx \rho_i \Delta\rho_i \Delta\theta_i$,因此面积元素 $d\sigma = \rho d\rho d\theta$。

综上,我们就可以将二重积分 $\iint\limits_D f(x,y)d\sigma$ 化为极坐标系下的二重积分

$$\iint\limits_D f(x,y)d\sigma = \iint\limits_D f(\rho\cos\theta,\rho\sin\theta)\rho d\rho d\theta。$$

在上式中,称 $\rho d\rho d\theta$ 为二重积分在极坐标系中的面积元素。

接下来,我们只需进一步将 $\iint\limits_D f(\rho\cos\theta,\rho\sin\theta)\rho d\rho d\theta$ 化为二次积分。在将 $\iint\limits_D f(\rho\cos\theta,$ $\rho\sin\theta)\rho d\rho d\theta$ 化为二次积分时,是先对 θ、后对 ρ 的积分次序还是先对 ρ、后对 θ 的积分次序,主要取决于积分区域 D 是 ρ- 型区域还是 θ- 型区域。

如果积分区域 D 是 ρ - 型区域:$D = \{(\rho,\theta) \mid a \leqslant \rho \leqslant b, \theta_1(\rho) \leqslant \theta \leqslant \theta_2(\rho)\}$,则

$$\iint\limits_D f(\rho\cos\theta,\rho\sin\theta)\rho d\rho d\theta = \int_a^b d\rho \int_{\theta_1(\rho)}^{\theta_2(\rho)} f(\rho\cos\theta,\rho\sin\theta)\rho d\theta。$$

如果积分区域 D 是 θ-型区域:$D = \{(\rho,\theta) \mid \alpha \leqslant \theta \leqslant \beta, \rho_1(\theta) \leqslant \rho \leqslant \rho_2(\theta)\}$,则

$$\iint\limits_D f(\rho\cos\theta,\rho\sin\theta)\rho d\rho d\theta = \int_\alpha^\beta d\theta \int_{\rho_1(\theta)}^{\rho_2(\theta)} f(\rho\cos\theta,\rho\sin\theta)\rho d\rho。$$

具体地如何确定二次积分的上下限,要根据极点 O 与积分区域 D 的位置而定。现分三种情形进行讨论(这里我们仅介绍先对 ρ、后对 θ 的积分次序)。

(1)极点 O 在积分区域 D 的外面(图 8.12(a))

这时积分区域 D 在两条射线 $\theta = \alpha$ 与 $\theta = \beta$ 之间,这两条射线与积分区域 D 的两个交点把积分区域 D 的边界曲线分为两部分:$\rho = \rho_1(\theta)$,$\rho = \rho_2(\theta)$,此时积分区域 D 为 θ-型区域,则 D 表示为 $D = \{(\rho,\theta) \mid \alpha \leqslant \theta \leqslant \beta, \rho_1(\theta) \leqslant \rho \leqslant \rho_2(\theta)\}$,于是极坐标系下的二重积分可化为先对 ρ、后对 θ 的二次积分,即

$$\iint\limits_D f(\rho\cos\theta,\rho\sin\theta)\rho d\rho d\theta = \int_\alpha^\beta d\theta \int_{\rho_1(\theta)}^{\rho_2(\theta)} f(\rho\cos\theta,\rho\sin\theta)\rho d\rho。$$

(2)极点 O 在积分区域 D 的边界上(图 8.12(b))

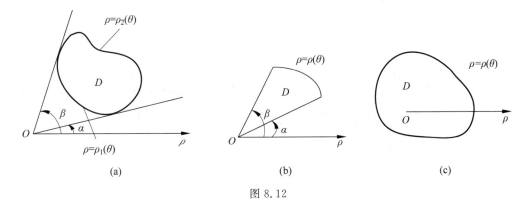

图 8.12

若积分区域 D 的边界曲线为 $\rho = \rho(\theta)$,则 D 可表示为

$$D = \{(\rho,\theta) \mid \alpha \leqslant \theta \leqslant \beta, 0 \leqslant \rho \leqslant \rho(\theta)\},$$

于是极坐标系下的二重积分可化为先对 ρ、后对 θ 的二次积分,即

$$\iint\limits_{D} f(\rho\cos\theta,\rho\sin\theta)\rho\mathrm{d}\rho\mathrm{d}\theta = \int_{\alpha}^{\beta}\mathrm{d}\theta\int_{0}^{\rho(\theta)} f(\rho\cos\theta,\rho\sin\theta)\rho\mathrm{d}\rho。$$

（3）极点 O 在积分区域 D 的内部（图 8.12(c)）

若积分区域 D 的边界曲线为 $\rho = \rho(\theta)$，则 D 可表示为

$$D = \{(\rho,\theta) \mid 0 \leqslant \theta \leqslant 2\pi, 0 \leqslant \rho \leqslant \rho(\theta)\},$$

于是极坐标系下的二重积分可化为先对 ρ、后对 θ 的二次积分，即

$$\iint\limits_{D} f(\rho\cos\theta,\rho\sin\theta)\rho\mathrm{d}\rho\mathrm{d}\theta = \int_{0}^{2\pi}\mathrm{d}\theta\int_{0}^{\rho(\theta)} f(\rho\cos\theta,\rho\sin\theta)\rho\mathrm{d}\rho。$$

注：由于在直角坐标系中，$\iint\limits_{D} f(x,y)\mathrm{d}\sigma$ 常记作 $\iint\limits_{D} f(x,y)\mathrm{d}x\,\mathrm{d}y$，所以二重积分从直角坐标变换为极坐标的变换公式为

$$\iint\limits_{D} f(x,y)\mathrm{d}x\,\mathrm{d}y = \iint\limits_{D} f(\rho\cos\theta,\rho\sin\theta)\rho\mathrm{d}\rho\mathrm{d}\theta。$$

例 7　计算二重积分 $\iint\limits_{D} \mathrm{e}^{x^2+y^2}\mathrm{d}\sigma$，其中积分区域 D 为闭圆环：$a^2 \leqslant x^2+y^2 \leqslant b^2$。

解　积分区域 D 的图形如图 8.13 所示，D 可表示为

$$D = \{(\rho,\theta) \mid 0 \leqslant \theta \leqslant 2\pi, a \leqslant \rho \leqslant b\},$$

因此得

$$\iint\limits_{D} \mathrm{e}^{x^2+y^2}\mathrm{d}\sigma = \int_{0}^{2\pi}\mathrm{d}\theta\int_{a}^{b} \mathrm{e}^{\rho^2\cos^2\theta+\rho^2\sin^2\theta}\rho\mathrm{d}\rho = \int_{0}^{2\pi}\mathrm{d}\theta\int_{a}^{b} \mathrm{e}^{\rho^2}\rho\mathrm{d}\rho$$

$$= \int_{0}^{2\pi}\left[\int_{a}^{b} \mathrm{e}^{\rho^2}\rho\mathrm{d}\rho\right]\mathrm{d}\theta = \int_{0}^{2\pi}\left[\frac{1}{2}\int_{a}^{b} \mathrm{e}^{\rho^2}\mathrm{d}\rho^2\right]\mathrm{d}\theta = \int_{0}^{2\pi}\left[\frac{1}{2}\mathrm{e}^{\rho^2}\Big|_{a}^{b}\right]\mathrm{d}\theta$$

$$= \int_{0}^{2\pi}\frac{1}{2}(\mathrm{e}^{b^2}-\mathrm{e}^{a^2})\mathrm{d}\theta = \frac{1}{2}(\mathrm{e}^{b^2}-\mathrm{e}^{a^2})\theta\Big|_{0}^{2\pi} = \pi(\mathrm{e}^{b^2}-\mathrm{e}^{a^2})。$$

例 8　计算二重积分 $\iint\limits_{D} y\mathrm{d}\sigma$，其中积分区域 D 为位于第一象限的圆 $\rho = 2$ 之外、心形线 $\rho = 2(1+\cos\theta)$ 之内的区域。

解　如图 8.14 所示，因为积分区域 D 可表示为

$$D = \left\{(\rho,\theta) \mid 0 \leqslant \theta \leqslant \frac{\pi}{2}, \quad 2 \leqslant \rho \leqslant 2(1+\cos\theta)\right\},$$

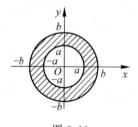

图 8.13

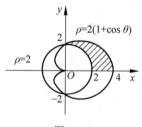

图 8.14

所以

$$\iint\limits_{D} y\mathrm{d}\sigma = \int_{0}^{\frac{\pi}{2}}\mathrm{d}\theta\int_{2}^{2(1+\cos\theta)} (\rho\sin\theta)\rho\mathrm{d}\rho = \int_{0}^{\frac{\pi}{2}}\left[\int_{2}^{2(1+\cos\theta)} \rho^2\sin\theta\mathrm{d}\rho\right]\mathrm{d}\theta$$

$$= \int_{0}^{\frac{\pi}{2}}\sin\theta\left[\frac{1}{3}\rho^3\Big|_{2}^{2(1+\cos\theta)}\right]\mathrm{d}\theta = \frac{8}{3}\int_{0}^{\frac{\pi}{2}}\sin\theta\left[(1+\cos\theta)^3-1\right]\mathrm{d}\theta$$

$$=-\frac{8}{3}\int_0^{\frac{\pi}{2}}\left[(1+\cos\theta)^3-1\right]\mathrm{d}\cos\theta=-\frac{8}{3}\cdot\left[\frac{1}{4}(1+\cos\theta)^4-\cos\theta\right]\Big|_0^{\pi/2}=\frac{22}{3}。$$

例 9 计算二重积分 $\iint\limits_{D}\sqrt{1-x^2-y^2}\mathrm{d}\sigma$，其中积分区域 D 为：$x^2+y^2\leqslant x$。

解 因为积分区域 D 为圆域(图 8.15)：$x^2+y^2\leqslant x$，其边界曲线的极坐标方程为 $\rho=\cos\theta$，所以积分区域可表示为 $D=\left\{(\rho,\theta)\mid-\dfrac{\pi}{2}\leqslant\theta\leqslant\dfrac{\pi}{2},0\leqslant\rho\leqslant\cos\theta\right\}$，所以

$$\iint\limits_{D}\sqrt{1-x^2-y^2}\mathrm{d}\sigma=\int_{-\frac{\pi}{2}}^{\frac{\pi}{2}}\mathrm{d}\theta\int_0^{\cos\theta}\sqrt{1-(\rho\cos\theta)^2-(\rho\sin\theta)^2}\rho\mathrm{d}\rho$$

$$=\int_{-\frac{\pi}{2}}^{\frac{\pi}{2}}\left[\int_0^{\cos\theta}\sqrt{1-(\rho\cos\theta)^2-(\rho\sin\theta)^2}\rho\mathrm{d}\rho\right]\mathrm{d}\theta$$

$$=\int_{-\frac{\pi}{2}}^{\frac{\pi}{2}}\left[\int_0^{\cos\theta}\sqrt{1-\rho^2}\rho\mathrm{d}\rho\right]\mathrm{d}\theta$$

$$=\int_{-\frac{\pi}{2}}^{\frac{\pi}{2}}\left[-\frac{1}{2}\int_0^{\cos\theta}\sqrt{1-\rho^2}\mathrm{d}(1-\rho^2)\right]\mathrm{d}\theta$$

$$=\int_{-\frac{\pi}{2}}^{\frac{\pi}{2}}\left[-\frac{1}{3}(1-\rho^2)^{\frac{3}{2}}\Big|_0^{\cos\theta}\right]\mathrm{d}\theta=-\frac{1}{3}\int_{-\frac{\pi}{2}}^{\frac{\pi}{2}}\left[(\mid\sin\theta\mid)^3-1\right]\mathrm{d}\theta$$

$$=-\frac{2}{3}\int_0^{\frac{\pi}{2}}\sin^3\theta\mathrm{d}\theta+\frac{1}{3}\int_{-\frac{\pi}{2}}^{\frac{\pi}{2}}1\mathrm{d}\theta=-\frac{2}{3}\int_0^{\frac{\pi}{2}}\sin^2\theta\sin\theta\mathrm{d}\theta+\frac{1}{3}\int_{-\frac{\pi}{2}}^{\frac{\pi}{2}}1\mathrm{d}\theta$$

$$=\frac{2}{3}\int_0^{\frac{\pi}{2}}(1-\cos^2\theta)\mathrm{d}\cos\theta+\frac{1}{3}\int_{-\frac{\pi}{2}}^{\frac{\pi}{2}}1\mathrm{d}\theta=\frac{\pi}{3}-\frac{4}{9}。$$

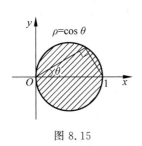

图 8.15

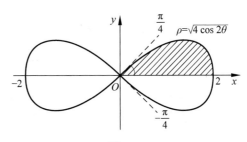

图 8.16

例 10 求双纽线 $\rho=\sqrt{4\cos2\theta}$ 所围区域的面积。

解 由图形的对称性(图 8.16)可知，所求面积等于第一象限内区域面积的 4 倍。设第一象限内的区域为 D，则由二重积分的性质 4 知，如果区域 D 看作是二重积分 $\iint\limits_{D}1\mathrm{d}\sigma$ 的积分区域，则 D 的面积 $A=\iint\limits_{D}1\mathrm{d}\sigma$。又因为在极坐标系下有 $\mathrm{d}\sigma=\rho\mathrm{d}\rho\mathrm{d}\theta$，所以

$$A=\iint\limits_{D}\rho\mathrm{d}\rho\mathrm{d}\theta。$$

因为积分区域 D 可表示为 $D=\left\{(\rho,\theta)\mid0\leqslant\theta\leqslant\dfrac{\pi}{4},0\leqslant\rho\leqslant\sqrt{4\cos2\theta}\right\}$，所以

$$A = \iint\limits_{D} \rho \mathrm{d}\rho \mathrm{d}\theta = \int_0^{\frac{\pi}{4}} \mathrm{d}\theta \int_0^{\sqrt{4\cos 2\theta}} \rho \mathrm{d}\rho = \int_0^{\frac{\pi}{4}} \frac{1}{2} \rho^2 \Big|_0^{\sqrt{4\cos 2\theta}} \mathrm{d}\theta$$

$$= \int_0^{\frac{\pi}{4}} 2\cos 2\theta \mathrm{d}\theta = \int_0^{\frac{\pi}{4}} \cos 2\theta \mathrm{d}2\theta = \sin 2\theta \Big|_0^{\pi/4} = 1。$$

因此所求区域的面积为 4。

例 11 求在曲面 $z = x^2 + y^2$ 之下、xOy 面之上、柱面 $x^2 + y^2 = 2y$ 之内的立体(图 8.17(a))的体积。

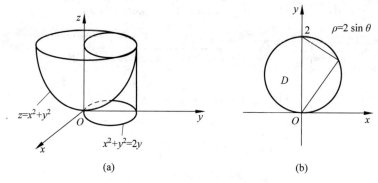

图 8.17

解 由二重积分的几何意义知，$V = \iint\limits_{D} (x^2 + y^2) \mathrm{d}\sigma$，其中积分区域 D 为圆域(图 8.17(b))：$x^2 + y^2 \leqslant 2y$，其边界曲线的极坐标方程为 $\rho = 2\sin\theta$，所以积分区域 D 可表示为 $D = \{(\rho, \theta) \mid 0 \leqslant \theta \leqslant \pi, 0 \leqslant \rho \leqslant 2\sin\theta\}$，于是

$$V = \iint\limits_{D} (x^2 + y^2) \mathrm{d}\sigma = \iint\limits_{D} (\rho^2 \cos^2\theta + \rho^2 \sin^2\theta) \rho \mathrm{d}\rho \mathrm{d}\theta = \iint\limits_{D} \rho^2 \cdot \rho \mathrm{d}\rho \mathrm{d}\theta$$

$$= \int_0^{\pi} \mathrm{d}\theta \int_0^{2\sin\theta} \rho^3 \mathrm{d}\rho = \int_0^{\pi} \frac{1}{4} \rho^4 \Big|_0^{2\sin\theta} \mathrm{d}\theta$$

$$= 4 \int_0^{\pi} \sin^4\theta \mathrm{d}\theta = 4 \int_0^{\pi} (\sin^2\theta)^2 \mathrm{d}\theta = 4 \int_0^{\pi} \left(\frac{1 - \cos 2\theta}{2}\right)^2 \mathrm{d}\theta$$

$$= \int_0^{\pi} (1 - 2\cos 2\theta + \cos^2 2\theta) \mathrm{d}\theta = \int_0^{\pi} \left(1 - 2\cos 2\theta + \frac{1 + \cos 4\theta}{2}\right) \mathrm{d}\theta$$

$$= \int_0^{\pi} (1 - 2\cos 2\theta) \mathrm{d}\theta + \int_0^{\pi} \frac{1 + \cos 4\theta}{2} \mathrm{d}\theta$$

$$= (\theta - \sin 2\theta) \Big|_0^{\pi} + \frac{1}{2} \left(\theta + \frac{1}{4} \sin 4\theta\right) \Big|_0^{\pi} = \frac{3\pi}{2}。$$

思 考 题

1. 设 $f(x, y)$ 为二元连续函数，二重积分 $\int_2^3 \mathrm{d}x \int_1^{x^2} f(x, y) \mathrm{d}y = \int_1^9 \mathrm{d}y \int_{\sqrt{y}}^3 f(x, y) \mathrm{d}x$，此式成立吗？

2. 试在极坐标系下计算二重积分 $\iint\limits_{D} \sqrt{R^2 - x^2 - y^2}\, d\sigma$, 其中积分区域 D 为圆域: $x^2 + y^2 \leqslant R^2$。

习题 8.2

A 组

一、选择题

1. 设 $f(x,y)$ 为二元连续函数, 且 $\iint\limits_{D} f(x,y)\, dx\, dy = \int_1^2 dy \int_y^2 f(x,y)\, dx$, 则积分区域 D 可表示为 ( )。

A. $\begin{cases} 1 \leqslant x \leqslant 2 \\ 1 \leqslant y \leqslant 2 \end{cases}$
    B. $\begin{cases} 1 \leqslant x \leqslant 2 \\ x \leqslant y \leqslant 2 \end{cases}$
    C. $\begin{cases} 1 \leqslant x \leqslant 2 \\ 1 \leqslant y \leqslant x \end{cases}$
    D. $\begin{cases} 1 \leqslant y \leqslant 2 \\ 1 \leqslant x \leqslant y \end{cases}$

2. 设 $f(x,y)$ 为二元连续函数, 二重积分 $\int_0^2 dx \int_x^2 f(x,y)\, dy$ 交换积分次序后等于 ( )。

A. $\int_0^2 dy \int_0^y f(x,y)\, dx$
    B. $\int_0^1 dy \int_0^y f(x,y)\, dx$

C. $\int_0^2 dy \int_0^2 f(x,y)\, dx$
    D. $\int_0^1 dy \int_0^2 f(x,y)\, dx$

3. 设区域 D 是由 x 轴、y 轴及直线 $x + y = 1$ 围成的区域, 则 $\iint\limits_{D} xy\, dx\, dy = ($)。

A. $\dfrac{1}{4}$
    B. $\dfrac{1}{8}$
    C. $\dfrac{1}{12}$
    D. $\dfrac{1}{24}$

4. 设区域 D 是由圆 $x^2 + y^2 = 4$ 所围成的区域, 则二重积分 $\iint\limits_{D} (x^2 + y^2)\, d\sigma$ 转化为极坐标系下的积分为 ( )。

A. $\int_0^\pi d\theta \int_0^2 \rho^2\, d\rho$
    B. $\int_0^{2\pi} d\theta \int_0^2 \rho^2\, d\rho$

C. $\int_0^\pi d\theta \int_0^2 \rho^3\, d\rho$
    D. $\int_0^{2\pi} d\theta \int_0^2 \rho^3\, d\rho$

二、计算题

1. 计算下列二重积分:

(1) $\int_0^1 dx \int_1^2 x^2\, dy$;

(2) $\int_0^1 dx \int_1^x x^2\, dy$;

(3) $\int_1^2 dx \int_0^{x-1} xy\, dy$;

(4) $\int_0^1 dy \int_1^{y-1} xy^2\, dx$;

(5) $\int_0^1 dy \int_0^y (x^2 + y^2)\, dx$;

(6) $\int_0^1 dx \int_0^x (x^2 - y^3)\, dy$;

(7) $\int_1^2 dx \int_0^x \dfrac{y}{x}\, dy$;

(8) $\int_0^{\frac{\pi}{2}} dy \int_0^{\sin y} e^x \cos y\, dx$;

(9) $\int_0^{\frac{\pi}{4}} \mathrm{d}\theta \int_0^2 \rho \mathrm{d}\rho$；

(10) $\int_0^{\frac{\pi}{2}} \mathrm{d}\theta \int_0^2 \rho \cos\theta \mathrm{d}\rho$；

(11) $\int_0^\pi \mathrm{d}\theta \int_0^{\sin\theta} \rho^2 \mathrm{d}\rho$；

(12) $\int_0^\pi \mathrm{d}\theta \int_0^{1-\cos\theta} \rho \sin\theta \mathrm{d}\rho$。

2. 将下列直角坐标系下的二重积分化为极坐标形式,并计算积分值:

(1) $\int_{-1}^1 \mathrm{d}x \int_0^{\sqrt{1-x^2}} 1 \mathrm{d}y$；

(2) $\int_0^1 \mathrm{d}y \int_0^{\sqrt{1-y^2}} (x^2 + y^2) \mathrm{d}x$；

(3) $\int_0^2 \mathrm{d}y \int_0^y x \mathrm{d}x$；

(4) $\int_0^1 \mathrm{d}y \int_0^{\sqrt{1-y^2}} \ln(1 + x^2 + y^2) \mathrm{d}x$。

B 组

1. 在直角坐标系下计算下列二重积分:

(1) $\iint\limits_D x^3 y^2 \mathrm{d}x\mathrm{d}y$,其中 $D = \{(x,y) \mid 0 \leqslant x \leqslant 2, -x \leqslant y \leqslant x\}$；

(2) $\iint\limits_D x \mathrm{e}^{xy} \mathrm{d}x\mathrm{d}y$,其中 $D = \{(x,y) \mid 0 \leqslant x \leqslant 1, 0 \leqslant y \leqslant 1\}$；

(3) $\iint\limits_D (3x + 2y) \mathrm{d}x\mathrm{d}y$,其中 D 是由 x 轴、y 轴及直线 $x + y = 2$ 所围成的闭区域；

(4) $\iint\limits_D (x^2 + y) \mathrm{d}x\mathrm{d}y$,其中 D 是由 $y = x^2$,$x = y^2$ 所围成的闭区域；

(5) $\iint\limits_D \sin(x + y) \mathrm{d}x\mathrm{d}y$,其中 D 是由 $x = 0$,$y = \pi$,$y = x$ 所围成的闭区域；

(6) $\iint\limits_D (x + 6y) \mathrm{d}x\mathrm{d}y$,其中 D 是由 $y = x$,$y = 2x$,$x = 2$ 所围成的闭区域。

2. 画出积分区域,并在极坐标系下计算下列二重积分:

(1) $\iint\limits_D \mathrm{e}^{x^2+y^2} \mathrm{d}\sigma$,其中 D 是由圆周 $x^2 + y^2 = 1$ 所围成的闭区域；

(2) $\iint\limits_D \dfrac{1}{9 + x^2 + y^2} \mathrm{d}\sigma$,其中 D 是圆域 $x^2 + y^2 \leqslant 4$ 在第一象限中位于 $y = 0$ 和 $y = x$ 之间的扇形区域；

(3) $\iint\limits_D y \mathrm{d}\sigma$,其中 D 为环形闭区域 $\{(x,y) \mid 1 \leqslant x^2 + y^2 \leqslant 4\}$ 位于第一象限的部分；

(4) $\iint\limits_D \sqrt{16 - x^2 - y^2} \mathrm{d}\sigma$,其中 D 为圆域: $x^2 + y^2 \leqslant 4x$。

3. 计算由下列曲线所围成的闭区域 D 的面积:
(1) D 是由抛物线 $y = x^2$ 及直线 $y = x$ 所围成的闭区域；
(2) D 是由直线 $y = x$、曲线 $y = \sin x$ 及直线 $x = \pi$ 所围成的闭区域。

4. 求位于心形线 $\rho = 2(1 + \cos\theta)$ 之内、圆 $\rho = 2$ 之外的闭区域的面积(参见图 8.14)。

5. 在直角坐标系下,计算由平面 $z = 1 + x + y$、$x + y = 1$ 及三个坐标平面所围成的空间立体的体积。

6. 计算以 xOy 面上的闭区域 $x^2+y^2 \leqslant x$ 为底面、以曲面 $z=x^2+y^2$ 为顶面的曲顶柱体的体积。

复习题 8

一、选择题

1. 当 D 是由( )围成的区域时，$\iint\limits_{D} 1 \mathrm{d}x \mathrm{d}y = 1$。

    A. x 轴，y 轴及 $2x+y-1=0$ B. $x=1,x=2$ 及 $y=3,y=4$

    C. $|x|=1,|y|=1$ D. $y=x,x$ 轴，$x=1$

2. 二重积分 $\int_{0}^{1} \mathrm{d}x \int_{-\sqrt{x}}^{\sqrt{x}} xy \mathrm{d}y + \int_{1}^{4} \mathrm{d}x \int_{x-2}^{\sqrt{x}} xy \mathrm{d}y$，交换积分次序后等于( )。

    A. $\int_{-1}^{2} \mathrm{d}y \int_{y^2}^{y+2} xy \mathrm{d}x$ B. $\int_{-1}^{2} \mathrm{d}y \int_{\sqrt{y}}^{y+2} xy \mathrm{d}x$

    C. $\int_{-1}^{2} \mathrm{d}y \int_{y^2}^{y-2} xy \mathrm{d}x$ D. $\int_{-1}^{2} \mathrm{d}y \int_{\sqrt{y}}^{y-2} xy \mathrm{d}x$

3. 二重积分 $\int_{0}^{1} \mathrm{d}x \int_{x}^{1} \sin y^2 \mathrm{d}y = ($)。

    A. $\dfrac{1}{2}(1-\cos 1)$ B. $\dfrac{1}{2}(1+\cos 1)$

    C. $\dfrac{1}{2}(1+\sin 1)$ D. $\dfrac{1}{2}(1-\sin 1)$

4. 设积分区域 D 是闭圆环 $4 \leqslant x^2+y^2 \leqslant 9$，则二重积分 $\iint\limits_{D} \sqrt{x^2+y^2} \mathrm{d}\sigma = ($)。

    A. $\int_{0}^{2\pi} \mathrm{d}\theta \int_{0}^{2} \rho^2 \mathrm{d}\rho$ B. $\int_{0}^{2\pi} \mathrm{d}\theta \int_{2}^{3} \rho^2 \mathrm{d}\rho$

    C. $\int_{0}^{2\pi} \mathrm{d}\theta \int_{2}^{3} \mathrm{d}\rho$ D. $\int_{0}^{2\pi} \mathrm{d}\theta \int_{2}^{3} \rho \mathrm{d}\rho$

二、解答题

1. 在直角坐标系下，化二重积分 $\iint\limits_{D} f(x,y) \mathrm{d}\sigma$ 为二次积分(分别列出对两个变量先后次序不同的两个二次积分)，其中积分区域 D 是：

    (1) 直线 $y=x$ 与抛物线 $y^2=4x$ 所围成的闭区域；

    (2) 由 x 轴及半圆周 $x^2+y^2=r^2(y \geqslant 0)$ 所围成的闭区域；

    (3) 由直线 $y=x,x=2$ 及曲线 $y=\dfrac{1}{x}(x>0)$ 所围成的闭区域。

2. 画出积分区域，选择适当的坐标系计算下列二重积分：

    (1) $\iint\limits_{D} x\sqrt{y} \mathrm{d}\sigma$，其中 D 是由两条抛物线 $y=\sqrt{x}$ 及 $y=x^2$ 所围成的闭区域；

(2) $\displaystyle\iint\limits_{D} xy^2 \mathrm{d}\sigma$, 其中 D 是由圆周 $x^2 + y^2 = 4$ 及 y 轴所围成的右半闭区域;

(3) $\displaystyle\iint\limits_{D} (x^2 + y^2 - x) \mathrm{d}\sigma$, 其中 D 是由直线 $y = 2, y = x$ 及 $y = 2x$ 所围成的闭区域;

(4) $\displaystyle\iint\limits_{D} \mathrm{e}^{x^2 + y^2} \mathrm{d}\sigma$, 其中 D 是由 x 轴与曲线 $y = \sqrt{1 - x^2}$ 所围成的闭区域。

第9章

无穷级数

无穷级数是一种重要的数学工具,它是伴随着极限的概念而产生的。无穷级数在表示函数、研究函数性态、数值计算、微分方程等方面发挥着重要的作用,并且对物理学、力学、生物学、经济学和计算机科学等诸多学科的发展具有重要的促进作用。

本章主要讨论

1. 常数项级数及其敛散性是如何定义的?
2. 如何判断正项级数的敛散性?
3. 如何判断任意项级数的敛散性?
4. 何谓幂级数? 它有哪些性质?
5. 如何将函数展开成幂级数?
6. 函数的幂级数展开式有哪些应用?

9.1 常数项级数

我们先看下面几个表达式:

(1) $1+2+4+\cdots+2^{n-1}+\cdots$

(2) $1-1+1-1+1-1+\cdots+(-1)^{n+1}+\cdots$

(3) $\dfrac{3}{10}+\dfrac{3}{100}+\dfrac{3}{1000}+\cdots+\dfrac{3}{10^n}+\cdots$

(4) $1+\dfrac{1}{2!}+\dfrac{1}{3!}+\dfrac{1}{4!}+\cdots+\dfrac{1}{n!}+\cdots$

它们都是无穷多个数相加所得到的表达式,所得的"和"是怎样的呢? 观察发现,随着所加项数的无限增多,第(1)个的"和"为正无穷大,第(2)个的"和"是不确定的,第(3)、(4)个的"和"是正无穷大、不确定、还是一个确定的数? 这就需要我们进行进一步的研究。

9.1.1 常数项级数的概念

定义 9.1(级数) 已知数列 $a_1, a_2, a_3, \cdots, a_n, \cdots$,将它的各项依次用加号连接起来所得到的表达式

$$a_1 + a_2 + a_3 + \cdots + a_n + \cdots$$

称为常数项**无穷级数**(infinite series),简称为**常数项级数**或**级数**,记为 $\sum_{n=1}^{\infty} a_n$,其中 a_1,a_2,a_3,$\cdots$,a_n,$\cdots$ 称为级数的**项**(term),a_n 称为级数的**一般项**或**通项**(general term)。

对于有限个数相加,其和是明确的。无穷多个数相加是否有和? 如何求出它们的和? 为说明这个问题,我们引入部分和的概念。

对级数 $\sum_{n=1}^{\infty} a_n$,取前 n 项的和

$$S_n = a_1 + a_2 + a_3 + \cdots + a_n = \sum_{k=1}^{n} a_k,$$

称 S_n 为该级数的前 n 项的**部分和**(partial sum)。则有数列

$$S_1 = a_1, \quad S_2 = a_1 + a_2, \quad S_3 = a_1 + a_2 + a_3, \cdots, \quad S_n = a_1 + a_2 + a_3 + \cdots + a_n, \cdots$$

称其为级数 $\sum_{n=1}^{\infty} a_n$ 的**部分和数列**,记为 $\{S_n\}$。

定义 9.2(级数收敛与发散) 对于给定的级数 $\sum_{n=1}^{\infty} a_n$,若其部分和数列 $\{S_n\}$ 有极限 S,即 $\lim\limits_{n \to \infty} S_n = S$,则称级数 $\sum_{n=1}^{\infty} a_n$ **收敛**(convergent),极限 S 称为该级数的**和**(sum),记为 $\sum_{n=1}^{\infty} a_n = S$;若部分和数列 $\{S_n\}$ 没有极限,则称级数 $\sum_{n=1}^{\infty} a_n$ **发散**(divergent),即该级数**没有和**。

当级数 $\sum_{n=1}^{\infty} a_n$ 收敛时,称 $r_n = S - S_n = \sum_{k=n}^{\infty} a_{k+1}$ 为级数的**余项**(remainder)。

由定义 9.2 可知,级数是否收敛可以通过部分和数列的极限是否存在来判定。

例 1 判断 $\sum_{n=1}^{\infty} \dfrac{1}{n(n+1)}$ 的敛散性。

解 级数的通项 $a_n = \dfrac{1}{n(n+1)} = \dfrac{1}{n} - \dfrac{1}{n+1}$,则部分和 S_n 为

$$S_n = a_1 + a_2 + a_3 + \cdots + a_n$$

$$= \left(1 - \frac{1}{2}\right) + \left(\frac{1}{2} - \frac{1}{3}\right) + \left(\frac{1}{3} - \frac{1}{4}\right) + \cdots + \left(\frac{1}{n} - \frac{1}{n+1}\right)$$

$$= 1 - \frac{1}{n+1}。$$

因为 $\lim\limits_{n \to \infty} S_n = \lim\limits_{n \to \infty} \left(1 - \dfrac{1}{n+1}\right) = 1$,所以 $\sum_{n=1}^{\infty} \dfrac{1}{n(n+1)}$ 收敛,且收敛于 1。

例 2 讨论**等比级数**(或**几何级数**,geometric series)

$$\sum_{n=1}^{\infty} aq^{n-1} = a + aq + aq^2 + \cdots + aq^{n-1} + \cdots \quad (a \neq 0)$$

的敛散性，其中 a 为**首项**（first term），q 为**公比**（common ratio）。

解 该等比级数的部分和 $S_n = a + aq + aq^2 + aq^3 + \cdots + aq^{n-1}$。

(1) 当 $q \neq 1$ 时，$S_n = \dfrac{a(1-q^n)}{1-q}$。

若 $|q| < 1$，则 $\lim\limits_{n\to\infty} q^n = 0$，即 $\lim\limits_{n\to\infty} S_n = \dfrac{a}{1-q}$，所以级数收敛，且和为 $S = \dfrac{a}{1-q}$；

若 $|q| > 1$，则 $\lim\limits_{n\to\infty} q^n = \infty$，即 $\lim\limits_{n\to\infty} S_n = \infty$，所以级数发散；

若 $q = -1$，则 $S_n = \dfrac{a(1-q^n)}{1-q} = \begin{cases} 0, & n \text{ 为偶数}, \\ a, & n \text{ 为奇数}, \end{cases}$ 所以级数发散。

(2) 当 $q = 1$ 时，$S_n = na$，$\lim\limits_{n\to\infty} S_n = \infty$，所以级数发散；

综上可知，当 $|q| < 1$ 时，等比级数 $\sum\limits_{n=1}^{\infty} aq^{n-1}$ 收敛，且其和为 $\dfrac{a}{1-q}$；当 $|q| \geqslant 1$ 时，该等比级数发散。

利用例 2 的结论，就可以判定在本节开始给出的前三个级数的敛散性了：

$1 + 2 + 4 + \cdots + 2^{n-1} + \cdots$，是公比 $q = 2$ 的等比级数，发散；

$1 - 1 + 1 - 1 + 1 - 1 + \cdots + (-1)^{n+1} + \cdots$，是公比 $q = -1$ 的等比级数，发散；

$\dfrac{3}{10} + \dfrac{3}{100} + \dfrac{3}{1000} + \cdots + \dfrac{3}{10^n} + \cdots$，是公比 $q = \dfrac{1}{10}$ 的等比级数，收敛，且其和为 $\dfrac{a}{1-q} = \dfrac{3}{10} \Big/ \left(1 - \dfrac{1}{10}\right) = \dfrac{1}{3}$。

例 3 某位病人每 24 小时注射一次 10 单位的某种药物。已知药物在体内按指数方式吸收与代谢，即注射 1 单位该药品后 t 天，体内残留 $f(t) = e^{-t/5}$ 单位。如果该病人是无限次地连续注射 10 单位的该药品，长期下来，考察该病人在下一次注射前，体内残留多少单位的该药品？

解 根据题意，可知第一次注射的 10 单位该药品，经过一天的吸收与代谢，在第二次注射前，在体内残留量为 $S_1 = 10e^{-1/5}$。

在注射第三针前，体内残留的该药品包含注射的第一针残留的 $10e^{-2/5}$ 和第二针残留的 $10e^{-1/5}$ 之和，即残留量为 $S_2 = 10e^{-1/5} + 10e^{-2/5}$。

以此可知，注射第 $n+1$ 针前，体内残留的该药物包含前 n 针残留的药物之和，即 $S_n = 10e^{-1/5} + 10e^{-2/5} + \cdots + 10e^{-n/5}$。所以长期观察，病人体内残留的药物总量为

$$S = \lim_{n\to\infty} S_n = \lim_{n\to\infty} \frac{a(1-q^n)}{1-q} = \frac{a}{1-q} = 10e^{-1/5}\left(\frac{1}{1-e^{-1/5}}\right) \approx 45.17,$$

即体内残留的药物多达 45.17 单位。

例 4 判断**调和级数**（harmonic series）$\sum\limits_{n=1}^{\infty} \dfrac{1}{n} = 1 + \dfrac{1}{2} + \dfrac{1}{3} + \cdots + \dfrac{1}{n} + \cdots$ 的敛散性。

解 当 $n < x < n+1$ 时，$\dfrac{1}{n} > \dfrac{1}{x} > \dfrac{1}{n+1}$，所以

$$\int_n^{n+1} \frac{1}{n}\,dx > \int_n^{n+1} \frac{1}{x}\,dx, \quad \text{即} \quad \frac{1}{n} > \int_n^{n+1} \frac{1}{x}\,dx,$$

因此 $\sum\limits_{n=1}^{\infty}\dfrac{1}{n}$ 的部分和 S_n 满足

$$S_n = 1 + \frac{1}{2} + \frac{1}{3} + \cdots + \frac{1}{n}$$

$$> \int_1^2 \frac{1}{x}\mathrm{d}x + \int_2^3 \frac{1}{x}\mathrm{d}x + \int_3^4 \frac{1}{x}\mathrm{d}x + \cdots + \int_n^{n+1} \frac{1}{x}\mathrm{d}x$$

$$= \int_1^{n+1} \frac{1}{x}\mathrm{d}x = \ln(n+1),$$

当 $n \to \infty$ 时，由 $\ln(n+1) \to +\infty$ 知 $S_n \to +\infty$，因此调和级数 $\sum\limits_{n=1}^{\infty}\dfrac{1}{n}$ 是发散的。

虽然利用级数敛散性的定义可以判断一些级数的敛散性，但对有些级数，用定义判断可能会非常烦琐，甚至判断不出。因此，有必要在定义的基础上，来研究级数敛散性的一些性质。

9.1.2　收敛级数的基本性质

性质 1　设 k 为非零常数，若 $\sum\limits_{n=1}^{\infty} a_n$ 收敛于 S，则 $\sum\limits_{n=1}^{\infty} ka_n$ 也收敛，且 $\sum\limits_{n=1}^{\infty} ka_n = k\sum\limits_{n=1}^{\infty} a_n = kS$；若 $\sum\limits_{n=1}^{\infty} a_n$ 发散，则 $\sum\limits_{n=1}^{\infty} ka_n$ 也发散。

证明　设 $\sum\limits_{n=1}^{\infty} a_n$ 与 $\sum\limits_{n=1}^{\infty} ka_n$ 的部分和分别为 S_n 与 σ_n，则

$$\sigma_n = ka_1 + ka_2 + ka_3 + \cdots + ka_n = k(a_1 + a_2 + a_3 + \cdots + a_n) = kS_n。$$

若 $\sum\limits_{n=1}^{\infty} a_n$ 收敛于 S，即 $\lim\limits_{n\to\infty} S_n = S$，则 $\lim\limits_{n\to\infty} \sigma_n = kS$，即 $\sum\limits_{n=1}^{\infty} ka_n$ 收敛于 kS。

若 $\sum\limits_{n=1}^{\infty} a_n$ 发散，则 $\lim\limits_{n\to\infty} S_n$ 不存在，因为 k 为非零常数，所以 $\lim\limits_{n\to\infty} \sigma_n$ 也不存在，即 $\sum\limits_{n=1}^{\infty} ka_n$ 发散。∎

例如，例 1 中我们得到 $\sum\limits_{n=1}^{\infty}\dfrac{1}{n(n+1)}$ 收敛，且收敛于 1，则由性质 1，可得 $\sum\limits_{n=1}^{\infty}\dfrac{3}{n(n+1)}$ 也收敛，且收敛于 3。

性质 2　若 $\sum\limits_{n=1}^{\infty} a_n = S$，$\sum\limits_{n=1}^{\infty} b_n = \sigma$，则 $\sum\limits_{n=1}^{\infty}(a_n \pm b_n) = S \pm \sigma$。

证明　$\sum\limits_{n=1}^{\infty}(a_n \pm b_n)$ 的部分和为

$$\omega_n = (a_1 \pm b_1) + (a_2 \pm b_2) + \cdots + (a_n \pm b_n)$$

$$= (a_1 + a_2 + a_3 + \cdots + a_n) \pm (b_1 + b_2 + b_3 + \cdots + b_n) = S_n \pm \sigma_n。$$

其中 S_n 与 σ_n 分别为 $\sum\limits_{n=1}^{\infty} a_n$ 与 $\sum\limits_{n=1}^{\infty} b_n$ 的部分和。

由 $\sum\limits_{n=1}^{\infty} a_n = S$，$\sum\limits_{n=1}^{\infty} b_n = \sigma$，知 $\lim\limits_{n\to\infty} S_n = S$，$\lim\limits_{n\to\infty} \sigma_n = \sigma$，从而 $\lim\limits_{n\to\infty} \omega_n = S \pm \sigma$，即 $\sum\limits_{n=1}^{\infty}(a_n \pm b_n)$

收敛于 $S \pm \sigma$。

例如，由 $\displaystyle\sum_{n=1}^{\infty} \frac{1}{n(n+1)} = 1$，级数 $\displaystyle\sum_{n=1}^{\infty} \frac{1}{2^{n-1}} = 2$，可知 $\displaystyle\sum_{n=1}^{\infty} \left(\frac{1}{n(n+1)} - \frac{1}{2^{n-1}} \right) = \sum_{n=1}^{\infty} \frac{1}{n(n+1)} -$

$\displaystyle\sum_{n=1}^{\infty} \frac{1}{2^{n-1}} = 1 - 2 = -1$。

性质 3   在一个级数中删除、添加或修改有限项，级数的敛散性不变。

证明   考虑添加有限项的情形，设在 $\displaystyle\sum_{n=1}^{\infty} a_n$ 前添加了 m 项得到级数 $\displaystyle\sum_{n=1}^{\infty} b_n$，并用 σ_n 与

S_n 分别表示 $\displaystyle\sum_{n=1}^{\infty} b_n$ 与 $\displaystyle\sum_{n=1}^{\infty} a_n$ 的部分和，当 $n > m$ 时，有

$$\sigma_n = \underbrace{b_1 + b_2 + \cdots + b_m}_{\text{添加的}m\text{项}} + \underbrace{a_1 + a_2 + \cdots + a_{n-m}}_{\sum_{n=1}^{\infty} a_n \text{的}n-m\text{项}} = \sigma_m + S_{n-m}。$$

而 σ_m 为常数，因此 $\displaystyle\lim_{n \to \infty} S_{n-m}$ 与 $\displaystyle\lim_{n \to \infty} \sigma_n$ 的存在性一致，从而两级数的敛散性一致。

类似地，可以证明删除有限项的情形。

而对于改变有限项，可以看做先删除有限项，再添加有限项两个过程，因此也不改变级数的敛散性。

例如，$\displaystyle\sum_{n=1}^{\infty} \frac{1}{n+3}$ 和 $\displaystyle\sum_{n=4}^{\infty} \frac{1}{n}$ 都可看作将调和级数 $\displaystyle\sum_{n=1}^{\infty} \frac{1}{n}$ 的前 3 项删除之后得到的，因此它们都是发散的。

性质 4   若 $\displaystyle\sum_{n=1}^{\infty} a_n$ 收敛于 S，则不改变各项顺序而插入有限个或无限个括号后所得到的级数也是收敛的，并且收敛于 S。

证明   设插入括号后的级数为

$$\sum_{k=1}^{\infty} b_k = (a_1 + \cdots + a_{n_1}) + (a_{n_1+1} + \cdots + a_{n_2}) + \cdots + (a_{n_{k-1}+1} + \cdots + a_{n_k}) + \cdots,$$

并设 σ_k 与 S_{n_k} 分别表示 $\displaystyle\sum_{k=1}^{\infty} b_k$ 与 $\displaystyle\sum_{n=1}^{\infty} a_n$ 的部分和，则

$$\sigma_k = (a_1 + \cdots + a_{n_1}) + (a_{n_1+1} + \cdots + a_{n_2}) + \cdots + (a_{n_{k-1}+1} + \cdots + a_{n_k}) = S_{n_k}。$$

又因为当 $k \to \infty$ 时，$n_k \to \infty$，所以 $\displaystyle\lim_{k \to \infty} \sigma_k = \lim_{n_k \to \infty} S_{n_k} = S$。

注：（1）性质 4 的逆命题不成立，即：原级数发散，加括号后有可能收敛，如级数 $1-1+1-1+1-1+\cdots+(-1)^{n+1}+\cdots$ 本身发散，但如果按照以下方式加括号 $(1-1)+(1-1)+(1-1)+\cdots+(1-1)+\cdots$，此时所得级数收敛于 0。

（2）根据性质 4 的逆否命题可知，一个级数如果按某种方式加括号后发散，则原级数一定发散。

性质 5（级数收敛的必要条件）   若 $\displaystyle\sum_{n=1}^{\infty} a_n$ 收敛，则 $\displaystyle\lim_{n \to \infty} a_n = 0$。

证明   设 $\displaystyle\sum_{n=1}^{\infty} a_n$ 收敛于 S，其部分和为 S_n，则 $\displaystyle\lim_{n \to \infty} S_n = S$，而通项 $a_n = S_n - S_{n-1}$，所以

$$\lim_{n \to \infty} a_n = \lim_{n \to \infty} (S_n - S_{n-1}) = S - S = 0。$$

此性质只是级数收敛的必要条件,但不是充分条件,比如调和级数 $\sum\limits_{n=1}^{\infty} \dfrac{1}{n}$,尽管其通项满足 $\lim\limits_{n \to \infty} \dfrac{1}{n} = 0$,但却是发散的。

性质 5 的逆否命题往往用来作为判断级数发散的充分条件,即:**若级数的通项的极限值不为零,则级数发散**。

例 5 判定 $\sum\limits_{n=1}^{\infty} \dfrac{n+3}{2n+1}$ 的敛散性。

解 该级数的通项 $a_n = \dfrac{n+3}{2n+1}$,$\lim\limits_{n \to \infty} a_n = \lim\limits_{n \to \infty} \dfrac{n+3}{2n+1} = \dfrac{1}{2} \neq 0$,故该级数发散。

思 考 题

1. 数列 $\{a_n\}$ 收敛是级数 $\sum\limits_{n=1}^{\infty} a_n$ 收敛的什么条件?

2. 甲乙两人投掷一枚骰子,约定谁先获得六点谁胜。甲先掷,他会获得较大的胜算吗?

习题 9.1

A 组

一、选择题

1. 下列结论正确的是( )。

　　A. 若 $\sum\limits_{n=1}^{\infty} a_n$ 发散,$\sum\limits_{n=1}^{\infty} b_n$ 收敛,则 $\sum\limits_{n=1}^{\infty} (a_n \pm b_n)$ 可能收敛

　　B. 若 $\sum\limits_{n=1}^{\infty} a_n$ 发散,$\sum\limits_{n=1}^{\infty} b_n$ 收敛,则 $\sum\limits_{n=1}^{\infty} (a_n \pm b_n)$ 一定收敛

　　C. 若 $\sum\limits_{n=1}^{\infty} a_n$ 发散,$\sum\limits_{n=1}^{\infty} b_n$ 发散,则 $\sum\limits_{n=1}^{\infty} (a_n \pm b_n)$ 可能收敛

　　D. 若 $\sum\limits_{n=1}^{\infty} a_n$ 发散,$\sum\limits_{n=1}^{\infty} b_n$ 发散,则 $\sum\limits_{n=1}^{\infty} (a_n \pm b_n)$ 一定发散

2. 若 $\sum\limits_{n=1}^{\infty} a_n$ 发散,则 $\sum\limits_{n=1}^{\infty} k a_n$ 的敛散性是( )。

　　A. 一定发散　　　　　　　　　　　　B. $k \neq 0$ 时发散

　　C. $k > 0$ 时发散　　　　　　　　　　D. $k < 0$ 时发散

3. 若级数 $\sum\limits_{n=1}^{\infty} (\ln x)^n$ 收敛,则 x 的取值范围是( )。

　　A. $\left(\dfrac{1}{e}, e\right)$　　　　B. $\left(\dfrac{1}{e}, e\right]$　　　　C. $\left[\dfrac{1}{e}, e\right)$　　　　D. $\left[\dfrac{1}{e}, e\right]$

4. 下列级数收敛的是(   )。

A. $\sum\limits_{n=1}^{\infty} 3^n$

B. $\sum\limits_{n=1}^{\infty} \dfrac{1}{n+1}$

C. $\sum\limits_{n=1}^{\infty} (-1)^n \dfrac{3}{4^n}$

D. $\sum\limits_{n=1}^{\infty} (-1)^n \dfrac{n}{n+1}$

5. 若级数 $\sum\limits_{n=2}^{\infty} r^n = 4$，则 $r = ($ $)$。

A. $-2 + 2\sqrt{2}$ B. $-2 - 2\sqrt{2}$ C. $\dfrac{4}{5}$ D. $-\dfrac{4}{5}$

二、解答题

1. 求下列收敛级数的和：

(1) $\sum\limits_{n=1}^{\infty} \dfrac{1}{(n+1)(n+2)}$；

(2) $\sum\limits_{n=1}^{\infty} \dfrac{5}{10^n}$；

(3) $\sum\limits_{n=1}^{\infty} \dfrac{4}{3^n}$；

(4) $\sum\limits_{n=1}^{\infty} \dfrac{2^n + 5^n}{10^n}$。

2. 判断下列级数的敛散性，对于收敛的级数，求出它们的和：

(1) $\sum\limits_{n=1}^{\infty} \dfrac{n}{2n+1}$；

(2) $\sum\limits_{n=1}^{\infty} \dfrac{1}{(2n-1)(2n+1)}$；

(3) $\sum\limits_{n=1}^{\infty} \dfrac{n^n}{(1+n)^n}$；

(4) $\sum\limits_{n=1}^{\infty} \dfrac{2n-1}{2^n}$。

3. 如图 9.1 所示，$\triangle ABC$ 为一个直角三角形，边 AC 的长度为 $|AC| = b$，$\angle A = \theta$，$CD \perp AB$，$DE \perp BC$，$EF \perp AB$，$FG \perp BC$，如此继续下去，计算所作垂线的总长度 $|CD| + |DE| + |EF| + |FG| + \cdots$。

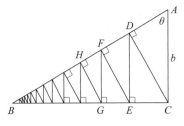

图 9.1

B 组

1. 求收敛级数 $\sum\limits_{n=1}^{\infty} \left(\dfrac{3}{n(n+1)} + \dfrac{1}{2^n} \right)$ 的和。

2. 设 $a_n = \dfrac{2n}{3n+2}$，问：

(1) 数列 $\{a_n\}$ 是否收敛？若收敛，极限是多少？

(2) $\sum\limits_{n=1}^{\infty} a_n$ 是否收敛？

3. 判断 $\sum\limits_{n=1}^{\infty} \ln\left(1 + \dfrac{1}{n}\right)$ 是否收敛？并解释原因。

4. 等式 $0.999\cdots = 1$ 是否正确？并解释原因。

5. (1) 证明：不等式 $\dfrac{1}{3n-2} + \dfrac{1}{3n-1} - \dfrac{1}{3n} > \dfrac{1}{3n}$，其中 $n = 1, 2, \cdots$。

(2) 利用(1)中的不等式，验证级数 $1 + \dfrac{1}{2} - \dfrac{1}{3} + \dfrac{1}{4} + \dfrac{1}{5} - \dfrac{1}{6} + \cdots$ 发散。

9.2 常数项级数敛散性的判别

本节首先通过研究正项级数来建立一系列较为简便而有效的判断级数敛散性的方法，然后利用正项级数进一步研究一般项级数，从而最终达到可以研究更广范围内的级数敛散性的问题。因此正项级数是我们研究级数敛散性的最基本、最简单的起点。

9.2.1 正项级数的敛散性判别法

所谓**正项级数**(nonnegative series)，是指每一项均为非负实数的级数，即 $\sum\limits_{n=1}^{\infty} a_n$ 的通项 $a_n \geqslant 0(n=1,2,\cdots)$。显然正项级数 $\sum\limits_{n=1}^{\infty} a_n$ 的部分和 $S_n = \sum\limits_{k=1}^{n} a_k$ 构成的数列 $\{S_n\}$ 是单调递增的数列。由 2.4 节的单调有界定理知，如果 $\{S_n\}$ 还有上界，则 $\lim\limits_{n\to\infty} S_n$ 存在，亦即 $\sum\limits_{n=1}^{\infty} a_n$ 收敛。因此可得如下定理。

定理 9.1 正项级数 $\sum\limits_{n=1}^{\infty} a_n$ 收敛的充要条件是其部分和数列 $\{S_n\}$ 有上界。

例1 证明：p **级数**(p-series) $\sum\limits_{n=1}^{\infty} \dfrac{1}{n^p}$ 在 $p \leqslant 1$ 时发散，$p > 1$ 时收敛。

证明 （1）当 $p \leqslant 1$ 时，由 $\dfrac{1}{n^p} \geqslant \dfrac{1}{n}$ 知

$$S_n = 1 + \frac{1}{2^p} + \frac{1}{3^p} + \cdots + \frac{1}{n^p} \geqslant 1 + \frac{1}{2} + \frac{1}{3} + \cdots + \frac{1}{n},$$

而 $\lim\limits_{n\to\infty}\left(1 + \dfrac{1}{2} + \dfrac{1}{3} + \cdots + \dfrac{1}{n}\right) = +\infty$（见 9.1 节例 4），可得 $\lim\limits_{n\to\infty} S_n = +\infty$，即 $\{S_n\}$ 无上界，所以此时级数是发散的。

（2）当 $p > 1$ 时，$\dfrac{1}{n^p} = \displaystyle\int_{n-1}^{n} \dfrac{1}{n^p}\mathrm{d}x \leqslant \int_{n-1}^{n} \dfrac{1}{x^p}\mathrm{d}x$，从而 S_n 满足

$$S_n = 1 + \frac{1}{2^p} + \frac{1}{3^p} + \cdots + \frac{1}{n^p} = 1 + \int_1^2 \frac{1}{2^p}\mathrm{d}x + \int_2^3 \frac{1}{3^p}\mathrm{d}x + \cdots + \int_{n-1}^{n} \frac{1}{n^p}\mathrm{d}x$$

$$\leqslant 1 + \int_1^2 \frac{1}{x^p}\mathrm{d}x + \int_2^3 \frac{1}{x^p}\mathrm{d}x + \cdots + \int_{n-1}^{n} \frac{1}{x^p}\mathrm{d}x = 1 + \int_1^n \frac{1}{x^p}\mathrm{d}x < 1 + \frac{1}{p-1} = \frac{p}{p-1},$$

即 $\{S_n\}$ 有上界，由定理 9.1 知，p 级数在 $p > 1$ 时是收敛的。

尽管定理 9.1 给出了一个判别正项级数是否收敛的充要条件，但有些正项级数的部分和数列是否有上界确定起来有一定的难度，因此定理 9.1 有时使用起来并不方便。为此，从定理 9.1 出发，得到如下判别正项级数的敛散性的两个方法——比较判别法和比值判别法。

定理 9.2（比较判别法，the comparison test） 设有两个正项级数 $\sum\limits_{n=1}^{\infty} a_n$ 与 $\sum\limits_{n=1}^{\infty} b_n$，满足

$$a_n \leqslant b_n (n=1,2,\cdots)。$$

(1) 若 $\sum\limits_{n=1}^{\infty} b_n$ 收敛，则 $\sum\limits_{n=1}^{\infty} a_n$ 也收敛；

(2) 若 $\sum\limits_{n=1}^{\infty} a_n$ 发散，则 $\sum\limits_{n=1}^{\infty} b_n$ 也发散。

证明　设 S_n 和 σ_n 分别表示 $\sum\limits_{n=1}^{\infty} a_n$ 与 $\sum\limits_{n=1}^{\infty} b_n$ 的部分和，

(1) 由 $a_n \leqslant b_n$ 得 $\sum\limits_{k=1}^{n} a_k \leqslant \sum\limits_{k=1}^{n} b_k$，即 $S_n \leqslant \sigma_n$。若 $\sum\limits_{n=1}^{\infty} b_n$ 收敛，则由定理9.1知 $\{\sigma_n\}$ 有

上界，即存在常数 M，使 $\sigma_n \leqslant M$，从而 $S_n \leqslant \sigma_n \leqslant M$，即 $\{S_n\}$ 有上界，所以 $\sum\limits_{n=1}^{\infty} a_n$ 收敛。

(2) 假设 $\sum\limits_{n=1}^{\infty} b_n$ 收敛，由(1)可得 $\sum\limits_{n=1}^{\infty} a_n$ 收敛，与题设矛盾，因此 $\sum\limits_{n=1}^{\infty} b_n$ 发散。 ∎

根据比较判别法，要判断某个正项级数 $\sum\limits_{n=1}^{\infty} a_n$ 的敛散性，可以选取一个敛散性已知的正

项级数 $\sum\limits_{n=1}^{\infty} b_n$ 作为参照级数，从而进行判断。而等比级数、调和级数与 p 级数常常充当这一

参照级数的角色。

注：由收敛级数的基本性质3可知，对两个正项级数 $\sum\limits_{n=1}^{\infty} a_n$ 与 $\sum\limits_{n=1}^{\infty} b_n$，若从某个正整数

N 开始，满足 $a_n \leqslant b_n$，定理9.2依然有效。

例2　判别下列正项级数的敛散性：

(1) $\sum\limits_{n=1}^{\infty} \dfrac{1}{(2n-1)3^n}$；　　　(2) $\sum\limits_{n=1}^{\infty} \dfrac{1}{\sqrt{n^3+n}}$；　　　(3) $\sum\limits_{n=1}^{\infty} \dfrac{1}{\ln(1+n)}$。

解　(1) 当 $n \geqslant 1$ 时，$\dfrac{1}{(2n-1)3^n} \leqslant \dfrac{1}{3^n}$。而 $\sum\limits_{n=1}^{\infty} \dfrac{1}{3^n}$ 为等比级数，且公比 $q = \dfrac{1}{3} < 1$，它是

收敛的。由比较判别法知，$\sum\limits_{n=1}^{\infty} \dfrac{1}{(2n-1)3^n}$ 也收敛。

(2) 当 $n \geqslant 1$ 时，$\dfrac{1}{\sqrt{n^3+n}} < \dfrac{1}{\sqrt{n^3}} = \dfrac{1}{n^{3/2}}$。$\sum\limits_{n=1}^{\infty} \dfrac{1}{n^{3/2}}$ 为 p 级数，且 $p = \dfrac{3}{2} > 1$，故收敛，由比

较判别法知，$\sum\limits_{n=1}^{\infty} \dfrac{1}{\sqrt{n^3+n}}$ 也收敛。

(3) 由4.1节例4知，当 $x > 0$ 时，$x > \ln(1+x)$，因此当 $n \geqslant 1$ 时，$n > \ln(1+n)$，即 $\dfrac{1}{n} <$

$\dfrac{1}{\ln(1+n)}$。而 $\sum\limits_{n=1}^{\infty} \dfrac{1}{n}$ 是发散的，由比较判别法知，$\sum\limits_{n=1}^{\infty} \dfrac{1}{\ln(1+n)}$ 也发散。

在利用比较判别法判别正项级数 $\sum\limits_{n=1}^{\infty} a_n$ 的敛散性时，关键是找到作为参照的敛散性已

知的正项级数 $\sum\limits_{n=1}^{\infty} b_n$ ，而找正项级数 $\sum\limits_{n=1}^{\infty} b_n$ 的过程即为对级数 $\sum\limits_{n=1}^{\infty} a_n$ 的通项 a_n 进行适当放大或缩小的过程。对于有些级数，这一过程有时并不简单。下面给出比较判别法的极限形式，这一形式使用起来则更为方便。

> **推论（比较判别法的极限形式，the limit comparison test）**　设 $\sum\limits_{n=1}^{\infty} a_n$ 和 $\sum\limits_{n=1}^{\infty} b_n$ 均为正项级数，其中 $b_n \neq 0 (n=1,2,3,\cdots)$ ，记 $\lim\limits_{n\to\infty} \dfrac{a_n}{b_n} = l$ ，则：
>
> （1）当 $0 < l < +\infty$ 时，级数 $\sum\limits_{n=1}^{\infty} a_n$ 与 $\sum\limits_{n=1}^{\infty} b_n$ 的敛散性一致；
>
> （2）当 $l = 0$ 时，若 $\sum\limits_{n=1}^{\infty} b_n$ 收敛，则 $\sum\limits_{n=1}^{\infty} a_n$ 收敛；若 $\sum\limits_{n=1}^{\infty} a_n$ 发散，则 $\sum\limits_{n=1}^{\infty} b_n$ 发散；
>
> （3）当 $l = +\infty$ 时，若 $\sum\limits_{n=1}^{\infty} b_n$ 发散，则 $\sum\limits_{n=1}^{\infty} a_n$ 发散；若 $\sum\limits_{n=1}^{\infty} a_n$ 收敛，则 $\sum\limits_{n=1}^{\infty} b_n$ 收敛。

证明　这里只证明（1）。（2）和（3）留作练习。

因为 $\lim\limits_{n\to\infty} \dfrac{a_n}{b_n} = l$ ，且 $0 < l < +\infty$ ，则由数列极限的严格定义，对于 $\varepsilon = \dfrac{l}{2} > 0$ ，存在正整数 N ，使得 $n > N$ 时，有

$$\left| \frac{a_n}{b_n} - l \right| < \frac{l}{2}, \quad 即 \quad \frac{l}{2} < \frac{a_n}{b_n} < \frac{3l}{2},$$

也即

$$\frac{l}{2} b_n < a_n < \frac{3l}{2} b_n。$$

此时，若 $\sum\limits_{n=1}^{\infty} a_n$ 收敛，则 $\sum\limits_{n=1}^{\infty} \dfrac{l}{2} b_n$ 也收敛，从而 $\sum\limits_{n=1}^{\infty} b_n$ 收敛；

若 $\sum\limits_{n=1}^{\infty} a_n$ 发散，则 $\sum\limits_{n=1}^{\infty} \dfrac{3l}{2} b_n$ 也发散，从而 $\sum\limits_{n=1}^{\infty} b_n$ 发散。

即当 $0 < l < +\infty$ 时， $\sum\limits_{n=1}^{\infty} a_n$ 和 $\sum\limits_{n=1}^{\infty} b_n$ 的敛散性一致，从而（1）成立。∎

例3　判别下列正项级数的敛散性：

（1） $\sum\limits_{n=1}^{\infty} \dfrac{1}{\sqrt{n^3 + n}}$ ；　　（2） $\sum\limits_{n=1}^{\infty} \sin\dfrac{1}{3^n}$ ；　　（3） $\sum\limits_{n=1}^{\infty} \sin\dfrac{1}{n}$ 。

解　为便于说明，将题目中的级数看作 $\sum\limits_{n=1}^{\infty} a_n$ ，而与它比较的级数看作 $\sum\limits_{n=1}^{\infty} b_n$ 。

（1）取正项级数 $\sum\limits_{n=1}^{\infty} \dfrac{1}{n^{3/2}}$ ，即 $b_n = \dfrac{1}{n^{3/2}}$ ，此时

$$l = \lim_{n\to\infty} \frac{a_n}{b_n} = \lim_{n\to\infty} \frac{\sqrt{n^3}}{\sqrt{n^3 + n}} = \lim_{n\to\infty} \frac{1}{\sqrt{1 + n^{-2}}} = 1,$$

则由定理 9.2 的推论知，$\sum\limits_{n=1}^{\infty}\dfrac{1}{\sqrt{n^3+n}}$ 与 $\sum\limits_{n=1}^{\infty}\dfrac{1}{n^{3/2}}$ 的敛散性一致。而 $\sum\limits_{n=1}^{\infty}\dfrac{1}{n^{3/2}}$ 为收敛的 p 级

数，因此 $\sum\limits_{n=1}^{\infty}\dfrac{1}{\sqrt{n^3+n}}$ 收敛。

此级数与例 2 的(2)一样，由此可见，同一个级数可以用不同的方法来判别它的敛散性。

（2）取正项级数 $\sum\limits_{n=1}^{\infty}\dfrac{1}{3^n}$，即 $b_n=\dfrac{1}{3^n}$，此时

$$l=\lim_{n\to\infty}\frac{a_n}{b_n}=\lim_{n\to\infty}3^n\sin\frac{1}{3^n}=\lim_{n\to\infty}\frac{3^n}{3^n}=1,$$

因此 $\sum\limits_{n=1}^{\infty}\sin\dfrac{1}{3^n}$ 和 $\sum\limits_{n=1}^{\infty}\dfrac{1}{3^n}$ 的敛散性一致。而 $\sum\limits_{n=1}^{\infty}\dfrac{1}{3^n}$ 是公比 $q=\dfrac{1}{3}$ 的等比级数，是收敛的，所以

$\sum\limits_{n=1}^{\infty}\sin\dfrac{1}{3^n}$ 也收敛。

（3）取正项级数 $\sum\limits_{n=1}^{\infty}\dfrac{1}{n}$，即 $b_n=\dfrac{1}{n}$，此时

$$\lim_{n\to\infty}\frac{a_n}{b_n}=\lim_{n\to\infty}n\sin\frac{1}{n}=1,$$

因此 $\sum\limits_{n=1}^{\infty}\sin\dfrac{1}{n}$ 和 $\sum\limits_{n=1}^{\infty}\dfrac{1}{n}$ 的敛散性一致。而调和级数 $\sum\limits_{n=1}^{\infty}\dfrac{1}{n}$ 发散，所以 $\sum\limits_{n=1}^{\infty}\sin\dfrac{1}{n}$ 发散。

下面我们介绍一个直接根据级数本身判别其敛散性的方法——比值判别法。

定理 9.3（比值判别法，the ratio test） 对于正项级数 $\sum\limits_{n=1}^{\infty}a_n$，若有 $\lim\limits_{n\to\infty}\dfrac{a_{n+1}}{a_n}=\rho$，则：

（1）当 $\rho<1$ 时，$\sum\limits_{n=1}^{\infty}a_n$ 收敛；

（2）当 $\rho>1$ 或 $\rho=+\infty$ 时，$\sum\limits_{n=1}^{\infty}a_n$ 发散；

（3）当 $\rho=1$ 时，$\sum\limits_{n=1}^{\infty}a_n$ 可能收敛，也可能发散。

证明 （1）当 $\rho<1$ 时，取一个适当的正数 $\gamma<1$，使 $\rho<\gamma$。由极限的保号性知，存在正

整数 N，当 $n\geqslant N$ 时，有 $\dfrac{a_{n+1}}{a_n}<\gamma$，因此有

$$a_{N+1}<\gamma a_N,\quad a_{N+2}<\gamma a_{N+1}<\gamma^2 a_N,\cdots,a_{N+k}<\gamma^k a_N,\cdots。$$

而等比级数 $\sum\limits_{k=1}^{\infty}\gamma^k a_N=a_N\sum\limits_{k=1}^{\infty}\gamma^k$ 收敛，由比较判别法知 $\sum\limits_{n=N+1}^{\infty}a_n$ 收敛，由收敛级数的性质 3

可知，$\sum\limits_{n=1}^{\infty}a_n$ 也收敛。

（2）当 $\rho>1$ 时，取 λ，使 $\rho>\lambda>1$，由极限的保号性知，存在正整数 N，当 $n\geqslant N$ 时，有

$\dfrac{a_{n+1}}{a_n}>\lambda>1$，即 $a_{n+1}>a_n$，因此当 $n\geqslant N$ 时，数列 $\{a_n\}$ 是非负的且单调递增的，从而 $\lim\limits_{n\to\infty}a_n\neq 0$，由级数收敛的必要条件得 $\sum\limits_{n=1}^{\infty}a_n$ 发散。

类似可证，当 $\lim\limits_{n\to\infty}\dfrac{a_{n+1}}{a_n}=+\infty$ 时，$\sum\limits_{n=1}^{\infty}a_n$ 发散。

(3) 当 $\rho=1$ 时，$\sum\limits_{n=1}^{\infty}a_n$ 可能收敛，也可能发散。例如 $\sum\limits_{n=1}^{\infty}\dfrac{1}{n}$ 和 $\sum\limits_{n=1}^{\infty}\dfrac{1}{n^2}$ 均满足 $\lim\limits_{n\to\infty}\dfrac{a_{n+1}}{a_n}=1$，但 $\sum\limits_{n=1}^{\infty}\dfrac{1}{n}$ 发散，而 $\sum\limits_{n=1}^{\infty}\dfrac{1}{n^2}$ 收敛。∎

正项级数的比值判别法也称**达朗贝尔**(J. d'Alembert)**判别法**。

例 4 判别下列正项级数的敛散性：

(1) $\sum\limits_{n=1}^{\infty}\dfrac{3^n}{n\,\mathrm{e}^n}$；
　　　　　　　　　(2) $\sum\limits_{n=1}^{\infty}\dfrac{(n+1)!}{n!\,3^n}$。

解 (1) 通项 $a_n=\dfrac{3^n}{n\,\mathrm{e}^n}$，则

$$\lim_{n\to\infty}\frac{a_{n+1}}{a_n}=\lim_{n\to\infty}\frac{3^{n+1}}{(n+1)\mathrm{e}^{n+1}}\cdot\frac{n\,\mathrm{e}^n}{3^n}=\frac{3}{\mathrm{e}}\lim_{n\to\infty}\frac{n}{n+1}=\frac{3}{\mathrm{e}}>1,$$

故 $\sum\limits_{n=1}^{\infty}\dfrac{3^n}{n\,\mathrm{e}^n}$ 发散。

(2) 通项 $a_n=\dfrac{(n+1)!}{n!\,3^n}$，则

$$\lim_{n\to\infty}\frac{a_{n+1}}{a_n}=\lim_{n\to\infty}\frac{(n+2)!}{(n+1)!\,3^{n+1}}\cdot\frac{n!\,3^n}{(n+1)!}=\frac{1}{3}<1,$$

所以 $\sum\limits_{n=1}^{\infty}\dfrac{(n+1)!}{n!\,3^n}$ 收敛。

9.2.2 交错级数及其敛散性的判别法

所谓**交错级数**(alternating series)，是指一个级数的各项是正负相间的。若 $a_n>0(n=1,2,\cdots)$，则 $\sum\limits_{n=1}^{\infty}(-1)^{n-1}a_n$ 和 $\sum\limits_{n=1}^{\infty}(-1)^n a_n$ 都是交错级数。而两者之间只相差一个负号，所以两者的敛散性一致，因此我们只需讨论 $\sum\limits_{n=1}^{\infty}(-1)^{n-1}a_n$ 即可。

判别交错级数的敛散性，常用以下的方法。

定理 9.4(**莱布尼茨判别法**，Leibniz's test) 已知交错级数 $\sum\limits_{n=1}^{\infty}(-1)^{n-1}a_n$，$a_n>0$，若满足下列条件：

(1) $a_n\geqslant a_{n+1}(n=1,2,\cdots)$；

(2) $\lim\limits_{n\to\infty}a_n=0$；

则交错级数 $\sum\limits_{n=1}^{\infty}(-1)^{n-1}a_n$ 收敛，且其和 S 满足 $0\leqslant S\leqslant a_1$。

证明　先证前 $2n$ 项的和 S_{2n} 的极限存在。

$S_{2n}=(a_1-a_2)+(a_3-a_4)+\cdots+(a_{2n-1}-a_{2n})$，由 $a_n\geqslant a_{n+1}$ 知括号内均非负，因此数列 $\{S_{2n}\}$ 单调递增，且 $S_{2n}\geqslant 0$。而

$$S_{2n}=a_1-(a_2-a_3)-(a_4-a_5)-\cdots-(a_{2n-2}-a_{2n-1})-a_{2n}\leqslant a_1,$$

因此 $S_{2n}\leqslant a_1$，即数列 $\{S_{2n}\}$ 单调递增且有界，所以数列 $\{S_{2n}\}$ 收敛，记其极限为 S。则由极限的保号性知，$0\leqslant\lim\limits_{n\to\infty}S_{2n}=S\leqslant a_1$。

而前 $2n+1$ 项和 S_{2n+1} 的极限

$$\lim\limits_{n\to\infty}S_{2n+1}=\lim\limits_{n\to\infty}(S_{2n}+a_{2n+1})=\lim\limits_{n\to\infty}S_{2n}+\lim\limits_{n\to\infty}a_{2n+1}=S+0=S.$$

综上知，对于交错级数 $\sum\limits_{n=1}^{\infty}(-1)^{n-1}a_n$，其部分和数列 $\{S_n\}$（无论 n 为奇数还是偶数）的极限为 S。所以交错级数 $\sum\limits_{n=1}^{\infty}(-1)^{n-1}a_n$ 收敛，且其和 S 满足 $0\leqslant S\leqslant a_1$。∎

对于莱布尼茨判别法的证明，可以通过图 9.2 直观理解。由莱布尼茨判别法的条件知，交错级数的前一项和 $S_1=a_1>0$，前二项和 $S_2=a_1-a_2=S_1-a_2$ 满足 $0\leqslant S_2\leqslant S_1$，前三项和 $S_3=a_1-a_2+a_3=S_1-(a_2-a_3)=S_2+a_3$ 满足 $S_2\leqslant S_3\leqslant S_1$，前四项和 $S_4=a_1-a_2+a_3-a_4=S_3-a_4=S_2+(a_3-a_4)$ 满足 $S_2\leqslant S_4\leqslant S_3$，可以看到对满足莱布尼茨判别法条件的交错级数来说，随着前 n 项和的项数增加，前 n 项和相当于在进行“折返跑”，使得 S_n 在某个固定值 S 附近振荡。但因为 $\lim\limits_{n\to\infty}a_n=0$，这些“$\leqslant$”不可能都取“$=$”，$S_n$ 在 S 附近振荡时的振幅越来越接近 0，即 $\lim\limits_{n\to\infty}S_n=S$，也即级数 $\sum\limits_{n=1}^{\infty}(-1)^{n-1}a_n$ 收敛，收敛到 S，并且 $0\leqslant S\leqslant a_1$。

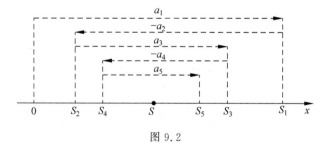

图 9.2

例5　证明：交错级数 $\sum\limits_{n=1}^{\infty}(-1)^{n-1}\dfrac{1}{n}$ 收敛。

证明　记 $a_n=\dfrac{1}{n}$，则 $\sum\limits_{n=1}^{\infty}(-1)^{n-1}a_n$ 满足 $a_n=\dfrac{1}{n}\geqslant a_{n+1}=\dfrac{1}{n+1}(n=1,2,\cdots)$，且 $\lim\limits_{n\to\infty}a_n=\lim\limits_{n\to\infty}\dfrac{1}{n}=0$，所以由莱布尼茨判别法知，交错级数 $\sum\limits_{n=1}^{\infty}(-1)^{n-1}\dfrac{1}{n}$ 收敛。

9.2.3　条件收敛与绝对收敛

如果 $\sum\limits_{n=1}^{\infty} a_n$ 的各项可以是正数、负数或零，则称该级数为**任意项级数**。显然交错级数是任意项级数的一种特殊形式。下面我们研究一般的任意项级数的敛散性，先给出绝对收敛与条件收敛的概念。

定义 9.3（绝对收敛与条件收敛）　若任意项级数 $\sum\limits_{n=1}^{\infty} a_n$ 各项取绝对值所得的 $\sum\limits_{n=1}^{\infty} |a_n|$ 收敛，则称 $\sum\limits_{n=1}^{\infty} a_n$ **绝对收敛**（absolutely convergent）；若 $\sum\limits_{n=1}^{\infty} |a_n|$ 发散，而 $\sum\limits_{n=1}^{\infty} a_n$ 收敛，则称 $\sum\limits_{n=1}^{\infty} a_n$ **条件收敛**（conditionally convergent）。

例如，$\sum\limits_{n=1}^{\infty} \left(-\dfrac{1}{3}\right)^n$ 绝对收敛，而 $\sum\limits_{n=1}^{\infty} (-1)^{n-1} \dfrac{1}{n}$ 条件收敛。

定理 9.5　若 $\sum\limits_{n=1}^{\infty} a_n$ 绝对收敛，则 $\sum\limits_{n=1}^{\infty} a_n$ 一定收敛。

证明　令 $b_n = \dfrac{1}{2}(|a_n| + a_n)$，则 $b_n \geqslant 0$，即 $\sum\limits_{n=1}^{\infty} b_n$ 是正项级数。因为 $a_n \leqslant |a_n|$，所以 $b_n \leqslant |a_n|$。而 $\sum\limits_{n=1}^{\infty} |a_n|$ 收敛，从而 $\sum\limits_{n=1}^{\infty} b_n$ 收敛，$\sum\limits_{n=1}^{\infty} 2b_n$ 也收敛。又 $a_n = 2b_n - |a_n|$，由收敛级数的性质 2 知，$\sum\limits_{n=1}^{\infty} a_n$ 收敛。∎

例 6　判别下列级数是否收敛？如果收敛，是绝对收敛还是条件收敛？

(1) $\sum\limits_{n=1}^{\infty} (-1)^{n-1} \dfrac{1}{\sqrt{n^2 + n}}$；　　　　(2) $\sum\limits_{n=1}^{\infty} \dfrac{\sin(n\alpha)}{n^2}$，其中 α 为常数。

解　(1) $\sum\limits_{n=1}^{\infty} (-1)^{n-1} \dfrac{1}{\sqrt{n^2 + n}}$ 为交错级数，由莱布尼茨判别法可知该级数收敛。选取调和级数 $\sum\limits_{n=1}^{\infty} \dfrac{1}{n}$ 作为参照，由比较判别法的极限形式可知 $\sum\limits_{n=1}^{\infty} \dfrac{1}{\sqrt{n^2 + n}}$ 发散，因此 $\sum\limits_{n=1}^{\infty} (-1)^{n-1} \dfrac{1}{\sqrt{n^2 + n}}$ 条件收敛。

(2) $\sum\limits_{n=1}^{\infty} \dfrac{\sin(n\alpha)}{n^2}$ 为任意项级数，因 $\left| \dfrac{\sin(n\alpha)}{n^2} \right| \leqslant \dfrac{1}{n^2}$，且 $\sum\limits_{n=1}^{\infty} \dfrac{1}{n^2}$ 收敛，故 $\sum\limits_{n=1}^{\infty} \left| \dfrac{\sin(n\alpha)}{n^2} \right|$ 收敛，即 $\sum\limits_{n=1}^{\infty} \dfrac{\sin(n\alpha)}{n^2}$ 绝对收敛，由定理 9.5 知，$\sum\limits_{n=1}^{\infty} \dfrac{\sin(n\alpha)}{n^2}$ 收敛。

思 考 题

若 $\sum\limits_{n=1}^{\infty} a_n$ 收敛, $\sum\limits_{n=1}^{\infty} a_n^2$ 是否收敛? 若 $\sum\limits_{n=1}^{\infty} a_n$ 发散, $\sum\limits_{n=1}^{\infty} a_n^2$ 能否收敛?

习题 9.2

A 组

一、选择题

1. 下列级数收敛的是( )。

    A. $\sum\limits_{n=1}^{\infty} \dfrac{(-1)^{n-1} n}{\ln(n+1)}$ B. $\sum\limits_{n=1}^{\infty} \dfrac{n}{3n-1}$

    C. $\sum\limits_{n=1}^{\infty} \ln\left(1+\dfrac{1}{n}\right)$ D. $\sum\limits_{n=1}^{\infty} (-1)^n \sin\dfrac{1}{n}$

2. 设级数（1）$\sum\limits_{n=1}^{\infty} \dfrac{2+(-1)^n}{2^n}$，（2）$\sum\limits_{n=1}^{\infty} \dfrac{2^n}{3^{\ln n}}$，则下列结论正确的是( )。

    A. （1）收敛，（2）发散   B. （1）发散，（2）收敛

    C. （1）（2）均发散   D. （1）（2）均收敛

3. 下列为 $\sum\limits_{n=1}^{\infty} a_n$ 收敛的充要条件的是( )。

    A. $\lim\limits_{n\to\infty} a_n = 0$ B. $\lim\limits_{n\to\infty} S_n$ 存在（S_n 为前 n 项和）

    C. $\lim\limits_{n\to\infty} \dfrac{a_{n+1}}{a_n} = \rho < 1$ D. $a_n \leqslant \dfrac{1}{n^2}$

4. 级数 $\sum\limits_{n=1}^{\infty} (-1)^n \dfrac{k+n}{n^2}$（其中 k 为大于零的常数）的敛散性是( )。

    A. 绝对收敛   B. 条件收敛

    C. 发散   D. 敛散性与常数 k 有关

5. 下列级数中，绝对收敛的是( )。

    A. $\sum\limits_{n=1}^{\infty} \dfrac{1}{\sqrt{3n+2}}$ B. $\sum\limits_{n=1}^{\infty} (-1)^n \left(\dfrac{4}{3}\right)^n$

    C. $\sum\limits_{n=1}^{\infty} (-1)^n \dfrac{1}{\sqrt{n^3}}$ D. $\sum\limits_{n=1}^{\infty} (-1)^n \dfrac{n}{n+1}$

二、计算题

1. 利用比较判别法判别下列级数的敛散性：

（1）$\sum\limits_{n=1}^{\infty} \dfrac{1}{\sqrt{n^2+n}}$；   （2）$\sum\limits_{n=1}^{\infty} \dfrac{1}{(n+1)(n+4)}$；

(3) $\sum\limits_{n=1}^{\infty} \sin\dfrac{\pi}{2^n}$;

(4) $\sum\limits_{n=1}^{\infty} \dfrac{n+1}{n^2}$;

(5) $\sum\limits_{n=2}^{\infty} \dfrac{1}{n^3-n}$;

(6) $\sum\limits_{n=1}^{\infty} \left(1-\cos\dfrac{1}{n}\right)$。

2. 利用比值判别法判别下列级数的敛散性：

(1) $\sum\limits_{n=1}^{\infty} \dfrac{2n-1}{2^n}$;

(2) $\sum\limits_{n=1}^{\infty} n^3 \sin\dfrac{\pi}{2^n}$;

(3) $\sum\limits_{n=1}^{\infty} \dfrac{(n+2)!}{n! \cdot 10^n}$;

(4) $\sum\limits_{n=1}^{\infty} \dfrac{(n+1)!}{n^{n+1}}$;

(5) $\sum\limits_{n=1}^{\infty} \dfrac{n!}{10^n}$;

(6) $\sum\limits_{n=1}^{\infty} nx^{n-1}(x>0)$。

3. 判别下列交错级数是否收敛,若收敛,说明是绝对收敛,还是条件收敛：

(1) $\sum\limits_{n=1}^{\infty} (-1)^n \dfrac{n}{(n+1)^2}$;

(2) $\sum\limits_{n=1}^{\infty} \dfrac{(-1)^{n-1}}{\sqrt{n^2+1}}$;

(3) $\sum\limits_{n=1}^{\infty} \dfrac{(-1)^n}{n-\ln n}$;

(4) $\sum\limits_{n=1}^{\infty} \dfrac{(-1)^{n-1}}{n^p}(p>0)$;

(5) $\sum\limits_{n=1}^{\infty} (-1)^n (\sqrt{n+1}-\sqrt{n})$;

(6) $\sum\limits_{n=1}^{\infty} (-1)^n \dfrac{n}{n+1}$。

4. 利用级数收敛的必要条件,求下列极限：

(1) $\lim\limits_{n\to\infty} \dfrac{e^n}{n!}$;

(2) $\lim\limits_{n\to\infty} \dfrac{n! \, 2^n}{n^n}$。

B 组

1. 若正项级数 $\sum\limits_{n=1}^{\infty} a_n$ 收敛,判断下列级数是否收敛,并解释原因：

(1) $\sum\limits_{n=1}^{\infty} a_n^2$;

(2) $\sum\limits_{n=1}^{\infty} \dfrac{a_n}{n}$。

2. 判断下列级数的敛散性：

(1) $\sum\limits_{n=1}^{\infty} \dfrac{(2n)!}{(n!)^2}$;

(2) $\sum\limits_{n=1}^{\infty} (-1)^n \ln\left(1+\dfrac{1}{n}\right)$。

3. 若 $\sum\limits_{n=1}^{\infty} a_n$ 和 $\sum\limits_{n=1}^{\infty} b_n$ 均绝对收敛,判断下列级数是否绝对收敛：

(1) $\sum\limits_{n=1}^{\infty} (a_n+b_n)$;

(2) $\sum\limits_{n=1}^{\infty} 2a_n$。

4. 若 $\sum\limits_{n=1}^{\infty} (-1)^n \dfrac{1}{n^\alpha}$ 绝对收敛, $\sum\limits_{n=1}^{\infty} (-1)^n \dfrac{1}{n^{2-\alpha}}$ 条件收敛,求参数 α 的取值范围。

5. (1) 判断 $\sum\limits_{n=1}^{\infty} \left(\dfrac{1}{\sqrt{n}}-\dfrac{1}{\sqrt{n+1}}\right)$ 的敛散性,并说明理由;

（2）判断 $\sum\limits_{n=1}^{\infty}\left(\dfrac{1}{\sqrt{n}}-\dfrac{1}{\sqrt{n+1}}\right)\sin(n+k)$（$k$ 为常数）是条件收敛,还是绝对收敛,并说明理由。

9.3　幂级数

幂级数是等比级数的推广,它在函数表示、研究函数性态及近似计算等方面具有广泛应用。本节将研究幂级数的概念、幂级数的敛散性及幂级数的性质。

首先考察等比级数 $\sum\limits_{n=1}^{\infty}aq^{n-1}=a+aq+aq^2+\cdots+aq^{n-1}+\cdots(a\neq0)$,该级数在 $|q|<1$ 时收敛,在 $|q|\geqslant1$ 时发散。若将 q 替换为变量 x,即得

$$\sum_{n=1}^{\infty}ax^{n-1}=a+ax+ax^2+\cdots+ax^{n-1}+\cdots,$$

所得级数的每一项都是幂函数形式。将这一形式推广,即得如下一般形式的幂级数定义。

> **定义 9.4（幂级数）**　称形如
>
> $$\sum_{n=0}^{\infty}a_n(x-x_0)^n=a_0+a_1(x-x_0)+a_2(x-x_0)^2+\cdots+a_n(x-x_0)^n+\cdots$$
>
> 的级数为 $x-x_0$ **的幂级数**（power series in $x-x_0$）,其中 x_0 为某个确定的数值,常数 a_n（$n=0,1,2,\cdots$）称为幂级数的**系数**（coefficient）。

特别地,当 $x_0=0$ 时, $\sum\limits_{n=0}^{\infty}a_nx^n=a_0+a_1x+a_2x^2+\cdots+a_nx^n+\cdots$ 称为 x 的**幂级数**。对于幂级数 $\sum\limits_{n=0}^{\infty}a_n(x-x_0)^n$,令 $t=x-x_0$ 即可化为 $\sum\limits_{n=0}^{\infty}a_nt^n$。因此我们主要讨论 $\sum\limits_{n=0}^{\infty}a_nx^n$ 形式的幂级数。

9.3.1　幂级数及其收敛性

对于幂级数 $\sum\limits_{n=0}^{\infty}x^n$,当 $x=\dfrac{2}{3}$ 时,级数变为常数项级数 $\sum\limits_{n=0}^{\infty}\left(\dfrac{2}{3}\right)^n$,是收敛的,称 $x=\dfrac{2}{3}$ 为 $\sum\limits_{n=0}^{\infty}x^n$ 的**收敛点**（point of convergence）。事实上,区间 $(-1,1)$ 为 $\sum\limits_{n=0}^{\infty}x^n$ 的所有收敛点构成的集合,我们把区间 $(-1,1)$ 称为该幂级数的收敛域；$(-\infty,-1]\bigcup[1,+\infty)$ 为 $\sum\limits_{n=0}^{\infty}x^n$ 所有发散的点构成的集合,我们把 $(-\infty,-1]\bigcup[1,+\infty)$ 称为该幂级数的发散域。

一般地,对于幂级数 $\sum\limits_{n=0}^{\infty}a_nx^n$,有如下定义。

> **定义 9.5（收敛域）**　使得 $\sum\limits_{n=0}^{\infty}a_nx^n$ 收敛的所有点 x 构成的集合 I 称为幂级数的**收敛域**（domain of convergence）。

为了更精确地描述幂级数收敛域的特点,我们先介绍**阿贝尔定理**(Abel's theorem)。

定理 9.6(阿贝尔定理) 设 $\sum\limits_{n=0}^{\infty} a_n x^n$ 为一个幂级数,x_0 是一个非零实数。

(1) 若 $\sum\limits_{n=0}^{\infty} a_n x^n$ 在 $x = x_0$ 处收敛,则对于满足不等式 $|x| < |x_0|$ 的一切 x,

$\sum\limits_{n=0}^{\infty} a_n x^n$ 都绝对收敛;

(2) 若 $\sum\limits_{n=0}^{\infty} a_n x^n$ 在 $x = x_0$ 处发散,则对于满足不等式 $|x| > |x_0|$ 的一切 x,

$\sum\limits_{n=0}^{\infty} a_n x^n$ 都发散。

证明 (1) 若幂级数 $\sum\limits_{n=0}^{\infty} a_n x^n$ 在 $x = x_0$ 处收敛,即常数项级数 $\sum\limits_{n=0}^{\infty} a_n x_0^n$ 收敛,则由收敛级数的基本性质 5 知,$\lim\limits_{n \to \infty} a_n x_0^n = 0$,则由数列极限的严格定义知,对给定的 $\varepsilon = 1$,存在正整数 N,当 $n > N$ 时,有 $|a_n x_0^n| < \varepsilon$,从而有

$$|a_n x^n| = \frac{|a_n x_0^n x^n|}{|x_0^n|} = |a_n x_0^n| \cdot \frac{|x^n|}{|x_0^n|} < \varepsilon \frac{|x^n|}{|x_0^n|} = \left| \frac{x}{x_0} \right|^n 。$$

如果 $|x| < |x_0|$,则 $\left| \dfrac{x}{x_0} \right| < 1$,$\sum\limits_{n=0}^{\infty} \left| \dfrac{x}{x_0} \right|^n$ 为一个收敛的等比级数,因此由比较判别法知,

$\sum\limits_{n=0}^{\infty} |a_n x^n|$ 收敛,即 $\sum\limits_{n=0}^{\infty} a_n x^n$ 绝对收敛。

(2) 利用反证法证明。若幂级数 $\sum\limits_{n=0}^{\infty} a_n x^n$ 在 $x = x_0$ 处发散,假设存在一点 x_1,使得 $|x_1| > |x_0|$,且 $\sum\limits_{n=0}^{\infty} a_n x_1^n$ 收敛,则由(1)知,$\sum\limits_{n=0}^{\infty} a_n x^n$ 在 $x = x_0$ 处绝对收敛(因而也收敛),与已知矛盾,因此对于满足不等式 $|x| > |x_0|$ 的一切 x,$\sum\limits_{n=0}^{\infty} a_n x^n$ 都发散。∎

幂级数 $\sum\limits_{n=0}^{\infty} a_n x^n$ 的每一项都在 $(-\infty, +\infty)$ 有定义,因此对于每个 $x \in (-\infty, +\infty)$,

$\sum\limits_{n=0}^{\infty} a_n x^n$ 要么收敛,要么发散。根据阿贝尔定理,幂级数 $\sum\limits_{n=0}^{\infty} a_n x^n$ 的收敛性必为下述三种情形之一:

(1) 存在正数 R,当 $|x| < R$ 时,收敛;当 $|x| > R$ 时,发散;

(2) 只在 $x = 0$ 处收敛,此时,记 $R = 0$;

(3) 在 $(-\infty, +\infty)$ 内的任何 x 处,幂级数都绝对收敛,此时,记 $R = +\infty$。

称 R 为幂级数 $\sum\limits_{n=0}^{\infty} a_n x^n$ 的**收敛半径**(radius of convergence),称 $(-R, R)$ 为**收敛区间**

(interval of convergence)。**收敛域为收敛区间**$(-R,R)$**加上收敛的端点**,即任意幂级数的收敛域必为$(-R,R)$、$(-R,R]$、$[-R,R)$或$[-R,R]$之一。

下面给出求幂级数$\sum\limits_{n=0}^{\infty}a_nx^n$的收敛半径的方法。

定理 9.7(收敛半径的求法)   对于幂级数$\sum\limits_{n=0}^{\infty}a_nx^n$,若$\lim\limits_{n\to\infty}\left|\dfrac{a_{n+1}}{a_n}\right|=\rho$,则该幂级数的收敛半径$R$为:

(1) 当$\rho\neq0$时,$R=\dfrac{1}{\rho}$;

(2) 当$\rho=0$时,$R=+\infty$;

(3) 当$\rho=+\infty$时,$R=0$。

证明   考虑绝对值级数$\sum\limits_{n=0}^{\infty}|a_nx^n|$,得

$$\lim_{n\to\infty}\frac{|a_{n+1}x^{n+1}|}{|a_nx^n|}=\lim_{n\to\infty}\left|\frac{a_{n+1}}{a_n}\right||x|=\rho|x|。$$

(1) 若$\rho\neq0$,由正项级数的比值判别法,当$\rho|x|<1$,即$|x|<\dfrac{1}{\rho}$时,幂级数$\sum\limits_{n=0}^{\infty}a_nx^n$绝对收敛;当$\rho|x|>1$,即$|x|>\dfrac{1}{\rho}$时,由极限的保号性,知存在正整数$N$,对任意$n>N$,均有$\dfrac{|a_{n+1}x^{n+1}|}{|a_nx^n|}>1$,即$|a_{n+1}x^{n+1}|>|a_nx^n|$,从而数列$\{|a_nx^n|\}$是非负的且单调递增的,则$\lim\limits_{n\to\infty}|a_nx^n|\neq0$,因此$\lim\limits_{n\to\infty}a_nx^n\neq0$,幂级数$\sum\limits_{n=0}^{\infty}a_nx^n$发散。所以$R=\dfrac{1}{\rho}$。

(2) 若$\rho=0$,则对于任意$x\neq0$,都有

$$\lim_{n\to\infty}\frac{|a_{n+1}x^{n+1}|}{|a_nx^n|}=\rho|x|=0<1,$$

由比值判别法知,$\sum\limits_{n=0}^{\infty}a_nx^n$绝对收敛,从而$\sum\limits_{n=0}^{\infty}a_nx^n$收敛,因此$R=+\infty$。

(3) 若$\rho=+\infty$,则对于任意$x\neq0$,都有

$$\lim_{n\to\infty}\frac{|a_{n+1}x^{n+1}|}{|a_nx^n|}=\rho|x|=+\infty,$$

所以$\sum\limits_{n=0}^{\infty}a_nx^n$发散,于是$R=0$。∎

例1   求下列幂级数的收敛半径和收敛域:

(1) $\sum\limits_{n=1}^{\infty}\dfrac{1}{n}x^n$;   (2) $\sum\limits_{n=0}^{\infty}\dfrac{x^n}{n!}$;   (3) $\sum\limits_{n=0}^{\infty}n!x^n$。

解   (1) 记$a_n=\dfrac{1}{n}$,则

$$\rho = \lim_{n \to \infty} \frac{|a_{n+1}|}{|a_n|} = \lim_{n \to \infty} \frac{n}{n+1} = 1,$$

收敛半径 $R = \dfrac{1}{\rho} = 1$，收敛区间为 $(-1, 1)$。

为求收敛域，还需要考察级数在收敛区间的端点 $x = -1$ 与 $x = 1$ 处的敛散性。

当 $x = -1$ 时，原幂级数成为交错级数 $\displaystyle\sum_{n=1}^{\infty} (-1)^n \frac{1}{n}$，它是收敛的；

当 $x = 1$ 时，原幂级数成为调和级数 $\displaystyle\sum_{n=1}^{\infty} \frac{1}{n}$，它是发散的。

综上，该级数的收敛域为 $[-1, 1)$。

(2) 记 $a_n = \dfrac{1}{n!}$，则

$$\rho = \lim_{n \to \infty} \frac{|a_{n+1}|}{|a_n|} = \lim_{n \to \infty} \frac{1}{n+1} = 0,$$

收敛半径 $R = +\infty$，因此，幂级数 $\displaystyle\sum_{n=0}^{\infty} \frac{x^n}{n!}$ 的收敛域为 $(-\infty, +\infty)$。

(3) 记 $a_n = n!$，则

$$\rho = \lim_{n \to \infty} \frac{|a_{n+1}|}{|a_n|} = \lim_{n \to \infty} (n+1) = +\infty,$$

收敛半径 $R = 0$，因此，幂级数 $\displaystyle\sum_{n=0}^{\infty} \frac{x^n}{n!}$ 只在 $x = 0$ 处收敛。

需要说明的是，定理 9.7 给出的求收敛半径的方法**只适用于不缺项或仅缺有限项的幂级数**，而对于缺无穷多项的幂级数，定理 9.7 不再适用，如下面的例 2。

例 2 求幂级数 $\displaystyle\sum_{n=1}^{\infty} \frac{(-1)^n}{n 4^n} x^{2n-1}$ 的收敛半径与收敛域。

解 此级数为缺偶数次幂项(从而也是缺无穷多项)的幂级数，不能使用定理 9.7 的方法。需使用正项级数的比值判别法直接求该幂级数的收敛半径。

由正项级数的比值判别法知，当 $\displaystyle\lim_{n \to \infty} \left| \frac{a_{n+1}(x)}{a_n(x)} \right| = \lim_{n \to \infty} \frac{n x^2}{4(n+1)} = \frac{x^2}{4} < 1$，即 $x^2 < 4$ 时，

幂级数 $\displaystyle\sum_{n=1}^{\infty} \frac{(-1)^n}{n 4^n} x^{2n-1}$ 绝对收敛(因而也收敛)，该级数的收敛半径为 2，收敛区间为 $(-2, 2)$。

为了求收敛域，还需要考察级数在收敛区间的端点 $x = -2$ 和 $x = 2$ 处的敛散性。

当 $x = -2$ 时，原幂级数成为交错级数 $\displaystyle\sum_{n=1}^{\infty} \frac{(-1)^{n+1}}{2n}$，它是收敛的；

当 $x = 2$ 时，原幂级数成为交错级数 $\displaystyle\sum_{n=1}^{\infty} \frac{(-1)^n}{2n}$，它是收敛的。

因此，原幂级数的收敛域为 $[-2, 2]$。

读者可以自行验证，如果直接使用定理 9.7，会得到什么样的错误结果。

例 3 求 $\displaystyle\sum_{n=1}^{\infty} (\ln x)^n$ 的收敛域。

解 令 $y = \ln x$，原级数变为幂级数 $\sum\limits_{n=1}^{\infty} y^n$，当 $|y| < 1$ 时，此幂级数收敛，当 $|y| \geqslant 1$ 时，此幂级数发散。从而，当 $\dfrac{1}{e} < x < e$ 时，原级数收敛，当 $x \leqslant \dfrac{1}{e}$ 或 $x \geqslant e$ 时，原级数发散，因此级数 $\sum\limits_{n=1}^{\infty} (\ln x)^n$ 的收敛域为 (e^{-1}, e)。

若幂级数 $\sum\limits_{n=0}^{\infty} a_n x^n$ 的收敛域为 I，则 $\forall x \in I$，$\sum\limits_{n=0}^{\infty} a_n x^n$ 都有唯一的和 $S(x)$ 与之对应，称 $S(x)$ 为 $\sum\limits_{n=0}^{\infty} a_n x^n$ 的**和函数**（sum function），记为 $S(x) = \sum\limits_{n=0}^{\infty} a_n x^n$。如幂级数 $\sum\limits_{n=0}^{\infty} x^n$，它的收敛域为 $(-1,1)$，且和函数为 $S(x) = \dfrac{1}{1-x}$，即 $\sum\limits_{n=0}^{\infty} x^n = \dfrac{1}{1-x}$。

9.3.2 幂级数的性质

下面给出幂级数的代数运算及幂级数的和函数的分析运算的几个常用性质，性质的证明从略。

性质 1（幂级数的和或差） 设幂级数 $\sum\limits_{n=0}^{\infty} a_n x^n$ 与 $\sum\limits_{n=0}^{\infty} b_n x^n$ 的收敛半径分别为 R_1 与 R_2，且其和函数分别为 $S(x)$ 与 $\sigma(x)$，则 $\sum\limits_{n=0}^{\infty} (a_n \pm b_n) x^n$ 的收敛半径为 $R = \min\{R_1, R_2\}$，且其和函数为 $S(x) \pm \sigma(x)$。

性质 2（和函数的连续性） 幂级数 $\sum\limits_{n=0}^{\infty} a_n x^n$ 的和函数 $S(x)$ 在收敛域内是连续的。

性质 3（和函数的可导性） 幂级数 $\sum\limits_{n=0}^{\infty} a_n x^n$ 的和函数 $S(x)$ 在收敛区间 $(-R, R)$ 内是可导的，并且有逐项求导公式

$$S'(x) = \left(\sum_{n=0}^{\infty} a_n x^n \right)' = \sum_{n=0}^{\infty} (a_n x^n)' = \sum_{n=1}^{\infty} n a_n x^{n-1}。$$

反复利用性质 3 可以知道，幂级数在其收敛域区间内具有任意阶导数。读者可以验证，**逐项求导后所得的幂级数 $\sum\limits_{n=1}^{\infty} n a_n x^{n-1}$ 与原幂级数 $\sum\limits_{n=0}^{\infty} a_n x^n$ 具有相同的收敛半径，但它们的收敛域不一定相同**，因为它们在收敛区间端点处的敛散性可能会发生改变。如：幂级数 $\sum\limits_{n=0}^{\infty} \dfrac{x^{n+1}}{n+1}$ 的收敛域为 $[-1, 1)$，而逐项求导后的幂级数 $\sum\limits_{n=0}^{\infty} x^n$ 的收敛域为 $(-1, 1)$。

性质 4（和函数的可积性） 幂级数 $\sum\limits_{n=0}^{\infty} a_n x^n$ 的和函数 $S(x)$ 在收敛区间 $(-R, R)$ 内是可积的，并且有逐项积分公式

$$\int_0^x S(t) \mathrm{d}t = \int_0^x \left(\sum_{n=0}^{\infty} a_n t^n \right) \mathrm{d}t = \sum_{n=0}^{\infty} \int_0^x a_n t^n \mathrm{d}t = \sum_{n=0}^{\infty} \dfrac{a_n}{n+1} x^{n+1}。$$

同样,逐项积分后所得的幂级数与原级数具有相同的收敛半径,但它们的收敛域不一定相同。

通过以上 4 个性质可知,幂级数在其收敛域内可以像普通的多项式一样进行加减、求导与求积分运算。这些性质在求幂级数的和函数时具有重要的作用。

例 4 求下列幂级数的和函数:

$$(1) \sum_{n=1}^{\infty} \frac{1}{n} x^n; \qquad\qquad (2) \sum_{n=1}^{\infty} (-1)^{n+1} n x^{n-1}.$$

解 (1) 对幂级数 $\sum\limits_{n=1}^{\infty} \frac{1}{n} x^n$,由例 1 中的(1)知其收敛半径为 1,收敛域为 $[-1,1)$。设其和函数为 $S(x)$,即 $S(x) = \sum\limits_{n=1}^{\infty} \frac{x^n}{n}$,逐项求导得 $S'(x) = \sum\limits_{n=1}^{\infty} x^{n-1} = \frac{1}{1-x}, x \in (-1,1)$。因为 $S(0) = 0$,所以

$$S(x) = S(x) - S(0) = \int_0^x S'(t) \mathrm{d}t = \int_0^x \frac{1}{1-t} \mathrm{d}t = -\ln(1-x), \quad x \in [-1,1).$$

(2) 对幂级数 $\sum\limits_{n=1}^{\infty} (-1)^{n+1} n x^{n-1}$,不难求出其收敛半径为 1,收敛域为 $(-1,1)$。设其和函数为 $S(x)$,即 $S(x) = \sum\limits_{n=1}^{\infty} (-1)^{n+1} n x^{n-1}$,逐项求积分可得

$$\int_0^x S(t) \mathrm{d}t = \sum_{n=1}^{\infty} \int_0^x (-1)^{n+1} n t^{n-1} \mathrm{d}t = \sum_{n=1}^{\infty} (-1)^{n+1} x^n = \frac{x}{1+x},$$

上式两边求导得,$S(x) = \left(\frac{x}{1+x} \right)' = \frac{1}{(1+x)^2}, x \in (-1,1)$。

例 5 求幂级数 $\sum\limits_{n=0}^{\infty} \frac{x^n}{n!}$ 的和函数。

解 由例 1 中的(2)知,此幂级数的收敛半径 $R = +\infty$,收敛域为 $(-\infty, +\infty)$。设其和函数为 $S(x)$,显然 $S(0) = 1$。

对此幂级数逐项求导,得

$$S'(x) = \sum_{n=0}^{\infty} \left(\frac{x^n}{n!} \right)' = \sum_{n=1}^{\infty} \frac{x^{n-1}}{(n-1)!} = \sum_{n=0}^{\infty} \frac{x^n}{n!} = S(x),$$

即 $S'(x) = S(x)$,解之得 $S(x) = Ce^x$。又因 $S(0) = 1$,得 $C = 1$,于是得 $S(x) = e^x$,即该幂级数的和函数为 $S(x) = e^x$。

思 考 题

1. 若 $\sum\limits_{n=0}^{\infty} a_n x^n$ 的收敛域为 $[-R, R)$,则 $\sum\limits_{n=0}^{\infty} a_n x^n$ 在 $(-R, R)$ 内的每一点处都是条件收敛,还是绝对收敛? 在 $x = -R$ 处是条件收敛,还是绝对收敛?

2. 是否存在幂级数 $\sum\limits_{n=0}^{\infty} a_n x^n$,使得其收敛域为 $[0,10]$? 并给出解释。

习题 9.3

A 组

一、选择题

1. 若幂级数 $\sum\limits_{n=0}^{\infty} a_n x^n$ 在 $x=2$ 处收敛,则此级数在 $x=-1$ 处( )。

    A. 条件收敛   B. 绝对收敛

    C. 发散   D. 敛散性不能确定

2. 若幂级数 $\sum\limits_{n=0}^{\infty} a_n (x+2)^n$ 在 $x=-4$ 处收敛,则此级数在 $x=1$ 处( )。

    A. 条件收敛   B. 绝对收敛

    C. 发散   D. 敛散性不能确定

3. 已知 $S(x) = \sum\limits_{n=1}^{\infty} a_n x^{2n} \ (-\infty < x < +\infty)$,则 $\lim\limits_{n\to\infty} a_n 2^n = ($)。

    A. 0   B. $S(0)$ C. $S(\sqrt{2})$ D. $S(2)$

4. $\sum\limits_{n=0}^{\infty} \dfrac{1}{x^n}$ 的收敛域为( )。

    A. $(-1,1)$ B. $[-1,1]$

    C. $(-\infty,-1) \bigcup (1,+\infty)$ D. $(-\infty,-1] \bigcup [1,+\infty)$

5. 幂级数 $\sum\limits_{n=0}^{\infty} \dfrac{2^n}{n+2} x^n$ 的收敛半径为( )。

    A. 1   B. $\dfrac{1}{2}$ C. 2   D. $+\infty$

二、填空题

1. 幂级数 $\sum\limits_{n=1}^{\infty} \dfrac{1}{n \cdot 2^n} x^{n-1}$ 的收敛半径为 _____。

2. 幂级数 $\sum\limits_{n=0}^{\infty} (n+1) x^n$ 的收敛域为 _____,和函数为 _____,级数 $\sum\limits_{n=0}^{\infty} \dfrac{n+1}{2^n}$ 的和为 _____。

3. 幂级数 $\sum\limits_{n=0}^{\infty} a_n (x+1)^n$ 在 $x=2$ 时条件收敛,则其收敛半径为 _____。

三、计算题

1. 求下列级数的收敛半径与收敛域:

(1) $\sum\limits_{n=0}^{\infty} \dfrac{n}{3^n} x^n$;   (2) $\sum\limits_{n=0}^{\infty} \dfrac{2^{n+1}}{\sqrt{n+1}} (x+1)^n$;

(3) $\sum\limits_{n=1}^{\infty} \dfrac{(-1)^n}{n \cdot 4^n} x^{2n-1}$;   (4) $\sum\limits_{n=1}^{\infty} \dfrac{2n+1}{n! \cdot 4^n} x^{2n}$。

2. 利用逐项求导或逐项积分求下列幂级数的和:

(1) $\displaystyle\sum_{n=1}^{\infty} \frac{n(n+1)}{2} x^{n-1}$;

(2) $\displaystyle\sum_{n=1}^{\infty} (-1)^{n+1} \frac{x^{n+1}}{n(n+1)}$。

B 组

一、选择题

1. 已知幂级数 $\displaystyle\sum_{n=0}^{\infty} (a^n + b^n) x^n$,其中 $a, b > 0$,则其收敛半径为(　)。

    A. $\min\{a, b\}$ B. $\max\{a, b\}$ C. $\min\left\{\dfrac{1}{a}, \dfrac{1}{b}\right\}$ D. $\max\left\{\dfrac{1}{a}, \dfrac{1}{b}\right\}$

2. 若幂级数 $\displaystyle\sum_{n=0}^{\infty} a_n x^n$ 的收敛半径为 R,r 是任一实数,则(　)。

    A. 当 $\displaystyle\sum_{n=0}^{\infty} a_n r^n$ 发散时,则 $|r| \geqslant R$ B. 当 $\displaystyle\sum_{n=0}^{\infty} a_n r^n$ 发散时,则 $|r| \leqslant R$

    C. 当 $|r| \geqslant R$ 时,$\displaystyle\sum_{n=0}^{\infty} a_n r^n$ 发散   D. 当 $|r| \leqslant R$ 时,$\displaystyle\sum_{n=0}^{\infty} a_n r^n$ 发散

3. 若幂级数 $\displaystyle\sum_{n=1}^{\infty} n a_n (x-2)^n$ 的收敛区间为 $(-2, 6)$,则 $\displaystyle\sum_{n=1}^{\infty} a_n (x+1)^{2n}$ 的收敛区间为(　)

    A. $(-2, 6)$ B. $(-3, 1)$ C. $(-5, 3)$ D. $(-17, 15)$

二、解答题

1. 若幂级数 $\displaystyle\sum_{n=0}^{\infty} a_n x^n$ 在 $x=-4$ 处收敛,在 $x=5$ 处发散,则下列级数中哪些收敛,哪些发散?

(1) $\displaystyle\sum_{n=0}^{\infty} a_n$;

(2) $\displaystyle\sum_{n=0}^{\infty} a_n 6^n$;

(3) $\displaystyle\sum_{n=0}^{\infty} a_n (-2)^n$;

(4) $\displaystyle\sum_{n=0}^{\infty} (-1)^n a_n 7^n$。

2. 求下列幂级数的收敛域:

(1) $\displaystyle\sum_{n=0}^{\infty} \frac{x^n}{(n+1) 4^n}$;

(2) $\displaystyle\sum_{n=1}^{\infty} \frac{(-1)^{n-1}}{2n-1} x^{2n}$。

3. 若幂级数 $\displaystyle\sum_{n=0}^{\infty} a_n x^n$ 的收敛半径为 R,求下列幂级数的收敛半径:

(1) $\displaystyle\sum_{n=10}^{\infty} a_n x^n$;

(2) $\displaystyle\sum_{n=1}^{\infty} n a_n x^{n-1}$;

(3) $\displaystyle\sum_{n=0}^{\infty} \frac{a_n}{n+1} x^n$;

(4) $\displaystyle\sum_{n=0}^{\infty} a_n x^{2n}$。

4. 设数列 $\{a_n\}$ 满足 $a_1 = 1$,$(n+1) a_{n+1} = \left(n + \dfrac{1}{2}\right) a_n$,证明:当 $|x| < 1$ 时,幂级数

$\displaystyle\sum_{n=0}^{\infty} a_n x^n$ 收敛。

9.4　函数展开成幂级数

在 9.3 节中,我们讨论了幂级数的收敛性以及在收敛域内的和函数,本节我们将讨论相反的问题:给定一个函数 $f(x)$,能否将其在某个区间内**展开成幂级数**? 如果能展开,幂级数的形式是怎样的?

9.4.1　泰勒级数

我们知道,对于幂级数 $\sum\limits_{n=1}^{\infty} x^{n-1}$,当 $|x| < 1$ 时,该幂级数收敛,且其和为 $\dfrac{1}{1-x}$,即

$$\sum_{n=1}^{\infty} x^{n-1} = 1 + x + x^2 + \cdots + x^{n-1} + \cdots = \frac{1}{1-x}, \quad x \in (-1,1)。$$

若将上式反过来写,即

$$\frac{1}{1-x} = 1 + x + x^2 + \cdots + x^{n-1} + \cdots = \sum_{n=1}^{\infty} x^{n-1}, \quad x \in (-1,1),$$

说明函数 $\dfrac{1}{1-x}$ 在区间 $(-1,1)$ 内可以用幂级数 $\sum\limits_{n=1}^{\infty} x^{n-1}$ 来表示。

已知函数 $f(x)$,若能找到一个幂级数,它在某区间 I 内收敛,且其和恰好等于给定的函数 $f(x)$,我们就称**函数 $f(x)$ 在区间 I 内能展开成幂级数**,且称这个幂级数为 $f(x)$ 在区间 I 内的**幂级数展开式**(power series expansion)。

因此,函数 $\dfrac{1}{1-x}$ 在区间 $(-1,1)$ 内可以展开成幂级数,且幂级数 $\sum\limits_{n=1}^{\infty} x^{n-1}$ 为 $\dfrac{1}{1-x}$ 在区间 $(-1,1)$ 内的幂级数展开式。

我们接下来要讨论如下的问题:

(1) 函数 $f(x)$ 在什么条件下,可以在某区间内展开成一个幂级数?

(2) 若 $f(x)$ 可以在某区间内展开成幂级数,幂级数的形式是怎样的?

首先,我们看第二个问题,假设 $f(x)$ 在 x_0 的某个邻域 $N(x_0)$ 内可以展开成幂级数,即有

$$f(x) = a_0 + a_1(x-x_0) + a_2(x-x_0)^2 + \cdots + a_n(x-x_0)^n + \cdots, x \in N(x_0), \quad (1)$$

将 $x = x_0$ 代入 (1) 式,得 $a_0 = f(x_0)$。

由和函数的可导性知,$f(x)$ 在 $N(x_0)$ 内具有任意阶导数。对 (1) 式逐项求导得

$$f'(x) = a_1 + 2a_2(x-x_0) + 3a_3(x-x_0)^2 + \cdots + na_n(x-x_0)^{n-1} + \cdots, x \in N(x_0),$$
$$(2)$$

将 $x = x_0$ 代入 (2) 式,得 $a_1 = f'(x_0)$。

再对 (2) 式逐项求导得

$$f''(x) = 2!a_2 + 3 \cdot 2a_3(x-x_0) + \cdots + n(n-1)a_n(x-x_0)^{n-2} + \cdots, x \in N(x_0), \quad (3)$$

将 $x = x_0$ 代入 (3) 式,得 $a_2 = \dfrac{f''(x_0)}{2!}$。

再对 (3) 式逐项求导得

$$f'''(x) = 3! a_3 + 4 \cdot 3 \cdot 2 a_4 (x - x_0) + \cdots +$$
$$n(n-1)(n-2) a_n (x - x_0)^{n-3} + \cdots, x \in N(x_0), \qquad (4)$$

将 $x = x_0$ 代入(4)式,得 $a_3 = \dfrac{f'''(x_0)}{3!}$。

如此继续下去,第 n 次逐项求导后,可得

$$f^{(n)}(x) = n! a_n + (n+1) n (n-1) \cdots 2 a_{n+1} (x - x_0) + \cdots, x \in N(x_0), \qquad (5)$$

将 $x = x_0$ 代入(5)式,得 $a_n = \dfrac{f^{(n)}(x_0)}{n!}$。

若记 $f^{(0)}(x_0) = f(x_0)$,并根据规定 $0! = 1$,有 $a_0 = f(x_0) = \dfrac{f^{(0)}(x_0)}{0!}$,这样,(1)式右端幂级数中每一项的系数为

$$a_n = \frac{f^{(n)}(x_0)}{n!}, \quad n = 0, 1, 2, \cdots 。$$

因此,我们得到如下定理。

> **定理 9.8**　若函数 $f(x)$ 在点 x_0 处具有幂级数展开式
>
> $$f(x) = \sum_{n=0}^{\infty} a_n (x - x_0)^n, \quad x \in N(x_0),$$
>
> 则其系数由 $a_n = \dfrac{f^{(n)}(x_0)}{n!} (n = 0, 1, 2, \cdots)$ 给出。

由定理 9.8 知,若函数 $f(x)$ 在点 x_0 处具有幂级数展开式(1),该幂级数一定是下列形式:

$$\sum_{n=0}^{\infty} \frac{f^{(n)}(x_0)}{n!} (x - x_0)^n$$

$$= f(x_0) + f'(x_0)(x - x_0) + \frac{f''(x_0)}{2!} (x - x_0)^2 + \cdots + \frac{f^{(n)}(x_0)}{n!} (x - x_0)^n + \cdots, (6)$$

且 $f(x)$ 在点 x_0 处的幂级数展开式为

$$f(x) = \sum_{n=0}^{\infty} \frac{f^{(n)}(x_0)}{n!} (x - x_0)^n$$

$$= f(x_0) + f'(x_0)(x - x_0) + \frac{f''(x_0)}{2!} (x - x_0)^2 + \cdots +$$

$$\frac{f^{(n)}(x_0)}{n!} (x - x_0)^n + \cdots, x \in N(x_0)。 \qquad (7)$$

幂级数(6)称为函数 $f(x)$ 在点 x_0 **处的泰勒级数**(Taylor series of $f(x)$ at x_0)。展开式(7)称为函数 $f(x)$ 在点 x_0 处的泰勒展开式。

若在泰勒级数(6)中,取 $x_0 = 0$,得

$$\sum_{n=0}^{\infty} \frac{f^{(n)}(0)}{n!} x^n = f(0) + f'(0) x + \frac{f''(0)}{2!} x^2 + \cdots + \frac{f^{(n)}(0)}{n!} x^n + \cdots。 \qquad (8)$$

幂级数(8)称为**函数 $f(x)$ 的麦克劳林级数**(Maclaurin series)。

同样,在 $f(x)$ 的幂级数展开式(7)中,取 $x_0 = 0$,得

$$f(x) = \sum_{n=0}^{\infty} \frac{f^{(n)}(0)}{n!} x^n = f(0) + f'(0)x + \frac{f''(0)}{2!}x^2 + \cdots + \frac{f^{(n)}(0)}{n!}x^n + \cdots, x \in N(0)。$$

$$(9)$$

展开式(9)称为**函数 $f(x)$ 的麦克劳林展开式**。

例 1　求 $f(x) = e^x$ 的麦克劳林级数,并求该级数的收敛半径。

解　对于函数 $f(x) = e^x$,易得

$$f'(x) = e^x, \quad f''(x) = e^x, \cdots, f^{(n)}(x) = e^x, \cdots,$$

从而,$f(0) = f'(0) = f''(0) = \cdots = f^{(n)}(0) = \cdots = e^0 = 1$,由公式(8),得 $f(x) = e^x$ 的麦克劳林级数为

$$\sum_{n=0}^{\infty} \frac{x^n}{n!} = 1 + \frac{x}{1!} + \frac{x^2}{2!} + \cdots + \frac{x^n}{n!} + \cdots。$$

为求该级数的收敛半径,令 $a_n = \dfrac{1}{n!}$,则

$$\rho = \lim_{n \to \infty} \frac{a_{n+1}}{a_n} = \lim_{n \to \infty} \frac{\dfrac{1}{(n+1)!}}{\dfrac{1}{n!}} = \lim_{n \to \infty} \frac{1}{n+1} = 0,$$

因此收敛半径为 $R = +\infty$。

通过前面的讨论我们知道,如果函数 $f(x)$ 具有任意阶导数,总可以写出它在点 x_0 处的泰勒级数,但是 $f(x)$ 是否等于该泰勒级数的和函数呢?这就是要讨论的第一个问题。

例 1 中,我们得到 $f(x) = e^x$ 在点 $x = 0$ 处的泰勒级数(即麦克劳林级数)

$$\sum_{n=0}^{\infty} \frac{x^n}{n!} = 1 + \frac{x}{1!} + \frac{x^2}{2!} + \cdots + \frac{x^n}{n!} + \cdots,$$

且其收敛域为 $(-\infty, +\infty)$,但在收敛域内,是否有

$$e^x = \sum_{n=0}^{\infty} \frac{x^n}{n!} = 1 + \frac{x}{1!} + \frac{x^2}{2!} + \cdots + \frac{x^n}{n!} + \cdots$$

呢?即 $\displaystyle\sum_{n=0}^{\infty} \frac{x^n}{n!}$ 是否为 e^x 的幂级数展开式呢?

由 9.3 节的例 5 知,$\displaystyle\sum_{n=0}^{\infty} \frac{x^n}{n!}$ 的和函数即为 e^x,因此,我们得出结论:$\displaystyle\sum_{n=0}^{\infty} \frac{x^n}{n!}$ 是 e^x 在收敛域 $(-\infty, +\infty)$ 内的幂级数展开式,即有

$$e^x = \sum_{n=0}^{\infty} \frac{x^n}{n!} = 1 + \frac{x}{1!} + \frac{x^2}{2!} + \cdots + \frac{x^n}{n!} + \cdots, \quad x \in (-\infty, +\infty)。$$

注:对于 $\displaystyle\sum_{n=0}^{\infty} \frac{x^n}{n!}$ 是否为 e^x 的幂级数展开式,在本节的例 3 中会用更一般的方法进行验证。

但是,存在这样的函数 $f(x)$,虽然可以形式地写出它在点 x_0 处的泰勒级数,但是该泰勒级数的和函数并不等于给定的函数 $f(x)$。看下面的例子。

例 2 求 $f(x) = \begin{cases} e^{-1/x^2}, & x \neq 0 \\ 0, & x = 0 \end{cases}$ 的麦克劳林级数,并说明所得幂级数的和函数是否等于该 $f(x)$。

解 可以验证 $f(x)$ 在 $x=0$ 处具有任意阶导数,且

$$f(0) = f'(0) = f''(0) = \cdots = f^{(n)}(0) = \cdots = 0,$$

由公式(8),可得 $f(x)$ 的麦克劳林级数为

$$f(0) + f'(0)x + \frac{f''(0)}{2!}x^2 + \cdots + \frac{f^{(n)}(0)}{n!}x^n + \cdots$$

$$= 0 + 0 \cdot x + 0 \cdot x^2 + \cdots + 0 \cdot x^n + \cdots,$$

可见,该级数在 $(-\infty, +\infty)$ 上收敛,且其和函数 $S(x) = 0$,因此,对于一切 $x \neq 0$,都有 $f(x) \neq S(x)$。

那么,函数 $f(x)$ 具备什么条件,其在点 x_0 处的泰勒级数的和函数才能等于 $f(x)$ 本身呢? 即若函数 $f(x)$ 具有任意阶导数,在什么条件下,公式

$$f(x) = \sum_{n=0}^{\infty} \frac{f^{(n)}(x_0)}{n!}(x - x_0)^n$$

成立呢?

记泰勒级数 $\sum_{n=0}^{\infty} \frac{f^{(n)}(x_0)}{n!}(x - x_0)^n$ 的部分和为

$$P_n(x) = \sum_{k=0}^{n} \frac{f^{(k)}(x_0)}{k!}(x - x_0)^k$$

$$= f(x_0) + f'(x_0)(x - x_0) + \frac{f''(x_0)}{2!}(x - x_0)^2 + \cdots + \frac{f^{(n)}(x_0)}{n!}(x - x_0)^n。$$

我们称 $P_n(x)$ 为 $f(x)$ 在点 x_0 处的 n **次泰勒多项式**(nth-degree Taylor polynomial)。

若 $\lim_{n \to \infty} P_n(x) = f(x)$,则 $f(x)$ 为它的泰勒级数的和。为此,我们记

$$R_n(x) = f(x) - P_n(x),$$

称 $R_n(x)$ 为该泰勒级数的**余项**(remainder)。显然,$f(x) = P_n(x) + R_n(x)$。

不难看出,当 $\lim_{n \to \infty} R_n(x) = 0$ 时,$\lim_{n \to \infty} P_n(x) = f(x)$,因此我们得到如下定理。

定理 9.9 设函数 $f(x) = P_n(x) + R_n(x)$,其中 $P_n(x)$ 为 $f(x)$ 在点 x_0 处的 n 次泰勒多项式,若对于满足 $|x - x_0| < R$ 的任意 x,有 $\lim_{n \to \infty} R_n(x) = 0$,则在区间 $|x - x_0| < R$ 上,$f(x)$ 与其泰勒级数的和相等,即

$$f(x) = \sum_{n=0}^{\infty} \frac{f^{(n)}(x_0)}{n!}(x - x_0)^n。$$

注:定理 9.9 中,区间 $|x - x_0| < R$ 即是邻域 $N(x_0, R) = (x_0 - R, x_0 + R)$。

显然,对于不同的函数 $f(x)$,泰勒级数的余项 $R_n(x)$ 的表达式是不同的。对于一个具体的函数,为了证明 $\lim_{n \to \infty} R_n(x) = 0$,我们给出如下定理。

定理 9.10（**泰勒不等式，Taylor's inequality**）   对于给定的函数 $f(x)$，若存在常数 $M>0,d>0$，使得当 $|x-x_0|\leqslant d$ 时，有 $|f^{(n+1)}(x)|\leqslant M$，则 $f(x)$ 的泰勒级数的余项 $R_n(x)$ 满足不等式

$$|R_n(x)|\leqslant M\frac{|x-x_0|^{n+1}}{(n+1)!},\qquad |x-x_0|\leqslant d。$$

*证明   当 $n=1$ 时，若对 $x_0\leqslant x\leqslant x_0+d$，有 $|f''(x)|\leqslant M$，即 $-M\leqslant f''(x)\leqslant M$，则由定积分的性质，可得

$$-\int_{x_0}^x M\mathrm{d}t\leqslant\int_{x_0}^x f''(t)\mathrm{d}t\leqslant\int_{x_0}^x M\mathrm{d}t。$$

因为 $f'(x)$ 是 $f''(x)$ 的一个原函数，由微积分基本定理得

$$-M(x-x_0)\leqslant f'(x)-f'(x_0)\leqslant M(x-x_0)，$$

即

$$f'(x_0)-M(x-x_0)\leqslant f'(x)\leqslant f'(x_0)+M(x-x_0)。$$

因此，由定积分的性质，可得

$$\int_{x_0}^x [f'(x_0)-M(t-x_0)]\mathrm{d}t\leqslant\int_{x_0}^x f'(t)\mathrm{d}t\leqslant\int_{x_0}^x [f'(x_0)+M(t-x_0)]\mathrm{d}t。$$

因为 $f(x)$ 是 $f'(x)$ 的一个原函数，所以可得

$$f'(x_0)(x-x_0)-M\frac{(x-x_0)^2}{2}\leqslant f(x)-f(x_0)\leqslant f'(x_0)(x-x_0)+M\frac{(x-x_0)^2}{2},$$

即

$$-M\frac{(x-x_0)^2}{2}\leqslant f(x)-f(x_0)-f'(x_0)(x-x_0)\leqslant M\frac{(x-x_0)^2}{2}。$$

又因为

$$R_1(x)=f(x)-P_1(x)=f(x)-f(x_0)-f'(x_0)(x-x_0)，$$

有

$$-M\frac{(x-x_0)^2}{2}\leqslant R_1(x)\leqslant M\frac{(x-x_0)^2}{2}，$$

因此，当 $x_0\leqslant x\leqslant x_0+d$，$|f''(x)|\leqslant M$ 时，有

$$|R_1(x)|\leqslant M\frac{|x-x_0|^2}{2!}。$$

同理可证，当 $x_0-d\leqslant x\leqslant x_0$，$|f''(x)|\leqslant M$ 时，也有 $|R_1(x)|\leqslant M\dfrac{|x-x_0|^2}{2!}$。

综上可知，当 $n=1$ 时，泰勒不等式成立。

类似地，对于正整数 $n\geqslant2$，只需要通过 $n+1$ 次积分，就可以证明泰勒不等式也成立。◼

将定理 9.9 和定理 9.10 结合起来，对于给定的函数 $f(x)$，就可以证明当 $|x-x_0|<R$ 时，$\lim\limits_{n\to\infty}R_n(x)=0$ 是否成立，从而确定当 $|x-x_0|<R$ 时，$f(x)$ 的泰勒级数的和函数是否等于 $f(x)$ 本身。

由 9.3 节的例 1(或 9.4 节的例 1),可知对任意 $x \in (-\infty, +\infty)$,$\sum\limits_{n=0}^{\infty} \dfrac{x^n}{n!}$ 收敛,即

$\sum\limits_{n=0}^{\infty} \dfrac{|x|^n}{n!}$ 收敛,由级数收敛的必要条件,可得

$$\lim_{n \to \infty} \frac{|x|^n}{n!} = 0 。 \tag{10}$$

(10) 式在后面证明 $\lim\limits_{n \to \infty} R_n(x) = 0$ 的过程中会经常用到。

9.4.2 函数展开成幂级数的方法

下面我们先利用定理 9.9 和定理 9.10 证明本节例 1 的 e^x 的麦克劳林级数的和函数等于 e^x 本身。

例 3 证明 $f(x) = e^x$ 等于它的麦克劳林级数的和函数。

解 根据本节例 1,我们得到 $f(x) = e^x$ 的麦克劳林级数为

$$\sum_{n=0}^{\infty} \frac{x^n}{n!} = 1 + \frac{x}{1!} + \frac{x^2}{2!} + \cdots + \frac{x^n}{n!} + \cdots 。$$

$f(x) = e^x$ 的 $n+1$ 阶导数为 $f^{(n+1)}(x) = e^x$。取任意正数 d,当 $|x| \leqslant d$ 时,有 $|f^{(n+1)}(x)| = e^x \leqslant e^d$。根据泰勒不等式(定理 9.10),并令 $x_0 = 0$,取 $M = e^d$,有

$$|R_n(x)| \leqslant M \frac{|x|^{n+1}}{(n+1)!} = e^d \frac{|x|^{n+1}}{(n+1)!}, \quad |x| \leqslant d,$$

即

$$-e^d \frac{|x|^{n+1}}{(n+1)!} \leqslant R_n(x) \leqslant e^d \frac{|x|^{n+1}}{(n+1)!} 。$$

由公式(10),得

$$\lim_{n \to \infty} e^d \frac{|x|^{n+1}}{(n+1)!} = e^d \lim_{n \to \infty} \frac{|x|^{n+1}}{(n+1)!} = 0 。$$

由夹挤定理得

$$\lim_{n \to \infty} R_n(x) = 0 。$$

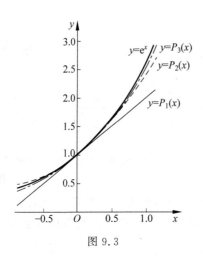

图 9.3

所以由定理 9.9 知,e^x 与其麦克劳林级数的和函数相等,即

$$e^x = \sum_{n=0}^{\infty} \frac{x^n}{n!} = 1 + \frac{x}{1!} + \frac{x^2}{2!} + \cdots + \frac{x^n}{n!} + \cdots, \quad x \in (-\infty, +\infty) 。$$

图 9.3 展示了 e^x 的 n 次泰勒多项式 $P_n(x) = 1 + \dfrac{x}{1!} + \dfrac{x^2}{2!} + \cdots + \dfrac{x^n}{n!}$ 与 e^x 的近似关系。由图 9.3 可以看出,$P_n(x)$ 的次数 n 越大,$P_n(x)$ 对 e^x 的近似效果越好。

给定函数 $f(x)$,若求它在点 x_0 处的幂级数展开

式,一般我们根据函数的特点,采用**直接展开法**或**间接展开法**。

1. 直接展开法

所谓直接展开法,就是利用定理 9.8、定理 9.9 和定理 9.10,直接求函数 $f(x)$ 在点 x_0 处的幂级数展开式,即直接求函数 $f(x)$ 在点 x_0 处的泰勒展开式。

下面给出**求函数 $f(x)$ 在点 $x=0$ 处的泰勒展开式**(即麦克劳林展开式)的一般步骤:

(1) 求出 $f(x)$ 的各阶导数(假设 $f(x)$ 在点 $x=0$ 处具有任意阶导数):

$$f'(x), f''(x), \cdots, f^{(n)}(x), \cdots。$$

(2) 求出函数 $f(x)$ 及其各阶导数在点 $x=0$ 处的值:

$$f(0), f'(0), f''(0), \cdots, f^{(n)}(0), \cdots。$$

(3) 写出 $f(x)$ 点 $x=0$ 处的泰勒级数(即麦克劳林级数)

$$f(0) + f'(0)x + \frac{f''(0)}{2!}x^2 + \cdots + \frac{f^{(n)}(0)}{n!}x^n + \cdots = \sum_{n=0}^{\infty} \frac{f^{(n)}(0)}{n!}x^n,$$

并求出该级数的收敛半径 R。

(4) 确定泰勒不等式(定理 9.10)中的 M 和 d,使得当 $|x| \leqslant d$ 时,$|f^{(n+1)}(x)| \leqslant M$,写出泰勒不等式

$$|R_n(x)| \leqslant M \frac{|x|^{n+1}}{(n+1)!}, \quad |x| \leqslant d,$$

并验证 $\lim_{n \to \infty} R_n(x)$ 在区间 $(-R, R)$ 内是否为零。

(5) 若在区间 $(-R, R)$ 内,$\lim_{n \to \infty} R_n(x) = 0$,则说明 $f(x)$ 在区间 $(-R, R)$ 内的幂级数展开式为

$$f(x) = f(x_0) + f'(x_0)x + \frac{f''(x_0)}{2!}x^2 + \cdots + \frac{f^{(n)}(x_0)}{n!}x^n + \cdots, \quad x \in (-R, R)。$$

注:根据幂级数定义,"求 $f(x)$ 的麦克劳林展开式"也称"将 $f(x)$ 展开成 x 的幂级数";"求 $f(x)$ 在点 x_0 处的泰勒展开式"也称"将 $f(x)$ 展开成 $(x-x_0)$ 的幂级数"。

例 4 将函数 $f(x) = \sin x$ 展开成 x 的幂级数。

解 因为 $f(x) = \sin x$ 的各阶导数为

$$f'(x) = \cos x, f''(x) = -\sin x, f'''(x) = -\cos x, f^{(4)}(x) = \sin x, \cdots, f^{(n)}(x) =$$

$\sin\left(x + \dfrac{n\pi}{2}\right), \cdots$,因为 $\sin x$ 的各阶导数是每四阶一个循环,所以 $f^{(n)}(0)$ 依顺序循环地取 0, $1, 0, -1, \cdots (n = 0, 1, 2, \cdots)$,即

$$f(0) = 0, \quad f'(0) = 1, \quad f''(0) = 0, \quad f'''(0) = -1, \quad f^{(4)}(0) = 0, \cdots。$$

因此,$f(x) = \sin x$ 的麦克劳林级数为

$$f(0) + f'(0)x + \frac{f''(0)}{2!}x^2 + \frac{f'''(0)}{3!}x^3 + \cdots$$

$$= x - \frac{x^3}{3!} + \frac{x^5}{5!} - \frac{x^7}{7!} + \cdots + (-1)^n \frac{x^{2n+1}}{(2n+1)!} + \cdots$$

$$= \sum_{n=0}^{\infty} (-1)^n \frac{x^{2n+1}}{(2n+1)!}。$$

它的收敛半径为 $R = +\infty$,因此收敛域为 $(-\infty, +\infty)$。

因为对任意实数 x，均有 $|f^{(n+1)}(x)|=\left|\sin\left(x+\dfrac{(n+1)\pi}{2}\right)\right|\leqslant 1$，因此在利用泰勒不等式时，可令 $M=1$，则有

$$|R_n(x)|\leqslant M\frac{|x|^{n+1}}{(n+1)!}=\frac{|x|^{n+1}}{(n+1)!}。$$

由 $\lim\limits_{n\to\infty}\dfrac{|x|^{n+1}}{(n+1)!}=0$ 及夹挤定理知

$$\lim_{n\to\infty}R_n(x)=0。$$

因此，由定理 9.9 知，$\sin x$ 在区间 $(-\infty,+\infty)$ 上等于它的麦克劳林级数的和函数，即 $\sin x$ 幂级数展开式为

$$\sin x=x-\frac{x^3}{3!}+\frac{x^5}{5!}-\frac{x^7}{7!}+\cdots+(-1)^n\frac{x^{2n+1}}{(2n+1)!}+\cdots$$

$$=\sum_{n=0}^{\infty}(-1)^n\frac{x^{2n+1}}{(2n+1)!},\quad x\in(-\infty,+\infty)。$$

$\sin x$ 的泰勒多项式为

$$P_{2n+1}(x)=x-\frac{x^3}{3!}+\frac{x^5}{5!}-\frac{x^7}{7!}+\cdots+(-1)^n\frac{x^{2n+1}}{(2n+1)!}。$$

图 9.4 展示了 n 取不同值时的 $P_{2n+1}(x)$ 与 $\sin x$ 的近似关系，从图中可以看出，n 越大，$P_{2n+1}(x)$ 对 $\sin x$ 的近似效果越好。

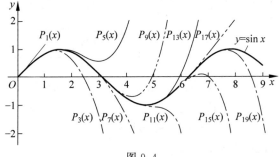

图 9.4

例 5　将函数 $f(x)=(1+x)^{\alpha}$ 展开成 x 的幂级数，其中 $\alpha\in\mathbb{R}$。

解　对 $f(x)=(1+x)^{\alpha}$，其各阶导数分别为

$$f'(x)=\alpha(1+x)^{\alpha-1},\quad f''(x)=\alpha(\alpha-1)(1+x)^{\alpha-2},\cdots,$$

$$f^{(n)}(x)=\alpha(\alpha-1)(\alpha-2)\cdots(\alpha-n+1)(1+x)^{\alpha-n},\cdots,$$

所以

$$f(0)=1,\quad f'(0)=\alpha,\quad f''(0)=\alpha(\alpha-1),\cdots,$$

$$f^{(n)}(0)=\alpha(\alpha-1)(\alpha-2)\cdots(\alpha-n+1),\cdots,$$

从而可得 $f(x)=(1+x)^{\alpha}$ 的麦克劳林级数为

$$1+\alpha x+\frac{\alpha(\alpha-1)}{2!}x^2+\cdots+\frac{\alpha(\alpha-1)(\alpha-2)\cdots(\alpha-n+1)}{n!}x^n+\cdots。$$

因为 $\rho=\lim\limits_{n\to\infty}\left|\dfrac{a_{n+1}}{a_n}\right|=\lim\limits_{n\to\infty}\dfrac{|n-\alpha|}{n+1}=1$，所以收敛半径 $R=1$，即对于任意 $\alpha\in\mathbb{R}$，该幂级数

在区间$(-1,1)$内收敛。

为了证明$f(x)=(1+x)^\alpha$等于该幂级数的和函数，需要利用定理9.9和定理9.10证明$\lim\limits_{n\to\infty}R_n(x)=0$，但证明的难度很大。这里直接证明$f(x)=(1+x)^\alpha$等于它的幂级数的和函数。

设幂级数的和函数为$S(x)$，即

$$S(x)=1+\alpha x+\frac{\alpha(\alpha-1)}{2!}x^2+\cdots+\frac{\alpha(\alpha-1)(\alpha-2)\cdots(\alpha-n+1)}{n!}x^n+\cdots。 \quad (11)$$

接下来证明：在收敛区域$(-1,1)$内，$S(x)=(1+x)^\alpha$。

利用和函数的可导性(9.3节中幂级数的性质3)，对(11)式逐项求导，得

$$S'(x)=\alpha\left[1+\frac{\alpha-1}{1}x+\cdots+\frac{(\alpha-1)(\alpha-2)\cdots(\alpha-n+1)}{(n-1)!}x^{n-1}+\cdots\right],$$

两端乘以$(1+x)$，整理可得方程

$$(1+x)S'(x)=\alpha S(x), \quad 即 \quad \frac{S'(x)}{S(x)}=\alpha\frac{1}{1+x}。$$

上式两端求对变量x的不定积分，得

$$\int\frac{S'(x)}{S(x)}\mathrm{d}x=\alpha\int\frac{1}{1+x}\mathrm{d}x。$$

因为

$$(\ln S(x))'=\frac{S'(x)}{S(x)}, \quad (\ln(1+x))'=\frac{1}{1+x},$$

解不定积分可得

$$\ln S(x)=\alpha\ln(1+x)+C, \quad 其中 C 为常数，$$

即$\dfrac{S(x)}{(1+x)^\alpha}=\mathrm{e}^C$。由$S(0)=1$，可得$C=0$，从而得$S(x)=(1+x)^\alpha$，这就证明了函数$f(x)=(1+x)^\alpha$与它的幂级数的和函数$S(x)$相等，于是得函数$f(x)=(1+x)^\alpha$在区间$(-1,1)$上的幂级数展开式为

$$(1+x)^\alpha=1+\alpha x+\frac{\alpha(\alpha-1)}{2!}x^2+\cdots+$$

$$\frac{\alpha(\alpha-1)(\alpha-2)\cdots(\alpha-n+1)}{n!}x^n+\cdots, \quad x\in(-1,1)。$$

上面的公式一般称为**牛顿二项展开式**，当α为正整数时，公式即为**二项式定理**(binomial theorem)。

注：$f(x)=(1+x)^\alpha$的幂级数展开式在收敛区间$(-1,1)$的端点是否收敛，与α的取值有关，这里只给出结论：(1)当$\alpha\leqslant-1$时，收敛域为$(-1,1)$；(2)当$-1<\alpha<0$时，收敛域为$(-1,1]$；(3)当$\alpha\geqslant0$时，收敛域为$[-1,1]$。

2. 间接展开法

由前面的几个例题可知，利用直接展开法求函数$f(x)$的幂级数展开式时，因为需要考察余项$R_n(x)$是否趋于零，使得问题解决起来比较复杂。事实上，我们可以在已知函数的幂级数展开式的基础上，通过变量代换、逐项求导、逐项积分或四则运算等方法，间接地求出

函数的幂级数展开式,我们称这种方法为**间接展开法**。

例 6　将函数 $f(x)=\cos x$ 展开成 x 的幂级数。

解　由例 4 知,$\sin x$ 的幂级数展开式为

$$\sin x = x - \frac{x^3}{3!} + \frac{x^5}{5!} - \frac{x^7}{7!} + \cdots + (-1)^n \frac{x^{2n+1}}{(2n+1)!} + \cdots$$

$$= \sum_{n=0}^{\infty} (-1)^n \frac{x^{2n+1}}{(2n+1)!}, \quad x \in (-\infty, +\infty)。$$

逐项求导,得

$$\cos x = 1 - \frac{x^2}{2!} + \frac{x^4}{4!} - \frac{x^6}{6!} \cdots + (-1)^n \frac{x^{2n}}{(2n)!} + \cdots$$

$$= \sum_{n=0}^{\infty} (-1)^n \frac{x^{2n}}{(2n)!}, \quad x \in (-\infty, +\infty)。$$

例 7　将函数 $f(x)=\ln(1+x)$ 展开成 x 的幂级数。

解　在例 5 的 $f(x)=(1+x)^\alpha$ 的幂级数展开式中,令 $\alpha=-1$,得

$$\frac{1}{1+x} = 1 - x + x^2 - x^3 + \cdots + (-1)^n x^n + \cdots$$

$$= \sum_{n=0}^{\infty} (-1)^n x^n, \quad x \in (-1,1), \tag{12}$$

上式两端从 $0\sim x$ 逐项积分,得

$$\ln(1+x) = x - \frac{x^2}{2} + \frac{x^3}{3} - \frac{x^4}{4} + \cdots + (-1)^n \frac{x^{n+1}}{n+1} + \cdots, \quad x \in (-1,1)。$$

又因右端级数在 $x=1$ 时也收敛,所以收敛域为 $x \in (-1,1]$,因此

$$\ln(1+x) = x - \frac{x^2}{2} + \frac{x^3}{3} - \frac{x^4}{4} + \cdots + (-1)^n \frac{x^{n+1}}{n+1} + \cdots$$

$$= \sum_{n=0}^{\infty} (-1)^n \frac{x^{n+1}}{n+1}, \quad x \in (-1,1]。$$

例 8　将函数 $f(x)=\arctan x$ 展开成 x 的幂级数。

解　将例 7 中 $\frac{1}{1+x}$ 的幂级数展开式(12)中的 x 换成 x^2,得 $\frac{1}{1+x^2}$ 的幂级数展开式

$$\frac{1}{1+x^2} = 1 - x^2 + x^4 - x^6 + \cdots + (-1)^n x^{2n} + \cdots = \sum_{n=0}^{\infty} (-1)^n x^{2n}, \quad x \in (-1,1),$$

上式两端从 $0\sim x$ 逐项积分,得

$$\arctan x = x - \frac{x^3}{3} + \frac{x^5}{5} - \frac{x^7}{7} + \cdots + (-1)^n \frac{x^{2n+1}}{2n+1} + \cdots, \quad x \in (-1,1)。$$

因为右端级数在 $x=\pm 1$ 时也收敛,所以收敛域为 $x \in [-1,1]$,因此 $f(x)=\arctan x$ 的幂级数展开式为

$$\arctan x = x - \frac{x^3}{3} + \frac{x^5}{5} - \frac{x^7}{7} + \cdots + (-1)^n \frac{x^{2n+1}}{2n+1} + \cdots$$

$$= \sum_{n=0}^{\infty} (-1)^n \frac{x^{2n+1}}{2n+1}, x \in [-1,1]。$$

注：从例 6、例 7 及例 8 可以看出，利用间接展开法将函数展开成幂级数时，需要用到已知幂级数的展开式，常用的幂级数展开式主要是下面的三个：

(1) $e^x = 1 + \dfrac{x}{1!} + \dfrac{x^2}{2!} + \cdots + \dfrac{x^n}{n!} + \cdots, x \in (-\infty, +\infty)$；

(2) $\sin x = x - \dfrac{x^3}{3!} + \dfrac{x^5}{5!} - \dfrac{x^7}{7!} + \cdots + (-1)^n \dfrac{x^{2n+1}}{(2n+1)!} + \cdots, x \in (-\infty, +\infty)$；

(3) $\dfrac{1}{1+x} = 1 - x + x^2 - x^3 + \cdots + (-1)^n x^n + \cdots, x \in (-1, 1)$。

在这三个展开式的基础上，可以求出许多函数的幂级数展开式。

利用间接展开法也可以将函数展开成 $(x - x_0)$ 的幂级数，如下面的例 9。

例 9 将函数 $\dfrac{1}{x^2 - 3x + 2}$ 展开成 $x - 4$ 的幂级数。

解 因为

$$\frac{1}{x^2 - 3x + 2} = \frac{1}{x-2} - \frac{1}{x-1} = \frac{1}{2 + (x-4)} - \frac{1}{3 + (x-4)}$$

$$= \frac{1}{2\left(1 + \dfrac{x-4}{2}\right)} - \frac{1}{3\left(1 + \dfrac{x-4}{3}\right)},$$

利用 $\dfrac{1}{1+x}$ 的幂级数展开式，有

$$\frac{1}{2\left(1 + \dfrac{x-4}{2}\right)} = \frac{1}{2} \sum_{n=0}^{\infty} (-1)^n \left(\frac{x-4}{2}\right)^n = \sum_{n=0}^{\infty} \frac{(-1)^n}{2^{n+1}} (x-4)^n, \quad x \in (2, 6),$$

$$\frac{1}{3\left(1 + \dfrac{x-4}{3}\right)} = \frac{1}{3} \sum_{n=0}^{\infty} (-1)^n \left(\frac{x-4}{3}\right)^n = \sum_{n=0}^{\infty} \frac{(-1)^n}{3^{n+1}} (x-4)^n, \quad x \in (1, 7),$$

于是

$$\frac{1}{x^2 - 3x + 2} = \sum_{n=0}^{\infty} \frac{(-1)^n}{2^{n+1}} (x-4)^n - \sum_{n=0}^{\infty} \frac{(-1)^n}{3^{n+1}} (x-4)^n$$

$$= \sum_{n=0}^{\infty} (-1)^n \left(\frac{1}{2^{n+1}} - \frac{1}{3^{n+1}}\right) (x-4)^n, \quad x \in (2, 6)。$$

9.4.3　函数的幂级数展开式的应用

利用函数的幂级数展开式，我们可以方便地进行一些运算，如求函数的极限、求函数值的近似值、解原函数不是初等函数的积分问题等。

1. 求函数的极限

利用函数的幂级数展开式可以求 $\dfrac{0}{0}$ 型未定式的极限。

例 10 求下列极限：

(1) $\lim\limits_{x \to 0} \dfrac{\sin x - x}{x^3}$；

(2) $\lim\limits_{x \to 0} \dfrac{\cos x - e^{-\frac{x^2}{2}}}{\sin^4 x}$。

解 （1）因为 $\sin x$ 的麦克劳林展开式为

$$\sin x = x - \frac{x^3}{3!} + \frac{x^5}{5!} - \frac{x^7}{7!} + \cdots, \quad x \in (-\infty, +\infty),$$

所以

$$\lim_{x \to 0} \frac{\sin x - x}{x^3} = \lim_{x \to 0} \frac{\left(x - \dfrac{x^3}{3!} + \dfrac{x^5}{5!} - \dfrac{x^7}{7!} + \cdots\right) - x}{x^3}$$

$$= \lim_{x \to 0} \left(-\frac{1}{3!} + \frac{x^2}{5!} - \frac{x^4}{7!} + \cdots\right) = -\frac{1}{6}.$$

（2）由等价无穷小替换得，当 $x \to 0$ 时，$\sin^4 x \sim x^4$。而 $\cos x$ 和 $e^{-\frac{x^2}{2}}$ 的麦克劳林展开式分别为

$$\cos x = 1 - \frac{x^2}{2!} + \frac{x^4}{4!} - \frac{x^6}{6!} + \cdots,$$

$$e^{-\frac{x^2}{2}} = 1 - \frac{x^2}{2} + \frac{1}{2!}\left(-\frac{x^2}{2}\right)^2 + \frac{1}{3!}\left(-\frac{x^2}{2}\right)^3 + \frac{1}{4!}\left(-\frac{x^2}{2}\right)^4 + \cdots$$

$$= 1 - \frac{x^2}{2} + \frac{x^4}{8} - \frac{x^6}{48} + \frac{x^8}{384} + \cdots.$$

所以

$$\cos x - e^{-\frac{x^2}{2}} = \left(1 - \frac{x^2}{2!} + \frac{x^4}{4!} - \frac{x^6}{6!} + \frac{x^8}{8!} + \cdots\right) - \left(1 - \frac{x^2}{2} + \frac{x^4}{8} - \frac{x^6}{48} + \frac{x^8}{384} + \cdots\right)$$

$$= \frac{x^4}{4!} - \frac{x^4}{8} - \frac{x^6}{6!} + \frac{x^6}{48} + \frac{x^8}{8!} - \frac{x^8}{384} + \cdots,$$

于是

$$\lim_{x \to 0} \frac{\cos x - e^{-\frac{x^2}{2}}}{\sin^4 x} = \lim_{x \to 0} \frac{\dfrac{x^4}{4!} - \dfrac{x^4}{8} - \dfrac{x^6}{6!} + \dfrac{x^6}{48} + \dfrac{x^8}{8!} - \dfrac{x^8}{384} + \cdots}{x^4}$$

$$= \lim_{x \to 0}\left(\frac{1}{4!} - \frac{1}{8} - \frac{x^2}{6!} + \frac{x^2}{48} + \frac{x^4}{8!} - \frac{x^4}{384} + \cdots\right) = \lim_{x \to 0}\left(\frac{1}{4!} - \frac{1}{8}\right) = -\frac{1}{12}.$$

注：（1）因为幂级数是连续函数，所以在 $x = 0$ 处的极限值等于其函数值。

（2）这两个极限问题也可以使用洛必达法则计算，对于求导比较复杂的情形，利用函数的幂级数展开式求极限会比较方便。

2. 求函数值的近似值

把一个函数展开成幂级数后，在展开式的收敛域内，根据精度要求，可利用函数的幂级数展开式对函数值进行近似计算，并且可以估计近似值的误差。

例 11 求 e 的近似值，要求精确到 6 位小数。

解 e^x 的幂级数展开式为

$$e^x = 1 + x + \frac{x^2}{2!} + \frac{x^3}{3!} + \cdots, \quad -\infty < x < +\infty.$$

令 $x = 1$，可得

$$e = 1 + 1 + \frac{1}{2!} + \frac{1}{3!} + \cdots + \frac{1}{n!} + \cdots。$$

取级数的前 $n+1$ 项的和作为 e 的近似值，即

$$e \approx 1 + 1 + \frac{1}{2!} + \frac{1}{3!} + \cdots + \frac{1}{n!}。$$

级数的余项(即误差)为

$$R_n = \frac{1}{(n+1)!} + \frac{1}{(n+2)!} + \cdots = \frac{1}{(n+1)!}\left(1 + \frac{1}{n+2} + \frac{1}{(n+2)(n+3)} + \cdots\right)$$

$$< \frac{1}{(n+1)!}\left(1 + \frac{1}{n+1} + \frac{1}{(n+1)^2} + \cdots\right) = \frac{1}{n \cdot n!},$$

即 $R_n < \dfrac{1}{n \cdot n!}$。要使 $R_n < 10^{-6}$，经计算知，当 $n=9$ 时，$\dfrac{1}{9 \cdot 9!} < 10^{-6}$，此时

$$e \approx 1 + 1 + \frac{1}{2!} + \frac{1}{3!} + \cdots + \frac{1}{7!} + \frac{1}{8!} + \frac{1}{9!} \approx 2.7182815。$$

因此，精确到 6 位小数的结果为 $e \approx 2.718282$。

3. 原函数不是初等函数的积分问题

在学习定积分和不定积分时，虽然我们学习了积分方法，但事实上，有很多函数虽然可积，但它们的原函数并不是初等函数，例如 $\int \sin x^2 \mathrm{d}x$、$\int \cos x^2 \mathrm{d}x$、$\int e^{-x^2} \mathrm{d}x$ 及 $\int \dfrac{\sin x}{x} \mathrm{d}x$ 等，对于这类问题，我们可以利用被积函数的幂级数展开式进行求解。

例 12 (1) 将不定积分 $\int \sin x^2 \mathrm{d}x$ 展开成 x 的幂级数；

(2) 计算定积分 $\int_0^1 \sin x^2 \mathrm{d}x$ 的近似值，要求误差不超过 10^{-6}。

解 (1) $\sin x^2$ 的原函数不是初等函数，但它的原函数可以用幂级数表示。

因为 $\sin x$ 的幂级数展开式为

$$\sin x = x - \frac{x^3}{3!} + \frac{x^5}{5!} - \frac{x^7}{7!} + \frac{x^9}{9!} + \cdots + (-1)^n \frac{x^{2n+1}}{(2n+1)!} + \cdots, \quad x \in (-\infty, +\infty),$$

将上式中的 x 换成 x^2，得

$$\sin x^2 = x^2 - \frac{x^6}{3!} + \frac{x^{10}}{5!} - \frac{x^{14}}{7!} + \frac{x^{18}}{9!} + \cdots + (-1)^n \frac{x^{4n+2}}{(2n+1)!} + \cdots, \quad x \in (-\infty, +\infty),$$

因此

$$\int \sin x^2 \mathrm{d}x = \int \left(x^2 - \frac{x^6}{3!} + \frac{x^{10}}{5!} - \frac{x^{14}}{7!} + \frac{x^{18}}{9!} + \cdots + (-1)^n \frac{x^{4n+2}}{(2n+1)!} + \cdots\right) \mathrm{d}x$$

$$= C + \frac{x^3}{3} - \frac{x^7}{7 \cdot 3!} + \frac{x^{11}}{11 \cdot 5!} - \frac{x^{15}}{15 \cdot 7!} + \frac{x^{19}}{19 \cdot 9!} + \cdots +$$

$$(-1)^n \frac{x^{4n+3}}{(4n+3) \cdot (2n+1)!} + \cdots。$$

(2) 利用(1)的结果，可得

$$\int_0^1 \sin x^2 \mathrm{d}x = \frac{1}{3} - \frac{1}{7 \cdot 3!} + \frac{1}{11 \cdot 5!} - \frac{1}{15 \cdot 7!} + \frac{1}{19 \cdot 9!} + \cdots +$$

$$(-1)^n \frac{1}{(4n+3)\cdot(2n+1)!}+\cdots,$$

上式右端为交错级数，由莱布尼茨判别法(定理 9.4)知，右侧级数收敛。又因为第 5 项

$$\frac{1}{19\cdot9!}=\frac{1}{6894720}<10^{-6},$$

因此，取级数的前四项的和作为积分的近似值，可以满足精度要求，此时

$$\int_0^1 \sin r^2 \mathrm{d}r \approx \frac{1}{3}-\frac{1}{7\cdot3!}+\frac{1}{11\cdot5!}-\frac{1}{15\cdot7!}\approx 0.310268.$$

思 考 题

如何利用 $\sin x \approx x - \dfrac{x^3}{3!}+\dfrac{x^5}{5!}$，$x\in(-0.3,0.3)$ 估算 $\sin 12°$，并估算误差？

习题 9.4

A 组

1. 利用常用函数关于 x 的幂级数展开式，将下列函数展开成 x 的幂级数，并确定其收敛域：

(1) $\dfrac{\mathrm{e}^x-\mathrm{e}^{-x}}{2}$; 　　　　　　　　(2) $\sin\dfrac{x}{2}$。

2. 将函数 $f(x)=\ln x$ 展开成 $x-2$ 的幂级数，并求出其收敛域。

3. 利用 $(1+x)^\alpha$ 的幂级数展开式，说明在 $x\to0$ 时，$(1+x)^\alpha-1$ 与 αx 是等价无穷小。

4. 已知极限 $\lim\limits_{x\to0}\dfrac{x-\arctan x}{x^k}=c$，其中 k,c 为常数，且 $c\neq0$，请利用 $\arctan x$ 的幂级数展开式，求参数 k,c 的值。

5. 利用常用函数关于 x 的幂级数展开式，求下列极限：

(1) $\lim\limits_{x\to0}\dfrac{\mathrm{e}^x-1-x}{x^2}$; 　　(2) $\lim\limits_{x\to0}\dfrac{\sin x-x\cos x}{\sin^3 x}$; 　　(3) $\lim\limits_{x\to0}\dfrac{x-\ln(x+1)}{x^2}$。

6. (1) 写出 $f(x)=\ln(1+x)$ 的关于 x 的幂级数展开式；

(2) 利用(1)的结果，求级数 $1-\dfrac{1}{2}+\dfrac{1}{3}-\dfrac{1}{4}+\cdots+(-1)^n\dfrac{1}{n+1}+\cdots$ 的和；

(3) 利用(1)的结果，求 $\ln 1.2$ 的近似值，要求精确到 4 位小数。

7. 将函数 $f(x)=\dfrac{1}{x^2-3x-4}$ 展开成 $x-1$ 的幂级数，并指出其收敛域。

B 组

1. 设函数 $p(x)=a+bx+cx^2+dx^3$，若当 $x\to0$ 时，$p(x)-\sin x$ 是比 x^3 高阶的无穷小，利用 $\sin x$ 的幂级数展开式，求参数 a,b,c,d。

2. 已知 $f(x) = \dfrac{1}{1+x^2}$，利用 $f(x)$ 的幂级数展开式，求 $f^{(4)}(0)$。

3. 利用常用函数的幂级数展开式，求下列函数的关于 x 的幂级数展开式，并确定其收敛域：

(1) $\dfrac{1}{\sqrt{1-x^2}}$；　　　　　　　(2) $\arcsin x$。

4. 判断 $\displaystyle\sum_{n=1}^{\infty} \dfrac{(-1)^{n-1}}{n \cdot 2^n}$ 是否收敛，若收敛，求此级数的和。

5. 计算 $\displaystyle\int_0^1 e^{-x^2}\,\mathrm{d}x$ 的近似值，要求误差不超过 0.001。

复习题 9

一、选择题

1. $\displaystyle\sum_{n=1}^{\infty} \dfrac{1+(-1)^n}{n}$ 的敛散性是（　　）。

　　A. 收敛　　　　　　B. 发散　　　　　　C. 绝对收敛　　　　D. 条件收敛

2. 若 $\displaystyle\sum_{n=1}^{\infty} a_n$ 收敛，下列必收敛的级数是（　　）。

　　A. $\displaystyle\sum_{n=1}^{\infty} a_{2n}$　　　　B. $\displaystyle\sum_{n=1}^{\infty} a_{2n+1}$　　　　C. $\displaystyle\sum_{n=1}^{\infty} (-1)^n a_n$　　　D. $\displaystyle\sum_{n=1}^{\infty} (a_n + a_{n+1})$

3. 若 $\displaystyle\sum_{n=1}^{\infty} a_n$ 收敛于 S，则 $\displaystyle\sum_{n=1}^{\infty} (a_n + a_{n+1})$（　　）。

　　A. 收敛于 S　　　　　　　　　　　　B. 收敛于 $2S$

　　C. 收敛于 $2S-a_1$　　　　　　　　　　D. 收敛于 $2S+a_1$

4. 数列 $\{a_n\}$ 与 $\displaystyle\sum_{n=1}^{\infty} a_n$ 的敛散性，下列结论正确的是（　　）。

　　A. 若 $\{a_n\}$ 收敛，则 $\displaystyle\sum_{n=1}^{\infty} a_n$ 收敛　　　　B. 敛散性相同

　　C. 若 $\{a_n\}$ 发散，则 $\displaystyle\sum_{n=1}^{\infty} a_n$ 发散　　　　D. 不能确定

5. 设 S_n 为 $\displaystyle\sum_{n=1}^{\infty} a_n$ 的部分和，则 S_n 有界是 $\displaystyle\sum_{n=1}^{\infty} a_n$ 收敛的（　　）。

　　A. 必要条件　　　　　　　　　　　　B. 充分条件

　　C. 充要条件　　　　　　　　　　　　D. 既非充分也非必要

6. 下列级数绝对收敛的是（　　）。

　　A. $\displaystyle\sum_{n=1}^{\infty} \sin\dfrac{1}{\sqrt{n}}$　　　　　　　　　　B. $\displaystyle\sum_{n=1}^{\infty} \sin\dfrac{1}{n}$

　　C. $\displaystyle\sum_{n=1}^{\infty} (-1)^{n+1} \sin\dfrac{1}{n}$　　　　　　D. $\displaystyle\sum_{n=1}^{\infty} \sin\dfrac{1}{n^2}$

7. 设 $a_n = (-1)^{n+1} \ln\left(1 + \dfrac{1}{\sqrt{n}}\right)$，则下列结论正确的是（　　）。

A. $\displaystyle\sum_{n=1}^{\infty} a_n$ 与 $\displaystyle\sum_{n=1}^{\infty} a_n^2$ 都收敛

B. $\displaystyle\sum_{n=1}^{\infty} a_n$ 收敛，但 $\displaystyle\sum_{n=1}^{\infty} a_n^2$ 发散

C. $\displaystyle\sum_{n=1}^{\infty} a_n$ 与 $\displaystyle\sum_{n=1}^{\infty} a_n^2$ 都发散

D. $\displaystyle\sum_{n=1}^{\infty} a_n$ 发散，但 $\displaystyle\sum_{n=1}^{\infty} a_n^2$ 收敛

8. 下列级数中，满足 $\displaystyle\sum_{n=1}^{\infty} a_n$ 收敛，但 $\displaystyle\sum_{n=1}^{\infty} a_n^2$ 发散的是（　　）。

A. $a_n = (-1)^{n+1} \dfrac{1}{\sqrt{n}}$

B. $a_n = (-1)^{n+1} \dfrac{1}{n}$

C. $a_n = (-1)^{n+1} \dfrac{1}{n^2}$

D. $a_n = \dfrac{1}{n(n+1)}$

9. 若幂级数 $\displaystyle\sum_{n=0}^{\infty} a_n x^n$ 在 $x = 2$ 处收敛，则此级数的收敛半径 R 满足（　　）。

A. $R = 2$ 　　　　B. $R > 2$ 　　　　C. $R \leqslant 2$ 　　　　D. $R \geqslant 2$

10. 利用 $\arctan x$ 关于 x 的幂级数展开式 $\displaystyle\sum_{n=0}^{\infty} (-1)^n \dfrac{x^{2n+1}}{2n+1}$，可得 $\displaystyle\sum_{n=0}^{\infty} (-1)^n \dfrac{1}{2n+1}$ 的和为（　　）。

A. $\dfrac{\pi}{4}$ 　　　　B. $-\dfrac{\pi}{4}$ 　　　　C. 0 　　　　D. 不存在

二、填空题

1. $\displaystyle\sum_{n=0}^{\infty} (e^x)^n$ 收敛，则 x 的取值范围是 _____。

2. $\displaystyle\sum_{n=1}^{\infty} \dfrac{n^n}{(n!)^2}$ 的敛散性是 _____（收敛或发散），极限 $\displaystyle\lim_{n\to\infty} \dfrac{n^n}{(n!)^2} =$ _____。

3. 在 $n \to \infty$ 时，$a_n (a_n > 0)$ 与 $\dfrac{1}{n}$ 为同阶无穷小，则 $\displaystyle\sum_{n=0}^{\infty} a_n$ 的敛散性是 _____（收敛或发散），若 $|b_n|$ 与 $\dfrac{1}{n^2}$ 为同阶无穷小，则 $\displaystyle\sum_{n=0}^{\infty} b_n$ 的敛散性是 _____（绝对收敛或条件收敛）。

4. 设 $\displaystyle\sum_{n=1}^{\infty} \dfrac{(-1)^n}{n^p}$，若该级数绝对收敛，则 p 的范围是 _____；若该级数条件收敛，则 p 的范围是 _____；若该级数发散，则 p 的范围是 _____。

5. 幂级数 $\displaystyle\sum_{n=1}^{\infty} \dfrac{x^n}{n}$ 的收敛域为 _____。

6. 若幂级数 $\displaystyle\sum_{n=1}^{\infty} a_n x^n$ 的收敛半径为 R，则幂级数 $\displaystyle\sum_{n=1}^{\infty} a_n \dfrac{x^n}{2^{n+1}}$ 与 $\displaystyle\sum_{n=1}^{\infty} a_n \dfrac{x^{2n+1}}{2^n}$ 的收敛半径分别为 _____ 与 _____（用 R 表示）。

三、计算题

1. 判别下列级数的敛散性：

(1) $\sum\limits_{n=1}^{\infty} \sin\dfrac{1}{\sqrt{n}}$；

(2) $\sum\limits_{n=1}^{\infty} (\sqrt{n+1}-\sqrt{n})$；

(3) $\sum\limits_{n=1}^{\infty} \dfrac{\mathrm{e}^n}{n!}$；

(4) $\sum\limits_{n=1}^{\infty} (-1)^n \ln\left(1+\dfrac{1}{\sqrt{n}}\right)$。

2. 求下列幂级数的收敛域：

(1) $\sum\limits_{n=1}^{\infty} \dfrac{x^n}{n \cdot 3^n}$；

(2) $\sum\limits_{n=1}^{\infty} \dfrac{(x-2)^n}{n \cdot 3^n}$；

(3) $\sum\limits_{n=1}^{\infty} \dfrac{x^{2n}}{n \cdot 2^n}$；

(4) $\sum\limits_{n=1}^{\infty} \dfrac{x^{2n+1}}{(-3)^n + 2^n}$。

3. 求下列幂级数的和函数 $S(x)$：

(1) $\sum\limits_{n=1}^{\infty} n(n+1)x^n$；

(2) $\sum\limits_{n=1}^{\infty} \dfrac{2n+1}{n!} x^n$。

4. 将 $f(x) = \cos x$ 展开成 $x + \dfrac{\pi}{3}$ 的幂级数。

习题答案及提示

第1章

习题1.1

A 组

一、选择题

1. A; 2. A; 3. D; 4. C; 5. A; 6. B。

二、填空题

1. $(3,0),(-1,0),(0,3)$; 2. $(1,1)$; 3. $f(x)+g(x)=\begin{cases} x^2-x, & x<0, \\ 1+x, & 0\leqslant x<1, \\ x-x^2, & x\geqslant1; \end{cases}$

4. 减少(或递减); 5. $(-1,+\infty)$; 6. $f(x+3)=x^2+6x+7$。

三、解答题

1. $f(1)=6,f(0)=-2,f(-2)=0$。

2. $f(-3)=10,f(1)=2,f(3)=11$。

3. (1) 3; (2) $14x+7h$; (3) $-\dfrac{1}{x(x+h)}$; (4) $\dfrac{1}{h}\ln\left(1+\dfrac{h}{x}\right)$。

4. (1) 偶函数;(2) 奇函数;(3) 既非奇函数,也非偶函数;(4) 奇函数。

5. 函数的图像略;(1) $g(x)$ 除了在 $x=0$ 点无定义外,图像与 $f(x)$ 的相同;

(2) $f(x)$ 的图像向右平移 1 个单位,可以得 $g(x)$ 的图像;

(3) $g(x)=|x^2-1|=\begin{cases} x^2-1, & x<-1, \\ 1-x^2, & -1\leqslant x<1, \\ x^2-1, & x\geqslant1, \end{cases}$ 当 $x<-1$ 或 $x\geqslant1$ 时,$g(x)$ 的图像与 $f(x)$ 的相同,当 $-1\leqslant x<1$ 时,$g(x)$ 的图像与 $f(x)$ 的图像关于 x 轴对称;

(4) $f(t)$ 与 $g(t)$ 互为反函数,所以它们的图像关于直线 $y=t$ 对称;

(5) 将 $\sin x$ 的图像在 x 轴方向压缩 $1/2$,压缩到区间 $[0,\pi]$,可得 $\sin2x$ 的图像;

(6) 将 $\cos t$ 的图像在 y 轴(纵轴)方向压缩 $1/2$,可得 $\dfrac{1}{2}\cos t$ 的图像。

6. (1) 0 是一个下界,2 是一个上界,在 $(-\infty,+\infty)$ 上有界;

(2) 0 是一个下界,无上界,在 $[0,+\infty)$ 上无界;

(3) 0 是一个下界,1 是一个上界,在 $(-\infty,+\infty)$ 上有界;

(4) $-\dfrac{1}{2}$ 是一个上界,无下界,在区间 $(0,2]$ 上无界。

7. (1) $(f\circ g)(x)=2\cos x-3,-\infty<x<+\infty,(g\circ f)(x)=\cos(2x-3),-\infty<x<+\infty,(f\circ f)(x)=4x-9,-\infty<x<+\infty,(g\circ g)(x)=\cos(\cos x),-\infty<x<+\infty$;

(2) $(f\circ g)(x)=\sqrt[4]{3-x},x\leqslant3,(g\circ f)(x)=\sqrt{3-\sqrt{x}},0\leqslant x\leqslant9,$

$(f\circ f)(x)=\sqrt[4]{x},x\geqslant0,(g\circ g)(x)=\sqrt{3-\sqrt{3-x}},-6\leqslant x\leqslant3$。

8. (1) $f(x)=x^{10},g(x)=3x-1$; (2) $f(x)=\sqrt{x},g(x)=x^2+1$;

(3) $f(x)=\ln x$，$g(x)=\sin x$；   (4) $f(x)=e^x$，$g(x)=x^3+3x$。

9. (1) $f(x)=x^3$，$g(x)=\cos x$，$h(x)=2x-5$；(2) $f(x)=\ln x$，$g(x)=\sin x$，$h(x)=e^x$。

10. (1) 2；   (2) 13。

11. (1) $f^{-1}(x)=\dfrac{1}{2}(x+3)$；   (2) $g^{-1}(t)=e^{t-1}$；

(3) 限定 $x\in(-\infty,0]$，得 $f^{-1}(x)=-\dfrac{1}{2}\sqrt{x+1}$；限定 $x\in[0,+\infty)$，得 $f^{-1}(x)=\dfrac{1}{2}\sqrt{x+1}$；

(4) 限定 $x\in(-\infty,0]$，得 $f^{-1}(x)=-\sqrt[4]{x-1}$；限定 $x\in[0,+\infty)$，得 $f^{-1}(x)=\sqrt[4]{x-1}$。

12. $P(x)=(x-30)(120-x)=-x^2+150x-3600$，$30\leqslant x\leqslant120$，$0\leqslant P(x)\leqslant2025$；图像略。

13. $C(x)=40\pi x^2+\dfrac{640\pi}{x}$。

B 组

1. $0\leqslant k<1$。

2. (1) $y=\begin{cases}-x+3,&0\leqslant x\leqslant3,\\ 2x-6,&3<x\leqslant5;\end{cases}$

(2) $y=\begin{cases}-\dfrac{3}{2}x-3,&-4\leqslant x\leqslant-2,\\[4pt]\sqrt{4-x^2},&-2<x\leqslant2,\\[4pt]\dfrac{3}{2}x-3,&2<x\leqslant4。\end{cases}$

3. $f(g(x))=\begin{cases}x,&x<0,\\ 3x^2,&x\geqslant0。\end{cases}$

4. $f^{-1}(3)=1$，$f(f^{-1}(7))=7$。

5. (1) $c(p(t))=0.05t^2+6$；   (2) 6.2ppm；   (3) $t=4$。

习题 1.2

A 组

一、选择题

1. C； 2. C； 3. C； 4. A。

二、解答题

1. 略。

2. (1) $y=e^x+2$；   (2) $y=e^{x+2}$；   (3) $y=e^{-x}$；

(4) $y=-e^x$；   (5) $y=\ln x$。

3. (1) e；   (2) 4；   (3) $\dfrac{\sqrt{3}}{2}$；   (4) 1。

4. 4。

5. 提示：$\sin(x+h)=\sin x\cos h+\cos x\sin h$。

6. 略。

B 组

1. (1) $f^{-1}(x)=\ln(e^x+5)$；   (2) $f^{-1}(x)=\sqrt{1-x^2}$；

(3) $f^{-1}(x)=\dfrac{x+1}{2-x}$；   (4) $f^{-1}(x)=\dfrac{1}{3}(x-1)^2-\dfrac{2}{3}$。

2. $f(x)=-3x^3+3x^2+6x$。

3. (1) $20000(1+r)^{10}$；   (2) $20000\left(1+\dfrac{r}{12}\right)^{120}$；   (3) $20000\left(1+\dfrac{r}{365}\right)^{3650}$。

4. (1) 14 万人；   (2) 19.4 万人；   (3) 随着 t 的不断增大，人口增多，接近于 20 万人。

复习题 1

一、选择题

1. C； 2. B；3. C； 4. D； 5. A。

二、填空题

1. $0,-2$； 2. 增加的； 3. 0； 4. $\dfrac{1}{2+x^2}$；

5. $[-4,4]$； 6. 左,2,卜,3； 7. $[1-\sqrt{5},1-\sqrt{3}]$。

三、解答题

1. (1) $2,2.5$； (2) $6,4,5$。

2. (1) $x<0$,或 $x>1$； (2) $0\leqslant x\leqslant 2$。

3. 提示：按奇偶函数定义分别证明即可。

4. (1) $r=60t$； (2) $A=3600\pi t^2$。

5. (1) $R(x)=-0.27x^2+51x,P(x)=-2.5x^2+47.5x-85$； (2) $2<x<17$。

第 2 章

习题 2.1

A 组

一、选择题

1. B； 2. B； 3. A； 4. C； 5. B； 6. C； 7. B。

二、解答题

1. (1) $\dfrac{2}{2n-1}$,收敛于 0； (2) $(-1)^n\dfrac{2^n}{2^n+1}$,发散； (3) $3+\dfrac{(-1)^n}{10^n}$,收敛于 3；

(4) $\left(\dfrac{3}{2}\right)^n$,发散； (5) $3n-2$,发散； (6) $\sin\dfrac{n\pi}{2}$或$\cos\dfrac{n-1}{2}\pi$,发散。

2. (1) $\dfrac{5}{2}$； (2) 3； (3) 0； (4) 0；

(5) $\dfrac{1}{6}$； (6) 0； (7) 1； (8) $\dfrac{1}{4}$。

B 组

1. 提示：利用递增数列的定义。

2. 略。

3. (1) a_n 越来越接近于 1； (2) a_n 越来越接近于无理数 e=2.71828…。

4. (1) 11； (2) 101； (3) 取大于 $\sqrt{\dfrac{1}{\varepsilon}}$ 的第一个整数 $\left\lfloor\sqrt{\dfrac{1}{\varepsilon}}\right\rfloor+1$。

习题 2.2

A 组

一、选择题

1. C； 2. D； 3. A； 4. D； 5. B。

二、填空题

1. -2； 2. -2。

三、解答题

1. (1) 不存在；   (2) 1；   (3) 2；   (4) 1。

2. 图像略；(1) 0；   (2) 1；   (3) 不存在；   (4) 2。

3. 略。

4. (1) $x=1$；   (2) $x=0$；   (3) $x=-2$；   (4) $x=k\pi,k$ 为整数。

5. (1) $y=0$；   (2) $y=0,y=\pi$；   (3) $y=1$；   (4) $y=0$。

B 组

1. 图像略；(1) -3；   (2) -3；   (3) -3；   (4) ∞；

(5) ∞；   (6) $+\infty$；   (7) 0；   (8) 不存在。

2. (1) 1；   (2) e。

3. (1) $A(x)=\dfrac{51x+830000}{x}$；

(2) $\lim\limits_{x\to+\infty}A(x)=51$，随着生产量的增加，平均成本中的固定成本部分降为零。

习题 2.3

A 组

一、选择题

1. C；   2. A；   3. D；   4. C；   5. B；   6. C；   7. D。

二、解答题

1. (1) 13；   (2) 500；   (3) -9；   (4) 2；   (5) 2；   (6) $\dfrac{3}{7}$；

(7) $\dfrac{1}{2}$；   (8) 0；   (9) ∞；   (10) 2；   (11) $\dfrac{1}{2}$；   (12) $\dfrac{1}{4}$；

(13) 27；   (14) $2x$；   (15) $-\dfrac{2}{a^3}$；   (16) $\dfrac{1}{4}$；   (17) -1；   (18) 1。

2. 存在,为 1。

3. 不存在,图像略。

B 组

1. 5。

2. (1) 0；   (2) 0。

3. $a=-1,b=-2$。

4. 2。

5. (1) $G(t)=\dfrac{\sqrt{36t^2+0.7t+273}}{0.3t+1200}$ 千美元/人；   (2) $\lim\limits_{t\to+\infty}G(t)=20000$ 美元/人。

6. 无水平渐近线,竖直渐近线为 $x=-1$,斜渐近线为 $y=x-1$。

习题 2.4

A 组

1. 略。

2. (1) 可取 $\delta=0.2$；   (2) 可取 $\delta=0.1$；   (3) 可取 $\delta=0.02$。

3. 略。

4. (1) -3；   (2) 可以得出 $\lim\limits_{x\to0}\dfrac{\sin x}{x}=1$。

B 组

1. 提示：对于任意实数 x,y，有 $||x|-|y||\leqslant|x-y|$。

2. 略。

3. (1) 略； (2) 略。

4. (1) 证明：对于任意的 $\varepsilon>0$，要使 $|x^2-3x-10|=|x-5||x+2|<\varepsilon$，为保留因式 $|x-5|$，将因式 $|x+2|$ 放大，为此加限制条件 $0<|x-5|<1$，从而得 $|x+2|<8$。于是，$|x^2-3x-10|=|x-5||x+2|<8|x-5|<\varepsilon$，取 $\delta=\min\left\{1,\dfrac{\varepsilon}{8}\right\}$，当 $0<|x-5|<\delta$ 时，有不等式 $|x^2-3x-10|=|x-5||x+2|<\varepsilon$ 成立，从而 $\lim\limits_{x\to 5}(x^2-3x)=10$；

   (2) 提示：$|\sqrt{x-6}-2|=\left|\dfrac{x-10}{\sqrt{x-6}+2}\right|$，加限制条件 $0<|x-10|<1$，得 $\sqrt{x-6}>2$。

5. 证明：$\lim\limits_{x\to x_0}f(x)=A$，对于 $\varepsilon=1$，一定存在正数 δ，使得当 $0<|x-x_0|<\delta$ 时，$|f(x)-A|<1$（因为取 $\varepsilon=1$），即 $|f(x)|-|A|\leqslant|f(x)-A|<1$，从而 $|f(x)|<|A|+1$，取 $M=|A|+1$，即得证。

习题 2.5

A 组

一、选择题

1. B； 2. D； 3. D； 4. C； 5. D。

二、计算题

1. (1) $\dfrac{1}{3}$； (2) 1； (3) 1； (4) $\dfrac{2}{5}$；

(5) 0； (6) $\dfrac{1}{3}$； (7) 0； (8) $-\dfrac{1}{2}$。

2. (1) $\sqrt{e}$； (2) e^{-2}； (3) e^{-2}； (4) e^3；

(5) e^{-5}； (6) 1，提示：$1-\dfrac{1}{n^2}=\left(1+\dfrac{1}{n}\right)\left(1-\dfrac{1}{n}\right)$。

B 组

1. (1) 1； (2) $\dfrac{1}{2}$； (3) x； (4) e^{-2}；

2. $k=-\dfrac{3}{2}$。

3. e^{-1}。

习题 2.6

A 组

一、选择题

1. B； 2. B； 3. D； 4. C； 5. A。

二、解答题

1. (1) $\dfrac{2}{5}$； (2) 2； (3) $\dfrac{1}{3}$； (4) $\dfrac{1}{2}$；

(5) $\dfrac{1}{2}$； (6) $\dfrac{1}{2}$； (7) $\dfrac{1}{e}$； (8) e^2。

2. $a=1,b$ 为任意实数。

3. 图像略；在 $x=0$ 附近,有近似等式:

(1) $\sin x \approx x$; （2) $e^x-1 \approx x$; （3) $\ln(1+x) \approx x$; （4) $1-\cos x \approx \dfrac{1}{2}x^2$。

B 组

1. 无穷小按阶数从低到高的顺序为: $\sqrt[3]{x}, x-x^2, 1-\cos 4x, x \cdot \tan^2 x$。

2. $2 < \alpha < 4$。

3. 提示:利用牛顿二项式定理,证明 $\lim\limits_{x \to 0} \dfrac{(1+x)^n-1}{nx}=1$。

4. 提示:利用夹挤定理。

习题 2.7

A 组

一、选择题

1. C; 　2. C; 　3. C; 　4. B; 　5. C。

二、解答题

1. 在 $x=1$ 处不连续,在 $x=2$ 处连续,在 $x=3$ 处不连续。

2. (1) 不连续,可去间断点(或第一类间断点);

(2) 不连续,可去间断点(或第一类间断点);

(3) 不连续,无穷间断点(或第二类间断点);

(4) 不连续,跳跃间断点(或第一类间断点)。

3. (1) 连续; 　（2) 不连续; 　（3) 连续; 　（4) 不连续。

4. (1) $x \neq \pm 1$,或 $(-\infty,-1) \cup (-1,1) \cup (1,+\infty)$; 　　　　(2) $\left[\dfrac{2}{3},+\infty\right)$;

(3) $(-\infty,+\infty)$; 　　　　(4) $[0,1]$。

5. (1) $\dfrac{1}{9}e^3$; 　（2) $\ln 3$; 　（3) $\dfrac{\pi}{4}$; 　（4) $\dfrac{3}{2}$。

6. $a=0$。

7. $a=1, b=2$。

B 组

1. (1) 略; 　　（2) 略。

2. (1) 1; 　　（2) $\dfrac{\pi}{6}$; 　　（3) 0; 　　（4) 1。

3. (1) $f_1(x)=\begin{cases} f(x), & x \neq -2, \\ 12, & x=-2; \end{cases}$ 　　(2) $g_1(x)=\begin{cases} g(x), & x \neq 0, \\ 1, & x=0。 \end{cases}$

习题 2.8

A 组

一、选择题

1. D; 2. B; 3. C。

二、解答题

1. 略。

2. 提示:令 $F(x)=f(x)-7$,则 $F(2)=f(2)-7>0$。假设 $f(3)<7$,于是有 $F(3)=f(3)-7<0$,利用零点定理,得出方程 $f(x)=7$ 在 $(2,3)$ 内至少有一个根,与方程 $f(x)=7$ 只有两个根 $x=1, x=4$ 矛盾。

3. 提示: 构造 $g(x)=e^x-2-x$。

B组

1. 两个问题均不一定, 可举例说明, 例如 $f(x)=\begin{cases} -1, & x=0, \\ x, & 0<x<1, \\ 2, & x=1。 \end{cases}$

2. 提示: 令 $f(p)=D(p)-S(p)$, 利用零点定理。

复习题 2

一、判断题

1. 对;　2. 对;　3. 错;　4. 对;　5. 错;　6. 错;　7. 错;　8. 对;

9. 对;　10. 错;　11. 错;　12. 错;　13. 错;　14. 对;　15. 错;　16. 错;

17. 对;　18. 对;　19. 错;　20. 对。

二、选择题

1. B;　2. D;　3. C;　4. C;　5. C;　6. D;　7. C;　8. C。

三、解答题

1. (1) $\dfrac{1}{4}$;　(2) $\dfrac{1}{2}$;　(3) $\dfrac{1}{3}$;　(4) $\dfrac{1}{2}$;　(5) 1;　(6) 0;　(7) $\dfrac{1}{e}$;　(8) 0。

2. (1) 1;　(2) $\dfrac{2}{3}$;　(3) $\dfrac{1}{2}$;　(4) 4;　(5) 3;　(6) $\dfrac{5}{3}$;

(7) $\dfrac{3}{8}$;　(8) $\dfrac{1}{3}$;　(9) e^a;　(10) -1;　(11) $\dfrac{1}{2}$;　(12) e^n。

3. (1) 0;　(2) 6;　(3) $\dfrac{1}{2\sqrt{x}}$;　(4) $3x^2$;

(5) $-\dfrac{1}{x^2}$;　(6) $\dfrac{1}{x}$;　(7) $3^x \ln 3$;　(8) $\cos x$。

4. -2。

5. (1) $\lim\limits_{x\to 0^-} f(x)=-1$, $\lim\limits_{x\to 0^+} f(x)=0$, $\lim\limits_{x\to 0} f(x)$ 不存在;

(2) $\lim\limits_{x\to 2^-} f(x)=2$, $\lim\limits_{x\to 2^+} f(x)=2$, $\lim\limits_{x\to 2} f(x)=2$;

(3) 在点 $x=0$ 处不连续, 在点 $x=2$ 处连续。

6. (1) $a=b+1$;　(2) $a=2, b=1$。

7. $a=0, b=-4$。

8. (1) $t=9\min$;　(2) 提示: 利用介值定理。

第 3 章

习题 3.1

A组

一、选择题

1. D;　2. B;　3. B;　4. A;　5. D;　6. C;　7. D;　8. A。

二、填空题

1. $(2,4)$;　2. $-9!$;　3. 0;　4. $f(0)=0, f'(0)=4$;　5. $x=1$。

三、解答题

1. (1) $f'(x)=3$;　(2) $f'(x)=3x^2-3$;

(3) $f'(x)=\dfrac{1}{2\sqrt{x+1}}$;　　　(4) $f'(x)=\begin{cases}3x^2, & x>0, \\ 0, & x=0, \\ -3x^2, & x<0。\end{cases}$

2. (1) $y'=6x^5$;　　(2) $y'=-\dfrac{2}{x^3}$;　　(3) $y'=\dfrac{7}{3}x^{\frac{4}{3}}$;　　(4) $y'=-\dfrac{2}{3}x^{-\frac{5}{3}}$。

3. (1) 切线方程 $y=x+1$,法线方程 $y=-x+1$;

(2) 切线方程 $y=-\dfrac{\sqrt{3}}{2}x+\dfrac{\sqrt{3}}{6}\pi+\dfrac{1}{2}$,法线方程 $y=\dfrac{2\sqrt{3}}{3}x-\dfrac{2\sqrt{3}}{9}\pi+\dfrac{1}{2}$;

(3) 切线方程 $y=-\dfrac{1}{4}x+1$,法线方程 $y=4x-\dfrac{15}{2}$;

(4) 切线方程 $y=\dfrac{1}{6}x+\dfrac{3}{2}$,法线方程 $y=-6x+57$。

4. (1) $a=-2$;

(2) 当 $-\infty<a<0$ 时,$f'(a)=-\dfrac{2}{a^3}>0$,且 $\lim\limits_{a\to-\infty}f'(a)=0$,$\lim\limits_{a\to 0^-}f'(a)=+\infty$,随着 a 的增加,斜率增加,接近 y 轴时,斜率无限增加;当 $0<a<+\infty$ 时,$f'(a)=-\dfrac{2}{a^3}<0$,且 $\lim\limits_{a\to 0^+}f'(a)=-\infty$,$\lim\limits_{a\to+\infty}f'(a)=0$,随着 a 的增加,斜率的绝对值减少。

5. $(5x^2)'=5(x^2)'=10x$,$\left(\dfrac{1}{3}\cos x\right)'=\dfrac{1}{3}(\cos x)'=-\dfrac{1}{3}\sin x$。

6. $a=2,b=-1$。

7. $a=-1,b=0$。

8. (1) $f(x)$ 在 $x=0$ 处连续,但不可导;　　(2) $f(x)$ 在 $x=1$ 处连续,且可导;

(3) $f(x)$ 在 $x=1$ 处不连续,所以不可导;　　(4) $f(x)$ 在 $x=0$ 处不连续,所以不可导。

9. $A'(4)=8\pi$。

10. (1) 平均速度 $\bar{v}=12.0601$;　　　　(2) 瞬时速度 $v=12$。

11. (1) $h'(t)=4.4-9.8t$,$h'(0)=4.4(\text{m/s})$;

(2) $t=\dfrac{44}{98}\approx 0.449$ 时,$h'(t)=0$,所跳的高度达到最大,为 $h(0.449)\approx 0.988\text{m}$;

(3) $t=\dfrac{44}{49}\approx 0.898\text{s}$ 时,回到初始高度,此时速度为 -4.4m/s。

12. (1) $y=-nx+n-1$;　　　　　　(2) $\lim\limits_{n\to\infty}a_n=1$,$\lim\limits_{n\to\infty}f(a_n)=-\dfrac{1}{\mathrm{e}}$。

B 组

1. (1) $f(x)=\sqrt{x}$,$x_0=9$,极限为 $\dfrac{1}{6}$;　　　　(2) $f(x)=\sin 5x$,$x_0=0$,极限为 5;

(3) $f(x)=x^2+2x$,$x_0=-3$,极限为 -4;　　(4) $f(x)=3^x$,$x_0=4$,极限为 $3^4\ln 3$。

2. (1) $\dfrac{1}{2}a$;　　(2) $2a$;　　(3) a;　　(4) $-a$。

3. 极限为 1;提示:$f(0)=0$,$\dfrac{f(3x)-2f(x)}{x}=\dfrac{f(3x)-f(0)}{x}-\dfrac{2[f(x)-f(0)]}{x}$。

4. 提示:利用导数定义,$f(x)$ 在 $x=0$ 可导,且导数为 0。

5. (1) 在点 $x=1$ 处不可导,也无竖直切线;

(2) 在点 $x=1$ 处不可导,$f'(1)=+\infty$,有竖直切线。

6. 提示:利用导数定义,若 $f(x)$ 为可导的奇函数,证明 $f'(x)=f'(-x)$;若 $f(x)$ 为可导的偶函数,证明 $f'(x)=-f'(-x)$。

7. 证明略；利用公式得，$(x^2\sin x)'=x^2\cos x+2x\sin x$，$(x^2\ln x)'=x+2x\ln x$。

8. (1) $f(0)=0$；　　　　(2) $f'(0)=3$；　　　　(3) $f'(x)=3+2x$。

9. 提示：求曲线上任意一点(x_0,y_0)处的切线方程，并求该切线在两坐标轴上的截距。

习题 3.2

A 组

一、判断题

1. 错；　2. 错；　3. 错；　4. 错；　5. 对；　6. 对；　7. 错；

8. 对；　9. 对；　10. 错；　11. 错；　12. 对；　13. 对；　14. 对。

二、填空题

1. $2x_0\cos x_0^2$；　　　　2. $f\left(\dfrac{1}{x}\right)-\dfrac{1}{x}f'\left(\dfrac{1}{x}\right)$；　　　　3. 1；　　　4. 5；

5. $\dfrac{\sqrt{1-y^4}}{2y}$；　　　　6. $\dfrac{e}{2}$；　　　　7. $(1,3)$，$\left(\dfrac{3}{2},\dfrac{13}{4}\right)$；　　　　8. $\dfrac{1}{2e}$。

三、解答题

1. (1) $y'=x(2\ln x+1)$；　　　　(2) $y'=e^x(3\sin 2x+\cos 2x)$；

(3) $y'=\dfrac{1-\ln x}{x^2}$；　　　　(4) $y'=2x-\dfrac{3}{x^2}+\dfrac{4}{x^3}$；

(5) $f'(x)=20(x^2-3x)^{19}(2x-3)$；　　　　(6) $y'=\dfrac{2x}{3\sqrt[3]{(x^2+1)^2}}$；

(7) $g'(t)=\dfrac{15t^2}{(3-t^3)^6}$；　　　　(8) $g'(t)=-\dfrac{t}{(t^2+1)\sqrt{t^2+1}}$；

(9) $y'=e^{3x}(3x^2-4x+7)$；　　　　(10) $y'=\sec^2 x\,10^{\tan x}\ln 10$；

(11) $y'=\dfrac{2x}{x^2+1}$；　　　　(12) $y'=\dfrac{e^x-e^{-x}}{e^x+e^{-x}}$；

(13) $y'=\dfrac{2}{3+2x}$；　　　　(14) $y'=-\tan x$；

(15) $y'=\dfrac{1}{\sqrt{a^2-x^2}}$；　　　　(16) $y'=-\dfrac{1}{\sqrt{x-x^2}}$；

(17) $y'=\dfrac{1}{2\sqrt{x}(1+x)}$；　　　　(18) $y'=\ln 2(2^x\cos 2^x+2^{\sin x}\cos x)$；

(19) $y'=2x\cos x^2+\sin 2x$；　　　　(20) $y'=\dfrac{3}{x}\left(\ln^2 x-\dfrac{1}{\ln^4 x}\right)$；

(21) $y'=\dfrac{1}{2(1+\sqrt{x})}$；　　　　(22) $y'=\dfrac{1}{\sqrt{a^2+x^2}}$；

(23) $y'=2\sec^2(\sin 2x)\cos 2x$；　　　　(24) $y'=2\pi\sec^2(\pi x)\tan\pi x$；

(25) $y'=-\sin(\cos(\cos x))\sin(\cos x)\sin x$；　　　　(26) $y'=\dfrac{1}{x\ln x\ln(\ln x)}$。

2. (1) $\dfrac{\mathrm{d}y}{\mathrm{d}x}=\dfrac{1}{y}$；　　　(2) $\dfrac{\mathrm{d}y}{\mathrm{d}x}=-\dfrac{b^2 x}{a^2 y}$；　　　(3) $\dfrac{\mathrm{d}y}{\mathrm{d}x}=\dfrac{y}{y-x}$；　　　(4) $\dfrac{\mathrm{d}y}{\mathrm{d}x}=\dfrac{x^2-6y}{6x-y^2}$；

(5) $\dfrac{\mathrm{d}y}{\mathrm{d}x}=-\dfrac{e^y}{1+xe^y}$；　　　(6) $\dfrac{\mathrm{d}y}{\mathrm{d}x}=\dfrac{y-e^{x+y}}{e^{x+y}-x}$；　　　(7) $\dfrac{\mathrm{d}y}{\mathrm{d}x}=-\dfrac{y}{x}$；　　　(8) $\dfrac{\mathrm{d}y}{\mathrm{d}x}=\dfrac{y-1}{\cos y-x}$；

(9) $\dfrac{\mathrm{d}y}{\mathrm{d}x}=-\sqrt{\dfrac{y}{x}}$；　　　(10) $\dfrac{\mathrm{d}y}{\mathrm{d}x}=-\sqrt[3]{\dfrac{y}{x}}$。

3. (1) $y' = 2x(x^2+1)^{\frac{1}{3}}(x^2+2)^{\frac{1}{5}}\left[\dfrac{1}{3(x^2+1)} + \dfrac{1}{5(x^2+2)}\right]$;　　　(2) $y' = \dfrac{12x(x^2+1)^5}{(x^2+2)^7}$;

(3) $y' = \dfrac{1}{2}\sqrt{\dfrac{x^2-3x}{2x-3}}\dfrac{2x^2-6x+9}{(x^2-3x)(2x-3)}$;　(4) $y' = \dfrac{1}{2x-3}\sqrt{2x-3}\,\mathrm{e}^{x^2-3x}(4x^2-12x+10)$;

(5) $y' = \dfrac{x^{\sqrt{x}}}{\sqrt{x}}\left(\dfrac{1}{2}\ln x + 1\right)$;　　　　　　(6) $y' = (\sin x)^{\cos x}(\cos x\cot x - \sin x\ln\sin x)$。

4. (1) $\dfrac{\mathrm{d}y}{\mathrm{d}x} = \dfrac{3}{2}(1+t)$;　　(2) $\dfrac{\mathrm{d}y}{\mathrm{d}x} = \dfrac{2t^3}{t^2+1}$;　　(3) $\dfrac{\mathrm{d}y}{\mathrm{d}x} = \tan t$;　　(4) $\dfrac{\mathrm{d}y}{\mathrm{d}x} = -\dfrac{1}{2t}$。

5. (1) 切线方程为 $y = -\dfrac{3}{4}x + \dfrac{25}{4}$,或 $3x+4y-25=0$;法线方程为 $y = \dfrac{4}{3}x$,或 $4x-3y=0$;

(2) 切线方程为 $y = x + \dfrac{2-\pi}{4}$,或 $4x-4y+2-\pi=0$;法线方程为 $y = -x + \dfrac{2+\pi}{4}$,或 $4x+4y-2-\pi=0$;

(3) 切线方程为 $y = -\dfrac{1}{2}x + 1$,或 $x+2y-2=0$;法线方程为 $y = 2x - \dfrac{3}{2}$,或 $4x-2y-3=0$;

(4) 切线方程为 $y = x$,或 $x-y=0$;法线方程为 $y = -x$,或 $x+y=0$。

6. $\dfrac{x_0 x}{a^2} + \dfrac{y_0 y}{b^2} = 1$。

7. 切线斜率 $y'\Big|_{\substack{x=2 \\ y=2}} = \dfrac{29}{48}$。

8. 提示:曲线与 x 轴的两个交点为 $(-3,0)$ 和 $(3,0)$,利用隐函数求导,可求出这两个交点处的切线斜率相等。

9. 曲线在点 $\left(\dfrac{\sqrt{3}}{4}, \dfrac{\sqrt{3}}{2}\right)$ 和点 $\left(\dfrac{\sqrt{3}}{4}, \dfrac{1}{2}\right)$ 处的切线斜率分别为 -1 和 $\sqrt{3}$。

10. $(-2,-4)$ 和 $\left(\dfrac{16}{27}, \dfrac{29}{9}\right)$。

B 组

1. 提示:利用复合函数求导法则证明即可。

2. $x=2k\pi, x=2k\pi+\dfrac{2}{3}\pi, x=2k\pi+\dfrac{4}{3}\pi$,其中 k 为整数。

3. $u'(1)=30, v'(1)=36$。

4. $r'(1)=120$。

5. (1) $\dfrac{\mathrm{d}y}{\mathrm{d}x} = -\tan\theta$;

(2) 点 $(a,0)$ 和 $(-a,0)$ 处有水平切线,点 $(0,a)$ 和 $(0,-a)$ 处有竖直切线;

(3) 点 $\left(-\dfrac{\sqrt{2}}{4}a, \dfrac{\sqrt{2}}{4}a\right)$ 及 $\left(\dfrac{\sqrt{2}}{4}a, -\dfrac{\sqrt{2}}{4}a\right)$ 处的切线斜率等于 1,点 $\left(\dfrac{\sqrt{2}}{4}a, \dfrac{\sqrt{2}}{4}a\right)$ 及 $\left(-\dfrac{\sqrt{2}}{4}a, -\dfrac{\sqrt{2}}{4}a\right)$ 处的切线斜率等于 -1;

(4) 提示:求任意一点处的切线在两个坐标轴上的截距,求得切线被坐标轴所截的线段等于 a。

6. 提示:求出曲线在任一点处的法线方程,再计算该法线到原点的距离。

习题 3.3

A 组

一、选择题

1. D;　2. D;　3. B;　4. D;　5. C。

二、填空题

1. $y''' = 24(1+x)$，$y^{(4)} = 4! = 24$，$y^{(5)} = 0$；　　2. $y''|_{x=0} = 2$；　　3. $f''(1) = \dfrac{2}{e}$；

4. $y' = \cos x$，$y'' = -\sin x$，$y''' = -\cos x$，$y^{(4)} = \sin x$，$y^{(k)} = \sin\left(x + k \cdot \dfrac{\pi}{2}\right)$。

三、解答题

1. (1) $f'''(x) = 72x - 24$；　　(2) $f''(x) = -2e^x \sin x$；　　(3) $f''(x) = \dfrac{3\ln x (2 - \ln x)}{x^2}$；

(4) $f^{(4)}(x) = (-4+x)e^{-x}$，$f^{(n)}(x) = (-1)^{n-1}(n-x)e^{-x}$。

2. (1) $\dfrac{d^2 y}{dx^2} = -\dfrac{81}{16 y^3}$；　　　(2) $\dfrac{d^2 y}{dx^2} = \dfrac{2[\cos^2(x+y) + 2x^2 \sin(x+y)]}{\cos^3(x+y)}$。

3. (1) $\dfrac{d^2 y}{dx^2} = -\dfrac{1}{4t^3}$；　　　(2) $\dfrac{d^2 y}{dx^2} = \dfrac{2}{e^t(\cos t - \sin t)^3}$。

4. $y'' = -c_1 \sin x - c_2 \cos x$。

5. 加速度为 $a(t) = \dfrac{d^2 s}{dt^2} = -A\omega^2 \sin\omega t$。

6. 速度 $s'(t) = 6t^2 - 6t + 4$，加速度 $s''(t) = 12t - 6$。

B 组

1. (1) $y'' = 2f'(x^2) + 4x^2 f''(x^2)$；　　　　(2) $y'' = (\ln 2)^2 2^x [f'(2^x) + 2^x f''(2^x)]$；

(3) $y'' = \dfrac{2}{x^3} f'\left(\dfrac{1}{x}\right) + \dfrac{1}{x^4} f''\left(\dfrac{1}{x}\right)$；　　　　(4) $y'' = -\sin x f'(\sin x) + \cos^2 x f''(\sin x)$。

2. (1) $y^{(n)} = \alpha(\alpha-1)(\alpha-2)\cdots(\alpha-n+1)(1+x)^{\alpha-n}$；

(2) $y^{(n)} = (-1)^n n! \left[\dfrac{1}{x^{n+1}} - \dfrac{1}{(1+x)^{n+1}}\right]$。

3. 提示：$y' = (1-x^2)^{-\frac{1}{2}}$，$y'' = x(1-x^2)^{-\frac{3}{2}}$。

4. $a = -1$，$b = 1$，$c = 0$。

5. (1) $P'(4) = 84$；　　　(2) $P''(4) = 0$。

习题 3.4

A 组

一、判断题

1. 错；　2. 对；　3. 错；　4. 对；　5. 对；　6. 错；　7. 对；　8. 错。

二、选择题

1. C；　2. C；　3. D；　4. D；　5. C。

三、解答题

1. (1) $dy = (1+x)e^x dx$；　　　　　(2) $dy = \sec t \cdot \tan t \cdot (1 - 2\sec t)dt$；

(3) $dy = 15(1+3t)^4 dt$；　　　　　(4) $dy = \dfrac{x}{\sqrt{a^2 + x^2}} dx$；

(5) $dy = -2x \tan x^2 dx$；　　　　　(6) $dy = -\dfrac{4\csc^2 x \cdot \cot x}{3\sqrt[3]{(\csc^2 x + \cot^2 x)^2}} dx$；

(7) $dy = -\dfrac{e^{-x}}{\sqrt{1 - e^{-2x}}} dx$；　　　　　(8) $dy = -\dfrac{2x}{2 - 2x^2 + x^4} dx$。

2. (1) $\Delta y = -0.1$，$dy = -0.1$，$\Delta y - dy = 0$；

(2) $\Delta x=0.01$ 时，$\Delta y=0.0801$，$dy=0.08$，$\Delta y-dy=0.0001$；$\Delta x=1$ 时，$\Delta y=9$，$dy=8$，$\Delta y-dy=1$；

(3) $\Delta y=0.1$，$dy=0.1025$，$\Delta y-dy=-0.0025$；

(4) $\Delta y=\ln2$，$dy=1$，$\Delta y-dy=\ln2-1\approx0.6931-1=-0.3069$。

3. (1) $(0.998)^5\approx1-5\times0.002=0.99$；　　(2) $\sqrt[3]{8.024}\approx2\left(1+\dfrac{1}{3}\times0.003\right)=2.002$；

(3) $e^{-0.02}\approx1-0.02=0.98$；　　　　　　(4) $\tan2°=\tan\dfrac{\pi}{90}\approx\dfrac{\pi}{90}\approx0.0349$。

4. $f(x)\approx\dfrac{25}{3}-\dfrac{4}{3}x$，$f(3.96)\approx\dfrac{25}{3}-\dfrac{4}{3}\times3.96\approx3.053$，$f(4.02)\approx\dfrac{25}{3}-\dfrac{4}{3}\times4.02\approx2.973$。

5. $\tan x\approx1+2\left(x-\dfrac{\pi}{4}\right)$，$\tan47°=\tan\left(\dfrac{\pi}{4}+\dfrac{\pi}{90}\right)\approx1+2\times\dfrac{\pi}{90}\approx1.0698$。

6. 最大误差约为 135cm^3。

7. 大约需要再投入 5 个工时。

B组

1. (1) $dy=\dfrac{\sin(x-y)}{\sin(x-y)-e^y}dx$；　　　　(2) $dy=\dfrac{\sqrt{y}(x-y)}{1+x\sqrt{y}}dx$；

(3) $dy=\dfrac{x^2+y^2-2x}{x^2+y^2+2y}dx$；　　　　(4) $dy=-\dfrac{1-y-y(x+y)^2}{1-x-x(x+y)^2}dx$。

2. $f(x)$ 在点 $x=0$ 处的线性近似为 $f(x)\approx2+\dfrac{4}{3}x=(1+x)+\left(1+\dfrac{1}{3}x\right)$，等于 $g(x)$ 与 $h(x)$ 在点 $x=0$ 处的线性近似之和；可以推广到一般情况。

3. (1) 树的直径近似增加了 $\dfrac{5}{\pi}\approx1.592\text{cm}$；　　(2) 树的截面积近似增加了 100cm^2。

4. (1) $a_0=f(x_0)$，$a_1=f'(x_0)$，$a_2=\dfrac{f''(x_0)}{2}$；

(2) $e^x\approx1+x+\dfrac{x^2}{2}$，$\dfrac{1}{1+x}\approx1-x+x^2$；

(3) 线性近似：$e^{0.2}\approx1+0.2=1.02$，$\dfrac{1}{1.02}\approx1-0.02=0.98$，二次近似：$e^{0.2}\approx1+0.2+\dfrac{1}{2}\times0.2^2=1.022$，$\dfrac{1}{1.02}\approx1-0.02+0.02^2=0.9804$；用计算器计算的值为 $e^{0.2}\approx1.221403$，$\dfrac{1}{1.02}\approx0.980392$，可以看出，二次近似对函数的近似更好；

(4) $f(x)$ 在点 $x=x_0$ 处的三次近似函数为

$$p(x)=f(x_0)+f'(x_0)(x-x_0)+\dfrac{f''(x_0)}{2!}(x-x_0)^2+\dfrac{f'''(x_0)}{3!}(x-x_0)^3；$$

$f(x)$ 在点 $x=x_0$ 处的 n 次近似函数为

$$p(x)=f(x_0)+f'(x_0)(x-x_0)+\dfrac{f''(x_0)}{2!}(x-x_0)^2+\cdots+\dfrac{f^{(n)}(x_0)}{n!}(x-x_0)^n。$$

复习题3

一、判断题

1. 错；　2. 错；　3. 对；　4. 对；　5. 错；　6. 对；　7. 错；　8. 错；

9. 错；　10. 错；　11. 错；　12. 对；　13. 对；　14. 对；　15. 错；　16. 对。

二、填空题

1. 5；　2. 3；　3. 5；　4. $2e^2$；　5. $\dfrac{x^3}{9}$；　6. $\dfrac{1}{\sqrt{x^2+1}}$，$-x(x^2+1)^{-\frac{3}{2}}$；

7. $-\pi$;   8. $-x^2+C$(C 为任意常数);   9. $y=\dfrac{4}{3}x-\dfrac{7}{6}\sqrt{2}$,或 $8x-6y-7\sqrt{2}=0$;

10. $\dfrac{\sec^2 x}{1+\tan x}\mathrm{d}x$;   11. 1;   12. $f'(x_0)$;   13. 2;   14. $\sqrt[4]{x}$,81,$\dfrac{1}{108}$。

三、解答题

1. (1) $y'=\dfrac{1}{2\sqrt{x}}-\dfrac{1}{x^2}$;   (2) $y'=-3\sin 2x$;   (3) $y'=\dfrac{\mathrm{e}^x}{1+\mathrm{e}^{2x}}$;

(4) $y'=0$;   (5) $y'=\dfrac{(2x+1)^2(3x^2+2x-1)}{(x^2+x)^2}$;   (6) $y'=\dfrac{3}{3x-5}-\dfrac{3x^2+3}{x^3+3x}$;

(7) $y'=\sin 2x(\mathrm{e}^{\sin^2 x}-\mathrm{e}^{\cos^2 x})$;   (8) $y'=\dfrac{1}{2\sqrt{x+\sqrt{x+\sqrt{x}}}}\left[1+\dfrac{1}{2\sqrt{x+\sqrt{x}}}\left(1+\dfrac{1}{2\sqrt{x}}\right)\right]$;

(9) $y'=\dfrac{3(t+1)^2(2-2t-t^2)}{(t^2-t+1)^4}$;   (10) $y'=\dfrac{2x-y\cos(xy)}{2y+x\cos(xy)}$。

2. $f'(x)=\begin{cases}1+2x\cos x^2, & x<0,\\ 1, & x=0,\\ \dfrac{1}{1+x}, & x>0,\end{cases}$ 即 $f'(x)=\begin{cases}1+2x\cos x^2, & x<0,\\ \dfrac{1}{1+x}, & x\geq 0。\end{cases}$

3. 不可导,因为该函数在点 $x=0$ 处的左右导数不相等。

4. $f(x_0)-x_0 f'(x_0)$。

5. $\dfrac{\mathrm{d}y}{\mathrm{d}x}=-\dfrac{x^3}{y^3}$,$\dfrac{\mathrm{d}^2 y}{\mathrm{d}x^2}=-\dfrac{48x^2}{y^7}$。

6. 所有水平切线方程为 $y=0$、$y=-1$ 及 $y=243$。

7. 切线方程为 $y=-\dfrac{5}{4}x+\dfrac{13}{4}$,或 $5x+4y-13=0$。

8. 切线方程为 $\dfrac{x_0 x}{a^2}-\dfrac{y_0 y}{b^2}=1$。

9. $y'=\mathrm{e}^x(\cos\mathrm{e}^x-\sin\mathrm{e}^x)$,$y''=\mathrm{e}^x(\cos\mathrm{e}^x-\sin\mathrm{e}^x)-\mathrm{e}^{2x}(\sin\mathrm{e}^x+\cos\mathrm{e}^x)$。

10. $f(x)\approx -4+3(x-2)$,$f(1.97)\approx -4.09$,$f(2.03)\approx -3.91$。

11. (1) 体积关于半径的变化率为 $2\pi rh$;(2) 体积关于高的变化率为 πr^2。

12. $f'\left(\dfrac{\pi}{4}\right)=4$,提示:$f(x)=(\tan t)'|_{t=x}=\sec^2 x$,$f'(x)=(\sec^2 x)'=2\sec^2 x\tan x$。

13. 1,提示:$\lim\limits_{x\to 1}\dfrac{\arctan x-\arctan 1}{\sqrt{x}-1}=\lim\limits_{x\to 1}\dfrac{\arctan x-\arctan 1}{x-1}\Big/\lim\limits_{x\to 1}\dfrac{\sqrt{x}-1}{x-1}$。

14. 提示:$\lim\limits_{x\to c}\dfrac{f(x)}{g(x)}=\lim\limits_{x\to c}\dfrac{f(x)-f(c)}{g(x)-g(c)}=\lim\limits_{x\to c}\dfrac{f(x)-f(c)}{x-c}\Big/\lim\limits_{x\to c}\dfrac{g(x)-g(c)}{x-c}$。

第 4 章

习题 4.1

A 组

1. (1) 满足,$c=\dfrac{3}{2}$;   (2) 不满足;   (3) 不满足;   (4) 不满足。

2. (1) 满足,$c=\dfrac{3}{2}$;   (2) 不满足;   (3) 不满足;   (4) 满足,$c=\mathrm{e}-1$。

3. $6.03<f(2.1)<6.04$。

4. 提示：令 $f(x)=\arctan x$，在区间 $[0,x]$ 上利用拉格朗日中值定理。

5. 提示：令 $f(x)=x^5-5x+1$，在区间 $[0,1]$ 上利用零点定理证明根的存在性，利用罗尔定理证明根的唯一性。

6. 提示：位移的导数为速度，速度的导数为加速度，在区间 $[0,15]$ 上利用拉格朗日中值定理给出说明。

B 组

1. 提示：令 $g(x)=a_0x+\dfrac{a_1}{2}x^2+\cdots+\dfrac{a_n}{n+1}x^{n+1}$，在区间 $[0,1]$ 上利用罗尔定理。

2. 提示：(1) 在区间 $[x,x_0]$ 和 $[x_0,x]$ 上利用拉格朗日中值定理。

(2) $f'_-(0)=0, f'_+(0)=1$。

3. 提示：利用拉格朗日中值定理的推论 2。

4. 提示：令 $F(x)=\dfrac{f(x)}{x}, G(x)=\dfrac{1}{x}$，在 $[a,b]$ 上利用柯西中值定理。

5. 提示：位移的导数为速度，利用拉格朗日中值定理给出说明。

6. 提示：用 $f(x)$ 和 $g(x)$ 分别表示该段时间内动车和小汽车的位移函数，因为位移的导数为速度，利用柯西中值定理。

习题 4.2

A 组

一、选择题

1. D；　2. C。

二、解答题

1. (1) 2；　(2) $\dfrac{1}{10}$；　(3) $-\dfrac{2}{3}$；　(4) 0；　(5) $\dfrac{1}{3}$；　(6) 1；

(7) -1；　(8) 1；　(9) 0；　(10) 1；　(11) 1；　(12) e^2。

2. $k=4$。

B 组

1. (1) 略；(2) 不矛盾，因为 $\lim\limits_{x\to 0}\dfrac{f(x)}{g(x)}$ 并不是 $\dfrac{0}{0}$ 型。

2. $-\dfrac{1}{6}$，提示：结合等价无穷小替换和洛必达法则求解。

3. -1，提示：通分之后，结合等价无穷小替换和洛必达法则求解。

4. 提示：$\lim\limits_{x\to+\infty}\dfrac{x+\sin x}{2x+\cos x}=\dfrac{1}{2}$，但 $\lim\limits_{x\to+\infty}\dfrac{1+\cos x}{2-\sin x}$ 极限不存在。

5. $k=1$，提示：通分之后，结合等价无穷小替换和洛必达法则求解。

习题 4.3

A 组

一、选择题

1. B；　2. C；　3. D；　4. D。

二、填空题

1. 1,2；　2. 2,大；　3. 大,小。

三、解答题

1. (1) 函数在 $[1,2]$ 上单调减少，在 $(-\infty,1]$ 或 $[2,+\infty)$ 上单调增加；

(2) 函数在 $(-1,0]$ 上单调减少，在 $[0,+\infty)$ 上单调增加。

2. 提示：利用 $f(x)=x-\sin x$ 在 $[0,+\infty)$ 上单调递增，得出 $x>\sin x$；利用 $g(x)=\sin x-x+\dfrac{x^3}{6}$ 在 $[0,+\infty)$ 上单调递增，得到 $\sin x-x+\dfrac{x^3}{6}>0$。

3. (1) 函数在 $x=2$ 处取得极小值 $f(2)=-48$；

(2) 函数在 $x_1=-2$ 处取得极大值 $f(-2)=13$，函数在 $x_2=1$ 处取得极小值 $f(1)=-14$；

(3) 函数在 $x=-1$ 处取得极大值 $f(-1)=2$；

(4) 函数在 $x=\ln\sqrt{2}$ 处取得极小值 $f(\ln\sqrt{2})=2\sqrt{2}$；

4. 最大值为 $f(-1)=\dfrac{27}{2}$，最小值为 $f(-3)=-\dfrac{25}{2}$。

5. (1) $x_1=c,x_2=r$；

(2) 单调递减区间为 $[a,b],[c,r]$，单调递增区间为 $[b,c],[r,s]$；

(3) 点 $x=c$ 为极大值点，点 $x=b,x=r$ 为极小值点；

(4) 点 $x=s$ 为最大值点，点 $x=r$ 为最小值点。

6. 当每件 T 恤衫的价格定为 60 元时，利润最大。

7. 当 $x=49900$ 时，年利润最大，最大年利润为 37350141 元。

B 组

1. 提示：利用 $f(x)=\dfrac{\ln x}{x}$ 在 $(e,+\infty)$ 内单调递减。

2. 极小值 $f(1)=-2$，没有极大值。

3. $s\left(\dfrac{16}{3}\right)=\dfrac{4096}{27}$。

4. 曲线上的点 $(2,2)$ 到点 $(1,4)$ 的距离最短，最短距离为 $\sqrt{5}$。

5. 4。

6. 提示：由 $P(x)=R(x)-C(x)$，结合函数取得极值的必要条件。

习题 4.4

A 组

1. (1) 在 $(-\infty,+\infty)$ 内是凸的；　　　(2) 在定义域 $(-1,+\infty)$ 内是凹的。

2. (1) 拐点为 $(0,1)$ 和 $\left(\dfrac{2}{3},\dfrac{11}{27}\right)$，凹区间为 $(-\infty,0)$ 和 $\left(\dfrac{2}{3},+\infty\right)$，凸区间为 $\left[0,\dfrac{2}{3}\right]$；

(2) 拐点为 $(2,2e^{-2})$，凸区间为 $(-\infty,2)$，凹区间为 $(2,+\infty)$。

3. $y=4x-3$。

4. 2 个极值点，3 个拐点。

5. 略

B 组

1. 凹区间为 $(-\infty,-1)$ 和 $\left(-\dfrac{1}{4},+\infty\right)$，凸区间为 $\left(-1,-\dfrac{1}{4}\right)$，拐点为 $(-1,0)$ 和 $\left(-\dfrac{1}{4},-\dfrac{27}{64}\sqrt[3]{36}\right)$。

2. 凸区间为 $\left(-\infty,\dfrac{1}{3}\right)$，凹区间为 $\left(\dfrac{1}{3},+\infty\right)$，拐点为 $\left(\dfrac{1}{3},\dfrac{1}{3}\right)$，提示：这里的区间是 x 的区间。

3. 凸的。

4. 略。

复习题 4

一、选择题

1. C；　2. C；　3. D；　4. B；　5. D。

二、填空题

1. $[1,+\infty),(-\infty,1]$；　　2. -5；　　3. $(-\infty,-1/2],[-1/2,+\infty),\left(-\dfrac{1}{2},20\dfrac{1}{2}\right)$；

4. -1；　5. $0,-3$。

三、解答题

1. (1) 1；　　(2) $\dfrac{1}{4}$；　　(3) 1；　　(4) $\dfrac{2}{3}$；　　(5) 20；　　(6) $\dfrac{1}{2}$。

2. 提示：令 $f(x)=x-2-\sin x$，在区间 $[0,3]$ 上，利用零点定理证明根的存在性，利用罗尔定理证明根的唯一性。

3. (1) 极值点有 $x=2$、$x=4$ 和 $x=6$，其中 $x=2$ 和 $x=6$ 为极大值点，$x=4$ 为极小值点；有两个拐点，分别位于区间 $(2,4)$ 和 $(4,6)$ 内；

(2) 极值点有 $x=1$ 和 $x=7$，其中 $x=1$ 为极小值点，$x=7$ 为极大值点；有三个拐点，拐点的横坐标分别为 $x=2$、$x=4$ 和 $x=6$；

(3) 有两个拐点，拐点的横坐标分别为 $x=1$ 和 $x=7$。

4. 位于 x 轴上的矩形边长为 $\dfrac{2}{\sqrt{3}}$ 时，矩形的面积最大，最大面积为 $\dfrac{4}{3\sqrt{3}}$。

5. 广告宣传 1 万元，产品开发 2 万元时，公司可获得最大的回报。提示：由 $P=x^{\frac{1}{3}}y^{\frac{2}{3}}$，得 $P^3=xy^2=(3-y)y^2$，求 P^3 的最大值即可。

第 5 章

习题 5.1

A 组

一、选择题

1. B；　　2. B；　　3. A。

二、填空题

1. $\dfrac{1}{3}x^3+\sin x$（答案不唯一）；$2x-\sin x$；　　2. $-\sin x+C$；　　3. $f'(x)$。

三、解答题

1. (1) $\dfrac{4}{3}x^3+\dfrac{1}{2}x^2+C$；　　(2) $\dfrac{1}{4}x^4-\dfrac{2}{3}x^{\frac{3}{2}}+2x+C$；　　(3) $\dfrac{1}{3}x^3-\dfrac{4}{5}x^{\frac{5}{2}}+\dfrac{1}{2}x^2+C$；

(4) $\dfrac{10^x}{\ln 10}-3\cos x+\dfrac{2}{3}x^{\frac{3}{2}}+C$；　　(5) $2\sqrt{x}+2\cos x+3\ln x+C$；　　(6) $-\cot x-\dfrac{1}{x}+C$；

(7) $x+\ln|x|+\dfrac{2}{x}+C$；　　(8) $2\arcsin x-x+C$；　　(9) $\dfrac{4^x}{\ln 4}+\dfrac{9^x}{\ln 9}+\dfrac{2\cdot 6^x}{\ln 6}+C$；

(10) $\tan x-x+C$；　　(11) $e^{x-2}+C$；　　(12) $\dfrac{5^{-x}e^x}{1-\ln 5}+C$；

(13) $4x+4\ln|x|-\dfrac{1}{x}+C$；　　(14) $-\dfrac{1}{x}-\arctan x+C$；　　(15) $\dfrac{1}{3}x^3-x+\arctan x+C$；

(16) $\dfrac{1}{2}(x+\sin x)+C$；　　(17) $-2\cos x+C$；　　(18) $\dfrac{1}{2}\tan x+C$。

2. $y = \ln|x| - 1$。

3. (1) 8m; (2) 8s。

B 组

1. (1) $\frac{1}{2}$;　　(2) $-\frac{1}{2}$;　　(3) $\ln|x| + C$;　　(4) $\sin(x^2 + x) + C$;　　(5) $\frac{1}{2}$,

(6) $\frac{1}{2}$;　　(7) -1;　　(8) $\frac{1}{2}$;　　(9) $-\frac{1}{2x^2} + C$;　　(10) $\frac{2}{3}$。

2. $F(\sin x) + C$。

习题 5.2

A 组

一、选择题

1. C;　2. D;　3. D;　4. B。

二、解答题

1. (1) $\frac{1}{3}\sin 3x + C$;　　(2) $\frac{1}{2}e^{2x} + C$;　　(3) $\frac{1}{18}(3x-2)^6 + C$;　　(4) $\frac{2\sqrt{3}}{3}x^{\frac{3}{2}} + C$;

(5) $-\frac{1}{3}(1-2x)^{\frac{3}{2}} + C$;　　(6) $\frac{1}{5}\ln|2+5x| + C$;　　(7) $-\frac{1}{6+4x} + C$;　　(8) $\frac{1}{4}\sin x^4 + C$;

(9) $-\cos e^x + C$;　　(10) $\frac{1}{6}\sin^6 x + C$;　　(11) $\frac{1}{20}(x^2+1)^{10} + C$;　　(12) $\frac{1}{6}(e^x+2)^6 + C$;

(13) $\frac{1}{101}(x^2 - 3x + 1)^{101} + C$;　　　　(14) $-\frac{1}{3}(1-x^2)^{\frac{3}{2}} + \frac{1}{5}(1-x^2)^{\frac{5}{2}} + C$;

(15) $\frac{1}{2}\ln(x^2+4) + C$;　　(16) $\ln|\ln x| + C$;　　(17) $-\ln(1+\cos x) + C$;

(18) $-\sin\frac{1}{x} + C$;　　(19) $2\sqrt{1+\ln x} + C$;　　(20) $\arctan(\sin x) + C$;

(21) $\frac{2}{3}e^{3\sqrt{x}} + C$;　　(22) $\frac{3}{2}\sqrt{2x^2+5} + C$。

2. (1) $\frac{2}{5}(x-1)^{\frac{5}{2}} + \frac{2}{3}(x-1)^{\frac{3}{2}} + C$;　　　　(2) $-\sqrt{2x} - \ln|\sqrt{2x} - 1| + C$;

(3) $2\sqrt{x} - 2\arctan\sqrt{x} + C$;　　　　　　(4) $-\frac{\sqrt{1+x^2}}{x} + C$。

3. $-\frac{1}{3}(1-x^2)^{\frac{3}{2}} + C$。

B 组

1. (1) $\frac{1}{8}\ln\left|\frac{x-4}{x+4}\right| + C$;　　(2) $\frac{1}{4}\arctan\frac{x}{4} + C$;　　(3) $\frac{1}{2}\arcsin\frac{2}{3}x + C$;

(4) $-\frac{1}{4}\sqrt{9-4x^2} + C$;　　(5) $\frac{1}{2}\ln(1+e^{2x}) + C$;　　(6) $\arctan e^x + C$;

(7) $\frac{1}{4}\ln(1+x^4) + C$;　　(8) $\frac{1}{2}\arctan x^2 + C$;　　(9) $\frac{\sqrt{2}}{2}\arctan\frac{x+1}{\sqrt{2}} + C$;

(10) $\frac{5}{4}(\sin x - \cos x)^{\frac{4}{5}} + C$;　　(11) $\frac{3}{2}(x+1)^{\frac{2}{3}} - 3\sqrt[3]{x+1} + 3\ln|1 + \sqrt[3]{x+1}| + C$;

(12) $\frac{2}{27}(3x+4)^{\frac{3}{2}} - \frac{8}{9}\sqrt{3x+4} + C$;　　　　(13) $6(\sqrt[6]{x} - \arctan\sqrt[6]{x}) + C$;

(14) $\ln \dfrac{\sqrt{e^x+1}-1}{\sqrt{e^x+1}+1}+C$。

习题 5.3

A 组

一、填空题

1. x，$-e^{-x}$；　　　　2. $\arccos x$，x。

二、解答题

1. (1) $-x\cos x+\sin x+C$；　　(2) $-xe^{-x}-e^{-x}+C$；　　(3) $\dfrac{1}{3}x\sin 3x+\dfrac{1}{9}\cos 3x+C$；

(4) $\dfrac{1}{2}xe^{2x}-\dfrac{1}{4}e^{2x}+C$；　　(5) $-x+x\ln 3x+C$；　　(6) $-\dfrac{1}{x}\ln x-\dfrac{1}{x}+C$；

(7) $\dfrac{x^3}{3}\ln x-\dfrac{1}{9}x^3+C$；　　(8) $-x\cot x+\ln|\sin x|+C$；

(9) $x\arcsin x+\sqrt{1-x^2}+C$；　　(10) $x\arctan x-\dfrac{1}{2}\ln(1+x^2)+C$；

(11) $\dfrac{1}{13}x(x-1)^{13}-\dfrac{1}{182}(x-1)^{14}+C$；　　(12) $\dfrac{2}{5}(x+1)^{\frac{5}{2}}-\dfrac{2}{3}(x+1)^{\frac{3}{2}}+C$。

2. $\left(1-\dfrac{2}{x}\right)e^x+C$。

B 组

1. (1) $\dfrac{1}{4}x^2+\dfrac{1}{4}x\sin 2x+\dfrac{1}{8}\cos 2x+C$；　　(2) $\dfrac{1}{3}x^2e^{3x}-\dfrac{2}{9}xe^{3x}+\dfrac{2}{27}e^{3x}+C$；

(3) $x\ln^2 x-2x\ln x+2x+C$；　　(4) $\dfrac{1}{4}x^4\ln x^5-\dfrac{5}{16}x^4+C$；

(5) $\dfrac{2}{3}x\sqrt{x}\ln\sqrt{x}-\dfrac{2}{9}x\sqrt{x}+C$；　　(6) $\dfrac{1}{2}x^4e^{x^2}-x^2e^{x^2}+e^{x^2}+C$；

(7) $\dfrac{1}{2}(e^x\sin x+e^x\cos x)+C$；　　(8) $-2\sqrt{x}\cos\sqrt{x}+2\sin\sqrt{x}+C$。

2. $\dfrac{x\cos x-2\sin x}{x}+C$。

3. $x+(x-1)e^x+C$。

复习题 5

一、选择题

1. A；　2. C；　3. B；　4. D；　5. C；　6. B；　7. D；　8. B。

二、填空题

1. x^3+C；　　　　2. $\dfrac{1}{3}f^3(x)+C$；　　　　3. $\dfrac{1}{2}f(2x)+C$；

4. $(x+1)e^{-x}+C$；　　5. $\dfrac{1}{x}+C$；　　6. $3e^{\frac{x+1}{3}}+C$。

三、解答题

1. (1) $\ln|x|+\dfrac{4^x}{\ln 4}+C$；　　(2) $2x+\arctan x+C$；　　(3) $-\dfrac{1}{3}\ln|2-3e^x|+C$；

(4) $\dfrac{1}{3}(x^2+3)^{\frac{3}{2}}+C$；　　(5) $\dfrac{2}{3}(x+2)^{\frac{3}{2}}-4\sqrt{x+2}+C$；

(6) $(x-3)\sin(x-3)+\cos(x-3)+C$；

(7) $x\ln(1+x^2)-2x+2\arctan x+C$；

(8) $2\sqrt{x+1}\sin\sqrt{x+1}+2\cos\sqrt{x+1}+C$；

(9) $-\dfrac{1}{3}\cos(x^3+3x)+C$；

(10) $\dfrac{x\cdot 2^x}{\ln 2}-\dfrac{2^x}{(\ln 2)^2}+C$。

2. $-\dfrac{\ln(1+e^x)}{e^x}+x-\ln|1+e^x|+C$。

第 6 章

习题 6.1

A 组

一、选择题

1. C；　2. D；　3. A；　4. B；　5. C。

二、填空题

1. 6；　　2. $\dfrac{\pi a^2}{2},8$；　　3. 3；　　4. $S=\displaystyle\int_0^3(2t+1)\,dt$。

三、解答题

1. (1) $A=\displaystyle\int_0^1 x^2\,dx$；　　(2) $A=\displaystyle\int_1^2\dfrac{1}{x}\,dx$；　　(3) $A=\displaystyle\int_1^e\ln x\,dx$；　　(4) $A=\displaystyle\int_0^{\ln 2}(2-e^x)\,dx$。

2. (1) $\dfrac{1}{2}\leqslant\displaystyle\int_0^1\dfrac{1}{1+x^2}\,dx\leqslant 1$；　　(2) $\dfrac{\pi}{2}\leqslant\displaystyle\int_0^{\frac{\pi}{2}}(1+\cos^4 x)\,dx\leqslant\pi$。

B 组

1. (1) $A=\displaystyle\int_0^\pi\sin x\,dx$；　　　　　　　　(2) $A=\displaystyle\int_{-1}^1(1-x^2)\,dx$；

(3) $A=\displaystyle\int_0^4\sqrt{x}\,dx+\int_4^6(6-x)\,dx$；　　　(4) $A=\displaystyle\int_0^1(\sqrt{x}-x^2)\,dx$。

2. $S=\displaystyle\int_0^{40}\dfrac{t}{20}\,dt+\int_{40}^{60}2\,dt+\int_{60}^{120}\left(5-\dfrac{t}{20}\right)\,dt$。

习题 6.2

A 组

一、选择题

1. A；　2. B；　3. B；　4. A。

二、填空题

1. 0；　　2. $3x$；　　3. $\dfrac{1}{3}$；　　4. $2\cos 2x$。

三、解答题

1. (1) $-\dfrac{5}{2}$；　　　(2) $\dfrac{197}{3}$；　　　(3) $\dfrac{29}{6}$；　　　(4) $1-e^{-1}$；

(5) $2-\dfrac{\pi}{2}$；　　　(6) -4；　　　(7) $-1+3\ln 2$；　　(8) $\dfrac{5}{2}$。

2. $\dfrac{9}{2}$。

3. $\dfrac{14}{3}$。

4. $\dfrac{73}{6}$。

B组

1. -2。

2. 极小值 $f(3)=-9$；极大值 $f(-1)=\dfrac{5}{3}$。

3. 函数 $F(x)=\displaystyle\int_0^x (x-2t)f(t)\mathrm{d}t$ 在 $(-\infty,+\infty)$ 上的单调递增。

4. $x^2+\dfrac{2}{3}x-\dfrac{4}{3}$。

5. (1) $S=\begin{cases} 5t, & 0\leqslant t\leqslant 100, \\ 6t-\dfrac{t^2}{200}-50, & 100<t\leqslant 700, \\ -t+2400, & t>700; \end{cases}$ 　　(2) $t=600$ 时，$S=1750$；　　(3) $t=2400$。

习题 6.3

A组

一、选择题

1. D；　2. A；　3. B；　4. D；　5. C；　6. B。

二、计算题

1. (1) $\dfrac{1}{3}\ln\dfrac{5}{2}$；　　(2) $\dfrac{2}{9}$；　　(3) $2+2\ln\dfrac{2}{3}$；　　(4) $7+2\ln2$；

(5) $\dfrac{8}{3}$；　　(6) $2e^2-2e$；　　(7) $e-\sqrt{e}$；　　(8) $\dfrac{e-1}{2}$；

(9) $\dfrac{1}{5}$；　　(10) $\dfrac{\pi}{2}$；　　(11) $2-\dfrac{\pi}{2}$；　　(12) $\dfrac{1}{2}$。

2. (1) -2；　　(2) 1；　　(3) $\dfrac{2e^3+1}{9}$；　　(4) $4\ln4-4$；　　(5) $2-\dfrac{5}{e}$；　　(6) $\dfrac{1}{2}(1+e^{\frac{\pi}{2}})$。

B组

1. 2π。

2. 2。

3. $\dfrac{e^{-1}-1}{2}$。

4. 1。

5. 2。

6. 略。

习题 6.4

A组

1. (1) 3；　　(2) $\dfrac{4}{3}$；　　(3) $\dfrac{28}{3}$；　　(4) $\dfrac{9}{2}$；

(5) $\dfrac{253}{12}$；　　(6) $\dfrac{32}{3}$；　　(7) $\dfrac{22}{3}$；　　(8) $\dfrac{9}{2}$。

2. (1) $\dfrac{3}{4}$；　　(2) 1；　　(3) $\dfrac{4}{3}$；　　(4) $-1+2\ln2$；

(5) $\dfrac{3}{2}-\ln 2$;　　　　(6) $2(\sqrt{2}-1)$ 。

3. $\dfrac{125}{3}$ 。

4. $\dfrac{\sqrt{3}\pi}{8}$ 。

5. $\dfrac{206}{15}\pi$; 12π 。

6. (1) $\dfrac{64\pi}{15}$;　　　　(2) $\dfrac{\pi^2}{2}$ 。

B 组

1. 12 。

2. $\dfrac{9}{4}$ 。

3. $\dfrac{3}{2}\pi^2+4\pi$ 。

习题 6.5

A 组

1. (1) 1 ;　　(2) 发散 ;　　(3) $\dfrac{e^{-100}}{100}$;　　(4) $\dfrac{\pi}{20}$;　　(5) $\dfrac{1}{2}$;

(6) $\dfrac{2}{e}$;　　(7) $-\dfrac{1}{4}$;　　(8) $\dfrac{1+\ln 2}{2}$;　　(9) 发散 ;　　(10) $\dfrac{\pi}{2}$ 。

B 组

1. $F(x)=\begin{cases}\dfrac{e^x}{2}, & x\leqslant 0, \\[2mm] \dfrac{1}{2}+\dfrac{x}{4}, & 0<x\leqslant 2, \\[2mm] 1, & x>2。\end{cases}$

2. 略。

3. $\dfrac{\pi}{2}$ 。

复习题 6

一、选择题

1. B ;　2. B ;　3. C ;　4. B ;　5. C ;　6. B ;

7. A ;　8. C ;　9. D ;　10. C ;　11. C ;　12. B 。

二、填空题

1. $\dfrac{2\pi^3}{3}$; 2. 1 ; 3. $4-2\arctan 2$; 4. 0 ; 5. $\dfrac{1}{\pi}$; 6. 24 。

三、解答题

1. (1) $\dfrac{1}{12}$;　　　　(2) 5 ;　　　　(3) $1+\ln 3-\ln(2e+1)$;

(4) $3\ln 3$;　　　　(5) $\dfrac{-e^\pi-1}{2}$;　　　　(6) $\dfrac{\pi}{8}-\dfrac{1}{4}$ 。

2. $b=e$ 。

3. $2e^2$。

4. 最大值为 0，最小值为 $-\dfrac{32}{3}$。

5. (1) $\dfrac{5}{12}$;　　　　(2) $\dfrac{1}{3}$;　　　　(3) $\dfrac{e}{2}-1$。

6. (1) $\dfrac{4}{3}$;　　　　(2) $\dfrac{16\pi}{15}$。

第 7 章

习题 7.1

A 组

1. (1) $f(0,0)=0,f(1,1)=2,f(1,-1)=2$;

(2) $f(0,0)=3,f(3,0)=0,f(-3,0)=0$。

2. (1) 定义域为 $D=\{(x,y)|x-y+1>0\}$,值域为 $(-\infty,+\infty)$;

(2) 定义域为 $D=\left\{(x,y)\left|\dfrac{x^2}{16}+\dfrac{y^2}{9}\leqslant1\right.\right\}$,值域为 $[0,1]$;

(3) 定义域为 $D=\{(x,y)|-2\leqslant x\leqslant2,-3\leqslant y\leqslant3\}$,值域为 $[0,5]$;

(4) 定义域为 $D=\{(x,y,z)|(x-1)^2+y^2+z^2\neq1\}$,值域为 $(-\infty,0)\bigcup(0,+\infty)$。

3. $(x-1)^2+(y-2)^2+(z-3)^2=4^2$。

4. (1) 1;　　　　(2) $-\dfrac{1}{6}$;　　　　(3) 0;　　　　(4) 2。

5. $A=2\left(xy+\dfrac{2}{x}+\dfrac{2}{y}\right)$ 定义域为 $D=\{(x,y)|x>0,y>0\}$。

6. (1) $R(x,y)=(100-x)x+(100-y)y(0<x<100,0<y<100)$;

(2) $P(x,y)=-2x^2-xy+100x-2y^2+100y(0<x<100,0<y<100)$。

B 组

1. (1) $f(0,0)=6,f(3,4)=1$;　　　　(2) 定义域为 $D=\{(x,y)|x^2+y^2\leqslant25\}$;

(3) 值域为 $[1,6]$。

2. (1) 为 xOy 坐标平面内的圆 $x^2+y^2=1$;

(2) 如地理学中的等温线、等降水量线;经济学中的等产量线。

3. (1) 圆柱面,方程为 $x^2+y^2=9$。

(2) 圆锥面,方程为 $z^2=4(x^2+y^2)$,提示:旋转曲面上任取一点 $P(x,y,z)$,则直线 $z=2y$ 上必有一点 $P_0(0,y_0,z_0)$ 绕 z 轴旋转时经过点 P,则点 $P(x,y,z)$ 和点 $P_0(0,y_0,z_0)$ 到 z 轴的距离相等,即 $\sqrt{x^2+y^2}=|y_0|,z_0=2y_0,z=z_0$。

(3) 旋转抛物面,方程为 $z=x^2+y^2$。

(4) 单叶双曲面,方程为 $\dfrac{x^2+y^2}{9}-\dfrac{z^2}{16}=1$。

(5) 椭球面,方程为 $\dfrac{x^2+y^2}{9}+\dfrac{z^2}{16}=1$。

习题 7.2

A 组

一、判断题

1. 对;　2. 对;　3. 对;　4. 错;　5. 错;　6. 错;　7. 对。

二、解答题

1. (1) $\dfrac{\partial z}{\partial x}=6x^2+6y,\dfrac{\partial z}{\partial y}=6y+6x$；

(2) $\dfrac{\partial z}{\partial x}=\dfrac{1}{y},\dfrac{\partial z}{\partial y}=-\dfrac{x}{y^2}$；

(3) $\dfrac{\partial z}{\partial x}=\dfrac{1}{x+y}+y\mathrm{e}^{xy},\dfrac{\partial z}{\partial y}=\dfrac{1}{x+y}+x\mathrm{e}^{xy}$；

(4) $\dfrac{\partial z}{\partial x}=\dfrac{x\cos\sqrt{x^2+y^2}}{\sqrt{x^2+y^2}},\dfrac{\partial z}{\partial y}=\dfrac{y\cos\sqrt{x^2+y^2}}{\sqrt{x^2+y^2}}$。

2. (1) $z_x(0,1)=1,z_y(0,1)=3$；　　　　　(2) $\dfrac{\partial z}{\partial x}\Big|_{(-1,1)}=-1,\dfrac{\partial z}{\partial y}\Big|_{(-1,1)}=0$。

3. (1) $z_{xx}=20x^3-2y,z_{xy}=z_{yx}=-2x,z_{yy}=36y^2$；

(2) $\dfrac{\partial^2 z}{\partial x^2}=-\dfrac{y}{(x+y)^2},\dfrac{\partial^2 z}{\partial x\partial y}=\dfrac{\partial^2 z}{\partial y\partial x}=\dfrac{x}{(x+y)^2},\dfrac{\partial^2 z}{\partial y^2}=\dfrac{2x+y}{(x+y)^2}$；

(3) $f_{xx}(1,1)=6,f_{xy}(1,1)=-3,f_{yy}(1,1)=6$。

4. (1) $\mathrm{d}z=(3x^2+2y)\mathrm{d}x+(2y+2x)\mathrm{d}y$；

(2) $\mathrm{d}z=\dfrac{2}{(x+y)^2}(y\mathrm{d}x-x\mathrm{d}y)$；

(3) $\mathrm{d}u=\dfrac{1}{\sqrt{x^2+y^2+z^2}}(x\mathrm{d}x+y\mathrm{d}y+z\mathrm{d}z)$；

(4) $\mathrm{d}u=yz\mathrm{d}x+zx\mathrm{d}y+xy\mathrm{d}z$。

5. (1) $\dfrac{\mathrm{d}z}{\mathrm{d}t}=\dfrac{\sin2t+2\mathrm{e}^{2t}}{\sin^2 t+\mathrm{e}^{2t}}$；　　　　　(2) $\dfrac{\mathrm{d}z}{\mathrm{d}t}=-\dfrac{3}{t^4}$；

(3) $\dfrac{\partial z}{\partial x}=\mathrm{e}^{x+y}(\sin xy+y\cos xy),\dfrac{\partial z}{\partial y}=\mathrm{e}^{x+y}(\sin xy+x\cos xy)$；

(4) $\dfrac{\partial z}{\partial x}=2xf'(x^2-y^2),\dfrac{\partial z}{\partial y}=1-2yf'(x^2-y^2)$；

(5) $\dfrac{\partial z}{\partial x}=xy(x-y)^{xy-1}+y(x-y)^{xy}\ln(x-y),\dfrac{\partial z}{\partial y}=-xy(x-y)^{xy-1}+x(x-y)^{xy}\ln(x-y)$。

6. 提示：$\dfrac{\partial u}{\partial x}=2xyf'(x^2-y^2),\dfrac{\partial u}{\partial y}=f(x^2-y^2)-2y^2f'(x^2-y^2)$。

7. (1) $\dfrac{\mathrm{d}y}{\mathrm{d}x}=\dfrac{y+\mathrm{e}^x}{\mathrm{e}^y-x}$；　　　　　(2) $\dfrac{\mathrm{d}y}{\mathrm{d}x}=\dfrac{2}{2-\cos y}$。

8. (1) $\dfrac{\partial z}{\partial x}=\dfrac{y\mathrm{e}^{-xy}}{\mathrm{e}^z-2},\dfrac{\partial z}{\partial y}=\dfrac{x\mathrm{e}^{-xy}}{\mathrm{e}^z-2}$；　　　(2) $\dfrac{\partial z}{\partial x}=\dfrac{x^2-yz}{xy-z^2},\dfrac{\partial z}{\partial y}=\dfrac{y^2-xz}{xy-z^2}$；

(3) $\dfrac{\partial z}{\partial x}=\dfrac{z}{x+z},\dfrac{\partial z}{\partial y}=\dfrac{z^2}{y(x+z)}$；

(4) $\dfrac{\partial z}{\partial x}=-\dfrac{yz\mathrm{e}^{xyz}+\cos(x+y+z)}{xy\mathrm{e}^{xyz}+\cos(x+y+z)},\dfrac{\partial z}{\partial y}=-\dfrac{xz\mathrm{e}^{xyz}+\cos(x+y+z)}{xy\mathrm{e}^{xyz}+\cos(x+y+z)}$。

9. 切线方程为 $y-\dfrac{3}{2}\sqrt{3}=-\dfrac{\sqrt{3}}{4}(x-2)$。

10. $2512\mathrm{cm}^3$。

B 组

1. (1) $\dfrac{\partial z}{\partial x}=20(2x+3y)^9,\dfrac{\partial z}{\partial y}=30(2x+3y)^9$；

(2) $\dfrac{\partial z}{\partial x}=\dfrac{y^{2}-x^{2}y}{(x^{2}+y)^{2}},\dfrac{\partial z}{\partial y}=\dfrac{x^{3}}{(x^{2}+y)^{2}}$；

(3) $\dfrac{\partial z}{\partial x}=-2x\cos(2x^{2}),\dfrac{\partial z}{\partial y}=2\cos 4y$；

(4) $\dfrac{\partial u}{\partial x}=\dfrac{y}{z}x^{\frac{y}{z}-1},\dfrac{\partial u}{\partial y}=\dfrac{1}{z}x^{y/z}\ln x,\dfrac{\partial u}{\partial z}=-\dfrac{y}{z^{2}}x^{y/z}\ln x$。

2. (1) $z_{xx}=2xy^{3}e^{(xy)^{2}},z_{xy}=z_{yx}=(1+2x^{2}y^{2})e^{(xy)^{2}},z_{yy}=2x^{3}ye^{(xy)^{2}}$；

(2) $z_{xx}=y^{4}f''(xy^{2}),z_{xy}=z_{yx}=2yf'(xy^{2})+2xy^{3}f''(xy^{2})$,

$\quad z_{yy}=2xf'(xy^{2})+4x^{2}y^{2}f''(xy^{2})$。

3. 略。

4. (1) $\mathrm{d}z=-\dfrac{x}{3z}\mathrm{d}x-\dfrac{2y}{3z}\mathrm{d}y$；

(2) $\mathrm{d}z=(2xy^{3}\cos t+3x^{2}y^{2}t\cos s)\mathrm{d}s+(-2xy^{3}s\sin t+3x^{2}y^{2}\sin s)\mathrm{d}t$。

5. $\mathrm{d}z\big|_{(0,1)}=-\mathrm{d}x+2\mathrm{d}y$,提示：当$(x,y)=(0,1)$时,$z=1$。

6. $f(x,y)=5x+x^{2}+3y+2y^{2}+10$,提示：由$\dfrac{\partial z}{\partial x}=5+2x$,知$f(x,y)=5x+x^{2}+g(y)$,再由$\dfrac{\partial z}{\partial y}=3+4y$,知$g'(y)=3+4y$,进而得$g(y)=3y+2y^{2}+C$,最后由$f(0,0)=10$,知$C=10$。

7. 略。

习题 7.3

A 组

1. (1) 驻点为$(3,-2)$；　　　(2) 驻点为$(-1,1)$。

2. (1) 在驻点$\left(\dfrac{9}{2},\dfrac{2}{3}\right)$处取极小值18；

(2) 在驻点$(-1,1)$处取极小值0；

(3) 在驻点$(0,0)$处不取极值,在驻点$\left(\dfrac{4}{3},\dfrac{4}{3}\right)$处取极小值$-\dfrac{64}{27}$；

(4) 在驻点$(0,2)$处取极大值e^{4}；

(5) 在驻点$(e,1)$和$(e,-1)$处都取极大值e；

(6) 在驻点$(1,0)$处取极小值-5,在驻点$(1,2)$和$(-3,0)$处不取极值,在驻点$(-3,2)$处取极大值31。

3. (1) 在驻点$(0.5,0.5)$处取极小值0.5；

(2) 在驻点$(8,7)$处取极小值为-18。

4. 在驻点$(10/\sqrt{3},-10/\sqrt{3},10/\sqrt{3})$处取最大值$10\sqrt{3}$。

5. 每天生产果味豆浆和原味豆浆都是20桶时,工厂获利最大,最大利润为2000。

6. 制造商将36000元投资到产品更新上、24000元投资到促销方面可获得最大销售,最大销售为103680。

B 组

1. D。

2. A。

3. (1) 在驻点$(0,e^{-1})$处取极小值$-e^{-1}$；

(2) 在驻点$(1,0)$处取极大值$e^{-\frac{1}{2}}$,在驻点$(-1,0)$处取极小值$-e^{-\frac{1}{2}}$；

(3) 在驻点$(0,0)$处不取极值,在驻点$\left(\dfrac{1}{6},\dfrac{1}{12}\right)$处取极小值$-\dfrac{1}{216}$。

4. 在$(0,2)$处取最大值8,在驻点$(0,0)$处取最小值0。提示：区域内部的驻点有$(-\sqrt{2},1)$和$(\sqrt{2},1)$,

区域边界上的可能最值点有 $(0,0)$、$(0,2)$、$\left(-\dfrac{\sqrt{10}}{2},\dfrac{\sqrt{6}}{2}\right)$ 和 $\left(\dfrac{\sqrt{10}}{2},\dfrac{\sqrt{6}}{2}\right)$。

5. $k=\dfrac{9}{10}$, $b=\dfrac{6}{5}$。

复习题 7

一、选择题

1. C;　　　2. C;　　　3. A。

二、填空题

1. $D=\{(x,y)\,|\,0\leqslant y\leqslant 2, x-y>0\}$;　　　　2. $\dfrac{2}{3}(\mathrm{d}x+\mathrm{d}y+\mathrm{d}z)$;

3. $2y\sin(x^2-y^2)$, $(2+4x^2+4xy+y^2)\mathrm{e}^{x^2+xy+y^2}$。

三、解答题

1. $\dfrac{\mathrm{d}z}{\mathrm{d}t}=\mathrm{e}^{\sin t-2t^3}(\cos t-6t^2)$。

2. $\dfrac{\partial u}{\partial x}=f'\cdot(1+y+yz)$, $\dfrac{\partial u}{\partial y}=f'\cdot(x+xz)$, $\dfrac{\partial u}{\partial z}=f'\cdot xy$。

3. $\dfrac{\mathrm{d}y}{\mathrm{d}x}=\dfrac{y+2^x\ln 2}{3y^2-x}$。

4. $\dfrac{\partial z}{\partial x}=\dfrac{yz}{z^2-xy}$, $\dfrac{\partial z}{\partial y}=\dfrac{xz}{z^2-xy}$。

5. 全增量为 $\Delta z=-\dfrac{5}{42}\approx-0.119$, 全微分为 $\mathrm{d}z\big|_{(2,1)}=-0.125$。

6. 该函数在驻点 $(0,0)$ 处不取极值, 在驻点 $(0.5,0.5)$ 处取极大值 -9.5。

7. $a=-5$, $b=2$, $f(1,-1)$ 是极小值。

8. 球面上距 $M(1,2,3)$ 距离最近和最远的点分别为 $(1/\sqrt{14},2/\sqrt{14},3/\sqrt{14})$ 和 $(-1/\sqrt{14},-2/\sqrt{14},-3/\sqrt{14})$。

第 8 章

习题 8.1

A 组

1. 24。

2. 2。

3. $\dfrac{2\pi R^3}{3}$。

4. 24。

B 组

1. (1) $\iint\limits_{D}(x+y)\mathrm{d}\sigma\geqslant\iint\limits_{D}(x+y)^2\mathrm{d}\sigma$;　　　　(2) $\iint\limits_{D}(x+y)\mathrm{d}\sigma\leqslant\iint\limits_{D}(x+y)^2\mathrm{d}\sigma$;

(3) $\iint\limits_{D}\ln(x+y)\mathrm{d}\sigma\leqslant\iint\limits_{D}[\ln(x+y)]^2\mathrm{d}\sigma$;　　　　(4) $\iint\limits_{D}\ln(x+y)\mathrm{d}\sigma\geqslant\iint\limits_{D}[\ln(x+y)]^2\mathrm{d}\sigma$。

2. (1) $0\leqslant\iint\limits_{D}xy(x+y)\mathrm{d}\sigma\leqslant 2$;　　　　(2) $14\leqslant\iint\limits_{D}(x+3y+7)\mathrm{d}\sigma\leqslant 28$。

习题 8.2

A 组

一、选择题

1. C;　2. A;　3. D;　4. D。

二、计算题

1. (1) $\dfrac{1}{3}$;　　　(2) $-\dfrac{1}{12}$;　　(3) $\dfrac{7}{24}$;　　(4) $\dfrac{1}{60}$;　　(5) $\dfrac{1}{3}$;　　(6) $\dfrac{1}{5}$;

(7) $\dfrac{3}{4}$;　　　(8) $e-2$;　　(9) $\dfrac{\pi}{2}$;　　(10) 2;　　(11) $\dfrac{4}{9}$;　　(12) $\dfrac{4}{3}$。

2. (1) $\displaystyle\int_0^\pi \mathrm{d}\theta \int_0^1 \rho\,\mathrm{d}\rho = \dfrac{\pi}{2}$;　　　　　(2) $\displaystyle\int_0^{\frac{\pi}{2}} \mathrm{d}\theta \int_0^1 \rho^3\,\mathrm{d}\rho = \dfrac{\pi}{8}$;

(3) $\displaystyle\int_{\frac{\pi}{4}}^{\frac{\pi}{2}} \mathrm{d}\theta \int_0^{\frac{2}{\sin\theta}} \rho^2\cos\theta\,\mathrm{d}\rho = \dfrac{4}{3}$;　　(4) $\displaystyle\int_0^{\frac{\pi}{2}} \mathrm{d}\theta \int_0^1 \rho\ln(1+\rho^2)\,\mathrm{d}\rho = \dfrac{\pi}{4}(2\ln2 - 1)$。

B 组

1. (1) $\dfrac{256}{21}$;　　(2) $e-2$;　　(3) $\dfrac{20}{3}$;　　(4) $\dfrac{33}{140}$;　　(5) 0;　　(6) $\dfrac{80}{3}$。

2. (1) $\pi(e-1)$;　　(2) $\dfrac{\pi}{8}\ln\dfrac{13}{9}$;　　(3) $\dfrac{7}{3}$;　　(4) $\dfrac{64}{9}(3\pi - 4)$。

3. (1) $\dfrac{1}{6}$;　　　(2) $\dfrac{\pi^2}{2} - 2$。

4. $8 + \pi$。

5. $\dfrac{5}{6}$。

6. $\dfrac{3\pi}{32}$。

复习题 8

一、选择题

1. B;　2. A;　3. A;　4. B。

二、解答题

1. (1) $\displaystyle\int_0^4 \mathrm{d}x \int_x^{\sqrt{4x}} f(x,y)\,\mathrm{d}y = \int_0^4 \mathrm{d}y \int_{\frac{y^2}{4}}^{y} f(x,y)\,\mathrm{d}x$;

(2) $\displaystyle\int_{-r}^r \mathrm{d}x \int_0^{\sqrt{r^2-x^2}} f(x,y)\,\mathrm{d}y = \int_0^r \mathrm{d}y \int_{-\sqrt{r^2-y^2}}^{\sqrt{r^2-y^2}} f(x,y)\,\mathrm{d}x$;

(3) $\displaystyle\int_1^2 \mathrm{d}x \int_{\frac{1}{x}}^{x} f(x,y)\,\mathrm{d}y = \int_{\frac{1}{2}}^1 \mathrm{d}y \int_{\frac{1}{y}}^2 f(x,y)\,\mathrm{d}x + \int_1^2 \mathrm{d}y \int_y^2 f(x,y)\,\mathrm{d}x$。

2. (1) $\dfrac{6}{55}$;　　(2) $\dfrac{64}{15}$;　　(3) $\dfrac{13}{6}$;　　(4) $\dfrac{\pi}{2}(e-1)$。

第 9 章

习题 9.1

A 组

一、选择题

1. C;　2. B;　3. A;　4. C;　5. A。

二、解答题

1. (1) $\dfrac{1}{2}$;　　(2) $\dfrac{5}{9}$;　　　(3) 2;　　　(4) $\dfrac{5}{4}$。

2. (1) 发散;　　(2) 收敛,和为 $\dfrac{1}{2}$;　　(3) 发散;　　(4) 收敛,和为 3。

3. $\dfrac{b\sin\theta}{1-\sin\theta}$。

B 组

1. 4。

2. (1) 数列收敛,极限值为 $\dfrac{2}{3}$;　　(2) 级数发散。

3. 发散,提示:由 $\ln\left(1+\dfrac{1}{n}\right)=\ln(1+n)-\ln n$。

4. 正确,提示:$0.999\cdots=0.9+0.09+0.009+\cdots$ 为等比级数。

5. (1) 略;　　(2) 提示:利用性质 1 及调和级数发散。

习题 9.2

A 组

一、选择题

1. D;　2. A;　3. B;　4. B;　5. C。

二、计算题

1. (1) 发散;(2) 收敛;(3) 收敛;(4) 发散;(5) 收敛;(6) 收敛。

2. (1) 收敛;(2) 收敛;(3) 收敛;(4) 收敛;(5) 发散;(6) 当 $0<x<1$ 时,级数收敛,当 $x\geqslant 1$ 时,级数发散。

3. (1) 条件收敛;(2) 条件收敛;(3) 条件收敛;(4) 当 $p>1$ 时,绝对收敛,当 $0<p\leqslant 1$ 时,条件收敛;(5) 条件收敛;(6) 发散。

4. (1) 0;　　(2) 0。

B 组

1. (1) 收敛;　　　(2) 收敛。

2. (1) 发散;　　　(2) 收敛。

3. (1) 绝对收敛;　　(2) 绝对收敛。

4. $1<\alpha<2$。

5. (1) 收敛,部分和 $S_n=1-\dfrac{1}{\sqrt{n+1}}$ 满足 $\lim\limits_{n\to\infty}S_n=1$;　　　(2) 绝对收敛。

习题 9.3

A 组

一、选择题

1. B;　2. D;　3. A;　4. C;　5. B。

二、填空题

1. 2;　　2. $(-1,1)$,$\dfrac{1}{(1-x)^2}$,4;　　3. 3。

三、解答题

1. (1) 收敛半径 $R=3$,收敛域为 $(-3,3)$;

(2) 收敛半径 $R=\dfrac{1}{2}$,收敛域为 $\left[-\dfrac{3}{2},-\dfrac{1}{2}\right)$;

(3) 收敛半径为 $R=2$,收敛域为 $[-2,2]$;

(4) 收敛半径为 $R=+\infty$,收敛域为 $(-\infty,+\infty)$。

2. (1) 和函数 $S(x)=-\dfrac{1}{(x-1)^3}$,$x\in(-1,1)$;

(2) 和函数 $S(x)=(1+x)\ln(1+x)-x$,$x\in(-1,1]$。

B 组

一、选择题

1. C;　　2. A;　　3. B。

二、解答题

1. (1) 收敛;　　(2) 发散;　　(3) 收敛;　　(4) 发散。

2. (1) 收敛域为 $[-4,4]$;　　(2) 收敛域为 $[-1,1]$。

3. (1) R;　　(2) R;　　(3) R;　　(4) $\sqrt{R}$。

4. 略。

习题 9.4

A 组

1. (1) $\dfrac{\mathrm{e}^x-\mathrm{e}^{-x}}{2}=x+\dfrac{x^3}{3!}+\dfrac{x^5}{5!}+\cdots+\dfrac{x^{2n+1}}{(2n+1)!}+\cdots,x\in(-\infty,+\infty)$;

(2) $\sin\dfrac{x}{2}=\dfrac{x}{2}-\dfrac{1}{2^3}\cdot\dfrac{x^3}{3!}+\dfrac{1}{2^5}\cdot\dfrac{x^5}{5!}+\cdots+(-1)^n\dfrac{1}{2^{2n+1}}\cdot\dfrac{x^{2n+1}}{(2n+1)!}+\cdots,x\in(-\infty,+\infty)$。

2. $\ln x=\ln 2+\displaystyle\sum_{n=0}^{\infty}(-1)^n\dfrac{(x-2)^{n+1}}{2^{n+1}\cdot(n+1)},x\in(0,4]$。

3. 略。

4. $k=3,c=\dfrac{1}{3}$。

5. (1) $\dfrac{1}{2}$;　　(2) $\dfrac{1}{3}$;　　(3) $\dfrac{1}{2}$。

6. (1) $\ln(1+x)=x-\dfrac{x^2}{2}+\dfrac{x^3}{3}-\dfrac{x^4}{4}+\cdots+(-1)^n\dfrac{x^{n+1}}{n+1}+\cdots,x\in(-1,1]$;

(2) $\ln 2$;　　(3) $\ln 1.2\approx 0.1823$。

7. $\dfrac{1}{x^2-3x-4}=\displaystyle\sum_{n=0}^{\infty}\left[\dfrac{1}{5}\dfrac{(-1)^{n+1}}{2^{n+1}}-\dfrac{1}{5}\dfrac{1}{3^{n+1}}\right](x-1)^n$,收敛域为 $(-1,3)$。

B 组

1. $a=0,b=1,c=0,\mathrm{d}=-\dfrac{1}{6}$。

2. $f^{(4)}(0)=24$。

3. (1) $\dfrac{1}{\sqrt{1-x^2}}=1+\dfrac{1}{2}x^2+\dfrac{1\cdot3}{2\cdot4}x^4+\dfrac{1\cdot3\cdot5}{2\cdot4\cdot6}x^6+\cdots,x\in(-1,1)$;

(2) $\arcsin x=x+\dfrac{1}{2}\dfrac{x^3}{3}+\dfrac{1\cdot3}{2\cdot4}\dfrac{x^5}{5}+\dfrac{1\cdot3\cdot5}{2\cdot4\cdot6}\dfrac{x^7}{7}+\cdots,x\in[-1,1]$。

4. 收敛,和为 $\ln\dfrac{3}{2}$。

5. $\displaystyle\int_0^1 e^{-x^2}\,dx \approx 0.7475$。

复习题 9

一、选择题

1. B;　2. D;　3. C;　4. C;　5. A;

6. D;　7. B;　8. A;　9. D;　10. A。

二、填空题

1. $(-\infty,0)$;　　2. 收敛,0;　　　3. 发散,绝对收敛;

4. $1<p<+\infty,0<p\leqslant1,-\infty<p\leqslant0$;　　5. $[-1,1)$;　　6. $2R,\sqrt{2}R$。

三、计算题

1. (1) 发散;　　　(2) 发散;　　　(3) 收敛;　　　(4) 收敛。

2. (1) 收敛域为 $[-3,3)$;　　　(2) 收敛域为 $[-1,5)$;

(3) 收敛域为 $(-\sqrt{2},\sqrt{2})$;　　　(4) 收敛域为 $(-\sqrt{3},\sqrt{3})$。

3. (1) 和函数为 $S(x)=\dfrac{2x}{(1-x)^3},x\in(-1,1)$;

(2) 和函数为 $S(x)=e^x+2xe^x-1,x\in(-\infty,+\infty)$。

4. $\cos x=\dfrac{1}{2}\displaystyle\sum_{n=0}^{\infty}(-1)^n\left[\dfrac{\left(x+\dfrac{\pi}{3}\right)^{2n}}{(2n)!}+\sqrt{3}\dfrac{\left(x+\dfrac{\pi}{3}\right)^{2n+1}}{(2n+1)!}\right],x\in(-\infty,+\infty)$。

参 考 文 献

[1] 同济大学数学系.高等数学(上,下)[M].7 版.北京：高等教育出版社,2014.

[2] 华东师范大学数学系.数学分析(上,下)[M].4 版.北京：高等教育出版社,2010.

[3] 袁学刚,张友.高等数学(上,下)[M].北京：清华大学出版社,2017.

[4] 大连理工大学应用数学系.工科微积分(上,下)[M].2 版.大连：大连理工大学出版社,2007.

[5] 姚孟臣.高等数学(一)微积分[M].北京：高等教育出版社,2004.

[6] 张银生,安建业.微积分[M].北京：中国人民大学出版社,2004.

[7] 史俊贤.高等数学(上,下)[M].大连：大连理工大学出版社,2006.

[8] 丁勇.考研数学高等数学高分解码[M].北京：中国政法大学出版社,2016.

[9] Varberg D，Purcell E J，Rigdon S E.微积分[M].原书第 9 版.刘深泉，张万芹，张同斌，等译.北京：机械工业出版社,2018.

[10] Stewart J. Calculus(上，下)[M].(影印版)7 版.北京：高等教育出版社,2014.

[11] Thomas G B，Weir M. DH ass J R. Thomas'Calculus(上,下)[M].(影印版)11 版.北京：高等教育出版社,2014.

[12] Hoffmann L D，Bradley G L. Calculus for Busines，Economics，and the Social and Life Sciences[M]. 10th ed. New York：McGraw-Hill,2010.